Web开发技术丛书

# Three.js权威指南

## 在网页上创建3D图形和动画的方法与实践

### （原书第4版）

［美］ 乔斯·德克森（Jos Dirksen）著

叶伟民 译

# Learn Three.js

## Program 3D animations and visualizations for the web with JavaScript and WebGL,Fourth Edition

Jos Dirksen: *Learn Three.js: Program 3D animations and visualizations for the web with JavaScript and WebGL, Fourth Edition*（ISBN: 978-1803233871）.



北京市版权局著作权合同登记　图字：01-2023-2344 号。

**图书在版编目（CIP）数据**

Three.js 权威指南：在网页上创建 3D 图形和动画的方法与实践：原书第 4 版 /（美）乔斯·德克森 (Jos Dirksen) 著；叶伟民译．-- 北京：机械工业出版社，2025. 2. --（Web 开发技术丛书）. -- ISBN 978-7-111-77133-3

Ⅰ. TP312.8

中国国家版本馆 CIP 数据核字第 2024RW2103 号

机械工业出版社（北京市百万庄大街 22 号　邮政编码 100037）

策划编辑：王春华　　　　　　　　责任编辑：王春华　冯润峰

责任校对：甘慧彤　马荣华　景　飞　　责任印制：单爱军

保定市中画美凯印刷有限公司印刷

2025 年 2 月第 1 版第 1 次印刷

186mm × 240mm · 26 印张 · 532 千字

标准书号：ISBN　978-7-111-77133-3

定价：129.00 元

| 电话服务 | 网络服务 |
| --- | --- |
| 客服电话：010-88361066 | 机　工　官　网：www.cmpbook.com |
| 010-88379833 | 机　工　官　博：weibo.com/cmp1952 |
| 010-68326294 | 金　　书　　网：www.golden-book.com |
| **封底无防伪标均为盗版** | 机工教育服务网：www.cmpedu.com |

# *Preface* 前　言

Three.js 在过去几年中已经成为创建令人惊叹的 3D WebGL 内容的标准方式。在本书中，我们将探讨 Three.js 的所有特性，并提供额外的内容，包括如何将 Three.js 与 Blender、React、TypeScript 以及最新的物理引擎进行集成。

在本书中，你将学习如何在浏览器中直接创建和动画化沉浸式 3D 场景，充分利用 WebGL 和现代浏览器的潜力。

本书从 Three.js 使用的基本概念和模块开始，并通过大量的示例和代码帮助你详细了解这些基本主题。你还将学习如何使用纹理和材质创建逼真的 3D 对象。除了手动创建这些对象之外，我们还将解释如何从外部文件加载现有模型。接下来，你将了解如何使用 Three.js 内置的相机控件轻松控制相机，这将使你能够在你创建的 3D 场景中飞行或行走。然后，后面的章节将向你展示如何将 HTML5 视频和 canvas 元素用作 3D 对象的材质并为你的模型添加动画。你将学习如何使用变形和蒙皮动画，了解如何将物理效果（如重力和碰撞检测）添加到场景中。最后，我们将解释如何将 Blender 与 Three.js 结合使用，如何将 Three.js 与 React 和 TypeScript 集成，以及如何使用 Three.js 创建 VR（Virtual Reality，虚拟现实）和 AR（Augmented Reality，增强现实）场景。

通过阅读本书，你将掌握使用 Three.js 创建 3D 动画图形所需的技能。

## 目标读者

本书专为 JavaScript 开发者编写，旨在帮助他们掌握 Three.js 库的用法。

### 本书内容

第 1 章将介绍 Three.js 库，介绍如何设置你的开发环境，并展示如何创建你的第一个应用程序。

第 2 章将解释 Three.js 的核心概念，并介绍每个 Three.js 应用程序所需的基本组件。

第 3 章将介绍你可以在 Three.js 中使用的所有光源，以及如何将光源添加到你的 Three.js 场景中。

第 4 章将概述在使用 Three.js 创建可视化对象时可以使用的不同材质。

第 5 章将解释 Three.js 提供的基本几何体，以及如何使用和自定义它们。

第 6 章将详细解释 Three.js 提供的高级几何体。

第 7 章将描述如何在屏幕上创建和操作大量的点和精灵，以及如何更改这些点的外观。

第 8 章将提供关于如何组合和合并对象，以及如何从外部源加载现有模型的示例和说明。

第 9 章将介绍 Three.js 提供的不同相机控制方式，并解释在 Three.js 中动画是如何工作的，以及如何从外部源加载动画。

第 10 章将概述 Three.js 中提供的不同类型的纹理，并介绍如何使用它们来配置 Three.js 材质。

第 11 章将描述如何向场景添加渲染后期处理效果，如模糊、光晕和颜色调整。

第 12 章将介绍 Rapier 物理引擎库，它可以让你的对象相互作用，模拟现实世界。本章还将展示如何向场景添加有向音频。

第 13 章将提供有关如何将 Blender 与 Three.js 集成、交换模型以及使用 Blender 烘焙纹理的信息。

第 14 章将展示如何将 Three.js 与 React 和 TypeScript 结合使用，并概述 Three.js 对 Web-XR 标准的支持，以及如何创建 VR 和 AR 场景。

# 充分利用本书

阅读本书不需要具备太多的预备知识。唯一的要求是需要掌握一些基本的 JavaScript 知识。本书提供了有关如何设置开发环境、安装任何附加工具和库以及运行示例的说明。

| 本书涵盖的软件 | 操作系统要求 |
| --- | --- |
| Three.js r147 | Windows、macOS 或 Linux |

## 下载示例代码文件

你可以从 GitHub 上的 `https://github.com/PacktPublishing/Learn-Three.js-Fourth-edition` 下载本书的示例代码文件。如果代码有更新，则将在 GitHub 存储库中更新。

# About the Author 关于作者

Jos Dirksen 拥有近 20 年的软件开发和架构设计经验。他具有广泛的技术经验，涵盖了从后端技术（如 Java、Kotlin 和 Scala）到前端开发（使用 HTML5、CSS、JavaScript 和 TypeScript）等多种技术。除了熟练运用这些技术外，Jos 还经常在技术会议上发表演讲，并在他的博客上分享关于新技术和有趣技术的文章。他还喜欢尝试新技术，并探索如何最好地利用它们来创建美观的数据可视化。

他目前作为一名自由职业的全栈工程师，参与多个 Scala 和 TypeScript 项目。

在之前的工作中，Jos 在私营公司（如 ING、ASML、Malmberg 和 Philips）和国营机构（如美国国防部和荷兰鹿特丹港）担任过许多不同的角色。

我要感谢在我撰写本书期间给予我支持的人们。特别感谢我的妻子 Brigitte，她一直在我身边支持我，以及我的妈妈 Gerdie，她总是愿意帮助我们！

# 关于审校者 About the Reviewer

George Oscar Eugene Campbell 自 2017 年以来一直从事 JavaScript 开发工作。他在 Three.js、Next.js 和 TypeScript 方面都有丰富的经验。他热爱编程所提供的自然创造力，并热衷于探索事物的艺术方面。

John Cotterell 已从事前端创意开发工作 20 年。他的专业领域包括 Three.js 开发，以及 AR、VR 和相关的 Web 技术。最近，他花时间熟悉了 Web 音频 API、GLSL 和较新的 WebGPU 标准，并且目前正在开发自己的第一款商业游戏。

他居住在英国的贝德福德，除了玩游戏或开发游戏，他还喜欢花时间与他的女儿 Shannon 一起参观艺术画廊。

Mrunal Sawant 技术高超，他广泛使用 Three.js 开发了各种可视化项目。他获得了工业数学与计算机应用的硕士学位。他是 3D 可视化、CAD/BIM 以及数据互操作性（CAD 数据交换）方面的技术专家。

Mrunal 非常重视自己的事业，并通过积极参加体育运动和周游全国来践行他的座右铭“努力工作，尽情玩耍”（Work hard and play hard）。

# Contents 目　录

## 第二部分　Three.js 核心组件

## 第四部分 后期处理、物理模拟和音频集成

第一部分

# 搭建开发环境和运行 Three.js

在第一部分中，我们将介绍 Three.js 的基本概念以及如何搭建开发环境和运行 Three.js 创建的 3D 场景与动画。我们将首先搭建开发环境，然后介绍 Three.js 的核心概念。

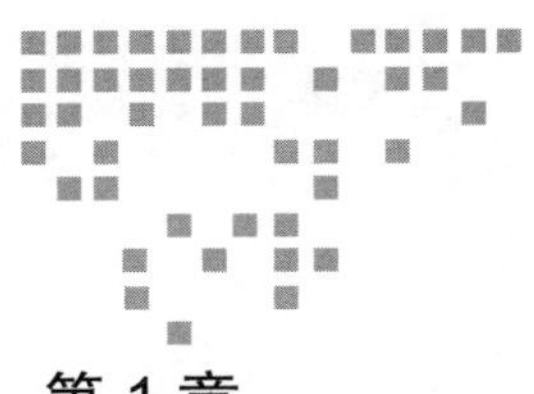

Chapter 1 第 1 章

# 使用 Three.js 创建你的第一个 3D 场景

近年来的现代浏览器支持一些强大的功能，开发者可以使用 JavaScript 来调用这些强大功能。例如，你可以轻松地使用 HTML5 标签添加视频和音频，使用 HTML5 canvas 创建交互式组件。现代浏览器还支持 WebGL。你可以通过 WebGL 直接调用显卡来创建高性能的 2D 和 3D 计算机图形。不过使用 JavaScript 直接从 WebGL 创建和动画化 3D 场景是一个非常复杂、冗长且容易出错的过程。而 Three.js 库让这一切变得非常容易。以下是一些通过 Three.js 库非常容易实现的事情：

- 在任何浏览器中创建和渲染简单的或复杂的 3D 几何体。
- 在 3D 场景中移动和动画化对象。
- 对对象应用纹理和材质。
- 使用不同的光源照亮场景。
- 使用 3D 建模软件创建模型并将其导入 Three.js 应用程序中。
- 给 3D 场景添加高级的后期处理效果。
- 创建和使用自定义着色器。
- 创建、可视化和动画化点云。
- 创建虚拟现实和增强现实场景。

通过几行 JavaScript 代码（或者稍后在本书中学到的 TypeScript），你就可以在浏览器中实时渲染任何东西，包括从简单的 3D 模型到逼真的场景。图 1.1 是一个使用 Three.js 实现的示例（你可以直接在浏览器中打开 `https://threejs.org/examples/webgl_animation_keyframes.html` 来查看其动画效果）。

图 1.1　使用 Three.js 渲染和动画化的场景示例

本章我们将直接深入研究 Three.js，并创建一些示例，以展示 Three.js 的工作原理，你可以通过尝试这些示例来了解 Three.js 的一些基本功能。我们不会在本章深入讨论所有的技术细节，而是在后续章节中详细介绍它们。在本章结束时，你将能够创建一个场景，并运行和探索本书中的所有示例。

我们将首先简要介绍 Three.js，然后简单讲述几个示例和代码片段。在开始之前，我们快速了解一下目前浏览器对 WebGL（和 WebGPU）的支持程度。

---

**提示**　目前所有现代桌面浏览器以及移动浏览器均支持 WebGL。然而，比较旧版本的 IE 浏览器（11 版之前的版本）尚无法运行基于 WebGL 的应用程序。移动设备上的大多数浏览器都支持 WebGL。因此，你可以使用 WebGL 创建在桌面和移动设备上运行得非常好的交互式 3D 可视化。

本书我们将重点关注 Three.js 提供的基于 WebGL 的渲染器。然而，Three.js 不仅支持 WebGL 渲染器，还支持 CSS 3D 渲染器，你可以通过一个简单的 API 调用 CSS 3D 渲染器来创建基于 CSS 3D 的 3D 场景。使用基于 CSS 3D 的方法的主要优势是，所有移动和桌面浏览器都支持 CSS 3D 技术，另外 CSS 3D 可以直接在 3D 空间中渲染 HTML 元素（WebGL 不支持）。具体技术细节我们不在此深入介绍，详见第 7 章的相关示例。

> 除了 WebGL，还有一种在浏览器中使用 GPU 进行渲染的新标准——WebGPU，它的性能比 WebGL 更好，并且在未来可能会成为新的标准。不过因为 Three.js 的封装，所以当你使用 Three.js 时并不需要担心这个变化。Three.js 已经开始支持 WebGPU，尽管目前支持还不完善，随着 WebGPU 标准的发展和成熟，Three.js 对 WebGPU 的支持也将不断改进和完善。因此，你使用 Three.js 创建的内容未来可以直接在 WebGPU 上运行，而无须任何修改。

我们将创建一个能够在桌面或移动设备上运行的 3D 场景。我们先介绍 Three.js 的核心概念，然后在后续章节中深入讲解更高级的内容。本章我们将创建两个不同的场景。第一个场景展示了使用 Three.js 渲染的基本几何体，如图 1.2 所示。

图 1.2 Three.js 默认渲染的几何体

然后我们将快速向你展示如何加载外部模型，以及如何轻松创建逼真的场景。第二个场景的结果如图 1.3 所示。

在开始这些示例之前，在接下来的几节，我们将介绍如何使用 Three.js 以及如何下载本书所展示的示例。

本章我们将涵盖以下主题：

- ❑ 使用 Three.js 的基本要求。
- ❑ 下载本书使用的源代码和示例。

❑ 测试和实验示例。
❑ 渲染和查看 3D 对象。
❑ 介绍一些用于统计和控制场景的辅助工具。

图 1.3　加载外部模型并渲染

## 1.1　技术要求

Three.js 是一个 JavaScript 库，因此创建一个 Three.js WebGL 应用程序非常简单，你只需要一个文本编辑器来编写 JavaScript 代码，以及任何一个支持 WebGL 的浏览器来渲染结果。我推荐以下文本编辑器，我在过去的几年里广泛使用它们进行各种项目：

❑ Visual Studio Code：这是一款由微软开发的免费编辑器，适用于所有主流平台，并提供基于类型、函数定义和导入库的优秀语法高亮显示和智能补全。它提供了一个非常清爽的界面，非常适合开发 JavaScript 项目。你可以从 `https://code.visualstudio.com/` 下载它。如果你不想下载这个编辑器，那么可以直接访问 `https://vscode.dev/`，在浏览器中直接启动编辑器，通过这个编辑器，你可以连接到 GitHub 存储库或访问本地文件系统中的目录。
❑ WebStorm：这是一款由 JetBrains 开发的编辑器，它提供了对 JavaScript 代码的强大支持。它支持代码补全、自动部署和 JavaScript 调试（可以直接在编辑器中进行）。此外，WebStorm 还支持 GitHub 和其他版本控制系统。你可以从 http://www.jetbrains.com/webstorm/ 下载试用版本。

- **Notepad++**：Notepad++ 是一款通用的文本编辑器，支持多种编程语言的代码高亮显示。Notepad++ 能够轻松地对 JavaScript 代码进行布局和格式化。注意，Notepad++ 仅适用于 Windows 操作系统。你可以从 http://notepad-plus-plus.org/ 下载 Notepad++。
- **Sublime Text Editor**：Sublime 是一款优秀的编辑器，为编辑 JavaScript 提供了非常好的支持。此外，它提供了许多非常有帮助的选择（如多行选择）和编辑选项，一旦你习惯了它们，这些选项就会提供一个非常好的 JavaScript 编辑环境。Sublime 也可以免费试用，你可以从 http://www.sublimetext.com/ 下载。

除了这些编辑器之外，还有很多其他的编辑器可以使用，包括开源和商业软件，你可以使用这些编辑器来编辑 JavaScript 并创建 Three.js 项目，因为你只需要能够编辑文本即可。其中，AWS Cloud9（http://c9.io）是一个基于云的 JavaScript 编辑器，可以连接到 GitHub 账号。通过这种方式，你可以直接访问本书的所有源代码和示例，并进行实验。

---

提示 除了可以使用这些基于文本的编辑器来编辑和实验本书中的源代码之外，你还可以使用 Three.js 提供的在线编辑器。

使用这个编辑器（可以在 http://threejs.org/editor/ 找到），你可以使用图形化方法创建 Three.js 场景。

---

我建议选择 Visual Studio Code。它是一个非常轻量级的编辑器，对 JavaScript 具有极好的支持，并且还可以安装一些扩展来让编写 JavaScript 应用程序变得更加容易。

前面我提到，大多数现代 Web 浏览器都支持 WebGL，并且可以运行 Three.js 示例。我通常使用 Firefox 运行我的代码，因为在通常情况下，Firefox 对 WebGL 具有最好的支持和性能，并且拥有出色的 JavaScript 调试器。使用 Firefox 的调试器，你可以通过断点和控制台输出等方法快速定位问题，如图 1.4 所示。

---

提示 本书中的所有示例在 Chrome 和 Firefox 中都可以一样正常运行。因此，你可以选择你喜欢的浏览器。

---

我会在后续章节提供一些关于调试器使用和其他调试技巧的建议。简介部分到此结束，现在让我们获取源代码并开始第一个场景。

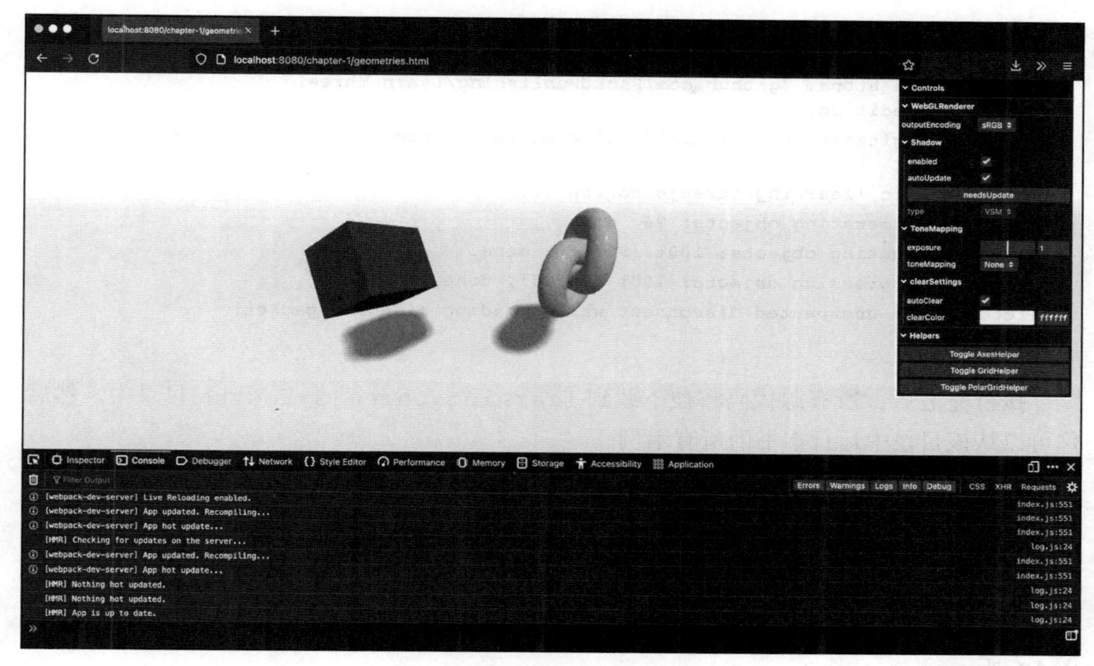


图 1.4　Firefox 调试器

## 获取源代码

本书的所有代码都可以在 GitHub 上找到（`https://github.com/PacktPublishing/Learn-Three.js-Fourth-edition`）。GitHub 是一个提供在线 Git 存储库托管服务的网站。你可以使用 Git 存储库来存储、访问和版本化源代码。你可以通过多种方式获取本书的源代码。例如以下两种：

- 克隆 Git 存储库。你可以使用 `git` 命令行工具获取本书源代码的最新版本。
- 可以从 GitHub 下载包含所有内容的压缩包到本地，然后将其解压。

现在我们详细讲解一下这两种方式。

### 克隆 Git 存储库

你可以使用 `git` 命令行工具克隆存储库。首先你需要下载操作系统对应的 Git 客户端安装程序。有些操作系统默认安装了 Git。你可以在终端运行以下命令快速确认这一点：

```
$ git --version
git version 2.30.1 (Apple Git-130)
```

如果默认没有安装 Git，那么你可以在 `http://git-scm.com` 下载客户端然后按照安装说明进行安装。安装完 Git 之后，你可以使用 `git` 命令行工具克隆本书的存储库。

打开命令行工具并转到要下载源代码的目录。在该目录中运行以下命令：

```
$ git clone https://github.com/PacktPublishing/Learn-Three.
js-Fourth-edition.
git clone git@github.com:PacktPublishing/Learn-Three.js-Fourth-
edition.git
Cloning into 'learning-threejs-fourth'...
remote: Enumerating objects: 96, done.
remote: Counting objects: 100% (96/96), done.
remote: Compressing objects: 100% (85/85), done.
fetch-pack: unexpected disconnect while reading sideband packet
...
```

执行完之后，所有源代码将被下载到 `learning-threejs-fourth` 目录中。然后你可以从该目录中运行本书的所有示例。

### 下载和解压压缩包

如果你不想通过前面 `git` 方式直接从 GitHub 下载源代码，那么你也可以下载源代码压缩包。在浏览器中打开 `https://github.com/PacktPublishing/Learn-Three.js-Fourth-edition`，然后单击右侧的 **Code** 按钮。然后单击 **Download ZIP** 即可，如图 1.5 所示。

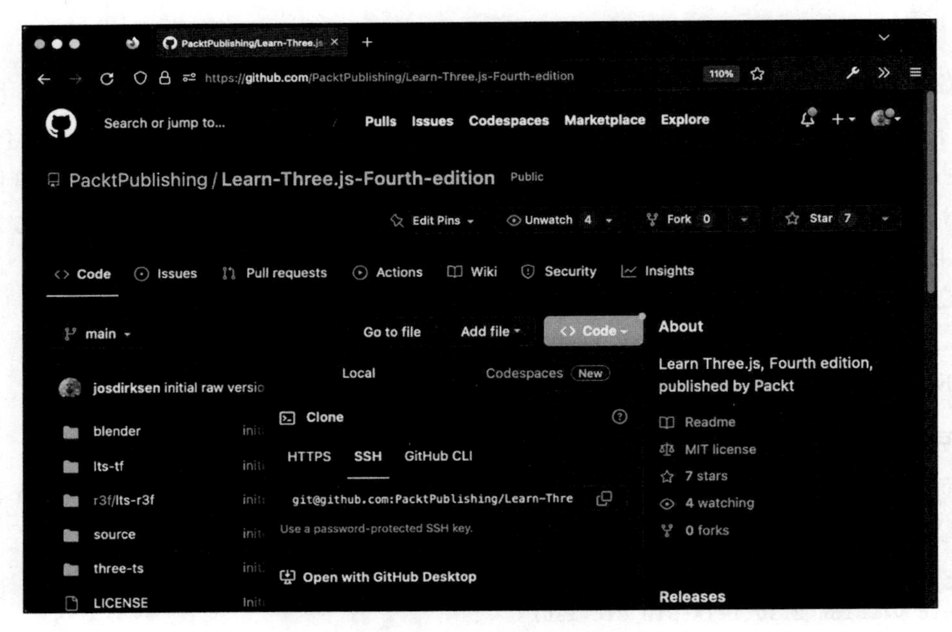


图 1.5 从 GitHub 下载源代码压缩包

下载完之后将其解压到你选择的目录，你就可以使用所有示例了。

现在你已经下载或克隆了源代码，接下来让我们快速检查一下是否一切正常，并熟悉一下目录结构。

## 1.2 测试和实验示例

本书配套代码和示例是按章组织的，不过我们先需要运行一个简单的集成服务器才能访问所有这些示例。要启动并运行这个服务器，我们需要安装 Node.js 和 npm。安装 Node.js 和 npm 是为了能够管理 JavaScript 包和构建 JavaScript 应用程序。这些工具使得 Three.js 代码的模块化变得更容易，并且能够更方便地整合现有的 JavaScript 库。

要安装这两个工具，请转到网站 `https://nodejs.org/en/download/`，然后选择适合操作系统的安装程序。安装完毕之后，请打开终端检查是否安装成功。安装成功的话，会显示以下信息（工具的对应版本）：

```
$ npm --version
8.3.1
$ node --version
v16.14.0
```

安装完这些工具之后，我们还需获取所有需要的外部依赖项，然后才能构建和使用示例：

1. 首先我们需要下载示例中使用的外部库。例如，需要下载 Three.js 等依赖项。
   我们需要在下载或提取所有示例的目录中运行以下命令来下载所有依赖项：

   ```
   $ npm install
   added 570 packages, and audited 571 packages in 21s
   ```

   运行上述命令将开始下载所有所需的 JavaScript 库，并存储在 `node_modules` 文件夹中。
2. 然后我们需要构建示例。我们可以使用 `npm` 将源代码和外部库合并成一个文件来构建示例。
   使用 `npm` 构建示例的命令如下：

   ```
   $ npm run build
   > ltjs-fourth@1.0.0 build
   > webpack build
   ...
   ```

   注意：上述两个命令你只需要运行一次。
3. 现在所有示例都已经构建完成。不过要访问这些示例，你还需要启动一个 Web 服务器。你只需要运行以下命令即可启动这个 Web 服务器：

```
$ npm run serve
> ltjs-fourth@1.0.0 serve
> webpack serve -open
<i> [webpack-dev-server] Project is running at:
<i> [webpack-dev-server] Loopback: http://localhost:8080/
<i> [webpack-dev-server] On Your Network (Ipv4):
http://192.168.68.144:8080/
<i> [webpack-dev-server] On Your Network (Ipv6): http://
[fe80::1]:8080/
…
```

在运行了 npm run serve 命令之后，npm 通常会自动打开默认的浏览器，然后导航到 http://localhost:8080。如果浏览器没有自动打开，那么你可以手动打开浏览器，并导航到 http://localhost:8080。你将会看到一个包含所有章的概览。然后每章子目录下包含了该章的示例，如图 1.6 所示。

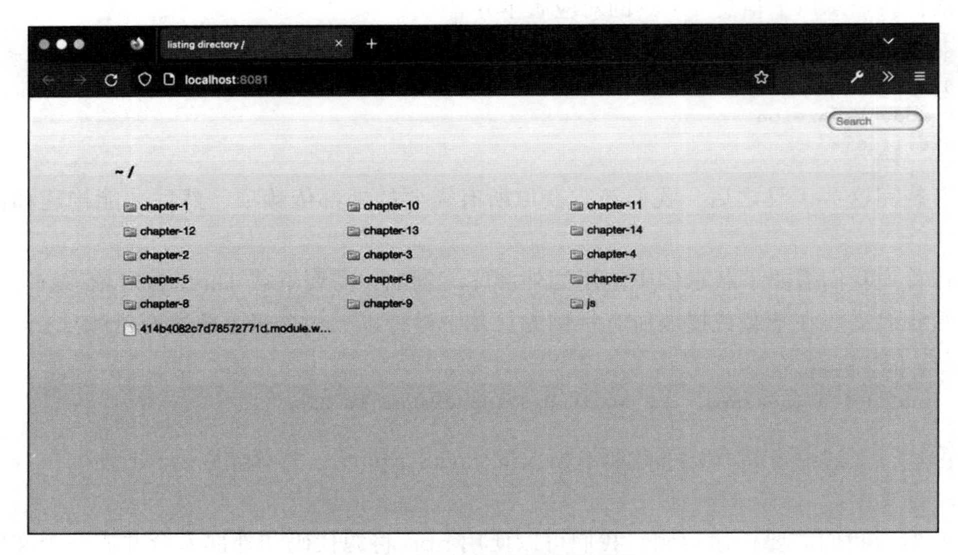


图 1.6　所有章和示例的概览

这个 Web 服务器有一个非常有趣的功能：如果对源代码进行修改并保存，那么浏览器中的示例将立即反映这些更改，而无须刷新浏览器或执行其他操作，我们就可以看到修改后的效果，从而使测试更改变得更加方便。例如，如果你通过运行 npm run serve 启动了服务器，那么你可以在编辑器中打开 chapter-01/geometries.js 示例文件进行更改，保存更改后，你会发现浏览器中的内容也同时被更改了。这使测试更改和微调颜色与光源变得更加方便。例如，在代码编辑器中打开 chapter-01/geometries.js 文件，并在浏览器中打开 http://localhost:8080/chapter-01/geometries.html 示例，就可以看到实际效果。然后在编辑器中更改立方体的颜色，即找到以下代码：

```
initScene(props)(({ scene, camera, renderer, orbitControls })
=> {
  const geometry = new THREE.BoxGeometry();
  const cubeMaterial = new THREE.MeshPhongMaterial({
    color: 0xFF0000,
  });
```

将其更改为以下内容：

```
initScene(props)(({ scene, camera, renderer, orbitControls })
=> {
  const geometry = new THREE.BoxGeometry();
  const cubeMaterial = new THREE.MeshPhongMaterial({
    color: 0x0000FF,
  });
```

现在，在你保存文件之后，你会立即看到浏览器中立方体颜色发生了变化，而无须刷新浏览器或执行其他操作。

提示　本书使用的方法只是开发 Web 应用程序的多种不同方法之一。你可以使用其他方法，例如，直接在 HTML 文件中包含 Three.js（和其他库），或者使用 import-maps 方法，就像在 Three.js 网站上的示例那样。所有这些方法都有各自的优缺点。为了方便读者实验和获得直接的反馈，本书选择了最接近实际开发流程的方法。

要理解 Three.js 应用程序中各个组件是如何协同工作的，可以查看在浏览器中打开的 HTML 文件。

## 1.3　探索 Three.js 应用程序的 HTML 结构

这里我们以 `geometries.html` 文件为例探索一下 Three.js 应用程序的 HTML 结构。你可以在浏览器中查看源代码或在你下载本书源代码的目录的 `dist/chapter-1` 子目录中打开该文件来查看 `geometries.html` 文件的源代码：

```
<!DOCTYPE html>
<html>
<head>
  <meta charset="utf-8">
  <style>
    body {
```

```
      margin: 0;
    }
  </style>
  <script defer src="../js/vendors-node_modules_three_
    build_three_module_js.js"></script>
  <script defer src="../js/vendors-node_modules_lil-gui_
    dist_lil-gui_esm_js.js"></script>
  <script defer src="../js/vendors-node_modules_three_
    examples_jsm_controls_OrbitControls_js.js"></script>
  <script defer src="../js/geometries.js"></script>
</head>
<body>
</body>
</html>
```

以上这些代码是在你运行 `npm run build` 命令之后生成的。在 `npm run build` 构建过程中，它会将所有使用的源代码和外部库组合成独立的源文件（称为 bundle），然后将它们添加到该页面中。所以你并不需要手工编写这个 `geometries.html` 文件。文件开头的前三个 `<script>` 标签指向我们使用的所有外部库。本书的后续章节我们还将介绍其他一些库，如 React.js 和 Tween.js。它们将以同样的方式自动包含在内。在这个示例中，除了 `<script>` 标签外，HTML 文件中只包含 `<style>` 和 `<body>` 元素。`<style>` 用于禁用页面中的任何边距，从而能够使用整个浏览器视口来显示 3D 场景。然后我们将使用 JavaScript 编程的方式，往空白的 `<body>` 元素中动态添加 3D 场景，细节将在 1.4 节详细描述。

如果你希望直接在网页中添加一些自定义的 HTML 元素，当然也是可以的。具体操作是：在你下载的代码根目录中，你会找到一个 `template.html` 文件（`npm` 构建命令将使用它来创建这些示例的最终 HTML 文件）。你可以在这个 `template.html` 文件中直接添加任何内容。更深入的工作原理我们不在此讨论，因为超出了本书的范围。但是如果你想了解更多信息，可以参考以下关于 webpack 的资源：

- webpack 入门指南：`https://webpack.js.org/guides/getting-started/`。这个网站包含了一个教程，解释了为什么我们需要在 JavaScript 开发中使用 webpack，以及 webpack 的基本概念和工作原理。
- HTML webpack 插件的相关信息：`https://github.com/jantimon/html-webpack-plugin`。这个链接包含了关于构建过程中使用的 webpack 插件的详细信息，该插件用于将源代码打包生成供浏览器直接运行的 HTML 页面。

注意：在使用 Three.js 时，我们不需要显式地初始化场景或调用 JavaScript 代码，Three.js 会自动执行这一过程。每当页面加载并引入 `geometries.js` 文件时，其中的 Three.js 代码会被自动执行，并使用 Three.js 创建和渲染一个 3D 场景。

现在我们已经在页面上引入了必要的 Three.js 库，下面可以创建和渲染第一个场景了。

## 1.4　渲染和查看 3D 对象

本节你将创建你的第一个场景，这是一个简单的 3D 场景，如图 1.7 所示。

图 1.7　一个包含两个标准几何体的简单 3D 场景

图 1.7 中有两个旋转的对象。这些对象称为网格。网格描述了对象的几何形状，并包含对象材质的相关信息。网格通过一些属性（例如，颜色、是否具有光泽度或透明度等）来确定对象在屏幕上呈现出的外观。

在图 1.7 中，我们可以看出有三个网格，如表 1.1 所示。

**表 1.1　场景中对象的概览**

| 对象 | 描述 |
| --- | --- |
| 地面（Plane） | 一个用作地面区域的二维矩形。在图 1.7 中，我们可以这样找到它：它展示了两个网格对象投射的阴影。我们将创建一个非常大的矩形，以便你不会看到任何边缘 |
| 立方体（Cube） | 一个三维立方体，位于图 1.7 左侧 |
| 环状结（Torus knot） | 一个环状结，位于图 1.7 右侧 |

在接下来的几小节中我们将讲述如何做出图 1.7 这个效果。

### 1.4.1 设置场景

每个 Three.js 应用程序至少需要一个相机（camera）、一个场景（scene）和一个渲染器（renderer）。**场景**是一个容器，用于容纳所有对象（网格、相机和光源），**相机**用于确定需要渲染的场景部分，**渲染器**负责将相机视野中的场景渲染到屏幕上，这三者共同构成了 Three.js 渲染 3D 场景的基本流程。

我们讲解的所有代码都可以在 `chapter-1/getting-started.js` 文件中找到。该文件的基本结构如下：

```
import * as THREE from "three";
import Stats from 'three/examples/jsm/libs/stats.module'
import { OrbitControls } from 'three/examples/jsm/controls/
OrbitControls'
// create a scene
...
// setup camera
...
// setup the renderer and attach to canvas
...
// add lights
...
// create a cube and torus knot and add them to the scene
...
// create a very large ground plane
...
// add orbitcontrols to pan around the scene using the
   mouse
...
// add statistics to monitor the framerate
...
// render the scene
```

对于每个 Three.js 场景，你可能都需要执行这些相同的步骤。为了简化示例代码，我们会将一些通用的设置代码（如添加相机、灯光、场景等）提取到一些辅助文件中，这样每个示例文件中只需要包含与该示例相关的代码，而不需要重复编写通用的设置代码，从而使得示例代码更加简洁并专注于演示 Three.js 的不同特性。具体参见本章末尾。接下来我们将逐步介绍创建 Three.js 场景的基本步骤和组件。

首先，我们必须创建一个 `THREE.Scene`。`THREE.Scene` 是一个基本的容器，用于存放场景中的所有网格、光源和相机，并具有一些简单的属性（我们将在第 2 章中更深入地探讨这些属性）：

```
// basic scene setup
const scene = new THREE.Scene();
scene.backgroundColor = 0xffffff;
scene.fog = new THREE.Fog(0xffffff, 0.0025, 50);
```

以上代码将创建一个容器对象来保存所有的对象，然后将该场景的背景颜色设置为白色（0xffffff），并在场景中启用雾效果。启用雾效果之后，离相机越远的对象会逐渐被雾遮挡，呈现模糊的效果。

下一步是创建相机和渲染器：

```
// setup camera and basic renderer
const camera = new THREE.PerspectiveCamera(
  75,
  window.innerWidth / window.innerHeight,
  0.1,
  1000
);
camera.position.x = -3;
camera.position.z = 8;
camera.position.y = 2;
// setup the renderer and attach to canvas
const renderer = new THREE.WebGLRenderer({ antialias: true
  });
renderer.outputEncoding = THREE.sRGBEncoding;
renderer.shadowMap.enabled = true;
renderer.shadowMap.type = THREE.VSMShadowMap;
renderer.setSize(window.innerWidth, window.innerHeight);
renderer.setClearColor(0xffffff);
document.body.appendChild(renderer.domElement);
```

在以上代码中，我们创建了一个透视相机（PerspectiveCamera），它决定了场景中的哪部分将被渲染。这里我们先不需要关注具体参数，因为我们将在第 3 章详细讨论这些参数。我们为相机设置 x、y、z 坐标位置来指定相机在三维空间中的位置，使其能够从特定的角度观察场景。相机的默认设置是朝向场景的中心点（即坐标为 (0,0,0) 的位置），因此我们不需要修改相机的目标点，它已经正确地指向了场景的中心。

在上述代码中，我们还创建了一个 WebGLRenderer，我们将用它来渲染从相机看到的场景。现在先忽略代码涉及的其他属性，稍后我们会解释这些内容，包括如何调整颜色和处理阴影。一个有趣的部分是 document.body.appendChild(renderer.domElement)。这一步将在页面上添加一个 HTML 画布（canvas）元素，用于显示渲染器的输出。当你使用浏览器开发者工具的“检查”（Inspector）面板查看页面时，可以看到添加到页面中的这个 canvas 元素，如图 1.8 所示。

图 1.8 Three.js 添加的画布

到目前为止，我们有了一个空的 THREE.Scene、一个 THREE.PerspectiveCamera 和一个 THREE.WebGLRenderer。现在我们只要向场景添加一些对象，就可以在屏幕上看到渲染的结果。不过在添加对象到场景之前，我们还需要先添加一些额外的组件：

- **轨道控制**：这允许你使用鼠标来旋转和平移场景。
- **光源**：通过添加光源，我们可以使用更高级的材质，产生阴影效果，并且整体上让场景看起来更加美观。

接下来我们先添加光源。

## 1.4.2 添加光源

如果场景中没有光源，则大部分材质将被渲染成黑色。所以，为了看到我们的网格（并产生阴影），我们将在场景中添加一些光源。在本例中，我们将添加两个光源：

- THREE.AmbientLight：是一种基本的光源，它会以相同的强度和颜色影响场景中的所有对象，使得所有对象都能获得一些基础的光照效果。
- THREE.DirectionalLight：是一种方向光源，其光线平行投射到场景中。这种光源通常用来模拟太阳光或类似平行光的效果。

以下是添加光源的详细代码：

```
// add lights
scene.add(new THREE.AmbientLight(0x666666))
const dirLight = new THREE.DirectionalLight(0xaaaaaa)
dirLight.position.set(5, 12, 8)
dirLight.castShadow = true
// and some more shadow related properties
```

这些光线可以有多种配置方式，具体将在第 3 章详细解释。现在我们已经准备好了渲染场景所需的全部组件，接下来我们将添加网格。

### 1.4.3　添加网格

通过以下代码，我们在场景中创建了三个网格：

```
// create a cube and torus knot and add them to the scene
const cubeGeometry = new THREE.BoxGeometry();
const cubeMaterial = new THREE.MeshPhongMaterial({ color:
  0x0000FF });
const cube = new THREE.Mesh(cubeGeometry, cubeMaterial);
cube.position.x = -1;
cube.castShadow = true;
scene.add(cube);
const torusKnotGeometry = new THREE.
TorusKnotBufferGeometry(0.5, 0.2, 100, 100);
const torusKnotMat = new THREE.MeshStandardMaterial({
  color: 0x00ff88,
  roughness: 0.1,
});
const torusKnotMesh = new THREE.Mesh(torusKnotGeometry,
torusKnotMat);
torusKnotMesh.castShadow = true;
torusKnotMesh.position.x = 2;
scene.add(torusKnotMesh);
// create a very large ground plane
const groundGeometry = new THREE.PlaneBufferGeometry(10000,
  10000)
const groundMaterial = new THREE.MeshLambertMaterial({
  color: 0xffffff
})
const groundMesh = new THREE.Mesh(groundGeometry,
groundMaterial)
groundMesh.position.set(0, -2, 0)
groundMesh.rotation.set(Math.PI / -2, 0, 0)
groundMesh.receiveShadow = true
scene.add(groundMesh)
);
```

这里，我们创建了一个立方体、一个环状结和地面。

所有这些网格都遵循相同的思路：

1. 创建形状，即对象的几何体：THREE.BoxGeometry、THREE.TorusKnotBufferGeometry 和 THREE.PlaneBufferGeometry。
2. 创建材质。本例中我们对立方体使用 THREE.MeshPhongMaterial，对环状结使用 THREE.MeshStandardMaterial，对地面使用 THREE.MeshLambertMaterial。立方体的颜色是蓝色，环状结的颜色是绿色，地面的颜色是白色。更具体的细节我们将在第 4 章讲解。
3. 在创建立方体和环状结时，我们通过设置它们的 castShadow 属性为 true 来告诉 Three.js 这些对象能够投射阴影，我们通过设置地面对象的 receiveShadow 属性为 true，让地面能够接收并显示来自立方体和环状结对象的阴影。
4. 最后，我们使用几何体和材质创建一个 THREE.Mesh 对象，并设置其位置，然后将其添加到场景中。

此时我们只需调用 renderer.render(scene, camera)，然后你将在屏幕上看到如图 1.9 所示的结果。

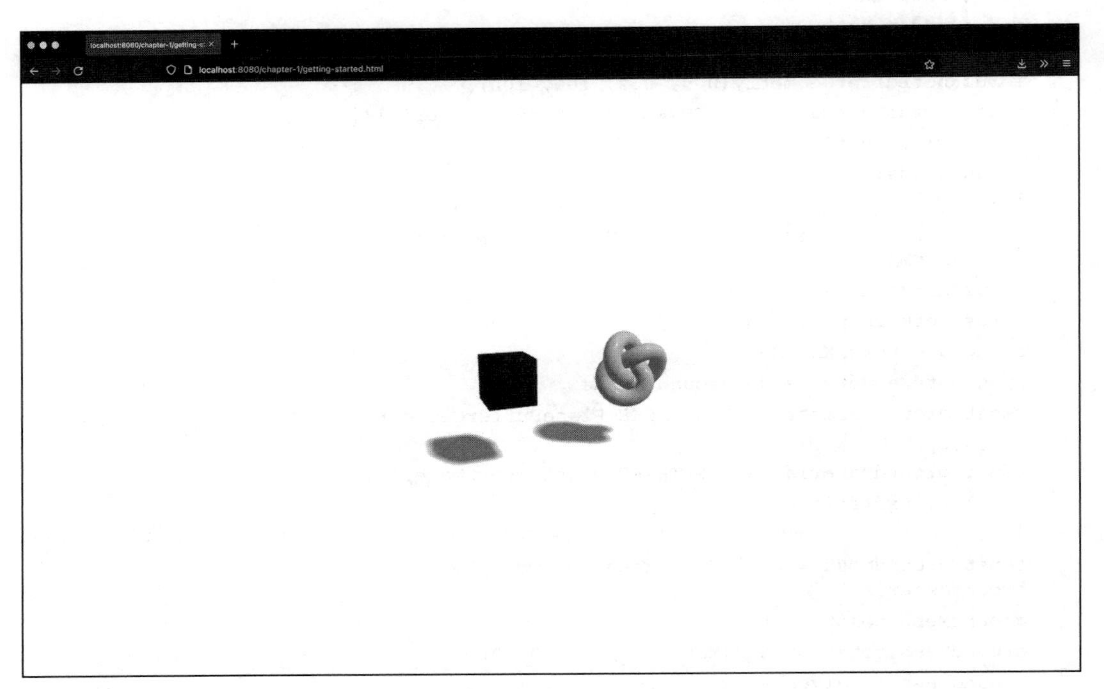


图 1.9 几何体静态渲染的结果

如果你有以上代码的源文件（chapter-01/getting-started.js），那么你可以在编辑器中打开它，然后通过以下练习来进行实验。更改 torusKnot.position.x、torusKnot.position.y 和 torusKnot.position.z 设置，可以在场景中移动环状结（记得要在编辑器中保存文件才能应用更改）。还可以通过更改材质的 color 属性轻松更改网格的颜色。

### 1.4.4　添加动画循环

现在的场景非常静态。你无法移动相机，也没有任何动画。如果我们想要给场景添加动画，那么首先需要找到一种能够在指定时间间隔内重新渲染场景的方法。在 HTML5 和相关 JavaScript API 出现之前，这主要通过使用 setInterval(function, interval) 函数来实现。setInterval 允许我们指定一个函数，每隔指定的时间间隔（例如每 100 毫秒）调用所指定的函数一次。setInterval 函数存在的问题是它不考虑浏览器中实际发生的情况。例如，你已经切换到浏览器的其他标签页了，这个函数仍然会每隔几毫秒触发一次。setInterval 函数定时执行的任务并不会与屏幕重绘同步。这可能导致较高的 CPU 使用率、闪烁等问题，并且性能较差。

幸运的是，现代浏览器提供了更好的方法：requestAnimationFrame 函数。

#### requestAnimationFrame 简介

使用 requestAnimationFrame，你可以指定一个函数在一段时间间隔后被调用。然而，你不需要定义这个时间间隔，它由浏览器定义。你只需要在你所提供的函数中执行任何绘图操作，而浏览器将确保以尽可能平滑和高效的方式进行绘制。使用它很简单。我们只需要添加以下代码：

```
function animate() {
  requestAnimationFrame(animate);
  renderer.render(scene, camera);
}
animate();
```

在上述的 animate 函数中，我们再次调用了 requestAnimationFrame，以保持动画持续进行。我们在代码中唯一需要更改的是，在创建完整场景后，不再直接调用 renderer.render，而是调用一次 animate() 函数来启动动画。如果你现在运行代码，你将看到与之前示例没有任何区别，因为我们还没有往 animate() 函数中添加更新场景的逻辑。然而，在添加更新场景的逻辑之前，我们将介绍一个叫作 stats.js 的小助手库，该库可以提供关于动画运行帧率的信息。该库由 Three.js 的同一作者开发，它可以在浏览器中渲染一个显示场景渲染帧率信息的小图表。

要添加这些统计信息，我们只需要导入正确的模块并将其添加到我们的页面中：

```
import Stats from 'three/examples/jsm/libs/stats.module'
const stats = Stats()
document.body.appendChild(stats.dom)
```

如果你只添加以上代码，那么你会在屏幕左上角看到一个统计计数器，但不会有任何其他效果。原因是我们还需要在 requestAnimationFrame 循环中通知这个元素需要更新。对此，我们只需在 animate 函数中添加以下内容：

```
function animate() {
  requestAnimationFrame(animate);
  stats.update();
  renderer.render(scene, camera);
}
animate();
```

添加完以后，如果你打开 chapter-1/getting-started.html 示例，你将看到屏幕左上角显示了帧率（FPS）计数器，如图 1.10 所示。

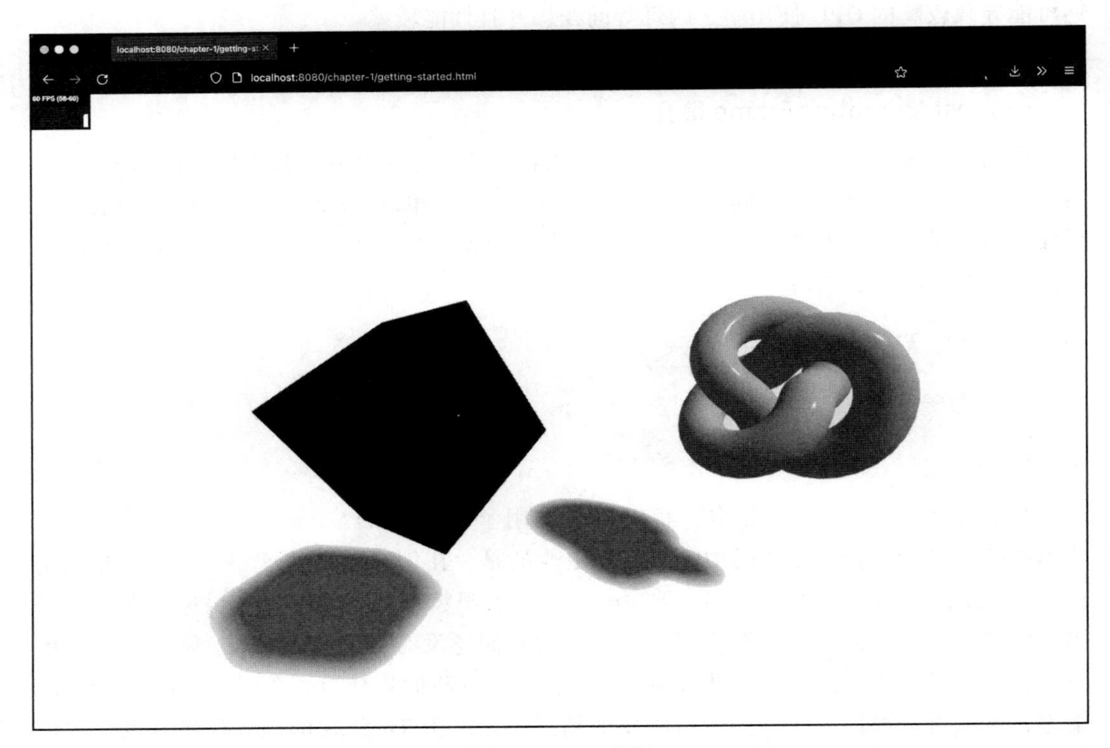


图 1.10 FPS 统计

在这个 chapter-1/getting-started.html 示例中，你已经可以看到环状结

和立方体围绕其轴线移动。接下来我们将解释如何通过扩展 animate() 函数来实现这一点。

### 为网格添加动画效果

通过使用 requestAnimationFrame 并配置好统计信息，我们就有了一个放置动画代码的地方。我们所需要做的就是将以下内容添加到 animate() 函数中：

```
cube.rotation.x += 0.01;
cube.rotation.y += 0.01;
cube.rotation.z += 0.01;
torusKnotMesh.rotation.x -= 0.01;
torusKnotMesh.rotation.y += 0.01;
torusKnotMesh.rotation.z -= 0.01;
```

看起来很简单，不是吗？以上代码所做的是每次调用 animate() 函数时，我们将每个轴的旋转属性增加 0.01，从而使得网格对象平滑地绕其所有轴旋转。如果我们改变网格对象的位置属性，网格对象就可以在场景中移动，而不仅仅是旋转：

```
let step = 0;
animate() {
  ...
  step += 0.04;
  cube.position.x = 4*(Math.cos(step));
  cube.position.y = 4*Math.abs(Math.sin(step));
  ...
}
```

现在我们已经通过改变立方体的旋转属性来让它旋转，我们也要改变它在场景中的位置（position）属性，让它移动起来。我们希望立方体能够以优美、平滑的曲线从场景中的一个点弹到另一个点。为此，我们需要同时更改它在 $x$ 轴和 $y$ 轴上的位置。我们可以结合使用 Math.cos 和 Math.sin 函数与 step 变量来生成平滑的轨迹，创建更加逼真的动画效果。这里我就不详细介绍具体的工作原理了。这里你只需要知道 step+=0.04 定义了弹跳球的速度。如果你想亲自体验这个效果，可以打开 chapter-1/geometries.js 文件，取消 animate() 函数中对相关代码的注释。然后你将在屏幕上看到类似于图 1.11 的立方体在场景中跳跃的效果：

### 启用轨道控制

现在如果你尝试用鼠标移动场景，可能不会发生什么明显的变化。这是因为我们将相机放置在一个固定的位置，并且没有在动画循环中更新它的位置。当然，我们可以像之前对立方体的位置那样手动更新相机的位置，但是 Three.js 提供了一些控件，可以让我们更轻松地实现相机视角的调整，而不需要手动更新相机位置。就这个示例而言，我们将介绍 THREE.OrbitControls。使用这些控件，你可以使用鼠标在场景中移动相机，以查看不同的对象。我们需要做的就是创建这些控件的新实例，将它们附加到相机上，并从我们的动画循环中调用更新（update）函数：

```
const orbitControls = new OrbitControls(camera, renderer.
  domElement)
// and the controller has a whole range of other properties we
can set
function animate() {
  ...
  orbitControls.update();
}
```

图 1.11 立方体跳跃

现在你可以使用鼠标在场景中导航了。这个功能已经在 chapter-1/getting-started.html 示例中启用了，你可以使用该示例来体验实际效果，如图 1.12 所示。

最后我们将在基本场景中添加一个元素。在处理 3D 场景、动画、颜色和属性时，我们往往需要进行一些实验才能获得正确的颜色、动画速度或材质属性。如果我们有一个简单的 GUI（图形用户界面），可以实时调整这些属性，那么将会非常方便。幸运的是，我们真的有这么一个简单的 GUI！

图 1.12　使用轨道控件来缩放场景

### 1.4.5　使用 lil-gui 来控制属性，从而使实验更容易

在前面的例子中，我们为环状结和立方体添加了一点动画。现在我们将创建一个简单的 UI 元素来控制旋转和移动的速度。为此，我们将使用来自 https://lil-gui.georgealways.com/ 的 lil-gui 库。这个库可以让我们快速创建一个简单的控制 UI，从而更容易进行场景实验。我们可以使用以下方式添加它：

```
import GUI from "lil-gui";
...
const gui = new GUI();
const props = {
  cubeSpeed: 0.01,
  torusSpeed: 0.01,
};
```

```
gui.add(props, 'cubeSpeed', -0.2, 0.2, 0.01)
gui.add(props, 'torusSpeed', -0.2, 0.2, 0.01)
function animate() {
  ...
  cube.rotation.x += props.cubeSpeed;
  cube.rotation.y += props.cubeSpeed;
  cube.rotation.z += props.cubeSpeed;
  torusKnotMesh.rotation.x -= props.torusSpeed;
  torusKnotMesh.rotation.y += props.torusSpeed;
  torusKnotMesh.rotation.z -= props.torusSpeed;
  ...
}
```

在以上代码中，我们创建了一个新的控制元素（`new GUI()`），并配置了两个控件：`cubeSpeed` 和 `torusSpeed`。在每个动画步骤中，我们只需要查找 `cubeSpeed` 和 `torusSpeed` 当前值，然后使用这些值来旋转立方体和环状结。现在通过使用 `lil-gui` 库，我们可以在浏览器中实时调整立方体和环状结的旋转速度，而不需要频繁地在浏览器和编辑器之间进行切换。在本书的大多数示例中，我们都会提供这个 UI，以便你可以轻松地尝试不同的材质、光源和其他 Three.js 对象提供的不同属性。在图 1.13 中，你可以在屏幕的右上角看到用于控制场景的控件。

图 1.13 使用控件修改场景属性

在进入本章最后一节之前，我们先简单概述一下到目前为止我们讲述过的内容。你可以想象得出，大多数场景基本上都需要类似的设置。它们都需要一些光源、相机、场景，也许还需要一个地面。为了避免每个示例都要添加所有这些内容，我们将大多数这些常见元素外部化到了一组辅助库中。通过这种方式，我们可以保持示例的简洁性，只展示与该示例相关的代码。如果你对具体细节感兴趣，可以查看 bootstrap 文件夹中的文件。

在之前的示例中，我们在场景中渲染了一些简单的网格，并直接指定了它们的位置。然而，有时候很难确定网格的位置，或者我们应该把它们旋转多少度。对此，Three.js 提供了一些辅助工具，为你提供场景相关的附加信息。在下一节中，我们将介绍其中的一些辅助工具。

## 1.5　辅助工具

在进入第 2 章之前，我们将快速介绍一些辅助工具。这些辅助工具让在场景中定位对象和查看场景中的情况变得更加容易。查看这些辅助工具的实际效果最简单的方式就是打开浏览器中的 chapter-01/porsche.html 示例，如图 1.14 所示。

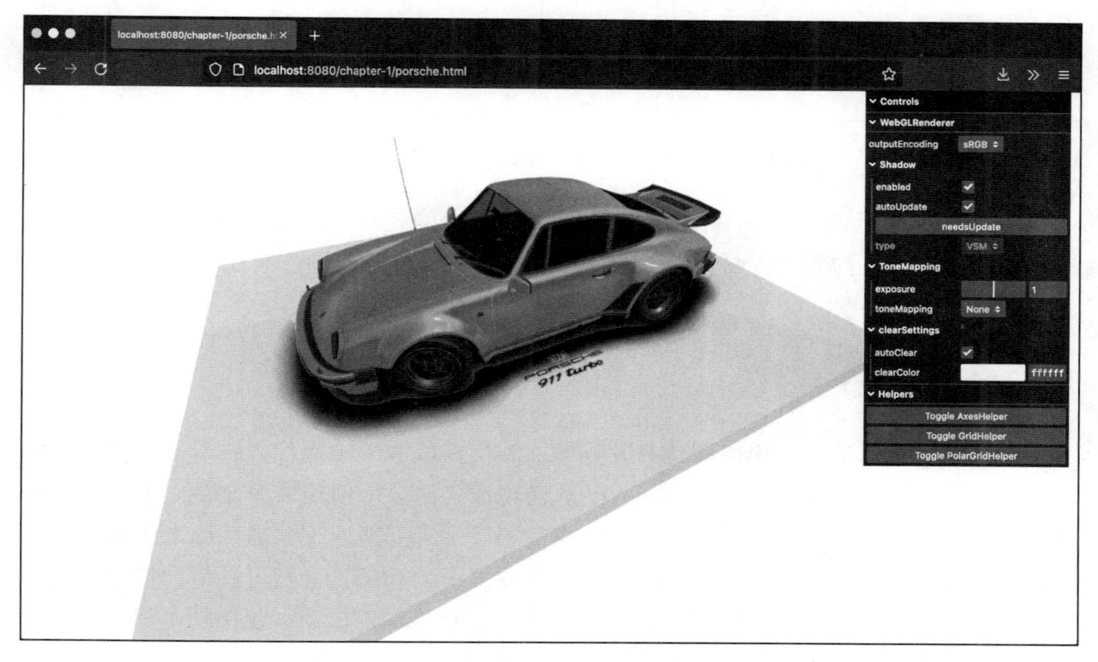


图 1.14　带有辅助工具的保时捷示例

在屏幕的右侧，菜单的底部，你将看到三个控件按钮：Toggle AxesHelper、Toggle GridHelper 和 Toggle PolarGridHelper。当你单击其中任意一个时，Three.js 将在屏幕上添加一个覆盖图层，可以帮助你定位网格，以确定所需的旋转角度并检查对象的大小。例如，切换成 AxesHelper 之后，我们将在场景中看到 $x$、$y$ 和 $z$ 轴，如图 1.15 所示。

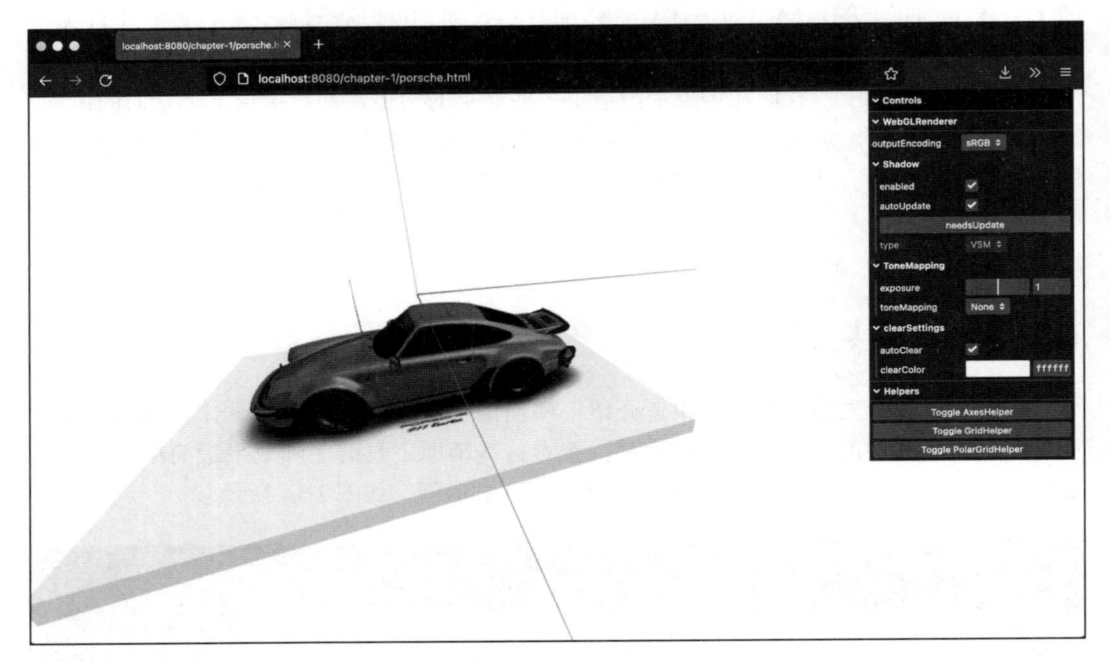


图 1.15 切换成 AxesHelper 之后的保时捷示例

注意：在该示例中，你还可以看到一个更强大的控件 UI，你可以通过它来控制 `WebGLRenderer` 的各个方面。

## 1.6 本章小结

在本章中，你学习了如何搭建开发环境、如何获取本书示例代码，以及如何使用这些示例。然后，你了解到要使用 Three.js 呈现场景，你必须创建一个 `THREE.Scene` 对象，并添加相机、光源和要渲染的对象。我们还展示了如何通过添加动画来扩展这个基本场景。最后，我们介绍了一些辅助工具。我们使用了 lil-GUI（它可以帮助你快速创建控制界面），并添加了一个 FPS 计数器（它提供场景渲染性能反馈，包括帧率和其他相关指标）。

所有这些内容将帮助你理解后续章节中的示例，使你更容易尝试更高级的示例并修改它们以满足自己的需求。在后续章节进行实验时，如果遇到问题或结果不符合预期，你可以回想一下本章所展示的调试方法：使用 JavaScript 控制台获取附加信息，添加调试语句，使用 Three.js 提供的辅助工具或添加自定义控制元素。

第 2 章我们将进一步扩展本章展示的基本设置，并深入学习 Three.js 中最重要的构建块。

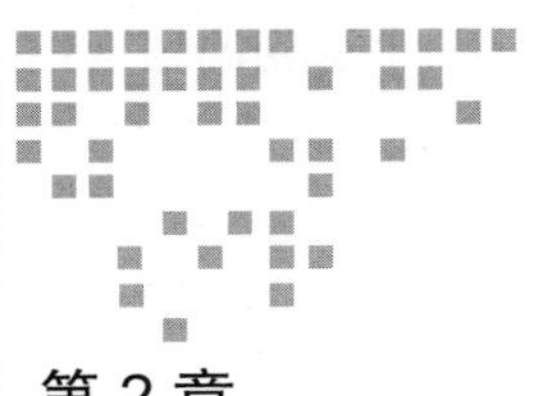

Chapter 2 第2章

# Three.js 应用程序的基本组件

第 1 章介绍了 Three.js 的基础知识，展示了几个例子并且创建了第一个完整的 Three.js 应用程序。本章我们将深入了解 Three.js，并讲述构成 Three.js 应用程序的基本组件。

本章你将学习如何使用在每个 Three.js 应用程序中都可能使用的基本组件，并使用这些基本组件创建简单的场景。学习完本章后，你应该能够轻松使用 Three.js 应用程序中更高级的对象，因为 Three.js 对于简单和高级组件的使用方法是相同的。

本章我们将涵盖以下主题：

- 创建场景。
- 几何体和网格的关系。
- 使用不同的相机创建不同的场景。

我们先从讲解如何创建场景并添加对象开始。

## 2.1 创建场景

第 1 章我们讲述了一些 Three.js 的基础知识。我们发现，要在场景中显示任何东西，我们需要以下四种对象：

- **相机**：决定 `THREE.Scene` 中的哪部分会被渲染到屏幕上。
- **光源**：会影响材质的显示，以及在创建阴影效果时使用（会在第 3 章详细讨论）。
- **网格**：从相机的视角渲染的主要对象。这些对象包含构成几何体（例如球体或立方体）的顶点和面，并包含定义几何体外观的材质。
- **渲染器**：它使用相机和场景中的信息在屏幕上绘制（渲染）输出。

THREE.Scene 是 Three.js 场景渲染的主容器，负责存放需要渲染的光源和网格对象。因此 THREE.Scene 本身提供的功能和选项并不是很多。

THREE.Scene 还是一个用于组织和管理场景中对象的树形数据结构（有时也被称为场景图）。场景图包含了一个图形场景所需的所有信息。也就是说，THREE.Scene 包含了所有用于渲染的对象。值得一提的是，场景图不是一组对象的数组，而是由一组节点构成的树形结构。相比数组结构，树形结构更适合表示场景中的层级关系，可以更高效地组织和管理场景对象。第 8 章我们会详细介绍 Three.js 提供的可以用来创建不同网格或光源组的对象。Three.js 中用于创建场景图的主要对象是 THREE.Group。顾名思义，该对象允许你将对象组合在一起。THREE.Group 扩展自另一个名为 THREE.Object3D 的基类，该基类具有一组添加和修改子对象的标准函数。THREE.Mesh 和 THREE.Scene 也都扩展自 THREE.Object3D，因此你也可以使用它们来创建嵌套结构。不过使用 THREE.Group 来构建场景图更为规范，且在语义上更准确。

## 场景的基本功能

探索场景功能的最好方法是查看示例。例如你可以查看本章源代码中的 chapter-2/basic-scene.html 示例。我们将使用这个示例来解释场景具有的各种功能和选项。当我们在浏览器中打开该示例时，输出将类似于图 2.1 所示（记住你可以使用鼠标来移动、缩放和平移渲染的场景）。

图 2.1 基本的场景设置

图 2.1 与我们在第 1 章看到的示例类似。尽管场景看起来相当空旷，但它已经包含了一些对象：

- ❑ 用来表示场景地面区域的 THREE.Mesh。
- ❑ 用来决定渲染场景中哪些部分的 THREE.PerspectiveCamera。
- ❑ 用来提供光线的光源 THREE.AmbientLight 和 THREE.DirectionalLight。

该示例的源代码可以在 basic-scene.js 文件中找到，并且使用 bootstrap/bootstrap.js、bootstrap/floor.js 和 bootstrap/lighting.js 中的代码，这些是我们在本书中使用的通用场景设置。所有这些文件中发生的事情都可以简化为以下代码：

```
// create a camera
const camera = new THREE.PerspectiveCamera(
  75,
  window.innerWidth / window.innerHeight,
  0.1,
  1000
);
// create a renderer
const renderer = new THREE.WebGLRenderer({ antialias: true
  });
// create a scene
const scene = new THREE.Scene();
// create the lights
scene.add(new THREE.AmbientLight(0x666666));
scene.add(THREE.DirectionalLight(0xaaaaaa));
// create the floor
const geo = new THREE.BoxBufferGeometry(10, 0.25, 10, 10,
  10, 10);
const mat = new THREE.MeshStandardMaterial({ color:
  0xffffff,});
const mesh = new THREE.Mesh(geo, mat);
scene.add(mesh);
```

以上代码中我们创建了 THREE.WebGLRenderer 和 THREE.PerspectiveCamera，因为我们总是需要它们。然后我们创建了 THREE.Scene，并添加我们要使用的所有对象。本例我们添加了两个光源和一个网格。现在，我们拥有了启动渲染循环所需的所有组件，就像我们在第 1 章看到的那样。

在更深入了解 THREE.Scene 对象之前，我们将首先演示一下操作，然后再讲解相关代码。我们在浏览器中打开 chapter-2/basic-scene.html 示例，并点开右上角的 Controls 菜单，如图 2.2 所示。

图 2.2　带有立方体贴图背景的基本场景设置

### 添加和移除对象

通过 Controls 菜单，你可以向场景中添加立方体，并删除最后添加的立方体。你还能够通过它更改场景的背景，并为场景中的所有对象设置材质和环境贴图。我们将讲述这些选项以及如何使用它们来配置一个 `THREE.Scene`。我们首先看看如何向场景中添加和删除 `THREE.Mesh` 对象。以下代码是单击 addCube 按钮时调用的函数：

```
const addCube = (scene) => {
  const color = randomColor();
  const pos = randomVector({
    xRange: { fromX: -4, toX: 4 },
    yRange: { fromY: -3, toY: 3 },
    zRange: { fromZ: -4, toZ: 4 },
  });
  const rotation = randomVector({
    xRange: { fromX: 0, toX: Math.PI * 2 },
    yRange: { fromY: 0, toY: Math.PI * 2 },
    zRange: { fromZ: 0, toZ: Math.PI * 2 },
  });
  const geometry = new THREE.BoxGeometry(0.5, 0.5, 0.5);
  const cubeMaterial = new THREE.MeshStandardMaterial({
    color: color,
    roughness: 0.1,
    metalness: 0.9,
```

```
  });
  const cube = new THREE.Mesh(geometry, cubeMaterial);
  cube.position.copy(pos);
  cube.rotation.setFromVector3(rotation);
  cube.castShadow = true;
  scene.add(cube);
};
```

现在我们详细解释一下以上代码：

- 首先我们为即将要添加的立方体确定随机设置：一个随机颜色（通过调用 randomColor() 辅助函数获得）、一个随机位置，以及一个随机旋转。后面两个值是通过调用 randomVector() 生成的。
- 接下来，我们创建要添加到场景中的几何体：一个立方体。为此我们只需创建一个新的 THREE.BoxGeometry，定义一个材质（在本例中为 THREE.MeshStandardMaterial），并将这两者组合成 THREE.Mesh。我们使用随机变量来设置立方体的位置和旋转。
- 最后，通过调用 scene.add(cube) 将这个 THREE.Mesh 添加到场景中。

我们在这段代码中引入的一个新元素是：使用 name 属性给立方体命名。名称被设置为 cube-，后接场景中当前对象的数量（scene.children.length）。名称除了对于调试非常有用，还可以用来直接访问场景中的对象。你可以使用 THREE.Scene.getObjectByName(name) 函数直接获取指定的对象，并且可以直接修改其属性，无须将该对象设置为全局变量，从而减少了全局变量的使用。

也可能存在需要从 THREE.Scene 删除现有对象的情况。由于 THREE.Scene 通过 children 属性公开了所有子对象，因此我们可以使用以下简单的代码来删除最后添加的子对象：

```
const removeCube = (scene) => {
  scene.children.pop();
};
```

Three.js 还为 THREE.Scene 提供了其他与处理场景的子对象有关的有用函数：

- add：之前我们已经见过这个函数，它将对象添加到场景中。如果该对象之前已经被添加到另一个 THREE.Object3D 中，那么 add() 函数会自动将其从原对象中移除。
- attach：与 add 类似，不同的是，应用于此对象的任何旋转或平移信息都会保留。
- getObjectById：当你将对象添加到场景中时，它会获得一个 ID。第一个是 1，第二个是 2，以此类推。使用此函数，你可以根据这个 ID 获取特定子对象。

- getObjectByName：根据对象的 name 属性返回一个对象。与 id 属性不同，name 属性是可以通过对象自身来设置的，而非由 Three.js 自动分配。
- remove：将该对象从场景中删除。
- clear：从场景中删除所有子对象。

注意：前面的这些函数实际上来自 THREE.Scene 扩展的基类对象：THREE.Object3D。

在本书中，如果我们想要操作场景的子对象，包括 THREE.Scene 和 THREE.Group 中的对象，那么我们将使用以上这些函数。

除了添加和删除对象的函数之外，THREE.Scene 还提供了其他一些设置。我们首先介绍添加雾。

### 添加雾

可以通过 fog 属性向整个场景添加雾效果，离相机越远的对象，雾的效果越明显，越难以被看到。具体效果如图 2.3 所示：

图 2.3　使用雾隐藏对象

为了最好地观察所添加的雾的效果，你可以使用鼠标进行缩放，这样可以看到立方体受到雾的影响。在 Three.js 中启用雾非常简单。只需要在定义场景之后添加以下代码：

```
scene.fog = new THREE.Fog( 0xffffff, 1, 20 );
```

以上代码我们定义了白色雾（0xffffff）。然后使用另外两个属性调整雾出现的样子。near 属性设置了 1，far 属性设置了 20。通过这些属性，你可以确定雾从哪里开始以及它变浓密的速度。在使用 THREE.Fog 对象时，雾的浓度会线性增加。你可以在 chapter-02/basic-scene.html 示例中使用屏幕右侧的菜单修改这些属性，以查看这些属性具体是如何影响屏幕上显示效果的。

Three.js 还有另一种雾实现方法 THREE.FogExp2：

```
scene.fog = new THREE.FogExp2( 0xffffff, 0.01 );
```

这次我们不指定 near 和 far，而是指定颜色（0xffffff）和雾的密度（0.01）。通常，最好对这些属性进行一些实验以找到满意的效果。

场景的另一个有趣特性是可以配置背景。

### 更改背景

我们已经知道，可以通过设置 WebGLRenderer 的 clearColor 来改变背景颜色，就像这样：renderer.setClearColor(backgroundColor)。你还可以使用 THREE.Scene 对象来更改背景。为此，你有三个选择：

- 选项 1：你可以使用纯色。
- 选项 2：你可以使用纹理，它基本上是一个图片，拉伸以填充整个屏幕（有关纹理的更多信息，请参见第 10 章）。
- 选项 3：你可以使用环境贴图。这也是一种纹理，但当你改变相机方向时，环境贴图也会相应地移动，因此始终能够作为相机的背景。

请注意，这将设置我们正在渲染的 HTML 画布的背景颜色，而不是 HTML 页面的背景颜色。如果你想要一个透明的画布，则需要将渲染器的 alpha 属性设置为 true：

```
new THREE.WebGLRenderer({ alpha: true }}
```

在 chapter-02/basic-scene.html 页面右侧的菜单中，有一个下拉菜单显示了所有这些设置。在 backGround 下拉菜单中选择 Texture 选项，你将会看到如图 2.4 所示的内容。

我们将在第 10 章更详细地讨论纹理和立方体贴图。现在我们先来看一下如何配置这些内容以及场景的简单背景颜色（相关代码可以在 controls/scene-controls.js 中找到）：

```
// remove any background by setting the background to null
scene.background = null;
// if you want a simple color, just set the background to a
  color
scene.background = new THREE.Color(0x44ff44);
```

```
// a texture can be loaded with a THREE.TextureLoader
const textureLoader = new THREE.TextureLoader();
textureLoader.load(
  "/assets/textures/wood/abstract-antique-
    backdrop-164005.jpg",
  (loaded) => {
    scene.background = loaded;
  }
// a cubemap can also be loaded with a THREE.TextureLoader
     textureLoader.load("/assets/equi.jpeg", (loaded) => {
  loaded.mapping = THREE.EquirectangularReflectionMapping;
  scene.background = loaded;
});
```

图 2.4　使用纹理作为背景

从以上代码可以看出，可以将 null、THREE.Color 或 THREE.Texture 分配给场景的 background 属性。加载纹理或立方体贴图是异步进行的，因此，我们需要等待 THREE.TextureLoader 加载完图像数据后，才能将其赋值给背景。在加载立方体贴图的情况下，我们需要多进行一步，告诉 Three.js 我们加载了哪种类型的纹理。有关纹理的更多信息，我们将在第 10 章深入讲述。

如果你回顾一下以下代码的开头，那么你将看到我们是如何创建立方体并将其添加到场景中的：

```
const geometry = new THREE.BoxGeometry(0.5, 0.5, 0.5);
const cubeMaterial = new THREE.MeshStandardMaterial({
  color: color,
  roughness: 0.1,
  metalness: 0.9,
});
const cube = new THREE.Mesh(geometry, cubeMaterial);
```

在上述代码中，我们创建了一个几何体并指定了一个材质。THREE.Scene 对象还提供了一种方式，可以强制场景中的网格都使用相同的材质。接下来我们将讲述这部分内容。

### 更新场景中的所有材质

THREE.Scene 拥有两个属性，可以影响场景中网格的材质。第一个属性是 overrideMaterial。我们先来演示一下它。你可以在 chapter-02/basic-scene.html 页面上点击 **Toggle Override Material** 按钮。这会把场景中所有网格的材质更改为 THREE.MeshNormalMaterial，如图 2.5 所示。

图 2.5 使用 MeshNormalMaterial 覆盖网格的材质

如图 2.5 所示，所有对象（包括地面）现在都使用相同的材质——在本例中为 THREE.MeshNormalMaterial。该材质根据网格面的朝向（其 normal 向量）相对于相机的方向对其进行着色。实现这一点很容易，只需要简单调用 scene.overrideMaterial = new THREE.MeshNormalMaterial(); 即可。除了将完整的材质应用于场景之外，Three.js 还提供了一种方法，可以将每个网格材质的环境贴图属性设置为相同的值。环境贴图模拟了网格所在的环境（例如房间、室外或洞穴）。环境贴图可以用来在网格上创建反射效果，使它们看起来更真实。

我们已经在之前的关于背景的章节看到了如何加载环境贴图。如果你希望场景中的所有材质都使用环境贴图以实现更动态的反射和阴影效果，那么可以将加载的环境贴图赋值给场景的 environment 属性：

```
textureLoader.load("/assets/equi.jpeg", (loaded) => {
  loaded.mapping = THREE.EquirectangularReflectionMapping;
  scene.environment = loaded;
});
```

以上代码效果的最佳演示方法是切换 chapter-02/basic-scene.html 示例中的 Toggle Environment 按钮。现在如果你放大观察立方体，则会看到它们的表面开始反射环境的一部分，不再是单一的纯色，如图 2.6 所示。

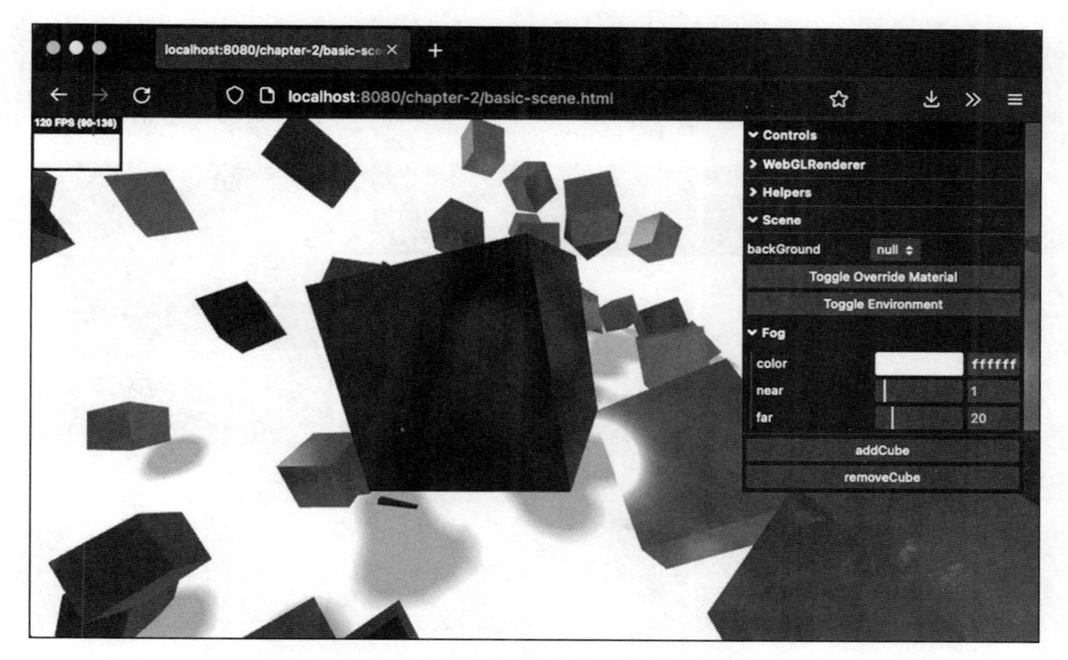


图 2.6　为场景中的所有网格设置同一环境贴图

现在，我们已经讲述了要渲染的所有对象的基本容器，在 2.2 节中我们将更详细地了解可以添加到场景中的对象（组合 THREE.Mesh、THREE.Geometry 和材质）。

## 2.2 几何体和网格的关系

在到目前为止的每个示例中，我们都使用了几何体和网格。我们可以使用以下代码创建一个球体并将其添加到场景中：

```
const sphereGeometry = new THREE.SphereGeometry(4, 20, 20);
const sphereMaterial = new THREE.MeshBasicMaterial({color:
  0x7777ff);
const sphere = new THREE.Mesh(sphereGeometry,
  sphereMaterial);
scene.add(sphere);
```

以上代码定义了一个几何体（THREE.SphereGeometry），几何体是一个对象的形状。然后定义了一个材质（THREE.MeshBasicMaterial）。我们将这两者合并在一个网格（THREE.Mesh）中，该网格可以被添加到场景中。本节我们将更详细地了解几何体和网格。我们将从几何体开始。

### 2.2.1 几何体的属性和函数

Three.js 内置了大量的、可以直接用于你 3D 场景里面的几何体。你可以使用这些内置的几何体，只需要添加一个材质，创建一个网格，就能完成大部分工作了。图 2.7 中的 chapter-2/geometries 示例的截图展示了 Three.js 中的一些标准几何体。

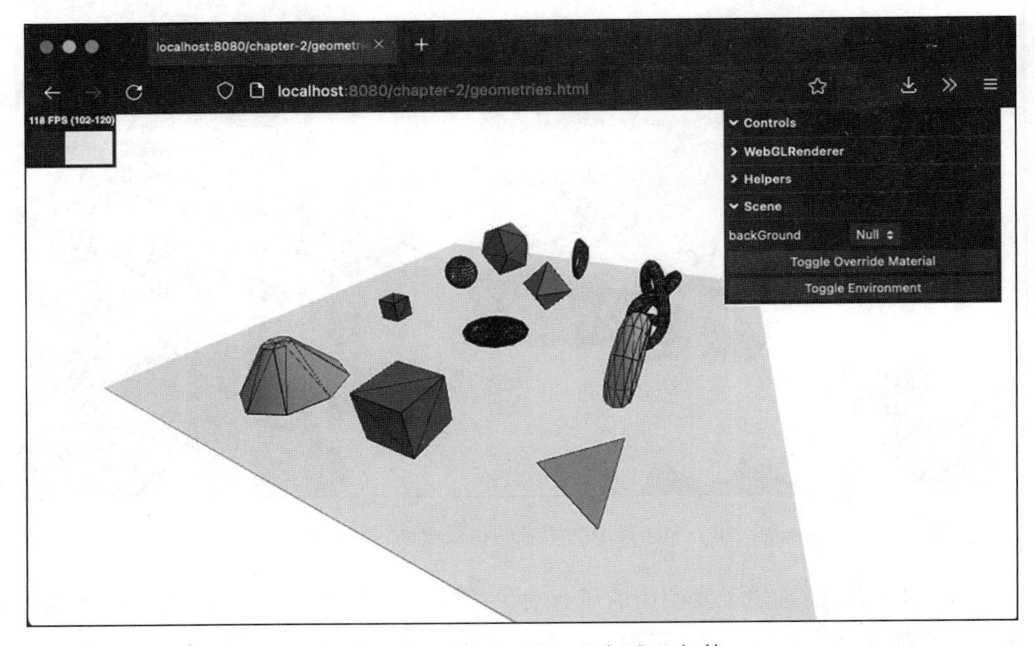


图 2.7 场景中可用的一些标准几何体

我们将在第5章和第6章中探讨Three.js提供的所有基本和高级几何体。现在我们先详细地讲述一下几何体的实际定义。

在Three.js以及大部分其他3D库中，几何体基本上是三维空间中一系列点加上将这些点连接起来的面的集合（这些点也称为顶点）。以立方体为例：

- 立方体有八个角。这些角的每一个都可以定义为一个x、y和z坐标。因此，每一个立方体在三维空间中有八个顶点。
- 立方体有六个面，每个角落都对应一个顶点。在Three.js中，一个面总是由三个顶点组成，这三个顶点连接成一个三角形。所以立方体的每个面由两个三角形组成，以形成完整的面。通过图2.7中的立方体，你可以直观地看到立方体每个面的构成情况。

当你使用Three.js提供的几何体时，你不需要自己定义所有的顶点和面。例如使用一个立方体，你只需定义宽度、高度和深度。Three.js将使用这些信息创建一个包含正确位置和正确数目的面的几何体（对于立方体来说是12个面，每个面由两个三角形组成）。虽然通常我们会使用Three.js提供的几何体或者自动生成它们，但我们也可以完全手动地使用顶点和面来创建几何体，尽管这样做很快就会变得很复杂，就像以下代码一样：

```
const v = [
    [1, 3, 1],
    [1, 3, -1],
    [1, -1, 1],
    [1, -1, -1],
    [-1, 3, -1],
    [-1, 3, 1],
    [-1, -1, -1],
    [-1, -1, 1]]
const faces = new Float32Array([
  ...v[0], ...v[2], ...v[1],
  ...v[2], ...v[3], ...v[1],
  ...v[4], ...v[6], ...v[5],
  ...v[6], ...v[7], ...v[5],
  ...v[4], ...v[5], ...v[1],
  ...v[5], ...v[0], ...v[1],
  ...v[7], ...v[6], ...v[2],
  ...v[6], ...v[3], ...v[2],
  ...v[5], ...v[7], ...v[0],
  ...v[7], ...v[2], ...v[0],
  ...v[1], ...v[3], ...v[4],
  ...v[3], ...v[6], ...v[4]
]);
const bufferGeometry = new THREE.BufferGeometry();
bufferGeometry.setAttribute("position", new THREE.
BufferAttribute(faces, 3));
bufferGeometry.computeVertexNormals();
```

以上代码展示了如何创建一个简单的立方体。我们在 v 数组中定义了构成该立方体的点（顶点）。然后，我们可以创建一个面。在 Three.js 中，我们需要将所有的面信息存储在一个大的 Float32Array 数组中。如前所述，一个面由三个顶点组成。所以，对于每个面，我们需要定义九个值：每个顶点的 x、y 和 z。由于每个面有三个顶点，所以有九个值。为了使代码更易读，我们使用了 JavaScript 中的 ...（展开）运算符来将每个顶点的值添加到数组中。也就是说，...v[0]， ...v[2]， ...v[1] 这段代码将让数组包含以下值：1， 3， 1， 1， -1， 1， 1， 3， 1。

这意味着你必须注意用于定义面的顶点的顺序。它们的顺序决定了 Three.js 是否将其视为一个正面朝向（朝向相机）或一个背面朝向的面。也就是说，如果你创建面，则应该使用顺时针顺序创建正面朝向的面，如果要创建背面朝向的面，则应该使用逆时针顺序。

在我们的示例中，我们使用了多个顶点来定义立方体的六个面，每个面由两个三角形组成。在 Three.js 的早期版本中，你可以使用四边形（quad）而不是三角形来定义面。四边形使用四个顶点而不是三个来定义面。使用四边形还是三角形更好在 3D 建模界是一个激烈的辩论话题，目前尚没有明确的答案。在建模过程中，通常更倾向于使用四边形，因为与三角形相比，四边形更容易进行增强和平滑处理。然而，在渲染和游戏引擎中，使用三角形通常更为简单，因为任何形状都可以通过三角形非常高效地进行渲染。

也就是说我们可以使用这些顶点和面来创建一个 THREE.BufferGeometry 的实例，并将顶点坐标数据分配给该实例的 position 属性。在创建几何体之后，最后一步是在我们创建的几何体上调用 computeVertexNormals() 函数。当我们调用这个函数时，Three.js 会确定每个顶点和面的法线向量（normal vector）。Three.js 使用这些信息来确定如何根据场景中的各种光源来着色面的颜色（如果你使用 THREE.MeshNormalMaterial，则可以很容易地看到法线向量对渲染效果的影响）。

现在我们已经有了几何体，可以像前面那样创建一个网格。我们有一个示例可供你调整顶点位置并实时显示每个面，从而直观地观察顶点位置变化对几何体形状的影响，来帮助你更好地理解几何体的构建方式。这个示例是 chapter-2/custom-geometry，你可以更改立方体所有顶点的位置，然后实时观察面的形状变化。具体效果如图 2.8 所示。

这个示例使用了和其他示例相同的设置，并包含一个渲染循环。每当你更改下拉控制框中的属性时，立方体会实时重新渲染以反映这个顶点的位置变化。这个功能并非默认就有的。出于性能考虑，Three.js 假设在运行时网格的几何体是不会发生变化的。对于大多数几何体和用例来说，这是一个非常合理的假设。意味着如果你改变了后面的数组（在本例中是 const faces = new Float32Array([...]) 数组），那么你需要告诉 Three.js 有些内容发生了改变。你可以通过将相关属性的 needsUpdate 属性设置为 true 来实现这一点。具体类似代码如下：

```
mesh.geometry.attributes.position.needsUpdate = true;
mesh.geometry.computeVertexNormals();
```

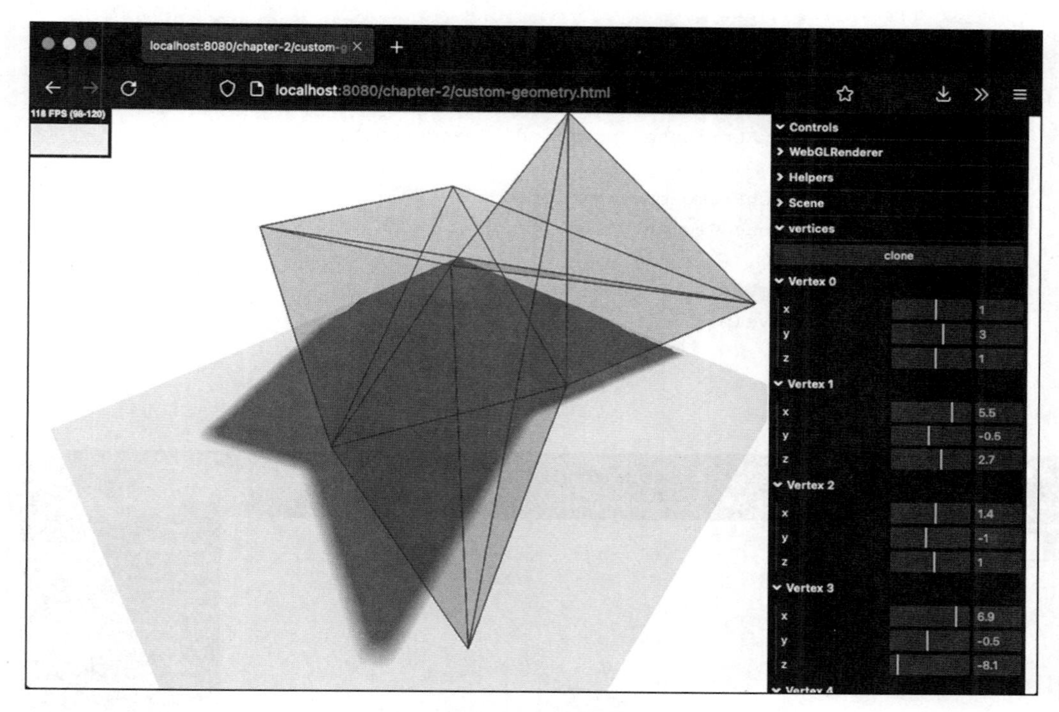


图 2.8 移动顶点以改变形状

注意，你还需要重新计算法线向量以确保材质也被正确渲染。关于法线向量以及它为什么重要的更多信息我们将在第 10 章详细讲述。

chapter-2/custom-geometry 示例菜单中还有一个按钮我们尚未解释。在右侧菜单中，有一个 clone 按钮。我们提到几何体定义了对象的形状，再结合材质，我们可以创建一个可以添加到场景中由 Three.js 渲染的对象。关于 clone() 函数，顾名思义，我们可以使用它复制几何体，然后使用这个复制出来的几何体来创建一个具有不同材质的新网格。还是回到示例 chapter-2/custom-geometry，可以在控制 GUI 的顶部看到一个 clone 按钮，如图 2.9 所示。

如果你单击该按钮，将会以当前状态克隆一个几何体。然后你可以使用不同的材质创建一个新对象，并将该对象添加到场景中。具体代码如下：

```
const cloneGeometry = (scene) => {
  const clonedGeometry = bufferGeometry.clone();
  const backingArray = clonedGeometry.getAttribute
    ("position").array;
  // change the position of the x vertices so it is placed
```

```
    // next to the original object
    for (const i in backingArray) {
      if ((i + 1) % 3 === 0) {
        backingArray[i] = backingArray[i] + 3;
      }
    }
    clonedGeometry.getAttribute("position").needsUpdate =
      true;
    const cloned = meshFromGeometry(clonedGeometry);
    cloned.name = "clonedGeometry";

    const p = scene.getObjectByName("clonedGeometry");
    if (p) scene.remove(p);

    scene.add(cloned);
  };
```

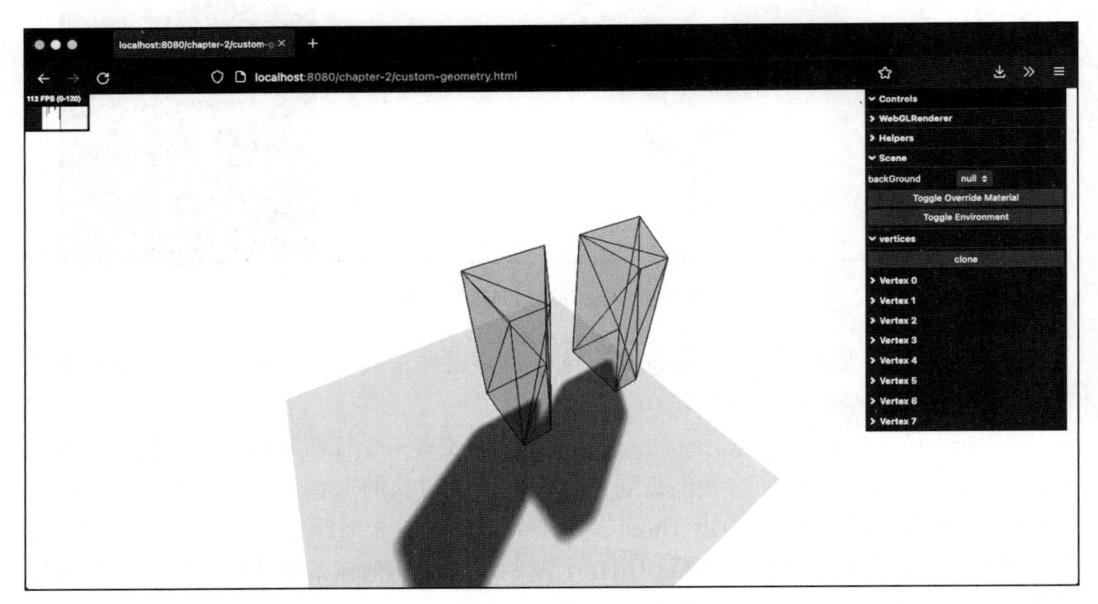


图 2.9　克隆几何体

在以上代码中，我们使用 `clone()` 函数来克隆 `bufferGeometry`。在克隆之后，我们将更新每个顶点的 x 值，使克隆体与原始体的位置不同（我们也可以使用 `translateX`，我们会在 2.2.2 节对其进行解释）。然后我们创建一个 `THREE.Mesh`，删除现存克隆网格（如果有的话），将新创建的克隆网格添加到场景中。为了创建新的网格，我们使用了一个名为 `meshFromGeometry` 的自定义函数。这里我们简单插入一下这个函数的具体代码：

```
const meshFromGeometry = (geometry) => {
  var materials = [
    new THREE.MeshBasicMaterial({ color: 0xff0000,
      wireframe: true }),
    new THREE.MeshLambertMaterial({
      opacity: 0.1,
      color: 0xff0044,
      transparent: true,
    }),
  ];
  var mesh = createMultiMaterialObject(geometry, materials);
  mesh.name = "customGeometry";
  mesh.children.forEach(function (e) {
    e.castShadow = true;
  });
  return mesh;
};
```

如果你回头看一下我们的示例，你会看到一个透明的立方体以及构成几何体的线条（即边）。要实现这个示例，我们需要创建一个由多个材质组成的网格。也就是说，我们需在一个网格中使用两种不同的材质。对此，Three.js 有一个很好的辅助函数 `createMultiMaterialObject`，顾名思义，它就是用来创建一个使用多个材质的网格对象。该函数可以基于一个几何体和一个材质列表创建一个我们可以添加到场景中的对象。不过，对于 `createMultiMaterialObject` 函数的结果，你需要注意一点：你得到的结果并不是一个网格，而是一个 `THREE.Group`，它是一个容器对象，这个容器对象包含了多个 `THREE.Mesh`（其中每个 `THREE.Mesh` 对象使用了材质列表中的一个材质）。因此，当渲染这个网格时，它看起来像一个单一的对象，但实际上是由多个叠在一起的 `THREE.Mesh` 对象组成的。这也意味着如果我们想要有阴影，那么我们需要为组内的每个网格启用阴影（对应 `mesh.children.forEach(function (e))` 这行代码）。

在前面的代码中，我们使用了 `THREE.SceneUtils` 对象的 `createMultiMaterial-Object` 函数来为创建的几何体添加了一个线框。除了 `createMultiMaterialObject` 之外，Three.js 还有另一种添加线框的方法——`THREE.WireframeGeometry`。假设你有一个名为 `geom` 的几何体，你可以从这个几何体创建一个线框几何体：`const wireframe = new THREE.WireframeGeometry(geom);`。然后你可以使用 `Three.LineSegments` 对象绘制该几何体的线条，首先创建一个 `const line = new THREE.LineSegments(wireframe)` 对象，然后将其添加到场景中：`scene.add(line)`。这个辅助类实际上是一个 `THREE.Line` 对象，因此你可以通过设置这个对象的一些属性来控制线框的外观样式。例如，要设置线框线条的宽度，可以使用 `line.material.linewidth = 2;`。

我们已经简要了解了 THREE.Mesh 对象的一些内容。接下来我们将更深入地了解你可以使用它做什么。

### 2.2.2 网格的函数和属性

我们已经了解到，要创建一个网格，我们需要一个几何体和一个或多个材质。现在我们有了一个网格，并且已经将其添加到场景并渲染出来。我们可以通过该网格的一些属性来更改该网格在场景中的位置和方式。在第一个示例中，我们将了解以下一组属性和函数：

- position：确定了对象相对于其父对象的位置。一个网格对象的父对象在通常情况下是一个 THREE.Scene 对象或一个 THREE.Group 对象。
- rotation：你可以通过该属性设置对象绕其自身任意轴旋转的角度。Three.js 还提供了专门用于绕单个轴旋转的函数：rotateX()、rotateY() 和 rotateZ()。
- scale：通过该属性我们可以控制对象相对于其自身的 x、y、z 轴进行缩放。
- translateX()、translateY() 和 translateZ()：这些函数用于指定沿着相应的轴移动对象的距离。
- lookAt()：用于将对象指向空间中的一个特定位置。使用 lookAt() 来控制对象的朝向更简单直观，不需要手动设置旋转。
- visible：用于控制网格对象是否应该被渲染到场景中。
- castShadow：用于确定当光源照射到网格时，该网格是否产生阴影。默认情况下，网格不会产生阴影。

当我们旋转一个对象时，我们是围绕一个轴旋转的。在一个 3D 场景中，一个对象可以在不同的空间内进行旋转，每种空间都有自己的旋转轴。rotateN() 函数会在局部空间内围绕轴进行旋转，也就是说旋转轴与其父对象相关。当你将一个对象添加到场景中时，rotateN() 函数将围绕场景的主轴旋转该对象。当对象嵌套在组中时，rotateN() 函数将使对象围绕其父对象的轴旋转，这通常是你希望的行为。对此，Three.js 还有一个 rotateOnWorldAxis 函数，它允许你围绕主 THREE.Scene 的轴旋转对象，而不需要管对象的实际父对象是什么。最后，你还可以通过调用 rotateOnAxis 函数来强制对象围绕自己的轴（这称为对象空间）旋转。一如既往，我们已经为你准备了一个示例供你实验这些属性。

在浏览器中打开 chapter-2/mesh-properties，你将看到有一个下拉菜单可以更改所有这些属性，并实时看到结果，如图 2.10 所示。

现在让我一一为你介绍这些属性，先从 position 属性开始。

#### 使用 position 属性设置网格的位置

我们已经多次见过这个属性，所以我们就不过多介绍。你可以使用这个属性设置对象相对于其父对象的 x、y 和 z 坐标。我们会在第 5 章介绍分组对象时再次讲解该属性。

我们有三种方法设置一个对象的 position 属性。我们可以直接设置每个坐标：

```
cube.position.x = 10;
cube.position.y = 3;
cube.position.z = 1;
```

图 2.10　网格的属性

我们也可以一次设置它们的值：

```
cube.position.set(10,3,1);
```

还有第三种方法。position 属性是一个 THREE.Vector3 对象。也就是说我们也可以使用以下方式设置：

```
cube.position = new THREE.Vector3(10,3,1)
```

接下来要介绍的是 rotation 属性。在本章前面内容和第 1 章，你已经见过几次使用 rotation 属性的场景。

### 使用 rotation 属性定义网格的旋转

使用该属性你可以设置对象绕其自身任意轴旋转的角度。你可以像设置 position 一样设置该值。你可能还记得在数学课上学过，一个完整的旋转是 2π。你可以用以下几种方式设置它：

```
cube.rotation.x = 0.5*Math.PI;
cube.rotation.set(0.5*Math.PI, 0, 0);
cube.rotation = new THREE.Vector3(0.5*Math.PI,0,0);
```

在 Three.js 中，对象的旋转（rotation）属性使用弧度（radians）而不是角度（degrees）来表示，如果需要使用角度值（0 到 360 度），就需要将角度值转换为弧度值。转换也很容易：

```
const degrees = 45;
const inRadians = degrees * (Math.PI / 180);
```

在以上代码中，我们自己手动进行了角度到弧度的转换。对此 Three.js 提供了 MathUtils 类，该类有许多有用的转换函数，使用它们我们就不需要手动计算来转换了。你可以通过 chapter-2/mesh-properties 示例来实验该属性。

下一个属性是我们还没有讲述过的：scale（缩放）。其名称已经非常直观地表达了其功能，即可以沿着特定轴缩放对象。如果将 scale 属性的值设置小于 1，则对象会缩小，如图 2.11 所示。

图 2.11 使用 scale 来缩小网格

如果将 scale 属性的值设置大于 1，则对象会放大，如图 2.12 所示。

我们将要探讨的下一个网格属性是 translate 属性。

### 使用 translate 属性改变对象的位置

你还可以使用 translate 改变对象的位置，但是与直接设置 position 属性不同，translate 属性通过定义对象相对于当前位置应该移动的距离来实现。假设我们向场景中添加了一个球体，并且将其位置设置为 (1, 2, 3)。然后我们沿着它的 x 轴平移对象：

translateX(4)。它的位置将会变为 (5, 2, 3)。如果我们想要将对象恢复到其初始位置，那么可以使用 translateX(-4)。在 chapter-2/mesh-properties 示例中，有一个 translate 菜单选项。你可以通过它实验这个属性。只需设置 x、y 和 z 的 translate 值，然后单击 translate 按钮。你将看到对象根据这三个值移动到一个新的位置。

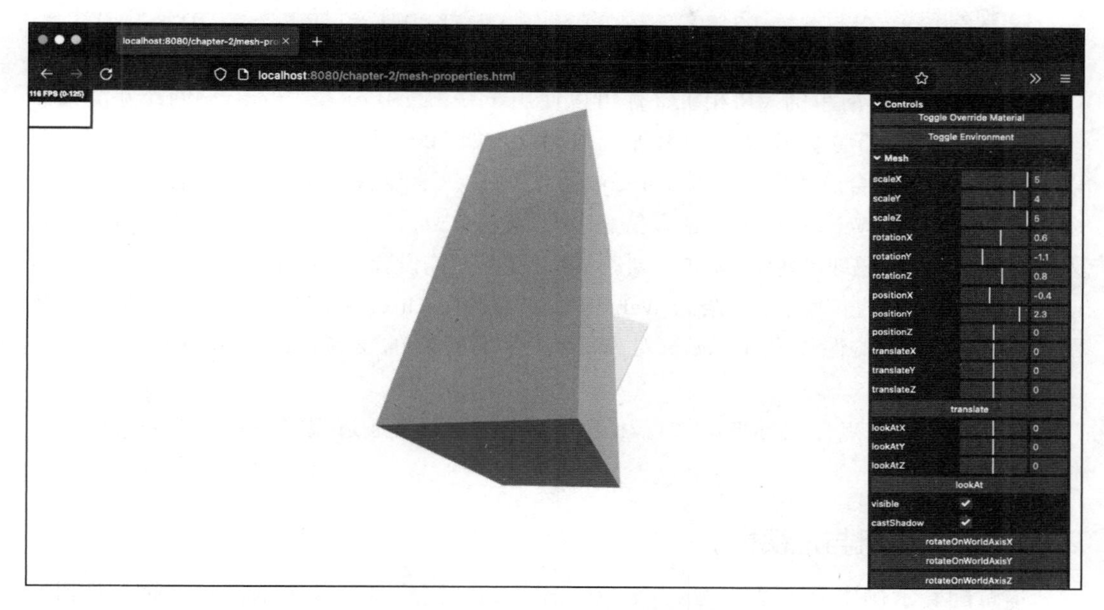


图 2.12 使用 scale 来放大网格

最后要讲的两个属性：通过将 visible 属性设置为 false 来完全删除对象，通过将 castShadow 属性设置为 false 来禁用此对象是否投射阴影。当你单击这些按钮时，你将看到立方体变为不可见和可见，并且你可以禁止它投射阴影。

有关网格、几何体以及你可以对这些对象执行的操作的更多信息，请查看第 5 章以及第 7 章。

到目前为止，我们已经讲述过 THREE.Scene，它是保存所有需要渲染的对象的主要对象，同时也详细讲述了 THREE.Mesh，以及如何创建 THREE.Mesh 并将其放置在场景中。在之前的章节中，我们已经使用了相机来决定要渲染 THREE.Scene 的哪一部分，但还没有详细解释如何配置相机。在接下来的章节中，我们将深入探讨这些细节。

## 2.3 针对不同的场景使用不同的相机

Three.js 中有两种不同的相机类型：正交相机和透视相机。注意，Three.js 还提供了一些非常特殊的相机，用于创建可以使用 3D 眼镜或 VR 设备查看的场景。本书我们不会再详细讨论这些相机，因为它们的工作方式与本章介绍的相机完全相同。如果你对这些相机感兴趣，Three.js 提供了几个标准示例：

- **Anaglyph 效果**：`https://threejs.org/examples/#webgl_effects_anaglyph`
- **视差屏障**：`https://threejs.org/examples/#webgl_effects_parallaxbarrier`
- **立体效果**：`https://threejs.org/examples/#webgl_effects_stereo`

如果你想了解简单的 VR 相机，你可以使用 `THREE.StereoCamera` 创建并渲染并排的 3D 场景（标准立体效果），使用平行屏障（正如 3DS 所提供的），或者提供不同视图以不同颜色渲染的合成效果。另外 Three.js 还对 WebVR 标准提供了一些实验性的支持，许多浏览器都支持 WebVR 标准（更多信息参见 `https://webvr.info/developers/`）。因此只需要少量代码即可使用 WebVR 创建 VR 体验。只需设置 `renderer.vr.enabled = true`，Three.js 会自动处理剩余的 WebVR 支持工作。Three.js 网站提供了几个示例，演示了如何使用该属性以及 Three.js 对 WebVR 其他特性的支持：`https://threejs.org/examples/`。

本章我们将重点介绍标准的透视和正交相机。我们将通过观察一些示例来解释这些相机之间的区别。

### 2.3.1 正交相机与透视相机

本章配套示例中有一个 `chapter2/cameras`。当你打开这个示例时，你会看到如图 2.13 所示的内容。

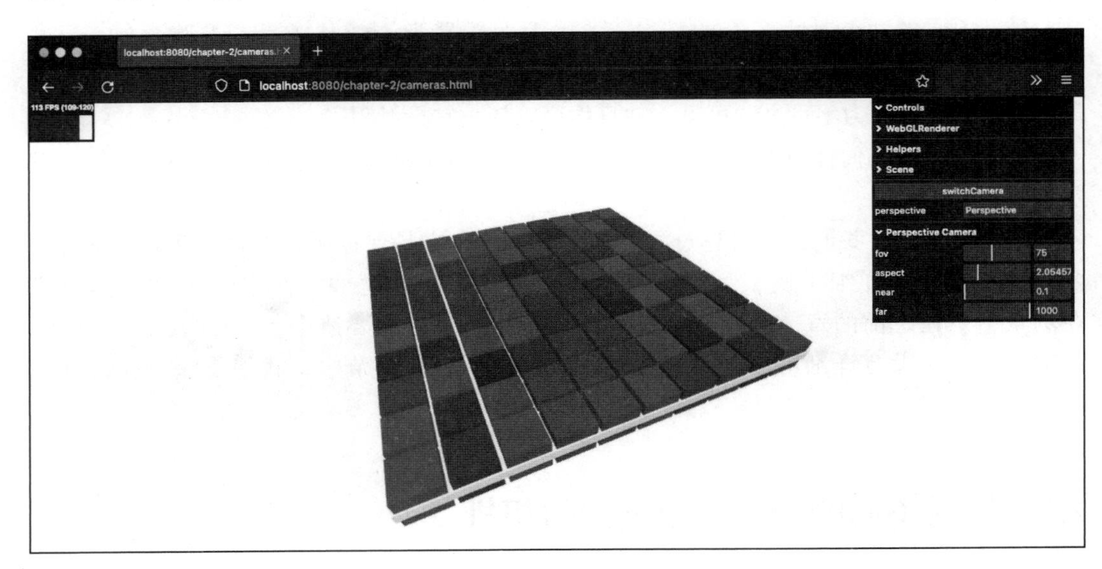


图 2.13 透视相机视图

图 2.13 称为透视视图，是最自然的视图。透视相机模拟了真实世界的透视效果，对象距离相机越远，在渲染时就显得越小，与人类视角观察到的效果非常相似。如果我们将相机更改为 Three.js 支持的另一种类型——正交相机，你会在同一场景中看到如图 2.14 所示的视图：

图 2.14　正交相机视图

使用正交相机，所有的立方体都被渲染成相同的大小，对象与相机之间的距离不会影响渲染效果。正交相机通常用于 2D 游戏，例如旧版的《文明》和《模拟城市 4》，如图 2.15 所示。

图 2.15　正交相机在《模拟城市 4》游戏中的应用

### 透视相机的属性

我们先看一下透视相机 `THREE.PerspectiveCamera`。在示例中，你可以设置一些属性来定义通过相机镜头所看到的内容：

- `fov`：视野（Field of View，FOV）是从相机位置看到场景的部分。人类的视野能达到 180 度，而一些鸟类甚至达到了 360 度。但由于普通的计算机屏幕并不能完全填满我们的视野，所以常常选择较小的值。在游戏中通常会选择 60 到 90 度的视野范围。推荐默认值：50。
- `aspect`：`aspect` 属性表示渲染输出区域的水平尺寸和垂直尺寸之间的比例。在示例中，由于我们使用整个窗口来渲染输出，因此直接使用窗口的宽高比作为 `aspect` 属性的值。`aspect` 属性决定了水平视野和垂直视野之间的差异。推荐默认值：`window.innerWidth / window.innerHeight`。
- `near`：`near` 属性定义了相机距离场景的最近距离。通常我们会将 `near` 属性设置为一个很小的值，以便直接从相机位置渲染场景中的所有内容。推荐默认值：0.1。
- `far`：`far` 属性定义了相机能够看到的最远距离，即相机距离场景的最远距离。如果将 `far` 值设置得太低，会导致场景中距离相机较远的部分无法被渲染，从而出现部分场景内容被裁剪的情况；如果将 `far` 值设置得太高，虽然可以渲染出更远的场景内容，但可能会影响渲染性能。推荐默认值：100。
- `zoom`：通过调整 `zoom` 属性，用户可以灵活控制场景的放大或缩小，以获得所需的视角和渲染效果。使用小于 1 的值会缩小场景，使用大于 1 的值则会放大场景。注意：如果你指定一个负值，则场景将被上下颠倒渲染。推荐默认值：1。

图 2.16 清楚地展示了这些属性如何共同作用来决定你看到的内容。

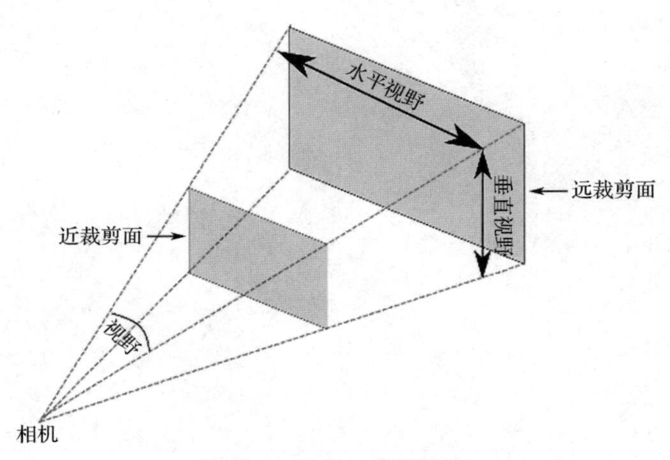


图 2.16　透视相机的属性

相机的 fov 属性决定了水平视野。相机的 aspect 属性决定了垂直视野。相机的 near 属性决定了近裁剪面的位置，far 属性决定了远裁剪面的位置。在近裁剪面和远裁剪面之间的区域的渲染如图 2.17 所示。

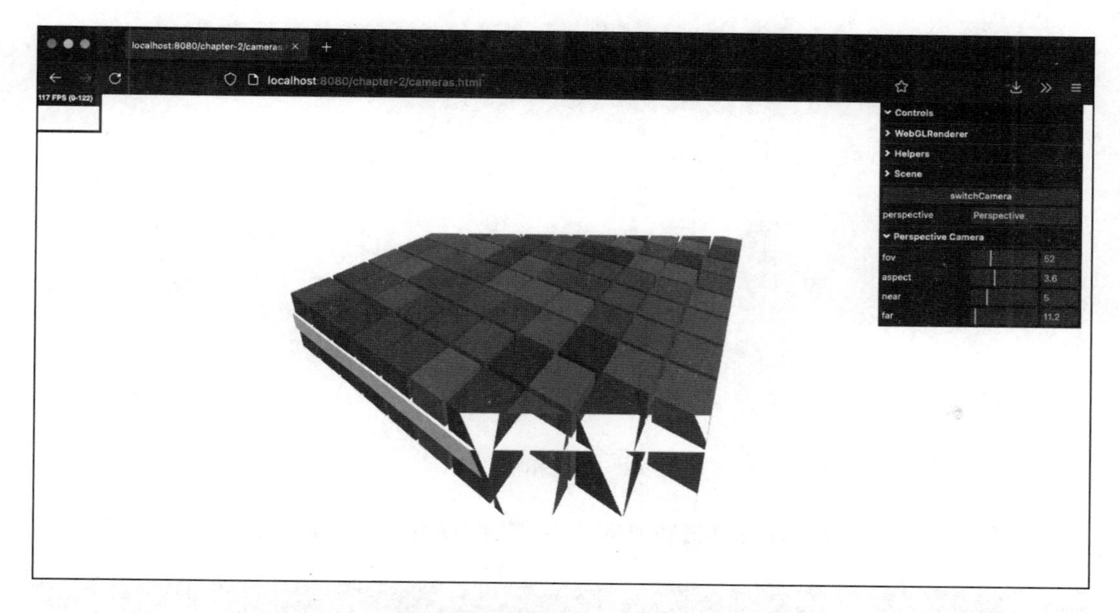


图 2.17　相机的近裁剪面和远裁剪面对渲染场景的影响

## 正交相机的属性

我们需要使用不同的属性来配置正交相机。由于正交相机会将所有对象渲染为相同大小，因此它不关心宽高比或场景的视野。正交相机定义了一个立方体区域，该区域内的对象将被渲染，而超出该区域的对象将不会被渲染。因此正交相机需要以下属性：

- left：定义了正交相机立方体区域左侧边界。如果你将这个值设置为 -100，则位于相机左侧 100 单位距离之外的对象将不会被渲染。
- right：right 属性的工作方式类似于 left 属性，但这次是在屏幕的另一侧。超出右侧的任何对象都不会被渲染。
- top：这是要渲染的顶部位置。
- bottom：这是要渲染的底部位置。
- near：基于相机的位置，近裁剪面以内的场景将被渲染。
- far：基于相机的位置，远裁剪面以内的场景将被渲染。
- zoom：通过它你可以对场景进行缩放。使用小于 1 的值会缩小场景，使用大于 1

的值则会放大场景。注意，如果你指定一个负值，场景将被上下颠倒渲染。默认值为 1。

这些属性共同定义了相机渲染的场景范围，如图 2.18 所示。

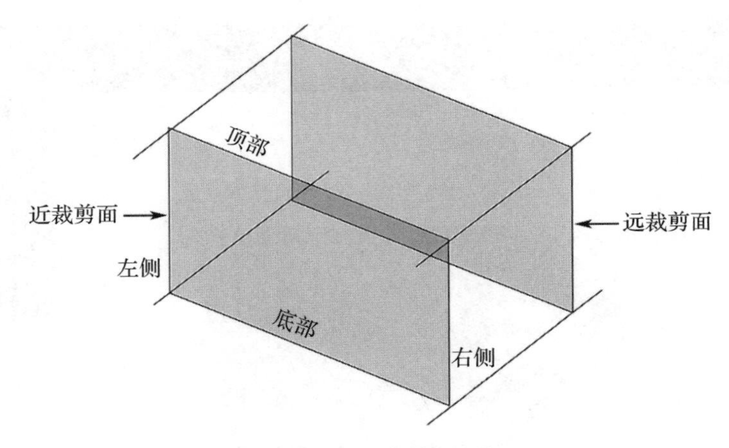


图 2.18 正交相机的属性

就像透视相机一样，你可以精确地定义要渲染的场景区域，如图 2.19 所示。

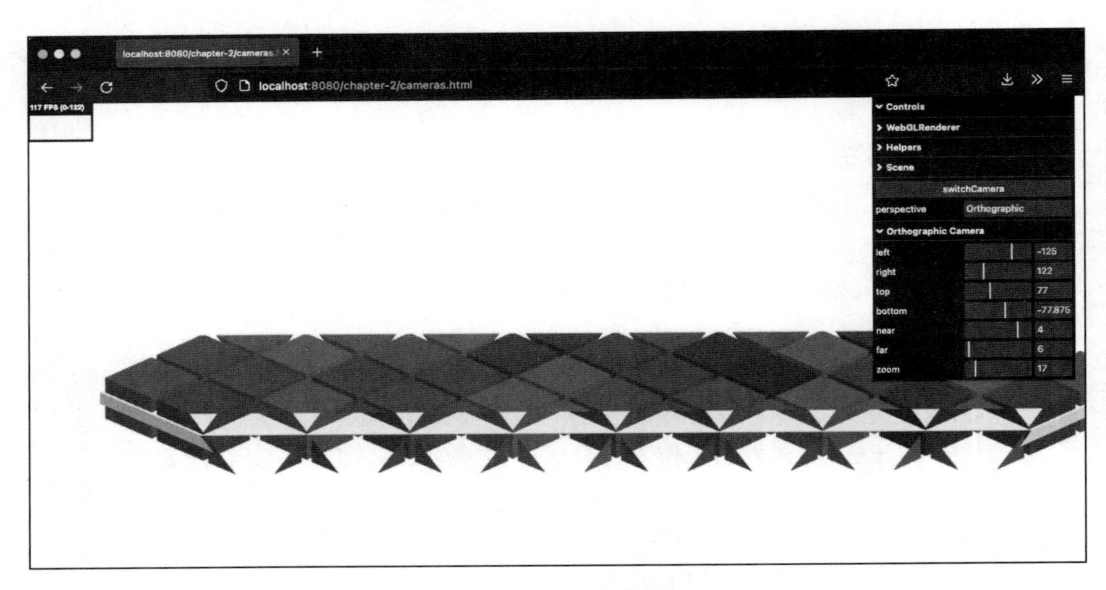


图 2.19 正交相机的裁剪区域

至此我们讲述了 Three.js 支持的各种相机。你已经学会了如何对它们进行配置，并且可以使用它们的属性来渲染场景的不同部分。不过我们还没有讲述如何控制相机查看场景的哪一部分。我们将在 2.3.2 节中讲述这一块内容。

## 2.3.2　确定相机需要看向的位置

到目前为止，你已经了解了如何创建相机以及相机各种属性的含义。第 1 章提到过，你需要将相机看向场景中的某个位置。通常，相机看向场景的中心：位置为 (0, 0, 0)。然而，我们可以很容易地改变相机需要看向的坐标点：

```
camera.lookAt(new THREE.Vector3(x, y, z));
```

你可以在 chapter2/cameras 示例指定相机需要看向的坐标点，如图 2.20 所示。注意，在 OrthographicCamera 设置中更改 lookAt 并不会改变立方体的尺寸。

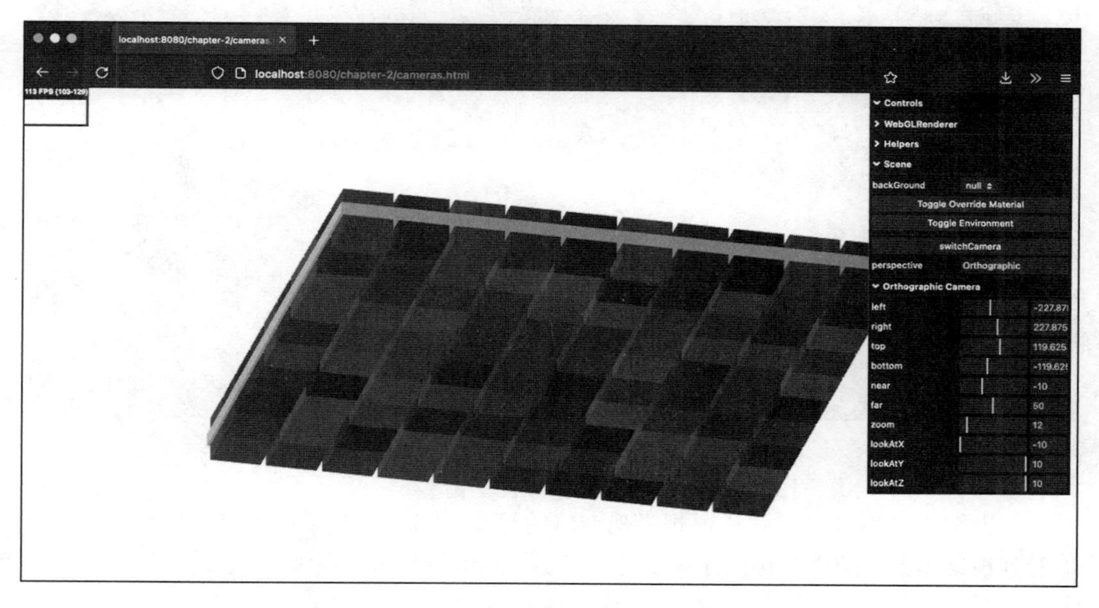


图 2.20　更改正交相机的 lookAt 属性

lookAt 函数既可以将相机对准场景中的特定位置，也可以将相机跟随场景中的一个对象移动。你只需要将 lookAt 函数指向具体网格对象的 position 属性即可，因为每个 THREE.Mesh 对象都有 position 属性（值为一个 THREE.Vector3 对象）。你只需要一行代码：camera.lookAt(mesh.position)。通过在每一帧渲染之前调用该函数，相机的视角会实时更新为所跟随对象的位置。

## 2.3.3　调试相机的视角

在配置相机时，通过菜单调整参数通常是有用的，然而，在某些情况下，可能需要直观地看到相机视角实际覆盖的场景范围，以便更准确地调整相机的配置。Three.js 允许你通过可视化相机的视锥体（相机所显示的区域）来实现这一点。为了实现这一点，我们只需向场景中添加一个额外的相机和一个相机辅助对象。要查看实际效果，请打开 `chapter-2/debug-camera.html` 示例，如图 2.21 所示。

图 2.21 显示相机的视锥体

在上图中，你可以看到透视相机视锥体的轮廓。如果你在菜单中更改属性，则还可以看到视锥体也会随之变化。你可以通过以下方式可视化这个视锥体：

```
const helper = new THREE.CameraHelper(camera);
scene.add(helper);
// in the render loop
helper.update();
```

我们还添加了一个 switchCamera 按钮，通过它你可以在外部相机（俯瞰场景）和场景中的主相机之间进行切换。这是一个很好的确定相机正确设置的方法，如图 2.22 所示。

在 Three.js 切换相机非常简单，你只需要告诉 Three.js 你想通过不同的相机渲染场景即可。

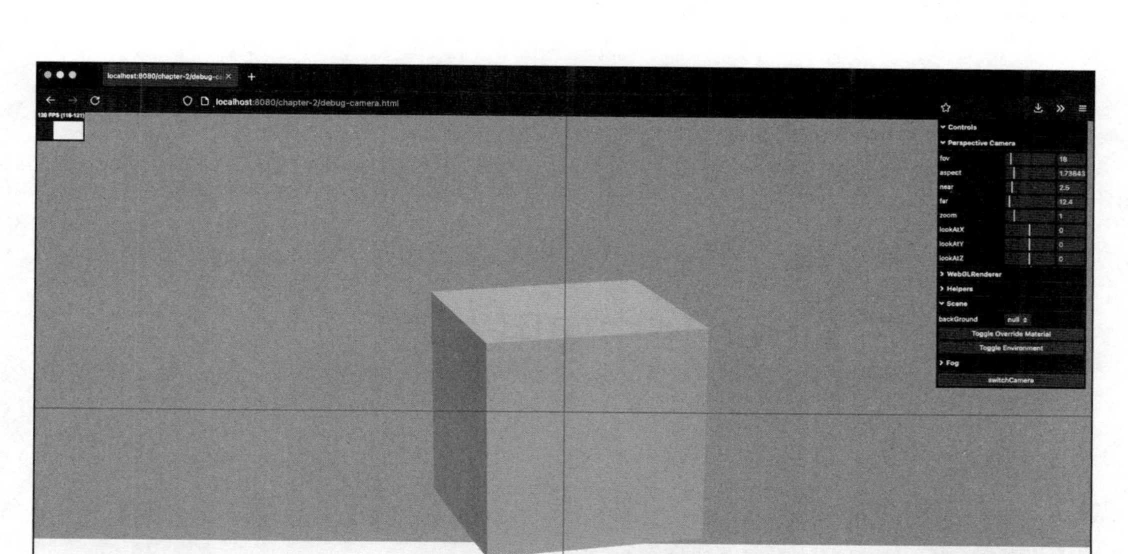


图 2.22　切换相机

## 2.4　本章小结

我们在本章中讨论了很多内容。我们展示了 THREE.Scene 的函数和属性，并解释了如何使用这些属性来配置主场景。我们还向你展示了如何创建几何体。你可以使用 THREE.BufferGeometry 对象从头开始创建几何体，也可以使用 Three.js 提供的任何内置几何体。最后，我们向你展示了如何配置 Three.js 提供的两个主要相机。THREE.PerspectiveCamera 使用真实世界的透视图来渲染场景，THREE.OrthographicCamera 提供了在游戏中经常看到的伪 3D 效果。我们还介绍了 Three.js 中的几何体的工作原理，你现在可以轻松地使用 Three.js 提供的标准几何体创建自己的几何体，或者自己手工制作。

第 3 章我们将介绍 Three.js 的各种光源。你将学习各种光源的行为方式，如何创建和配置它们，以及它们如何影响不同的材质。

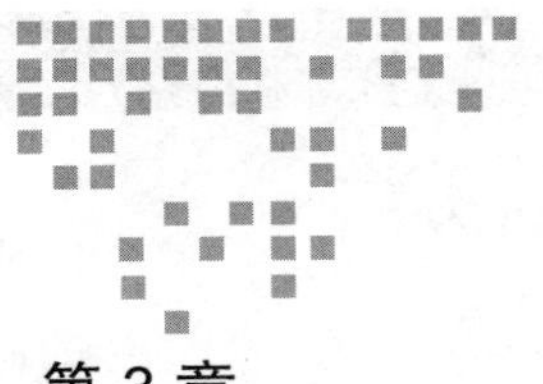

Chapter 3 第3章

# 在 Three.js 中使用光源

第 1 章你学习了 Three.js 的基础知识，第 2 章我们更深入地了解了场景的最重要部分：几何体、网格和相机。你可能已经注意到，第 2 章我们跳过了光源的相关细节，尽管它们是每个 Three.js 场景的重要组成部分。没有光源，我们将看不到任何渲染的内容（除非使用基本或线框材质）。Three.js 包含了几种不同的光源，每种光源都有特定的用途，我们将在本章解释光源的各种细节，并为即将到来的材质章节做准备。在本章结束时，你将了解这些光源之间的差异，并能选择和配置正确的光源以适用于你的场景。

提示 WebGL 本身并不直接支持光源。如果没有 Three.js，那么你需要编写特定的 WebGL 着色器程序来模拟这些光源，这是一项复杂且困难的工作。关于在 WebGL 中如何从头开始模拟光源有一篇很好的文章：`https://developer.mozilla.org/en-US/docs/Web/API/WebGL_API/Tutorial/Lighting_in_WebGL`。

本章涵盖以下主题：

- Three.js 的各种光源。
- 如何使用基本光源。
- 如何使用特殊光源。

和所有其他章节一样，我们有许多可以用来实验光源行为的示例。本章中展示的示例可以在本书源代码的 `chapter-03` 目录中找到。

## 3.1 Three.js 提供了哪些类型的光源

Three.js 提供了多种不同类型的光源，每种光源都有特定的行为和用途。本章我们将讨论以下一组光源：

- THREE.AmbientLight：一种基本的光源类型，其颜色会与场景中对象的当前颜色进行混合。
- THREE.PointLight：会从一个点向四面八方均匀地发出光线。这种光源可以用来创建阴影。
- THREE.SpotLight：会产生类似台灯、天花板聚光灯或火炬的圆锥形光照效果。这种光源也可以用来创建阴影。
- THREE.DirectionalLight：从无限远处发出的光。从这种光源发出的光线可以看作平行的、类似于从太阳发出的光线。这种光源也可以用来创建阴影。
- THREE.HemisphereLight：是一种特殊的光源，可以用来模拟反射表面和微弱照亮的天空，从而创建更自然的户外场景照明效果。这种光源不提供任何与阴影相关的功能。
- THREE.RectAreaLight：这种光源允许你指定一个矩形区域作为光线的来源，光线从该区域发出，而不是从空间的某个点发出。THREE.RectAreaLight 不支持阴影效果。
- THREE.LightProbe：这是一种特殊类型的光源，它基于使用的环境贴图创建动态环境光来照亮场景。
- THREE.LensFlare：不是光源，但通过 THREE.LensFlare 可以向场景中的光源添加镜头光晕效果。

本章主要分为两部分。首先，我们将分别介绍基本光源：THREE.AmbientLight、THREE.PointLight、THREE.SpotLight 和 THREE.DirectionalLight。所有这些光源都继承自 THREE.Light 对象，该基类定义了一些共有的属性和方法。这里提到的光源都是简单的光源，它们只需要很少的设置，并且可以用来重新创建大多数需要的光照场景。第二部分我们将介绍几个具有特殊用途的光源和效果：THREE.HemisphereLight、THREE.RectAreaLight、THREE.LightProbe 和 THREE.LensFlare。你可能只在非常特殊的情况下需要使用这些光源。

## 3.2 如何使用基本光源

我们将从最基本的光源开始：THREE.AmbientLight。

### 3.2.1 THREE.AmbientLight

当你创建一个 THREE.AmbientLight 对象后，其指定的颜色将全局应用于场景中的所有对象。THREE.AmbientLight 没有一个特定的方向，也不会产生任何阴影效果。通常情况下，你不会将 THREE.AmbientLight 作为场景中唯一的光源，因为它以相同的方式将其颜色应用于场景中的所有对象，而不会考虑网格的形状。你通常会与其他光源（如 THREE.SpotLight 或 THREE.DirectionalLight）一起使用它，以减轻阴影或向场景中添加一些额外的颜色。最简单的理解 THREE.AmbientLight 效果的方式是查看 chapter-03 文件夹中的 ambient-light.html 示例。该示例提供了一个简单的用户界面，你可用它来修改场景中的 THREE.AmbientLight 对象。

在下面的截图中，你可以看到我们使用了一个简单的瀑布模型，并且所使用的 THREE.AmbientLight 对象的颜色和强度属性是可配置的。在图 3.1 中，你可以看到当我们将光线的颜色设置为红色时会发生什么。

图 3.1 环境光设为红色

如你所见，我们场景中的每个元素现在都添加了红色到它们原来的颜色上。如果我们将颜色改为蓝色，我们会得到如图 3.2 所示的结果。

如你所见，蓝色被应用到所有对象上，并在整个场景中投射出一种微光。在使用这种光线时，你应该非常谨慎地指定颜色。如果指定的颜色过亮，那么你会得到一个完全过饱和的图像。除了颜色，我们还可以设置光线的强度属性。这个属性决定了 THREE.

AmbientLight 对场景中颜色的影响程度。如果降低它，那么场景中的对象只会添加少量的颜色；如果增加它，那么我们的场景会变得非常亮，如图 3.3 所示。

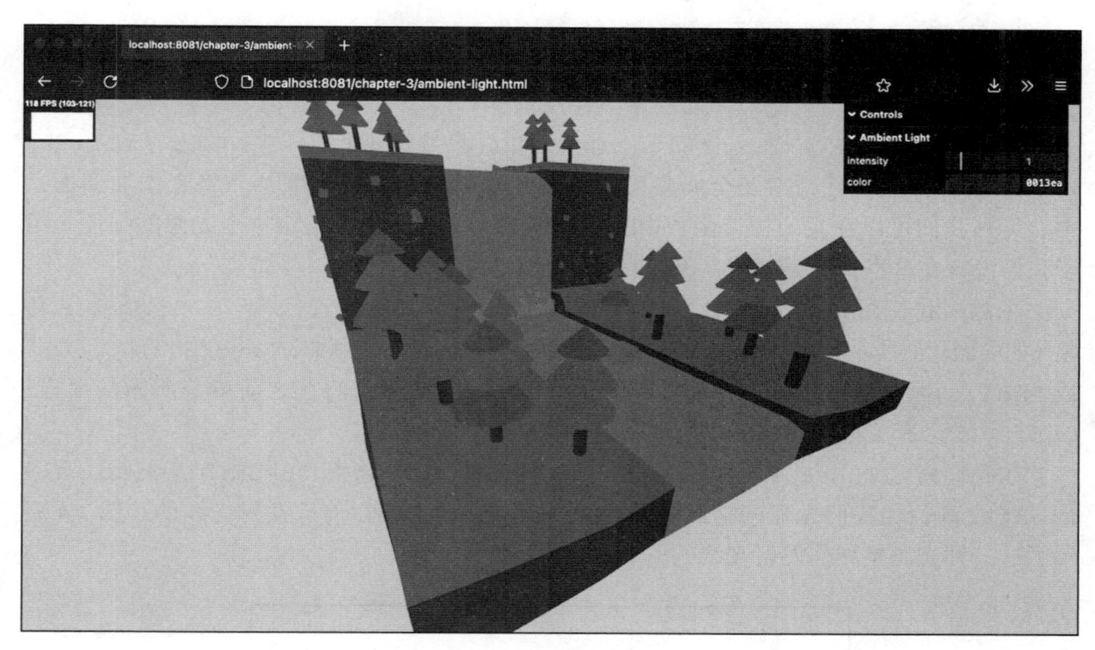


图 3.2　环境光设为蓝色

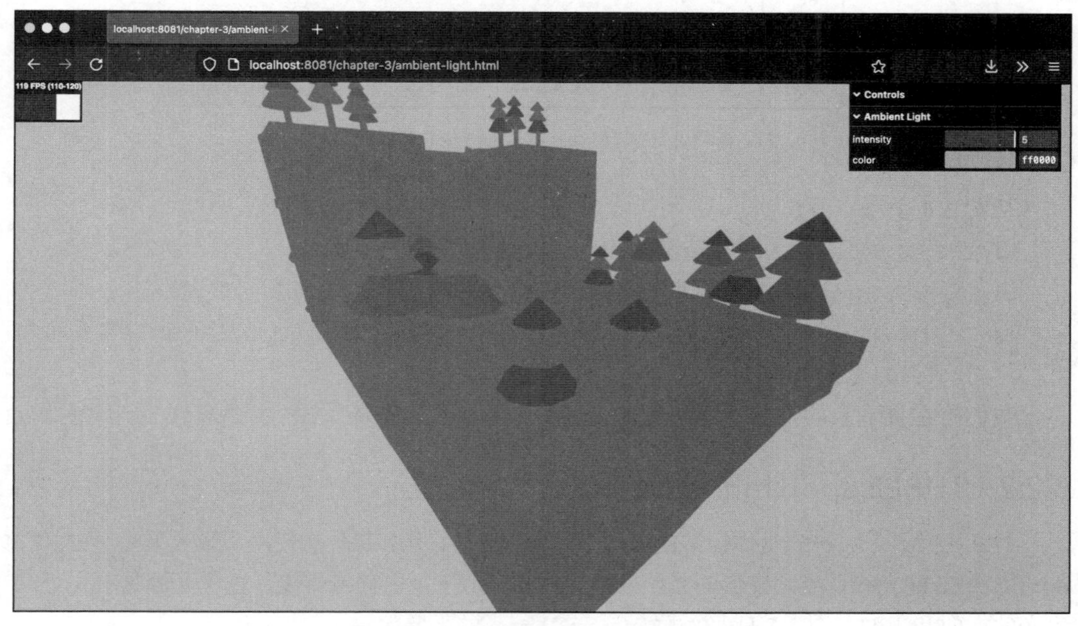


图 3.3　环境光设置为高强度的红色

现在我们已经看到了 THREE.AmbientLight 的作用，接下来我们来看一下如何创建和使用它。以下代码展示了如何创建一个 THREE.AmbientLight:

```
const color = new THREE.Color(0xffffff);
const light = new THREE.AmbientLight(color);
scene.add(light);
```

创建一个 THREE.AmbientLight 非常简单，只需要几个步骤。THREE.AmbientLight 没有位置属性，它是全局应用的，因此我们只需要指定颜色并将它添加到场景中。另外我们可以在它的构造函数中提供一个额外的值，用于指定这个光源的强度。由于我们没有在这里指定强度值，因此它将使用默认强度值 1。

注意，我们可以向 THREE.AmbientLight 构造函数传递一个 THREE.Color 对象（如前面代码所示）。我们也可以将颜色作为字符串传递——例如，"rgb(255, 0, 0)" 或 "hsl(0, 100%, 50%)"——或作为一个数字，就像我们在之前章节所做的那样：0xff0000。有关这方面的更多信息，可以在 3.2.5 节中找到。

在我们讨论 THREE.PointLight、THREE.SpotLight 和 THREE.DirectionalLight 之前，让我们先强调它们之间的主要区别，即它们如何是发射光线的。图 3.4 展示了这三种光源是如何发射光线的。

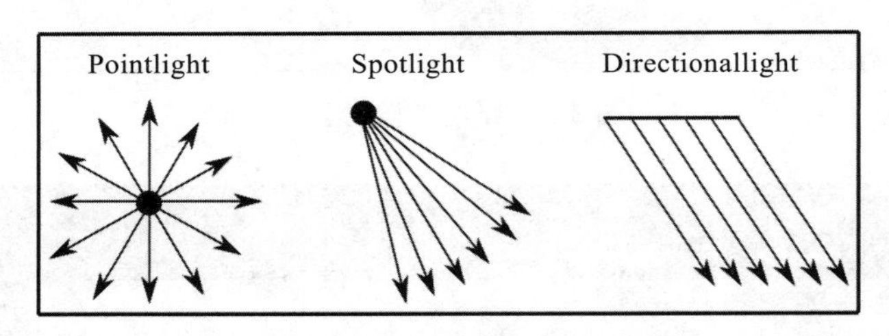


图 3.4 不同光源是如何发射光线的

从图 3.4 中可以看出：

- THREE.PointLight 从某个点向各个方向发射光线。
- THREE.SpotLight 从某个点以圆锥形发射光线。
- THREE.DirectionalLight 不是从某个点发射光线，而是从一个二维平面发射平行的光线。

我们将在接下来的几节更详细地介绍这些光源。我们先从 THREE.SpotLight 开始。

### 3.2.2 THREE.SpotLight

THREE.SpotLight 是你经常使用的一种光源（尤其是如果你想使用阴影效果）。THREE.SpotLight 的光线具有圆锥形的光照效果。具体类似于手电筒或灯笼。这个光源具有一个产生光的方向和角度。图 3.5 是 THREE.SpotLight 的光照效果（spotlight.html）。

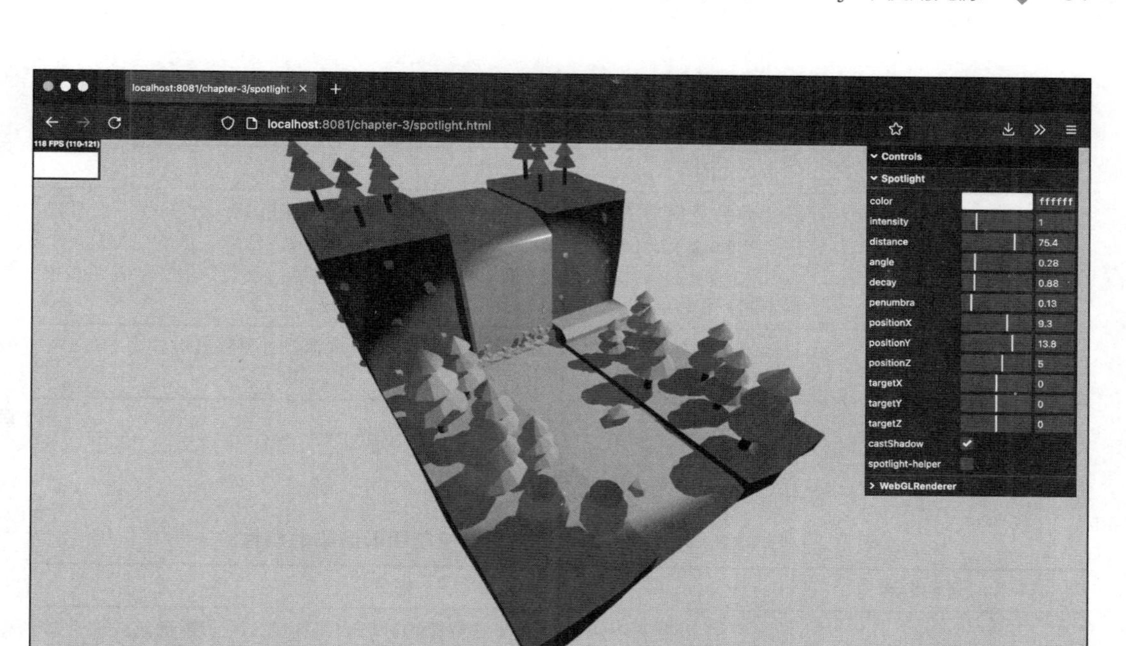


图 3.5　SpotLight 照亮的场景

表 3.1 列出了可以用来微调 THREE.SpotLight 的所有属性。首先我们讨论与 THREE.SpotLight 光效特性相关的属性。

**表 3.1　THREE.SpotLight 对象的属性**

| 属性名称 | 描述 |
|---|---|
| angle（角度） | 确定从光源发出的光束有多宽。宽度以弧度表示，默认为 Math.PI/3 |
| castShadow（投影阴影） | 如果将其设置为 true，则该光源将创建阴影。有关如何配置阴影的详细信息，请参见后续表格 |
| color（颜色） | 指示光的颜色 |
| decay（衰变系数） | 表示光强度随着远离光源的距离减少的量。衰变系数为 2，可实现更加逼真的光线，默认值为 1。仅在设置了 WebGLRenderer 的 physicallyCorrectLights 属性之后，此属性才生效 |
| distance（距离） | 当将该属性设置为非 0 值时，光强度将从所设置的强度线性减少到指定距离处的 0 |
| intensity（强度） | 指示光源照射的强度。属性的默认值为 1 |
| penumbra（补偿） | 表示光照边缘的柔和度。它的取值范围为 0 到 1，默认值为 0 |
| power（功率） | 通过设置 power 属性，可以模拟聚光灯在物理渲染模式下的功率，从而影响渲染效果（可以通过在 WebGLRenderer 上设置 physicallyCorrectLights 属性启用物理渲染模式）。该属性以流明为单位，默认值为 4*Math.PI |

（续）

| 属性名称 | 描述 |
|---|---|
| position（位置） | 指示光源在 THREE.Scene 的位置 |
| target（目标） | 光照的方向对于 THREE.SpotLight 很重要。使用 target 属性，你可以将 THREE.SpotLight 指向场景中的某个对象或位置。注意，该属性需要一个 THREE.Object3D 对象（例如 THREE.Mesh）。这点与我们在第 2 章看到的相机不同，相机在其 lookAt 函数中使用 THREE.Vector3 |
| visible（可见） | 如果将该属性设置为 true（默认值），则打开光源；如果将其设置为 false，则关闭光源 |

当你对 THREE.SpotLight 对象开启阴影后，可以控制阴影的渲染方式。你可以通过 THREE.SpotLight 的 shadow 属性进行如表 3.2 所示的控制。

**表 3.2 THREE.SpotLight 对象用于控制阴影渲染的属性**

| 属性名称 | 描述 |
|---|---|
| shadow.bias | 可以控制阴影相对于投射阴影的对象的偏移量，使阴影远离或靠近对象。当在非常薄的对象上遇到一些奇奇怪怪问题的时候，你可以试试使用该属性。当模型上的阴影出现问题时，尝试给该属性设置一个较小的值（如 0.01），通常可以解决问题。该属性的默认值为 0 |
| shadow.camera.far | 确定离光源多远的距离开始创建阴影。默认值为 5000。注意，除了该属性，你还可以设置 THREE.PerspectiveCamera 提供的其他属性来控制阴影渲染效果，这在第 2 章介绍过 |
| shadow.camera.fov | 确定用于创建阴影的视野大小（参阅 2.3 节）。默认值为 50 |
| shadow.camera.near | 确定离光源多近的距离开始创建阴影。默认值为 50 |
| shadow.mapSize.width 和 shadow.mapSize.height | 确定用于创建阴影的像素数量。当阴影边缘出现锯齿或不平滑时，可以通过增加这两个属性的值来解决。这两个属性在场景渲染后将无法再更改。width 和 height 默认值都是 512 |
| shadow.radius | 当该值高于 1 时，阴影的边缘将被模糊处理。该属性只有在 THREE.WebGLRenderer 的 shadowMap.type 属性设置为 THREE.BasicShadowMap 以外的值时才有效 |

创建 THREE.SpotLight 非常容易。只需指定颜色，设置其他所需的属性并将其添加到场景中：

```
const spotLight = new THREE.SpotLight("#ffffff")
spotLight.penumbra = 0.4;
spotLight.position.set(10, 14, 5);
spotLight.castShadow = true;
spotLight.intensity = 1;
spotLight.shadow.camera.near = 10;
spotLight.shadow.camera.far = 25;
```

```
spotLight.shadow.mapSize.width = 2048;
spotLight.shadow.mapSize.height = 2048;
spotLight.shadow.bias = -0.01;
scene.add(spotLight.target);
```

以上代码我们创建了一个 THREE.SpotLight 实例，并设置了各种属性来配置光源。我们还明确将 castShadow 属性设置为 true，因为我们想要阴影。我们还需要将 THREE.SpotLight 指向某个地方，这通过使用 target 属性来实现。在使用 target 属性之前，我们首先需要将光源的默认 target 添加到场景中：

```
scene.add(spotLight.target);
```

默认情况下，THREE.SpotLight 的 target 会被设置为 (0, 0, 0)。你可以在图 3.6 展示的示例中更改 target 属性并马上看到光源的变化效果。

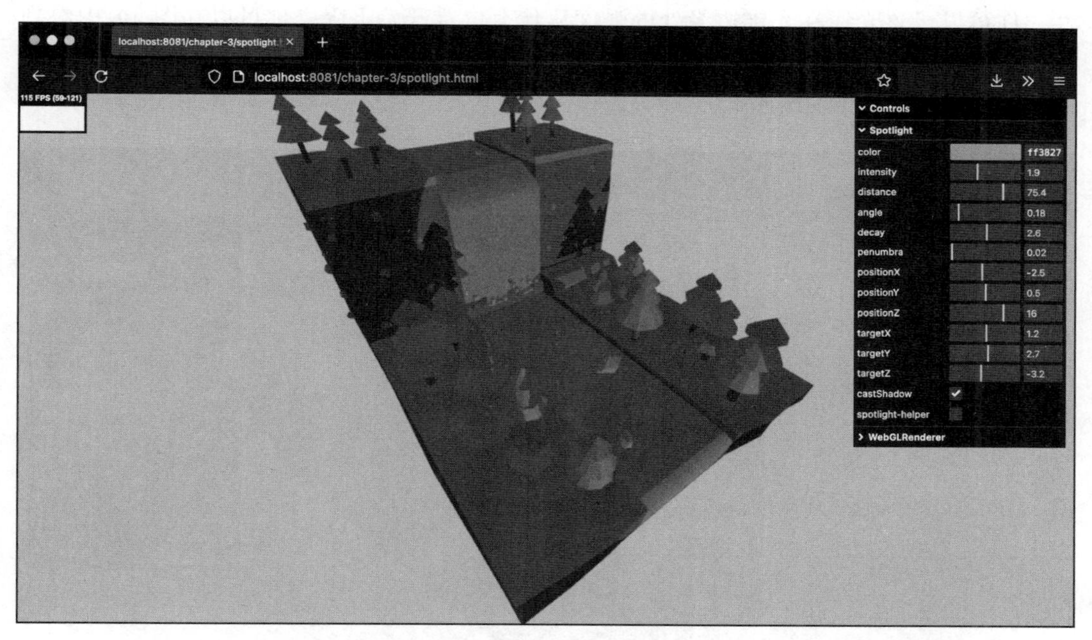


图 3.6　使用 target 属性将 THREE.SpotLight 指向特定目标的效果

注意，你还可以将光源的目标设置为场景中的对象。在这种情况下，光源会始终指向它。如果光源所指向的对象移动，那么光源也会跟着移动继续指向该对象。

在表 3.1 中，我们列出了可以用来控制 THREE.SpotLight 所发出光线的几个属性。distance 和 angle 属性定义了光锥形状。angle 属性定义了光锥的宽度，而 distance 属性设置了光锥的长度。图 3.7 直观地展示了 distance 和 angle 属性如何定义 THREE.SpotLight 的光照范围。

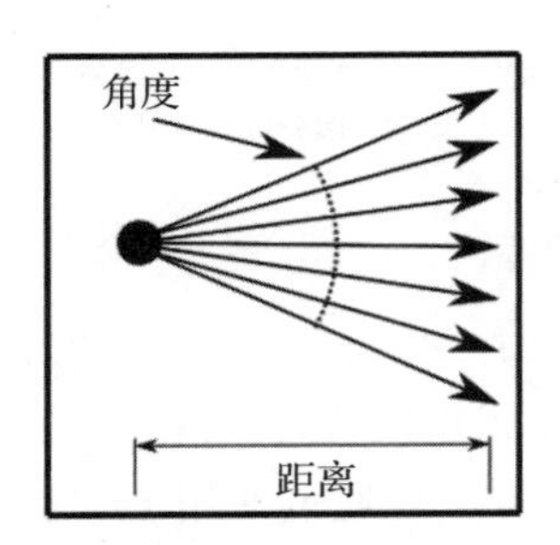


图 3.7 SpotLight 的 distance 和 angle 属性

通常，你不需要设置这些值，因为它们的默认值都很合理，但是你可以使用这些属性创建具有非常窄的光束或光强度快速下降的 THREE.SpotLight 实例。最后一个可以用来改变 THREE.SpotLight 产生光线的方式的属性是 penumbra 属性。通过这个属性，你可以设置光线在光锥边缘处的强度从什么位置开始下降。你可以在图 3.8 中看到 penumbra 属性的实际效果。我们获得了这么一个光源，开始非常明亮（高亮度），当光线到达边缘时，其亮度迅速下降。

图 3.8 SpotLight penumbra 属性应用效果

有时候，仅仅通过观察渲染出的场景很难确定光源的正确设置。例如你可能出于性能原因希望对照射区域进行微调，或者尝试将光源移动到非常具体的位置。你可以使用 THREE.SpotLightHelper 来实现以上目的：

```
const spotLightHelper = new THREE.SpotLightHelper
  (spotLight);
scene.add(spotLightHelper)
// 在渲染循环中
spotLightHelper.update();
```

使用上述代码，你将获得显示 `SpotLight` 的详细信息以帮助调试和正确定位、配置光源，如图 3.9 所示。

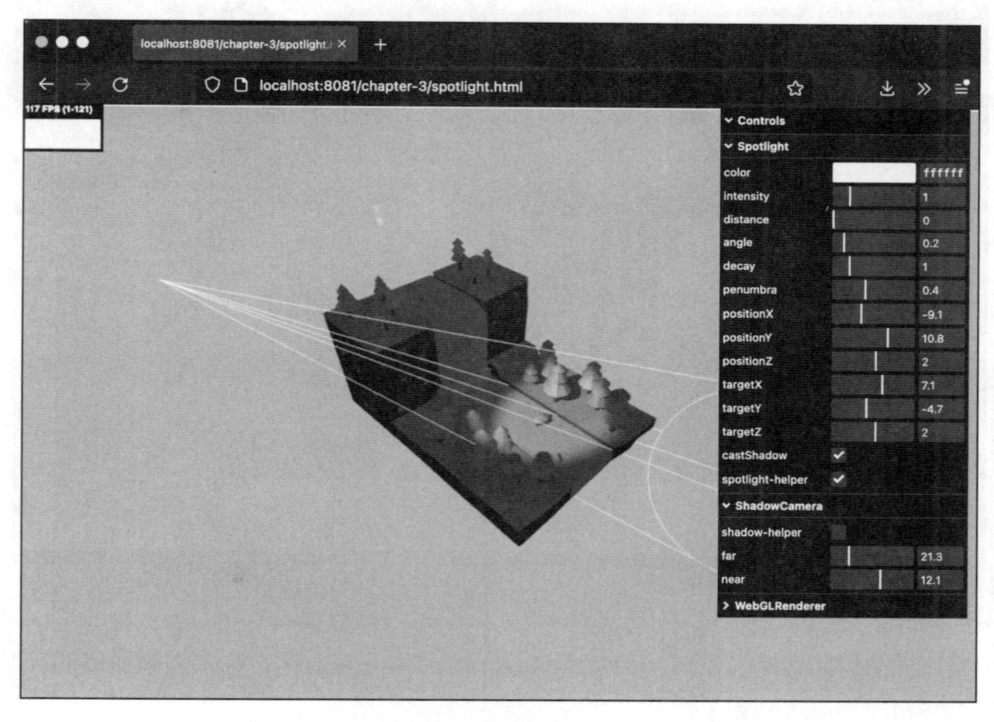


图 3.9　启用了辅助线的 `SpotLight`

在介绍下一个光源之前，我们将快速介绍一下可用于 `THREE.SpotLight` 对象的阴影相关属性。你已经知道了，通过将 `THREE.SpotLight` 实例的 `castShadow` 属性设置为 `true` 可以获得阴影效果。你还知道 `THREE.Mesh` 对象有两个与阴影相关的属性。你可以为需要投射阴影的对象设置 `castShadow` 属性，并为需要显示阴影的对象使用 `receiveShadow` 属性。你还可以在 Three.js 中通过设置阴影相关属性，精细地控制阴影的渲染效果。表 3.2 解释了一些属性。通过设置 `shadow.camera.near`、`shadow.camera.far` 和 `shadow.camera.fov`，你可以控制光源的位置以及如何投射阴影。对于 `THREE.SpotLight` 实例，你无法直接设置 `shadow.camera.fov`。该属性是根据 `THREE.SpotLight` 的 `angle` 属性计算出来的。这与透视相机的视野的工作方式相同

(我们在第 2 章解释过)。要观察这个行为(shadow.camera.fov 与 angle 属性的关系),最简单的方法是添加一个 THREE.CameraHelper;你可以通过勾选菜单中的 shadow-helper 复选框并调整相机设置来实现这一点。如图 3.10 所示,勾选这个复选框会显示用于确定这个光源阴影的区域。

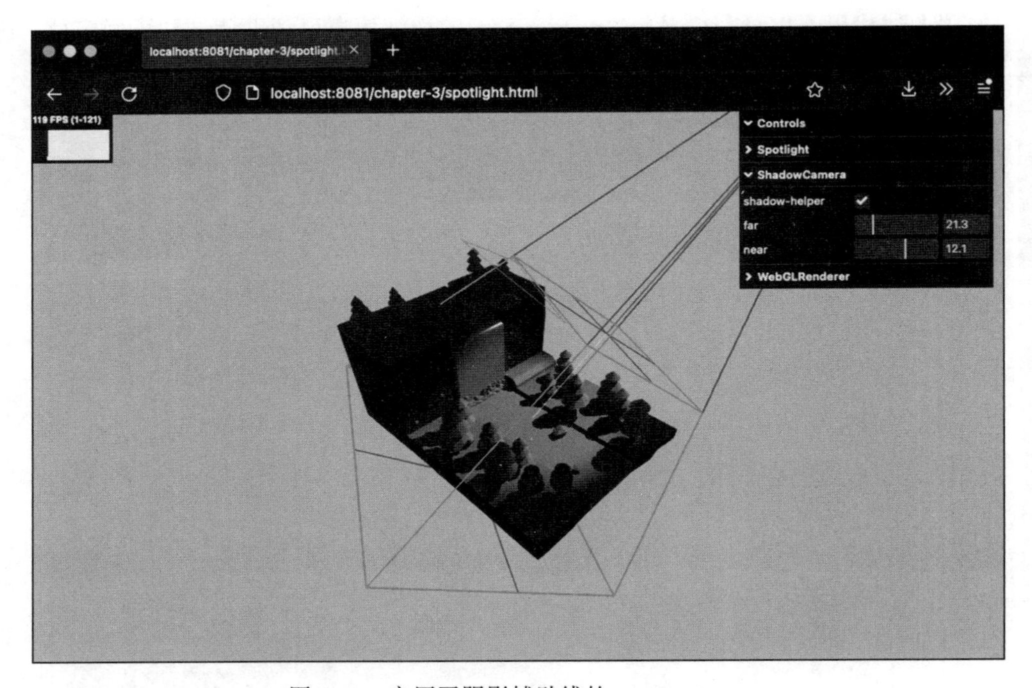


图 3.10 启用了阴影辅助线的 SpotLight

当调试阴影问题时,添加 THREE.CameraHelper 很有用。你只需添加以下行即可添加 THREE.CameraHelper:

```
const shadowCameraHelper = new THREE.CameraHelper
  (spotLight.shadow.camera);
scene.add(shadowCameraHelper);
// 在渲染循环中
shadowCameraHelper.update();
```

在结束本节之前,我想提供一些你在处理阴影问题时可能需要的建议。

如果阴影看起来呈块状,则可以增加 shadow.mapSize.width 和 shadow.mapSize.height 属性,以确保用于计算阴影的区域紧密包裹你的对象。你可以使用 shadow.camera.near、shadow.camera.far 和 shadow.camera.fov 属性来配置这个区域。

记住,你不仅必须告诉光源要去投射阴影,还必须通过设置 castShadow 和 receiveShadow 属性告诉每个几何体它是否将接收或投射阴影。

**阴影偏移**

场景中非常薄的对象在渲染阴影时可能会出现奇怪的伪影。你可以使用 shadow.bias 属性来稍微偏移阴影，这通常可以解决这个问题。

如果你希望获得更柔和的阴影效果，则可以在 THREE.WebGLRenderer 上设置不同的 shadowMapType 值。该属性默认设置为 THREE.PCFShadowMap。如果将该属性设置为 PCFSoftShadowMap，那么你将获得柔和的阴影。

现在我们介绍下一个光源：THREE.PointLight。

### 3.2.3 THREE.PointLight

THREE.PointLight 是一种从某个点向所有方向发出光的光源。关于这个光源有一个很好的例子：夜间发射到天空中的信号弹或篝火。和其他光源一样，对于 THREE.PointLight，我们也有一个示例供你实验。该示例是位于 chapter-03 目录的 point-light.html，如图 3.11 所示。

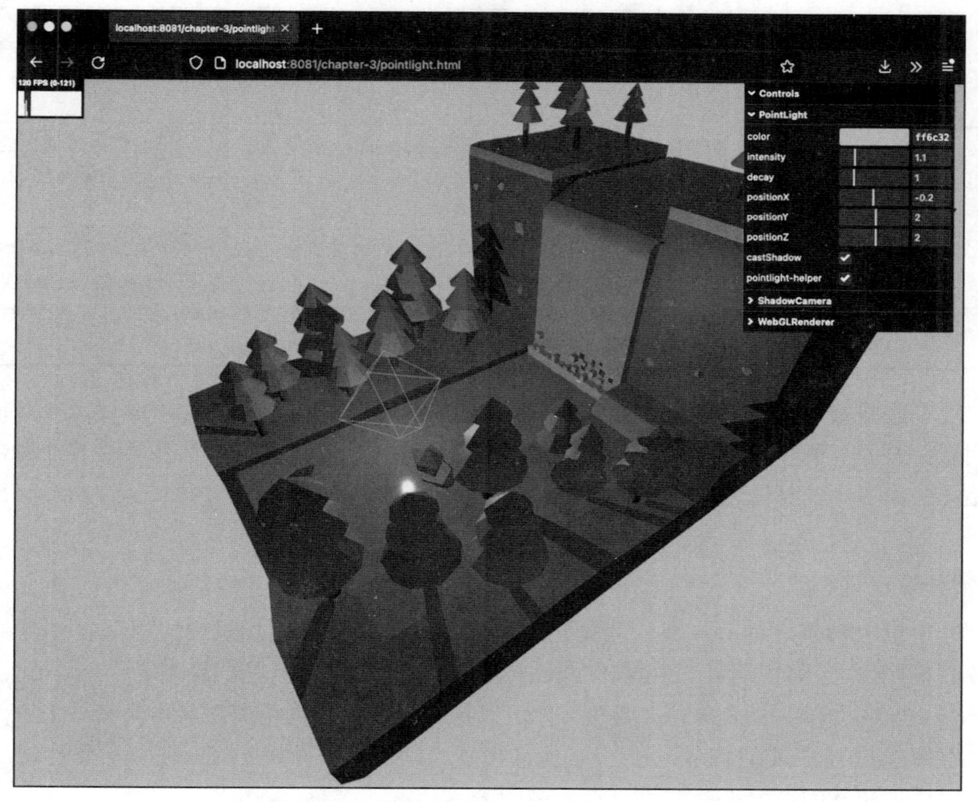


图 3.11　启用了辅助工具的 PointLight

从图 3.11 中可以看出，这种光源向所有方向发射光线。就像我们之前介绍的 SpotLight 一样，这种光源也有一个辅助工具，你可以用同样的方式使用它。在启用了这个辅助工具之后，你可以在场景中心看到它：

```
const pointLightHelper = new THREE.PointLightHelper
  (pointLight);
scene.add(pointLightHelper)
// 在渲染循环中
pointLightHelper.update();
```

THREE.PointLight 与 THREE.SpotLight 有一些同样的属性可以用来配置这种光源的行为方式，如表 3.3 所示。

**表 3.3 THREE.PointLight 对象的属性**

| 属性名称 | 描述 |
| --- | --- |
| color（颜色） | 配置该光源发出的光的颜色 |
| distance（距离） | 配置该光源的照射距离。默认值为 0，这意味着光的强度不会随距离的增加而减小 |
| intensity（强度） | 配置光源照射的强度。属性的默认值为 1 |
| position（位置） | 配置光源在 THREE.Scene 的位置 |
| visible（可见） | 如果将该属性设置为 true（默认值），则打开光源；如果将其设置为 false，则关闭光源 |
| decay（衰变系数） | 配置光强度随着远离光源的距离减少的量。衰变系数为 2，可实现更加逼真的光线，默认值为 1。仅在设置了 WebGLRenderer 的 physicallyCorrectLights 属性之后，此属性才生效 |
| power（功率） | 通过设置 power 属性，可以模拟聚光灯在物理渲染模式下的功率，从而影响渲染效果（可以通过在 WebGLRenderer 上设置 physicallyCorrectLights 属性启用物理渲染模式）。该属性以流明为单位，默认值为 4*Math.PI。power 属性与 intensity 属性之间存在直接关系，即 power = intensity*4π |

除了这些属性之外，THREE.PointLight 对象的阴影也可以像 THREE.SpotLight 的阴影一样进行配置。在接下来的几个示例和截图中，我们将展示这些属性在 THREE.PointLight 中的具体表现和效果。首先我们看一下如何创建一个 THREE.PointLight：

```
const pointLight = new THREE.PointLight();
scene.add(pointLight);
```

这里没有特别之处——我们只是定义了光源并将其添加到场景中。当然，你也可以设置我们刚刚展示的属性。THREE.PointLight 对象的两个主要属性是 distance 和 intensity。使用 distance 属性，你可以指定光线在多少距离之前不会衰减为 0。例如，在图 3.12 中，我们将 distance 属性设置为较低值，并将 intensity 属性增加一点，以模拟树林间的篝火。

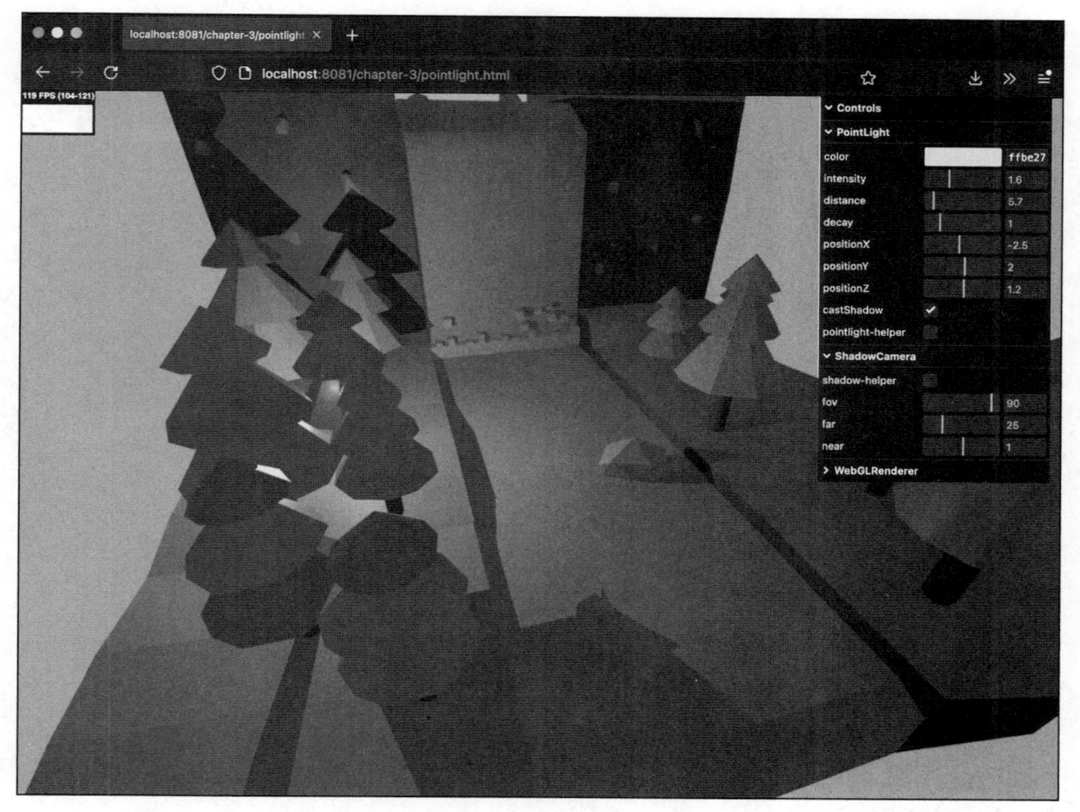


图 3.12　具有较低 distance 和较高 intensity 的 PointLight

在这个示例中，你无法设置 power 和 decay 属性。然而，如果你想要模拟现实世界场景，这些属性是非常有用的。对此 Three.js 网站上有一个很好的例子：https://threejs.org/examples/#webgl_lights_physical。

THREE.PointLight 还使用相机来确定绘制阴影的位置，因此你可以使用 THREE.CameraHelper 显示由相机所覆盖的部分。此外，THREE.PointLight 还提供了一个助手 THREE.PointLightHelper，用于显示 THREE.PointLight 的光源位置。当启用了 THREE.CameraHelper 和 THREE.PointLightHelper 之后，可以获得非常有用的调试信息，如图 3.13 所示。

不过如果你仔细观察图 3.13，你可能会注意到阴影是在阴影相机所显示区域之外创建的。这是因为阴影辅助工具只显示了从点光源位置向下投射的阴影。你可以将 THREE.PointLight 想象成一个立方体，其中每个面都会发出光线并产生阴影。在这种情况下，THREE.ShadowCameraHelper 只显示从上方投射到下方的阴影。

我们将要讨论的最后一个基本光源类型是 THREE.DirectionalLight。

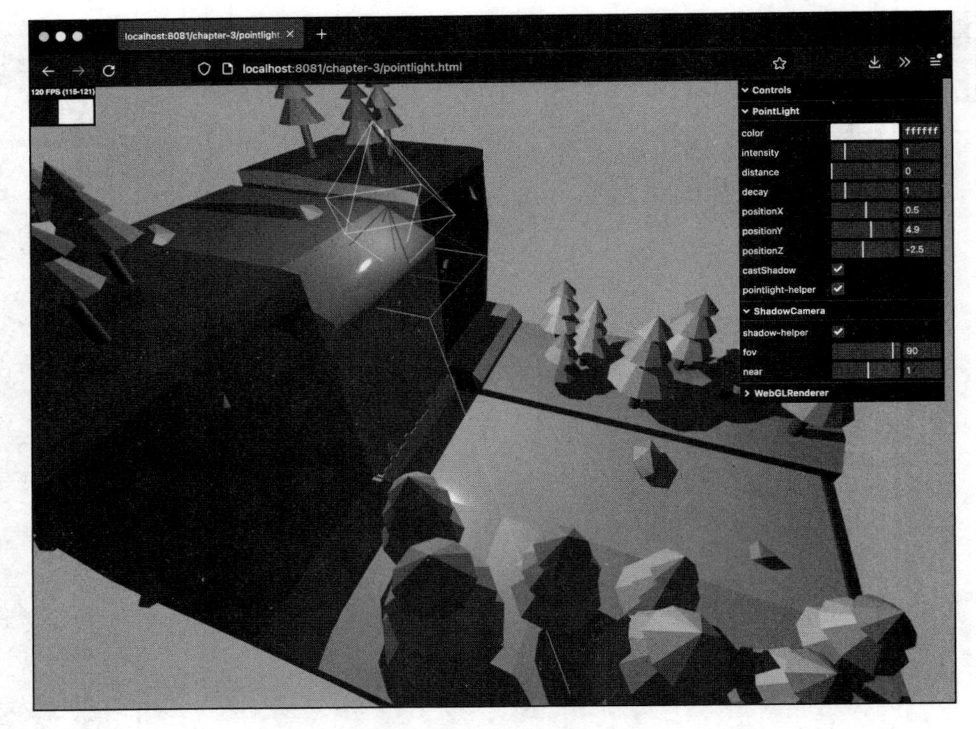


图 3.13 启用辅助工具的 PointLight

### 3.2.4 THREE.DirectionalLight

这种光源可以被看作来自非常远距离的光源。它发出的所有光线彼此平行。一个很好的例子就是太阳。太阳离我们很远，我们在地球上接收到的光线几乎是平行的。THREE.DirectionalLight 和我们之前见过的 THREE.SpotLight 的主要区别是，这种光源不会随着离光源距离的增加而减弱。THREE.DirectionalLight 所照亮的整个区域都会接收到相同的光线强度。要观察这一效果的实际效果，请查看图 3.14 中 directionalLight.html 示例。

正如你所看到的，使用 THREE.DirectionalLight 模拟日落非常容易。和 THREE.SpotLight 一样，你可以在这种光源上设置一些属性。例如，你可以设置光源的 intensity 属性以及光源产生阴影的方式。THREE.DirectionalLight 有很多与 THREE.SpotLight 相同的属性：position、target、intensity、castShadow、shadow.camera.near、shadow.camera.far、shadow.mapSize.width、shadow.mapSize.height 和 shadow.bias。有关这些属性的更多信息，可以参考前面关于 THREE.SpotLight 的介绍。如果你回顾 THREE.SpotLight 的示例，你会看到我们必须定义应用阴影的光锥。由于 THREE.DirectionalLight 的所有光线彼此平

行，我们不需要应用阴影的光锥；相反，我们有一个立方体区域（参考前面讲过的正交相机 THREE.OrthographicCamera），如图 3.15 所示（这里我们启用了阴影辅助工具）。

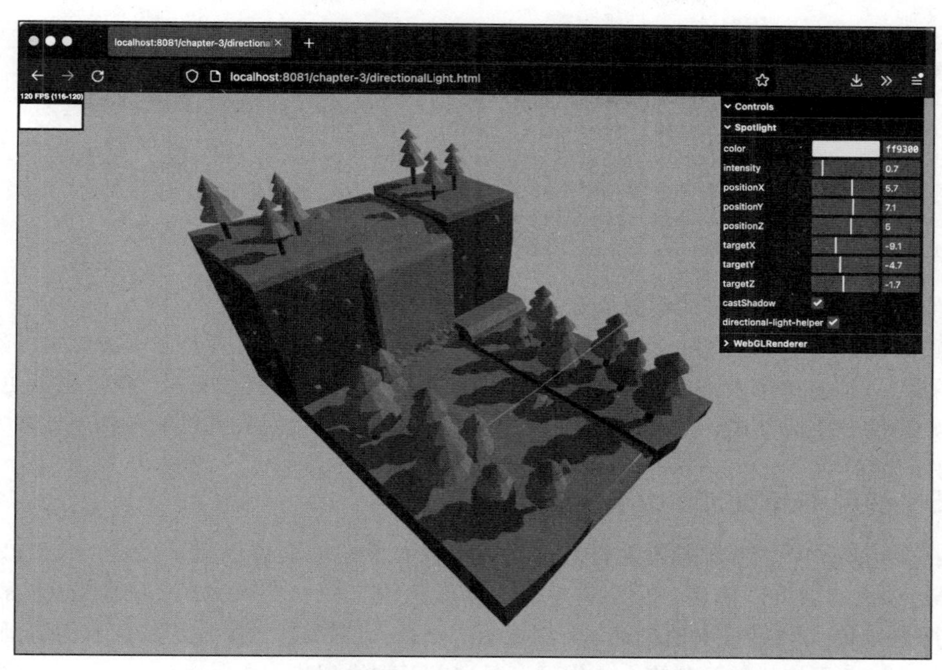


图 3.14　使用 THREE.DirectionalLight 模拟日落的示例

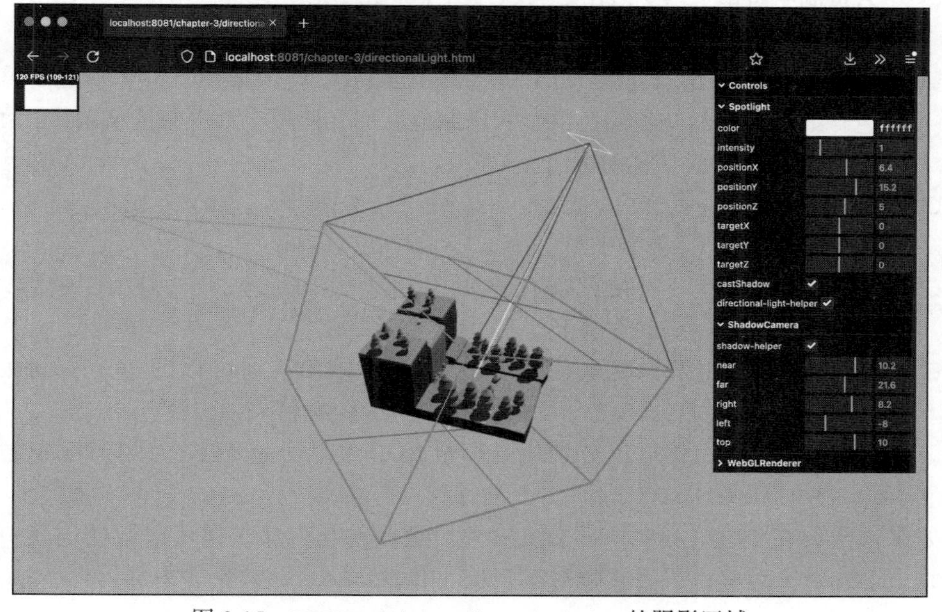


图 3.15　THREE.DirectionalLight 的阴影区域

所有落在该立方体内的对象都可以从该光源投射和接收阴影。和 THREE.SpotLight 一样，阴影区域定义得越小，阴影效果会更好。你可以通过以下属性来定义这个立方体阴影区域：

```
directionalLight.castShadow = true;
directionalLight.shadow.camera.near = 2;
directionalLight.shadow.camera.far = 80;
directionalLight.shadow.camera.left = -30;
directionalLight.shadow.camera.right = 30;
directionalLight.shadow.camera.top = 30;
directionalLight.shadow.camera.bottom = -30;
```

你可以将以上配置方式与我们在第 2 章配置正交相机的方式进行比较。

正如我们本节讨论 Three.js 不同类型光源时看到的那样，所有光源都需要指定颜色。目前我们只是使用十六进制字符串来配置颜色，但是 THREE.Color 对象提供了更多创建初始颜色对象的方式。接下来我们将探索 THREE.Color 对象提供的各种属性和方法。

### 3.2.5 使用 THREE.Color 对象

在 Three.js 中，当你需要为材质、光源等设置颜色时，可以直接传递一个 THREE.Color 对象，也可以传递一个字符串表示的颜色值（如 #ff0000），不过 Three.js 最终还是用这个传入的字符串值创建一个 THREE.Color 对象。THREE.Color 构造函数可以接收多种不同格式的颜色输入。你可以通过以下方式创建一个 THREE.Color 对象：

- **十六进制字符串**：new THREE.Color("#ababab") 将根据传入的 CSS 颜色字符串创建一个颜色。
- **十六进制值**：new THREE.Color(0xababab) 将根据传入的十六进制值创建颜色。如果你已经知道颜色的十六进制值，那么使用十六进制值来创建 THREE.Color 对象通常是最佳的方法。
- **RGB 字符串**：new THREE.Color("rgb(255, 0, 0)") 或 new THREE.Color("rgb(100%, 0%, 0%)")。
- **颜色名称**：你也可以使用颜色名称来创建 THREE.Color 对象，例如，new THREE.Color('skyblue')。
- **HSL 字符串**：如果你喜欢使用 HSL 而不是 RGB，则可以通过 new THREE.Color("hsl(0, 100%, 50%)") 传入 HSL 值来创建颜色。
- **分离的 RGB 值**：你可以分别指定每个 RGB 颜色分量（值范围在 0 到 1 之间）：new THREE.Color(1, 0, 0)。

如果你需要在创建 THREE.Color 对象后更改颜色，那么你可以选择创建一个新的 THREE.Color 对象，或者直接修改当前 THREE.Color 对象的内部属性。THREE.

Color 对象提供了大量的属性和函数。我们首先介绍第一组——可以设置 THREE.Color 对象的颜色：

- set(value)：将颜色的值设置为所提供的值。这里的值可以是字符串、数字或现有的 THREE.Color 实例。
- setHex(value)：将颜色的值设置为所提供的十六进制值。
- setRGB(r, g, b)：将颜色的值设置为所提供的 RGB 值。颜色分量的值范围在 0 到 1 之间。
- setHSL(h, s, l)：将颜色的值设置为所提供的 HSL 值。颜色分量的值范围在 0 到 1 之间。关于如何使用 HSL 配置颜色的详细解释，可参照 http://en.wikibooks.org/wiki/Color_Models:_RGB,_HSV,_HSL。
- setStyle(style)：将颜色的值设置为所提供的 CSS 颜色值。例如，你可以使用 rgb(255, 0, 0)、#ff0000、#f00 甚至 red。

如果你想从现有的 THREE.Color 实例复制它的颜色值，则可以使用以下函数：

- copy(color)：从提供的 THREE.Color 实例中复制颜色值到当前颜色对象。
- copySRGBToLinear(color)：将提供的 THREE.Color 实例的颜色值从 sRGB 颜色空间转换为线性颜色空间，并将结果赋给当前颜色对象。sRGB 颜色空间使用指数比例而不是线性比例。关于 sRGB 颜色空间的更多信息可以参阅：https://www.w3.org/Graphics/Color/sRGB.html。
- copyLinearToSRGB(color)：将提供的 THREE.Color 实例的颜色值从线性颜色空间转换为 sRGB 颜色空间，并将结果赋给当前颜色对象。
- convertSRGBToLinear()：将当前颜色从 sRGB 颜色空间转换为线性颜色空间。
- convertLinearToSRGB()：将当前颜色从线性颜色空间转换为 sRGB 颜色空间。

如果你想要获取当前配置的颜色信息，THREE.Color 对象还提供一些辅助函数：

- getHex()：将该颜色对象的值以数字形式返回：435241。
- getHexString()：将该颜色对象的值以十六进制字符串返回：0c0c0c。
- getStyle()：将该颜色对象的值以 CSS 的形式返回：rgb(112, 0, 0)。
- getHSL(target)：将该颜色对象的值以 HSL 的形式返回：{h: 0, s: 0, l: 0}。当调用颜色对象的 getHSL(target) 函数时，如果提供了可选的 target 对象，则 Three.js 会直接将 HSL 值设置在 target 对象上。

Three.js 还提供了通过更改 THREE.Color 对象的各个颜色分量来更改最终颜色的函数。具体包括：

- offsetHSL(h, s, l)：将提供的 h、s 和 l 值添加到当前颜色的 h、s 和 l 值中。
- add(color)：将提供颜色的 r、g 和 b 值加到当前颜色对象的 r、g、b 值上。
- addColors(color1, color2)：将 color1 和 color2 相加，并将结果设置

到当前颜色对象上。

- addScalar(s)：将 s 添加到当前颜色对象的 RGB 各个分量上。记住，颜色对象的内部表示使用的是 0 到 1 之间的浮点数，而不是常见的 0 到 255 的整数。
- multiply(color)：将当前颜色对象的 RGB 值与 color 的 RGB 值相乘。
- multiplyScalar(s)：将当前颜色对象的 RGB 值与 s 相乘。记住，颜色对象的内部表示使用的是 0 到 1 之间的浮点数，而不是常见的 0 到 255 的整数。
- lerp(color, alpha)：根据 alpha 参数计算出一个介于当前颜色和 color 参数之间的插值颜色，并将结果设置到当前颜色对象。alpha 属性定义了当前颜色和提供的颜色之间的插值位置。

除此之外，还有以下辅助函数：

- equals(color)：如果提供的 THREE.Color 实例的 RGB 值与当前颜色的值匹配，则返回 true。
- fromArray(array)：具有与 setRGB 相同的功能，只不过输入从 RGB 值变为数字数组。
- toArray：返回一个包含三个元素的数组：[r, g, b]。
- clone：创建一个与当前对象具有完全相同颜色值的新颜色对象。

以上函数中，你可以看到有许多可以更改当前颜色的方式。这些函数大多数是 Three.js 内部使用的，但也提供了一种简便的方法来轻松更改光源和材质的颜色，而无须创建和分配新的 THREE.Color 对象。

到目前为止，我们已经了解了 Three.js 的基本光源类型以及如何配置阴影。你将以上这些光源组合使用已经可以满足大多数情况了。不过 Three.js 还是提供了一些用于非常特殊用途的光源。接下来我们将介绍这些光源。

## 3.3 特殊光源

本节我们将介绍 Three.js 提供的三种用于非常特殊用途的光源。我们首先介绍 THREE.HemisphereLight，它对于创建逼真的户外场景照明效果至关重要。接下来我们将讨论 THREE.RectAreaLight，它从一个较大的区域而不是一个点发射光线。接下来，我们将讨论如何使用 LightProbe 根据立方体贴图应用光照，最后，我们将展示如何为场景添加镜头光晕效果。

我们要探讨的第一种特殊光源是 THREE.HemisphereLight。

### 3.3.1 THREE.HemisphereLight

通过使用 THREE.HemisphereLight，我们可以创建看起来更自然的户外照明效果。如果不使用这个光源，我们可以通过创建 THREE.DirectionalLight 来模拟户外场景，该光源模拟太阳，然后可能会再添加另一个 THREE.AmbientLight 来为场景提供一些一般性的颜色。但是这样做看起来不会很自然。在室外，并非所有的光线都直接来自上方：大部分光线是经过大气层散射，以及从地面和其他对象反射而来。Three.js 中的 THREE.HemisphereLight 就是为这种场景而设计的。这是一种获得更自然户外光照效果的简单方法。你可以查看图 3.16 中示例 hemisphere-light.html，观察 THREE.HemisphereLight 在场景中的效果。

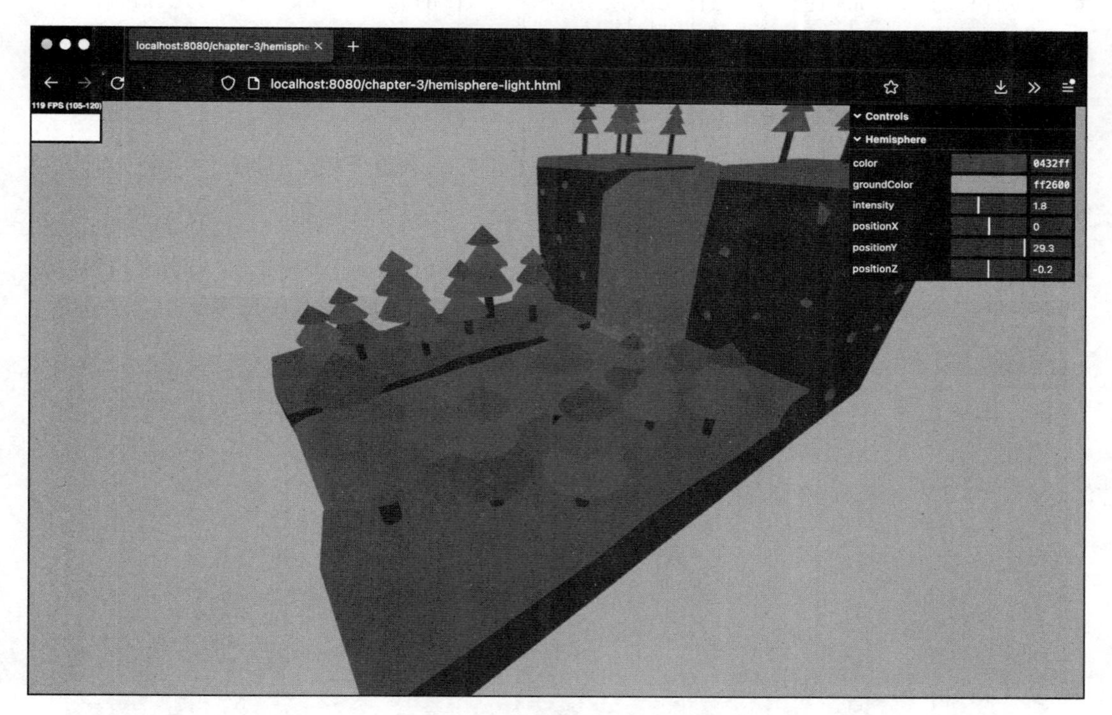


图 3.16　THREE.HemisphereLight 的光照效果

如果你仔细看图 3.16，在底部，地面的颜色更为突出；而在场景的顶部，则可以看到通过 color 属性设置的天空颜色更为突出。你可以在这个示例中设置这些颜色及其强度来实验。创建 THREE.HemisphereLight 和创建其他类型的光源一样简单：

```
const hemiLight = new THREE.HemisphereLight(0x0000ff,
  0x00ff00, 0.6); hemiLight.position.set(0, 500, 0);
scene.add(hemiLight);
```

你只需指定从天空接收到的颜色、从地面接收到的颜色以及这些光的强度。在创建 THREE.HemisphereLight 对象后，你可以通过表 3.4 所示的属性修改效果。

表 3.4 **THREE.HemisphereLight** 对象的属性

| 属性名称 | 描述 |
|---|---|
| groundColor | 从地面发出的颜色 |
| color | 从天空发出的颜色 |
| intensity | 光的强度 |

由于 HemisphereLight 的行为类似于 THREE.AmbientLight 对象，只是为场景中的所有对象添加颜色，因此它无法投射阴影。到目前为止，我们看到的光源都比较传统。接下来的这种光源允许你模拟来自矩形光源的光——例如，窗户或计算机屏幕的光。

## 3.3.2 THREE.RectAreaLight

使用 THREE.RectAreaLight，我们可以定义一个矩形发光区域。在讲述细节之前，先看看我们的最终效果（打开示例 rectarea-light.html）。图 3.17 包括了几个 THREE.RectAreaLight 对象。

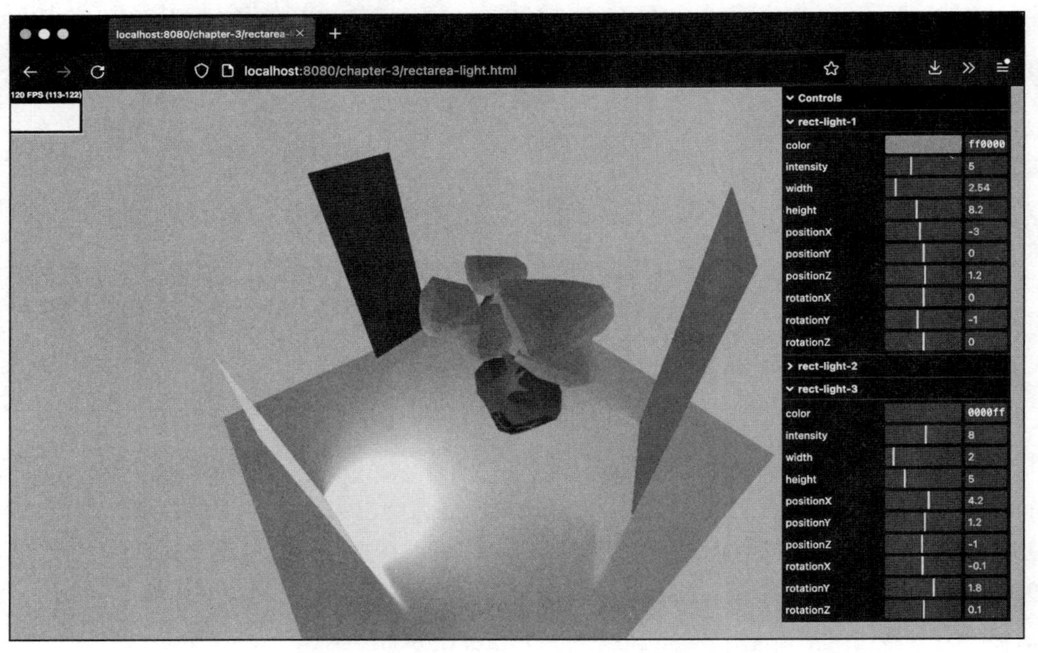


图 3.17 多个 THREE.RectAreaLight 对象在场景中的效果

在图 3.17 中，我们定义了三个 THREE.RectAreaLight 对象，每个对象都有自己的颜色。你可以看到这些光源如何影响整个区域。当你移动它们或改变它们的位置时，你可以看到这些动作如何影响场景中的对象。

我们还没有深入探讨不同材质对光线的影响。这点我们将在第4章介绍。THREE.RectAreaLight 仅适用于 THREE.MeshStandardMaterial 或 THREE.MeshPhysicalMaterial 材质。这些材质的更多信息将在第 4 章中介绍。

要使用 THREE.RectAreaLight，我们需要进行几项额外的小步骤。首先，我们需要加载和初始化 RectAreaLightUniformsLib，这是为了使用这个光源所需的额外底层 WebGL 脚本：

```
import { RectAreaLightUniformsLib } from "three/examples
  /jsm/lights/RectAreaLightUniformsLib.js";
...
RectAreaLightUniformsLib.init();
```

在完成必要的初始化步骤后，我们可以像创建其他光源一样创建 THREE.RectAreaLight 对象：

```
const rectLight1 = new THREE.RectAreaLight
  (0xff0000, 5, 2, 5);
rectLight1.position.set(-3, 0, 5);
scene.add(rectLight1);
```

THREE.RectAreaLight 对象的构造函数有四个属性。第一个是光源的颜色，第二个是强度，最后两个定义了光源的区域大小。注意，如果你想要像示例中可视化光源的照明范围和效果，你必须创建一个与你的 THREE.RectAreaLight 位置、旋转和大小都相同的矩形。

THREE.RectAreaLight 可以用来创建一些独特的效果，但可能需要一些实验才能获得理想的效果。再次提醒，示例中提供了一个右侧菜单，以便用户调整各种设置，以观察不同参数变化对 THREE.RectAreaLight 效果的影响。

Three.js 的最近版本中新增了一种名为 THREE.LightProbe 的光源。这种光源类似于 THREE.AmbientLight，但利用了 WebGLRenderer 的立方体贴图来计算光照效果。THREE.LightProbe 将是本章讨论的最后一个光源。

### 3.3.3　THREE.LightProbe

在第 2 章中，我们稍微讨论了立方体贴图。通过使用立方体贴图，我们可以将模型置于一个环境中。在第 2 章中，我们使用立方体贴图创建了一个与相机视角同步旋转的背景，如图 3.18 所示。

在第 4 章中，我们将学习如何使用立方体贴图中的信息来在材质上展示反射效果。然而，通常情况下，这些环境贴图不会为场景提供任何光照。然而，使用 THREE.LightProbe，我们可以从立方体贴图中提取光照级别信息，并将其用于照亮我们的模型。因此，你得到的效果有点像 THREE.AmbientLight，但它会根据场景中的位置和立方体贴图中的信息来影响对象。

图 3.18 第 2 章的立方体贴图示例

最简单的解释方法是查看示例。在浏览器中打开 `light-probe.html`，你将看到如图 3.19 所示的场景。

图 3.19 使用 `LightProbe` 和立方体贴图创建逼真环境光照效果的场景示例

以上示例中，模型位于一个类似洞穴的环境内。如果你旋转相机，那么模型在不同位置会受到不同光照的效果。在前面的截图中，我们从洞穴深处观察模型的背面，因此模型在该侧显得较暗。如果我们完全旋转相机，转到洞穴的入口，那么我们会发现模型受到更多光照，从而显得更亮，如图 3.20 所示。

图 3.20　相机旋转到洞穴入口时，LightProbe 让模型接收更多光线

这是一个非常棒的技巧，可以使你的对象看起来更加逼真，并减少平面的感觉，并且使用 THREE.LightProbe，你的模型将不均匀地接收光线，看起来更加生动真实。

设置 THREE.LightProbe 需要一些额外工作，但只需要在创建场景时进行一次。只要环境不变，就不需要重新计算 THREE.LightProbe 对象的值：

```
Import { LightProbeGenerator } from "three/examples/
  jsm/lights//LightProbeGenerator";
...
const loadCubeMap = (renderer, scene) => {
  const base = "drachenfels";
  const ext = "png";
  const urls = [
    "/assets/panorama/" + base + "/posx." + ext,
    "/assets/panorama/" + base + "/negx." + ext,
    "/assets/panorama/" + base + "/posy." + ext,
    "/assets/panorama/" + base + "/negy." + ext,
    "/assets/panorama/" + base + "/posz." + ext,
    "/assets/panorama/" + base + "/negz." + ext,
  ];
  new THREE.CubeTextureLoader().load(urls, function
```

```
    (cubeTexture) {
    cubeTexture.encoding = THREE.sRGBEncoding;
    scene.background = cubeTexture;
    const lp = LightProbeGenerator.fromCubeTexture
      (cubeTexture);
    lp.intensity = 15;
    scene.add(lp);
  });
};
```

在上述代码中，我们主要进行了两件事。首先，我们使用 THREE.CubeTextureLoader 加载立方体贴图。正如我们将在第 4 章中看到的那样，立方体贴图由六个图像组成，每个图像代表立方体的一个面，这六个图像共同构成了我们的环境。在立方体贴图加载完成后，我们将其设置为场景的背景（但需要注意这并不是 THREE.LightProbe 工作的必要条件）。

现在，我们已经有了立方体贴图，我们可以从中生成一个 THREE.LightProbe。通过将 cubeTexture 传递给 LightProbeGenerator 就可以生成 THREE.LightProbe 对象了。从立方体贴图生成的结果是一个 THREE.LightProbe 对象，我们可以像添加任何其他光源一样将其添加到场景中。就像 THREE.AmbientLight 一样，你可以通过设置 intensity 属性来控制该光源对网格照明的贡献量。

提示 Three.js 还提供了另一种类型的 LightProbe：THREE.HemisphereLightProbe。THREE.HemisphereLightProbe 的工作原理与正常的 THREE.HemisphereLight 基本相同，但它在内部使用了 LightProbe 技术。

本章介绍的最后一个对象不是光源，而是在电影中经常出现的相机技巧：THREE.LensFlare。

## 3.3.4 THREE.LensFlare

你可能已经熟悉镜头光晕的基本概念。例如，当直接拍摄太阳或其他明亮光源时，镜头会产生光晕效果。在大多数情况下，你希望避免这种情况，但对于游戏和 3D 生成的图像，它提供了一种使场景看起来更逼真的效果。Three.js 也支持镜头光晕，并且非常容易将其添加到场景中。在本节中，我们将向场景中添加一个镜头光晕，并创建出如图 3.21 所示的输出，你可以打开 lens-flare.html 自己实验。

我们可以通过实例化 LensFlare 对象并添加 LensFlareElement 对象来创建一个镜头光晕：

```
import {
  Lensflare,
```

```
  LensflareElement,
} from "three/examples/jsm/objects/Lensflare";
const textureLoader = new THREE.TextureLoader()
const textureFlare0 = textureLoader.load
  ('/assets/textures/lens-flares/lensflare0.png')
const textureFlare1 = textureLoader.load
  ('/assets/textures/lens-flares/lensflare3.png')

const lensFlare = new LensFlare();
lensFlare.addElement(new LensflareElement
  (textureFlare0, 512, 0));
lensFlare.addElement(new LensflareElement
  (textureFlare1, 60, 0.6));
lensFlare.addElement(new LensflareElement
  (textureFlare1, 70, 0.7));
lensFlare.addElement(new LensflareElement
  (textureFlare1, 120, 0.9));
lensFlare.addElement(new LensflareElement
  (textureFlare1, 70, 1.0));
pointLight.add(lensFlare);
```

图 3.21 当你看向光源时，会出现镜头光晕效果

LensFlare 元素只是 LensflareElement 对象的容器，LensflareElement 对象负责生成可见的光斑效果。在创建和配置好镜头光晕效果后，只需要将其添加到光源上即可。如果你查看代码，那么你将看到我们为每个 LensflareElement 传入了多个属性。这些属性决定了 LensflareElement 的外观以及其在屏幕上的渲染位置。LensflareElement 构造函数的参数如表 3.5 所示。

**表 3.5 THREE.LensflareElement 对象的属性**

| 属性 | 描述 |
| --- | --- |
| texture（纹理） | 纹理是确定光晕形状的图像 |
| size（大小） | 我们可以指定光晕的大小。size 的单位为像素。如果指定为 -1，则使用纹理本身的大小 |
| distance（距离） | 表示从光源（0）到相机（1）的距离。用于正确定位镜头光晕的位置 |
| color（颜色） | 光晕的颜色 |

首先让我们更仔细地看一下第一个 LensflareElement：

```
const textureLoader = new THREE.TextureLoader();
const textureFlare0 = textureLoader.load(
  "/assets/textures/lens-flares/lensflare0.png"
);
lensFlare.addElement(new LensflareElement
  (textureFlare0, 512, 0));
```

第一个参数 texture 是一个用于定义光晕的形状和基本颜色的图像。我们使用 THREE.TextureLoader 来加载它，通过添加 texture 路径即可，如图 3.22 所示。

图 3.22 示例中使用的光晕

第二个参数是光晕的大小。由于这是我们在光源处看到的光晕，因此我们会使其相当大：在这种情况下是 512 像素。接下来，我们需要设置这个光晕的 distance 属性。在这里设置的是光源与相机中心之间的相对距离。如果我们将距离设置为 0，则纹理将显示在光源位置；如果我们将其设置为 1，则纹理将显示在相机位置。本例我们直接将其放在光源处。

现在，如果你回头看看其他 LensflareElement 对象的位置，你会发现我们将它们定位在从 0 到 1 的间隔上，从而得出你打开 lens-flare.html 示例时看到的效果：

```
const textureFlare1 = textureLoader.load(
  "/assets/textures/lens-flares/lensflare3.png"
);
lensFlare.addElement(new LensflareElement
  (textureFlare1, 60, 0.6));
lensFlare.addElement(new LensflareElement
  (textureFlare1, 70, 0.7));
lensFlare.addElement(new LensflareElement
  (textureFlare1, 120, 0.9));
lensFlare.addElement(new LensflareElement
  (textureFlare1, 70, 1.0));
```

至此我们已经介绍了 Three.js 提供的各种光源。

## 3.4　本章小结

在本章中，我们介绍了 Three.js 中跟光源相关的许多信息。你了解到配置灯光、颜色和阴影并不是一门精确的科学，而需要通过实验和调整来获得正确的结果。为了获得正确的结果，你应该尝试不同的设置并使用 lil.GUI 控件来调整配置。不同的光源有不同的行为方式，并且正如我们将在第 4 章中看到的那样，不同的材质也会影响光线。

THREE.AmbientLight 的颜色会被添加到场景中的每一个颜色，通常用来平滑硬颜色和阴影。THREE.PointLight 向所有方向发出光线，并且可以产生阴影。THREE.SpotLight 是一种类似手电筒的光源。它具有圆锥形状，可以配置为随着距离的增加而逐渐衰减，并且可以产生阴影。我们还介绍了 THREE.DirectionalLight。这种光源与远处的光源（例如太阳）类似，其光线彼此平行，当配置目标远离时，强度并不会降低，并且还可以投射阴影。

除了以上这些基本光源外，我们还研究了几个更特殊的光源。为了获得更自然的室外效果，你可以使用 THREE.HemisphereLight，它考虑了地面和天空的反射。THREE.

RectAreaLight 不是从一个点发光，而是从一个大的区域发光。我们通过使用 THREE.LightProbe 展示了更高级的环境光照明，它使用环境贴图中的信息来确定对象如何被照亮。最后，我们向你展示了如何使用 THREE.LenseFlare 对象添加镜头光晕。

我们在前面的章节中已经介绍了几种不同的材质，在本章中你看到了并非所有材质都以相同的方式响应可用的光源。在第 4 章中，我们将概述 Three.js 中可用的材质。

第二部分

# Three.js 核心组件

在本部分中，我们将深入研究 Three.js 提供的不同材质和你可以用来创建自己场景的不同几何体。除了几何体之外，我们还将看看 Three.js 如何支持点和精灵，你可以将其用于雨滴和烟雾的效果等。

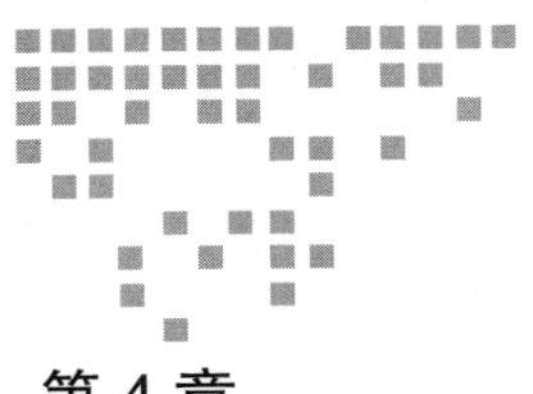

Chapter 4 第4章

# 使用 Three.js 材质

第 3 章我们简单地讨论了材质。你了解到材质与 THREE.Geometry 实例一起形成 THREE.Mesh 对象。材质类似于一个对象的"皮肤"，定义了几何体的外观。例如，"皮肤"定义了几何体是金属外观、透明还是显示为线框。将套上了"皮肤"之后的 THREE.Mesh 对象添加到场景中，Three.js 才能进行渲染。

到目前为止，我们还没有详细地研究材质。在本章中，我们将深入探讨 Three.js 提供的所有材质，并学习如何使用这些材质创建漂亮的 3D 对象。本章中我们将探索以下材质：

- MeshBasicMaterial：这是一种基本材质，你可以使用它给几何体赋予简单的颜色或显示几何体的线框。该材质不受光源影响。
- MeshDepthMaterial：这是一种根据对象到相机的距离确定网格颜色的材质。
- MeshNormalMaterial：这是一种简单的材质，用于根据面的法线向量来计算颜色。
- MeshLambertMaterial：这是一种能够对场景中的光源做出反应的材质，用于创建暗淡无光泽效果的对象。
- MeshPhongMaterial：这是一种能够对场景中的光源做出反应的材质，可用于创建有光滑反光效果的对象。
- MeshStandardMaterial：这是一种使用基于物理的渲染来渲染对象的材质。基于物理的渲染使用正确的物理模型来确定光与对象表面的交互方式。从而使你能够创建更准确、更逼真的对象。
- MeshPhysicalMaterial：这是 MeshStandardMaterial 的一种扩展，提供了更多控制反射效果的属性。
- MeshToonMaterial：这是 MeshPhongMaterial 的一种扩展，能够模拟手

绘效果。

- ShadowMaterial：这是一种特殊的材质，专门用于接收其他对象的阴影，实现阴影效果，但它是透明的。
- ShaderMaterial：该材质允许你指定着色器程序来直接控制顶点的位置和像素的颜色。
- LineBasicMaterial：这是一种可用于 THREE.Line 几何体的材质，可以用来创建有颜色的线条。
- LineDashMaterial：与 LineBasicMaterial 相似，但增加了创建虚线效果的功能。

在 Three.js 的源代码中，你还可以找到 THREE.SpriteMaterial 和 THREE.PointsMaterial。它们用于为单个点设置样式。我们将不在本章讨论这些材质，我们会在第 7 章讨论它们。

所有材质都具有一些共同属性，因此在讲述第一个材质（THREE.MeshBasicMaterial）之前，我们将先了解所有材质的共同属性。

## 4.1　常见的材质属性

我们先列出所有材质的共同属性。Three.js 提供了一个材质基类 THREE.Material，这个基类包含了所有这些常见属性。我们将这些常见的材质属性分为以下三个类别：

- **基本属性**：这些属性是你经常使用的属性。使用这些属性，你可以控制对象的不透明度、是否可见以及如何引用它（通过 ID 或自定义名称）。
- **混合属性**：每个对象都有一组混合属性。这些属性定义了材质每个点的颜色如何与其背后的颜色结合。
- **高级属性**：高级属性是一组用于控制 WebGL 底层上下文如何渲染对象的属性。大多数情况下，我们不需要处理这些属性。

注意，本章我们将跳过大多数与纹理和贴图相关的属性。大多数材质允许你使用图像作为纹理（例如，类似于木材或石材的质感）。我们会在第 10 章深入了解各种可用的纹理和贴图选项。一些材质还具有与动画相关的特定属性（例如，skinning、morpNormals 和 morphTargets），我们也将跳过这些属性，这些将在第 9 章介绍。clipIntersection、clippingPlanes 和 clipShadows 属性将在第 6 章介绍。

我们先从基本属性开始。

### 4.1.1　基本属性

以下是 THREE.Material 对象的基本属性（你将在 4.2.1 节看到这些属性的实际应用）：

- id：用于标识材质的 ID，在创建材质时会自动分配。第一个材质的 id 从 0 开始，然后每创建一个新的材质，id 都会增加 1。
- uuid：这是一个全局唯一的 ID，用于 Three.js 的内部管理和调试。
- name：你可以使用该属性为材质分配一个名称，这个属性在调试时非常有用。
- opacity：定义对象的透明度。需要与 transparent 属性一起使用，取值范围为 0 到 1。
- transparent：如果设置为 true，则 Three.js 会使用设置的透明度渲染该对象。如果设置为 false，则对象将不会呈现透明效果，而是显示更浅的颜色。当使用包含 alpha 透明度通道的纹理时，也需要将 transparent 设置为 true。
- visible：定义此材质是否可见。如果将其设置为 false，则将无法在场景中看到该对象。
- side：使用此属性，你可以定义将材质应用于哪侧的几何体。默认值为 THREE.Frontside，它将材质应用于对象的正面（外部）。你还可以将其设置为 THREE.BackSide，将其应用于背面（内部），或者将其设置为 THREE.DoubleSide，将其应用于两个面。
- needsUpdate：当 Three.js 创建材质时，会转换为一组 WebGL 指令。当你希望更改材质会自动更新对应的 WebGL 指令时，可以将此属性设置为 true。
- colorWrite：如果设置为 false，则不会显示该材质的颜色（实际上你创建了一个不可见的对象，该对象遮挡其后面的对象）。
- flatShading：确定是否使用平面着色来渲染材质。在平面着色模式下，组成对象的单个三角形会被单独渲染，而不是合并成一个平滑的表面。
- lights：这是一个布尔值，用于确定此材质是否受到光源的影响。默认值为 true。
- premultipliedAlpha：该属性用于控制材质的透明度渲染方式。默认值为 false。
- dithering：控制是否在材质渲染时启用抖动效果。当设置为 true 时，渲染器会对材质的渐变颜色应用抖动，以减少带状效应和色带。默认值为 false。
- shadowSide：与 side 属性类似，用于确定哪些面会投射阴影。如果没有设置 shadowSide，则将遵循 side 属性设置的值进行渲染。
- vertexColors：控制是否为每个顶点定义单独的颜色。当设置为 true 时，渲染器将使用几何体中每个顶点的颜色进行渲染；当设置为 false 时，渲染器将忽略顶点的颜色，只使用材质的颜色进行渲染。
- fog：用于确定材质是否受全局雾设置的影响。尽管未在本章中演示，但如果设置为 false，则禁用我们在第 2 章看到的场景的全局雾效果。

对于每种材质，你还可以设置一些混合属性。

### 4.1.2 混合属性

材质具有一些通用的混合属性。混合属性决定了我们渲染的颜色如何与它们后面的颜色相互作用。我们将在讨论组合材质时简要提及这个主题。这里先列出这些混合属性：

- blending：决定了材质与其后面颜色的混合方式。正常模式是 THREE.NormalBlending，它只显示最顶层的材质。
- blendSrc：除了使用标准的混合模式，你还可以通过设置 blendsrc、blenddst 和 blendequation 来创建自定义混合模式。该属性定义了如何将对象（源）混合到其后面颜色（目标）中。默认的 THREE.SrcAlphaFactor 设置使用 alpha（透明度）通道进行混合。
- blendSrcAlpha：用于设置 blendSrc 的透明度。默认值为 null。
- blendDst：该属性用于定义其后面颜色（目标）如何参与混合，默认为 THREE.OneMinusSrcAlphaFactor，即目标颜色会与源颜色的 alpha 通道（透明度）进行混合，其中目标颜色使用 1 作为值。
- blendDstAlpha：前面 blendDst 属性提到的 alpha 通道（透明度）。默认值为 null。
- blendEquation：定义了如何使用 blendsrc 和 blenddst 的值。默认值是 AddEquation，即默认将它们相加。结合这三个属性，你可以创建自定义混合模式。

最后一组属性主要用于内部控制 WebGL 渲染场景的细节。

### 4.1.3 高级属性

我们不会深入探讨这些属性。这些属性主要与 WebGL 内部的运行机制相关。如果你确实想要了解更多关于这些属性的信息，可以从 OpenGL 规范开始。你可以在 https://www.khronos.org/opengl/wiki 找到该规范。高级属性主要包括：

- depthTest：这是一个高级的 WebGL 属性。通过这个属性，你可以启用或禁用 GL_DEPTH_TEST 参数。此参数控制是否使用像素的深度来确定新像素的值。通常情况下，你不需要更改这个属性。关于这个属性的更多信息可以在我们之前提到的 OpenGL 规范中找到。
- depthWrite：这是另一个内部属性，用于确定材质是否影响 WebGL 深度缓冲区。如果你使用一个对象作为 2D 叠加层，则应将该属性设置为 false。通常情况下，你不需要更改该属性。
- depthFunc：此函数用于比较像素的深度值，对应于来自 WebGL 规范的 glDepthFunc。
- polygonOffset、polygonOffsetFactor 和 polygonOffsetUnits：你可以使用这些属性控制 POLYGON_OFFSET_FILL WebGL 特性。通常情况下不需

要用到这些属性。如果想详细了解它们的作用，可以查阅 OpenGL 规范。

- Alphatest：这个值可以设为特定值（0 到 1）。每当一个像素的 alpha 值小于该值时，它就不会被绘制。你可以使用该属性来消除一些与透明度相关的伪影。你可以将材质的精度设为以下 WebGL 值之一：highp、mediump 或 lowp。

接下来我们将介绍 Three.js 中的各种材质，并解释这些材质的属性如何影响最终的渲染效果。

## 4.2 从简单材质开始

在本节中，我们将主要介绍一些简单的材质：MeshBasicMaterial、MeshDepth-Material 和 MeshNormalMaterial。

在查看这些材质的属性之前，让我们快速了解一下如何传入属性来配置材质。具体来说，有两种方式：

- 你可以在构造函数中将参数作为参数对象传递来配置材质：

```
const material = new THREE.MeshBasicMaterial({
  color: 0xff0000,
  name: 'material-1',
  opacity: 0.5,
  transparency: true,
  ...
})
```

- 或者，你可以先创建材质实例，然后单独设置每个属性：

```
const material = new THREE.MeshBasicMaterial();
material.color = new THREE.Color(0xff0000);
material.name = 'material-1'; material.opacity = 0.5;
material.transparency = true;
```

通常来说，如果我们在创建材质时已经知道所有属性的值，最好使用构造函数来一次性传递所有属性。这两种方式中使用的参数格式相同。唯一的例外是 color 属性。在第一种方式中，我们只需要传入十六进制值，Three.js 会自动创建一个 THREE.Color 对象。在第二种方式中，我们必须显式地创建一个 THREE.Color 对象。在本书中，这两种方式我们都有使用。

现在，让我们来看看第一个简单材质：THREE.MeshBasicMaterial。

### 4.2.1 THREE.MeshBasicMaterial

MeshBasicMaterial 是一种非常简单的材质，它不考虑场景中可用的光源。使用这种材质的网格将被渲染为简单的平面多边形，你还可以选择显示几何体的线框。除了之前介绍的一些通用属性，我们还可以设置以下属性（再次重申，我们将忽略纹理相关的属性，因为我们将在后续纹理章节中介绍这它们）：

- color：用于设置材质的颜色。
- wireframe：通过将 wireframe 属性设置为 true 可以将材质渲染为线框，这对调试非常有帮助。
- vertexColors：当设置为 true 时，将在渲染模型时考虑各个顶点的颜色。

在之前的章节中，我们学习了如何创建材质并将其分配给对象。对于 THREE.MeshBasicMaterial，我们可以按以下方式实现：

```
const meshMaterial = new THREE.MeshBasicMaterial({color:
  0x7777ff});
```

这段代码创建了一个新的 THREE.MeshBasicMaterial 对象，并将其 color 属性初始化为 0x7777ff（即紫色）。

我们添加了一个示例，你可以使用它来实验 THREE.MeshBasicMaterial 属性以及我们在之前部分讨论的基本属性。如果你在 chapter-04 文件夹中打开 basic-mesh-material.html 示例，那么你将在屏幕上看到一个简单的网格和一个位于场景右侧的属性集，你可以使用它们来更改模型，添加简单纹理，更改任何材质属性并立即看到效果，如图 4.1 所示。

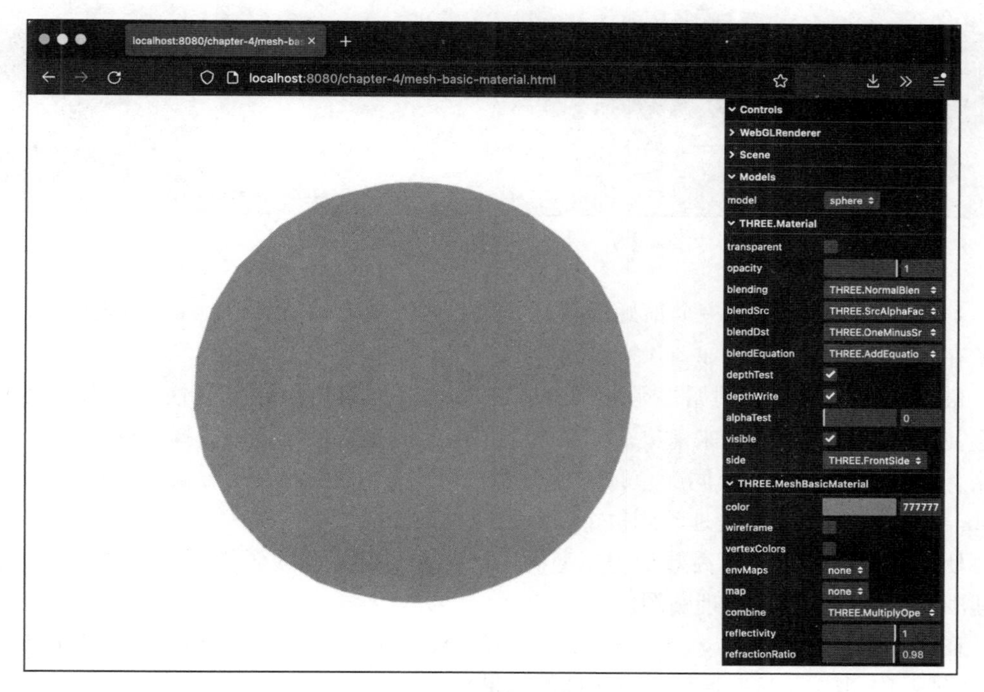


图 4.1　基本材质示例

从图 4.1 中你可以看到一个基本的简单灰色球体。我们已经提到 THREE.MeshBasic-Material 不会响应光源，因此你看不到有什么颜色层次，所有的表面都是相同的颜色。即使使用这种材质，你仍然可以创建出漂亮的模型。例如，如果你通过在 envMaps 下拉菜单中选择 reflection 属性来启用反射，设置场景的背景，并将模型更改为 torus 模型，则可以创建出漂亮的模型，如图 4.2 所示。

图 4.2　添加了环境贴图的环状结

wireframe 属性是一个很好的属性，可以用于查看 THREE.Mesh 的底层几何体，因此在调试时非常有用，如图 4.3 所示。

最后要进一步了解的属性是 vertexColors。如果启用这个属性，那么渲染模型时会使用各个顶点的颜色来渲染。如果在菜单中的模型下拉列表中选择 vertexColor，那么你会看到一个具有不同颜色顶点的模型。启用 vertexColors 属性并结合 wire-frame 模式，可以更清楚地看到每个顶点的颜色，如图 4.4 所示。

使用顶点颜色可以更高效地为模型的不同部分指定不同的颜色，而无须为每个部分创建独立的材质或使用纹理贴图。

在本例中，除了调整 vertexColors 属性外，你还可以通过 THREE.Material 部分（参见图 4.4）来试验这些通用材质属性的效果。

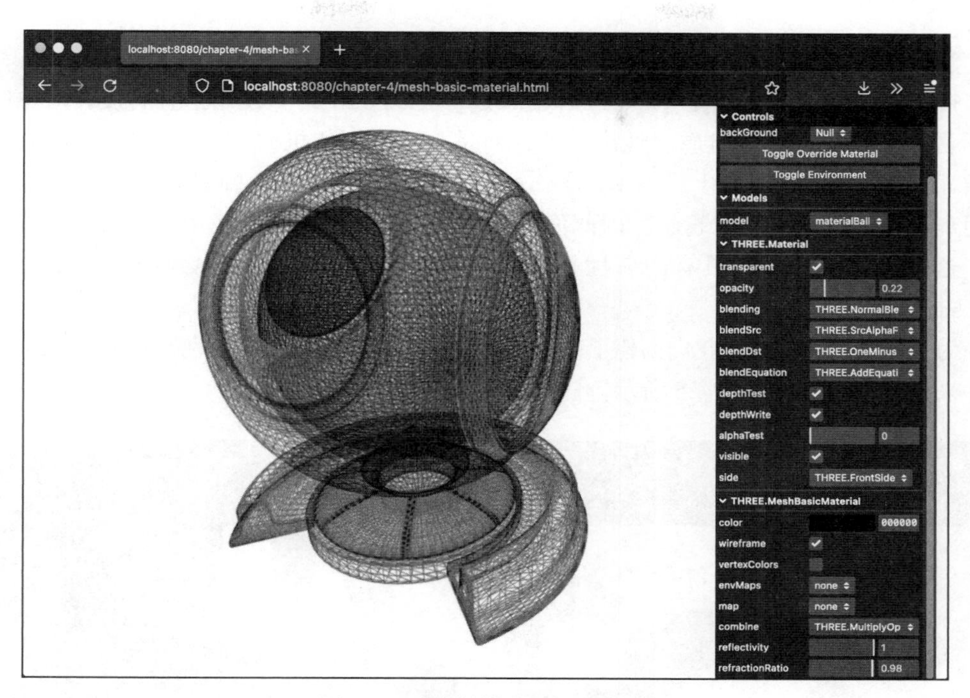


图 4.3　以线框模式显示的模型

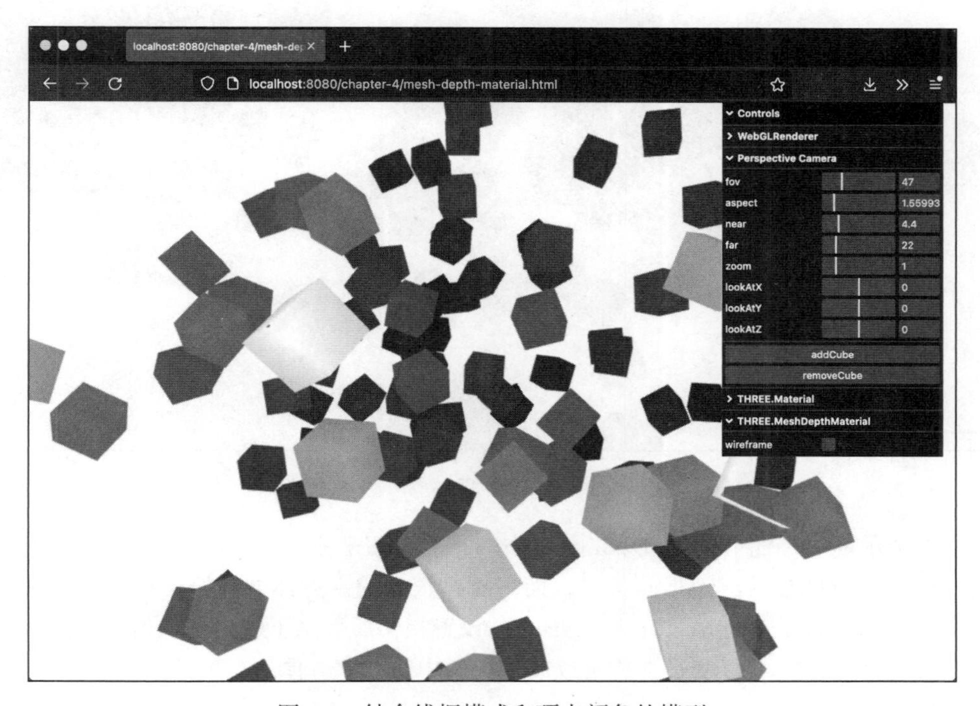


图 4.4　结合线框模式和顶点颜色的模型

## 4.2.2 THREE.MeshDepthMaterial

接下来要讨论的材质是 THREE.MeshDepthMaterial。使用这种材质，对象的外观不是由光源或特定的材质属性决定的，而是由对象到相机的距离决定的，换句话说，对象距离相机越近，使用 THREE.MeshDepthMaterial 渲染的对象颜色就越亮；对象距离相机越远，颜色就越暗。因此你可以将它与其他材质结合使用，轻松创建淡出效果。这种材质唯一额外具有的属性是我们在 THREE.MeshBasicMaterial 中见过的 wireframe 属性。

为了演示这种材质，我们创建了一个示例，你可以通过打开 mesh-depth-material 文件来查看该示例，如图 4.5 所示。

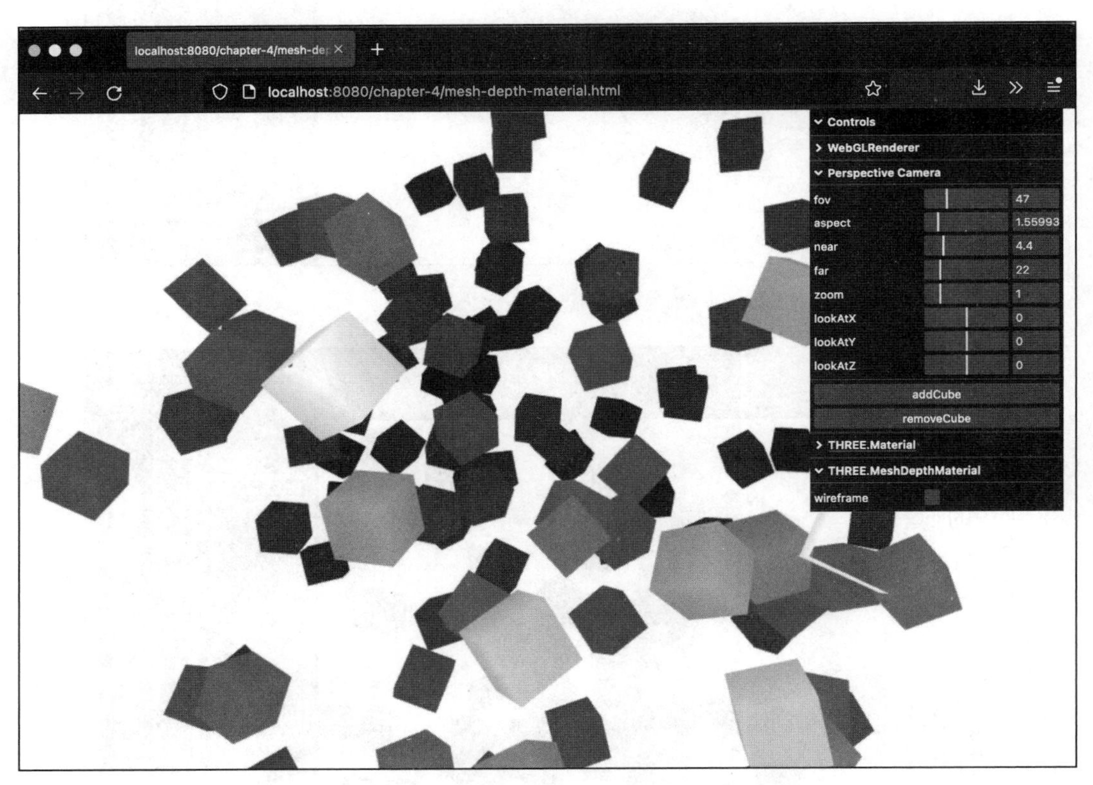


图 4.5 THREE.MeshDepthMaterial 材质

在这个示例中，你可以通过单击菜单中的相关按钮来添加和移除立方体。你将看到，靠近相机的立方体会被渲染得非常亮，而离相机较远的立方体会被渲染得较暗。你可以通过实验示例中的 Perspective Camera 设置相关属性来了解它是如何工作的。通过调整相机的 far 和 near 属性，你可以改变场景中所有立方体的亮度。

在通常情况下，我们不会单独使用 MeshDepthMaterial 材质来渲染网格模型，而是会将其与其他材质结合使用。在 4.2.3 节中，我们将探讨如何实现这种组合使用。

### 4.2.3　组合材质

如果你回顾一下 THREE.MeshDepthMaterial 的属性，你会发现没有设置立方体颜色的属性。立方体的颜色是由材质的默认属性决定的。那怎么办？对此，Three.js 可以组合多个材质以创建新效果（这也是混合属性发挥作用的地方）。以下代码演示了如何组合材质：

```
import * as SceneUtils from 'three/examples/jsm/
  utils/SceneUtils'

const material1 = new THREE.MeshDepthMaterial()
const material2 = new THREE.MeshBasicMaterial({ color:
  0xffff00 })
const geometry = new THREE.BoxGeometry(0.5, 0.5, 0.5)
const cube = SceneUtils.createMultiMaterialObject(geometry,
  [material2, material1])
```

我们首先创建两种材质。material1 为 THREE.MeshDepthMaterial，我们没有对其进行任何特殊设置；material2 为 THREE.MeshBasicMaterial，我们只是设置了它的颜色。以上代码的最后一行也是重要的一行。当我们使用 SceneUtils.createMultiMaterialObject() 函数创建网格时，几何体会被复制，然后以一组包含两个相同网格的形式返回。

我们得到了使用 THREE.MeshDepthMaterial 材质的亮度以及 THREE.MeshBasicMaterial 材质的颜色，呈现出绿色的立方体。你可以通过在浏览器中打开位于 chapter-4 文件夹中的 combining-materials.html 示例文件来查看最终渲染效果，如图 4.6 所示。

当第一次打开 combining-materials.html 示例文件时，你只会看到一些实心的对象，没有任何来自 THREE.MeshDepthMaterial 的效果。为了将颜色组合在一起，我们需要指定这些颜色的混合方式。在图 4.6 的右侧菜单中，你可以使用 blending 属性来指定这一点。这个示例我们使用了 THREE.AdditiveBlending 模式，这意味着颜色会相加，然后显示最终的混合颜色。这个示例是一个很好的方式来尝试不同的混合选项，并观察它们是如何影响材质的最终颜色。

下一个材质同样也是一个用户无法通过修改材质属性来影响最终渲染效果颜色的材质。

### 4.2.4　THREE.MeshNormalMaterial

理解和渲染这种材质最简单的方法是通过示例。打开位于 chapter-4 文件夹中的 mesh-normal-material.html 示例文件，并启用 flatShading，如图 4.7 所示。

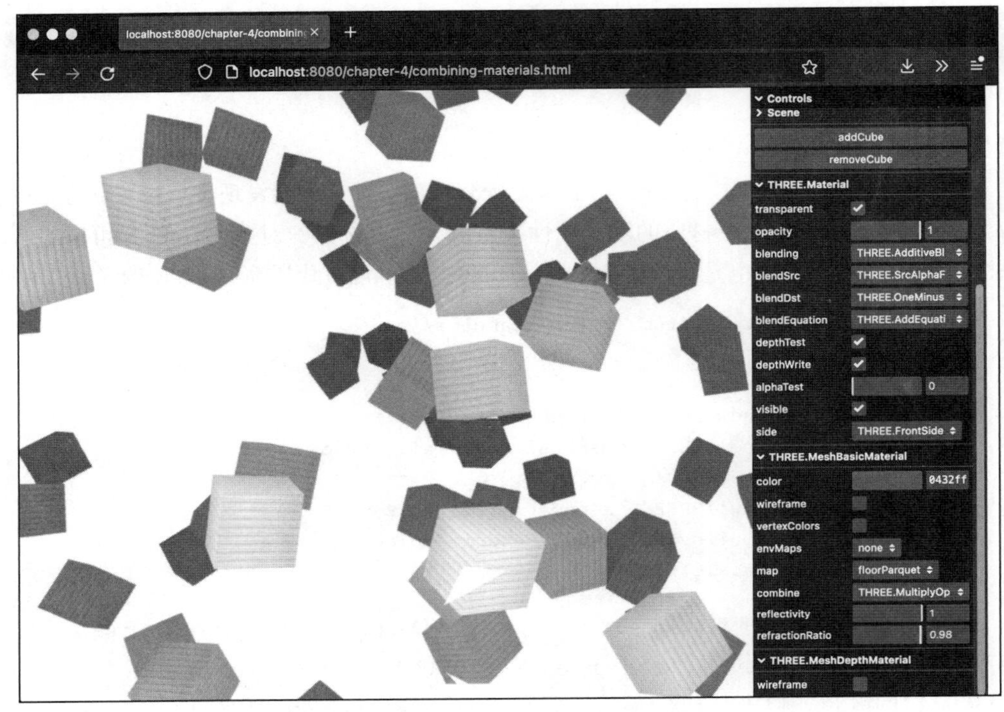


图 4.6 通过组合不同材质来创建新效果

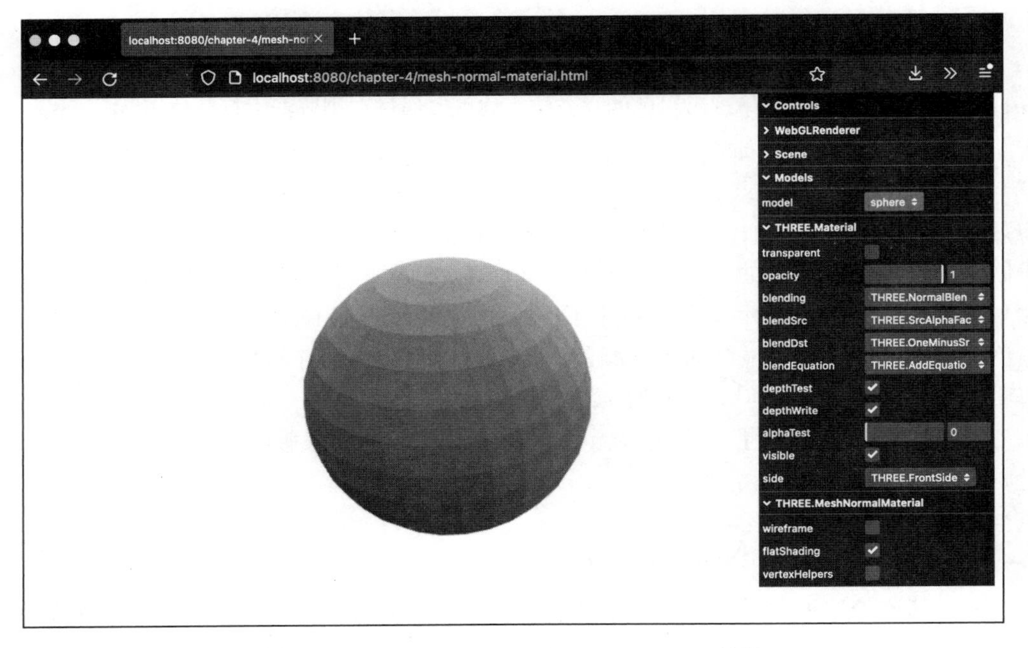


图 4.7 THREE.MeshNormalMaterial 材质

正如你所见，网格的每个面都以稍微不同的颜色渲染。这是因为每个面的颜色是基于从该面指向外的法线向量。而这个法线向量是由组成该面的各个顶点的法线向量决定的。顶点的法线向量垂直于该顶点所在的面。在 Three.js 中，法线向量用于许多不同的部分。它用于确定光的反射，帮助将纹理映射到 3D 模型上，以及提供有关如何照亮、着色和上色表面像素的信息。不过，幸运的是，Three.js 会自动计算这些法线向量并内部使用它们，因此用户无须自己计算或处理这些向量。

Three.js 提供了一个辅助工具来可视化这个法线，你可以通过在菜单中启用 `vertexHelpers` 属性来显示它，如图 4.8 所示。

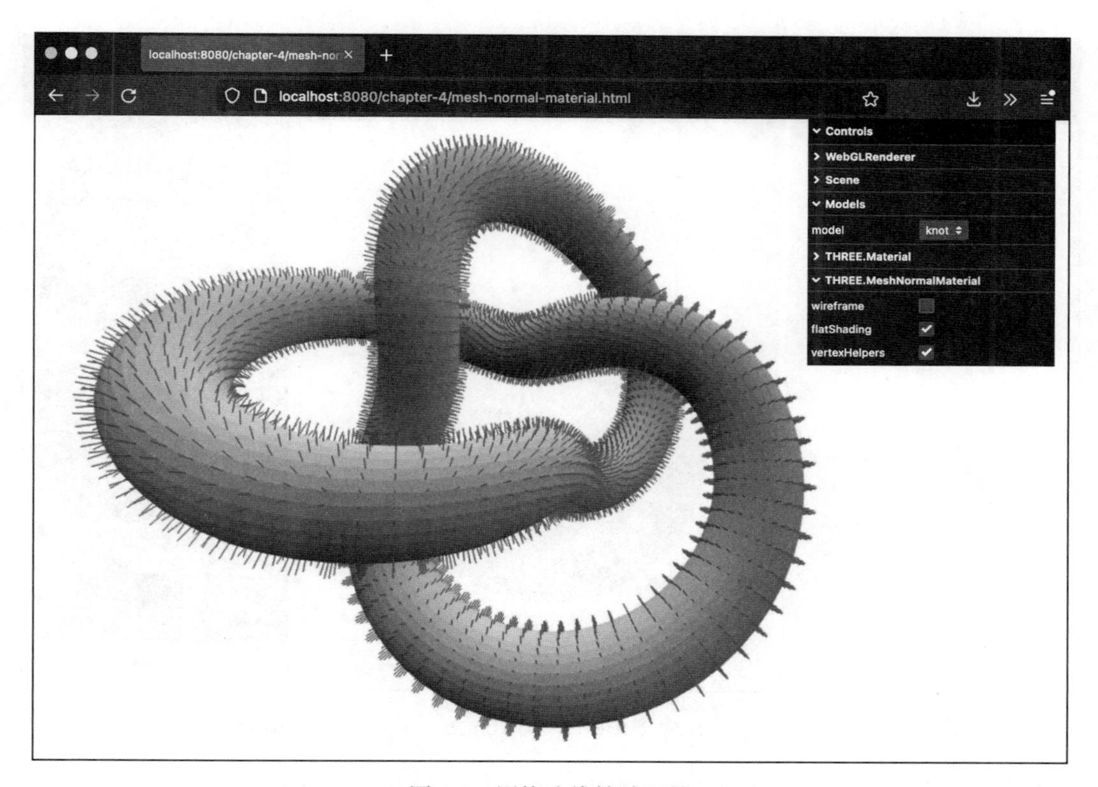


图 4.8　网格法线辅助工具

可以通过以下几行代码来添加这个辅助工具：

```
Import { VertexNormalsHelper } from 'three/examples/jsm/
  helpers/VertexNormalsHelper'
...
const helper = new VertexNormalsHelper(mesh, 0.1, 0xff0000)
helper.name = 'VertexNormalHelper'
scene.add(helper)
```

VertexNormalsHelper 接收三个参数。第一个参数是 THREE.Mesh，也就是要为其显示法线向量的网格对象，第二个参数用于设置长度，最后一个参数用于设置颜色。

现在我们借这个示例来看一下 shading 属性。通过 shading 属性，我们可以告诉 Three.js 如何渲染我们的对象。如果使用 THREE.FlatShading，则每个面会单独渲染，不会平滑过渡（正如你在图 4.8 中所看到的），或者可以使用 THREE.SmoothShading，它会平滑 mesh 对象的面。例如，如果使用 THREE.SmoothShading 渲染相同的球体，则结果将如图 4.9 所示。

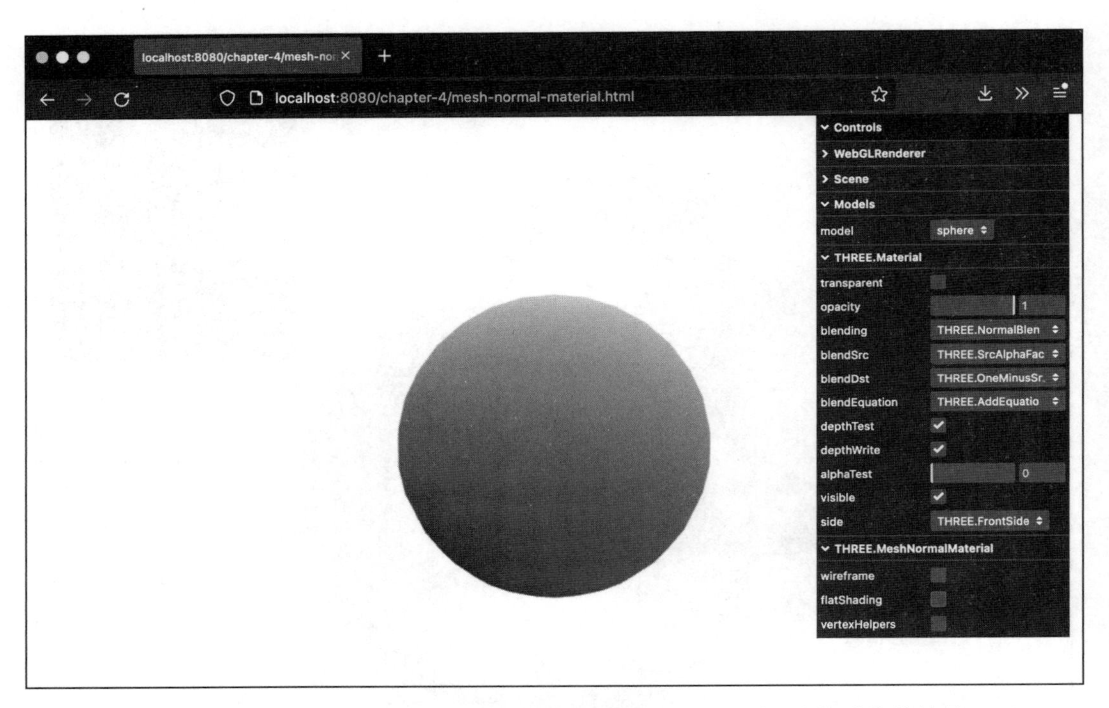


图 4.9 当 shading 属性为 THREE.SmoothShading 时，渲染球体的效果

在介绍完简单的材质之后，我们再讲一个额外的主题，然后再继续后续章节。我们将看看如何为几何体的每个面指定不同的材质。

### 4.2.5 为单个网格对象指定多个材质

到目前为止，在创建 THREE.Mesh 时，我们只使用了一个材质。但也可以为几何体的每个面指定不同的材质。例如，如果你有一个 12 个面的立方体（记住，Three.js 使用三角形），你可以为立方体的每个面分配不同的材质（例如，使用不同的颜色）。这样做非常简单：

```
const mat1 = new THREE.MeshBasicMaterial({ color: 0x777777
  })
const mat2 = new THREE.MeshBasicMaterial({ color: 0xff0000
  })
const mat3 = new THREE.MeshBasicMaterial({ color: 0x00ff00
  })
const mat4 = new THREE.MeshBasicMaterial({ color: 0x0000ff
  })
const mat5 = new THREE.MeshBasicMaterial({ color: 0x66aaff
  })
const mat6 = new THREE.MeshBasicMaterial({ color: 0xffaa66
  })
const matArray = [mat1, mat2, mat3, mat4, mat5, mat6]
const cubeGeom = new THREE.BoxGeometry(1, 1, 1, 10, 10, 10)
const cubeMesh = new THREE.Mesh(cubeGeom, material)
```

我们创建了一个名为 matArray 的数组来保存所有的材质，并使用该数组创建 THREE.Mesh。你可能会注意到的是，尽管我们有 12 个面，但只创建了 6 个材质。要理解其工作原理，我们必须了解 Three.js 是如何为面分配材质。Three.js 使用 groups 属性来实现这一点。你可以打开 multi-material.js 的源代码，添加 debugger 语句：

```
const group = new THREE.Group()
for (let x = 0; x < 3; x++) {
  for (let y = 0; y < 3; y++) {
    for (let z = 0; z < 3; z++) {
      const cubeMesh = sampleCube([mat1, mat2, mat3,
        mat4, mat5, mat6], 0.95)
      cubeMesh.position.set(x - 1.5, y - 1.5, z - 1.5)
      group.add(cubeMesh)
      debugger
    }
  }
}
```

在浏览器中添加 debugger 语句可以中断代码的执行，当执行到 debugger 语句时，浏览器会停止执行，并允许用户从浏览器的控制台中查看当前的所有对象，如图 4.10 所示。

在浏览器中，如果打开 Console 选项卡，那么你可以输出有关所有不同种类对象的信息。因此，如果我们想查看 cubeMesh 的详细信息，那么我们可以使用 console.log(cubeMesh)，如图 4.11 所示。

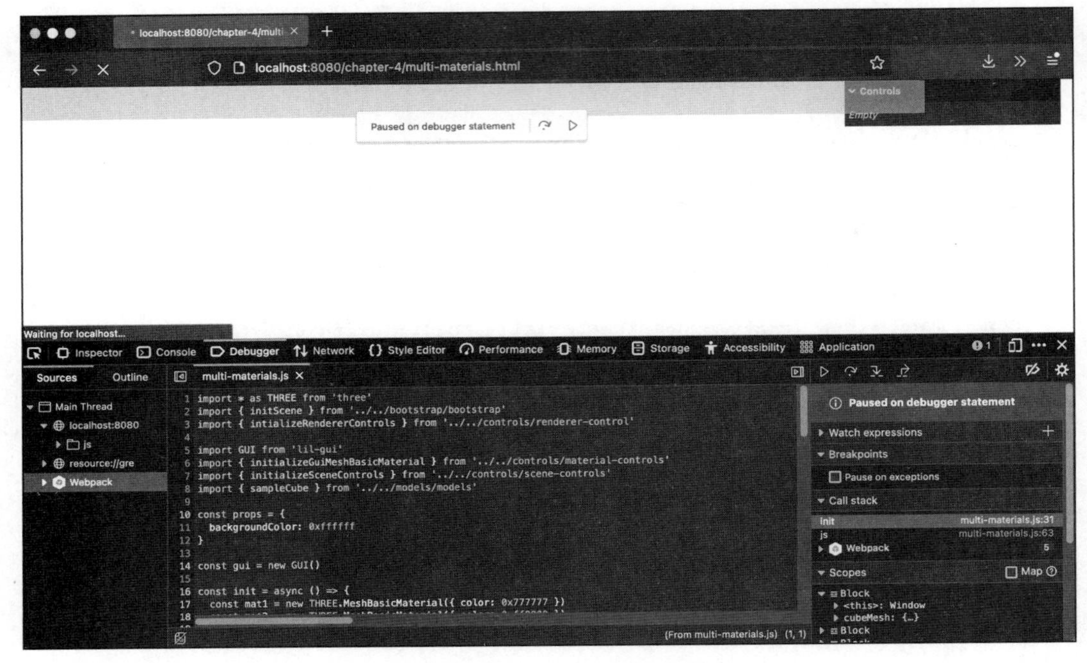


图 4.10 使用 debugger 语句中断代码执行

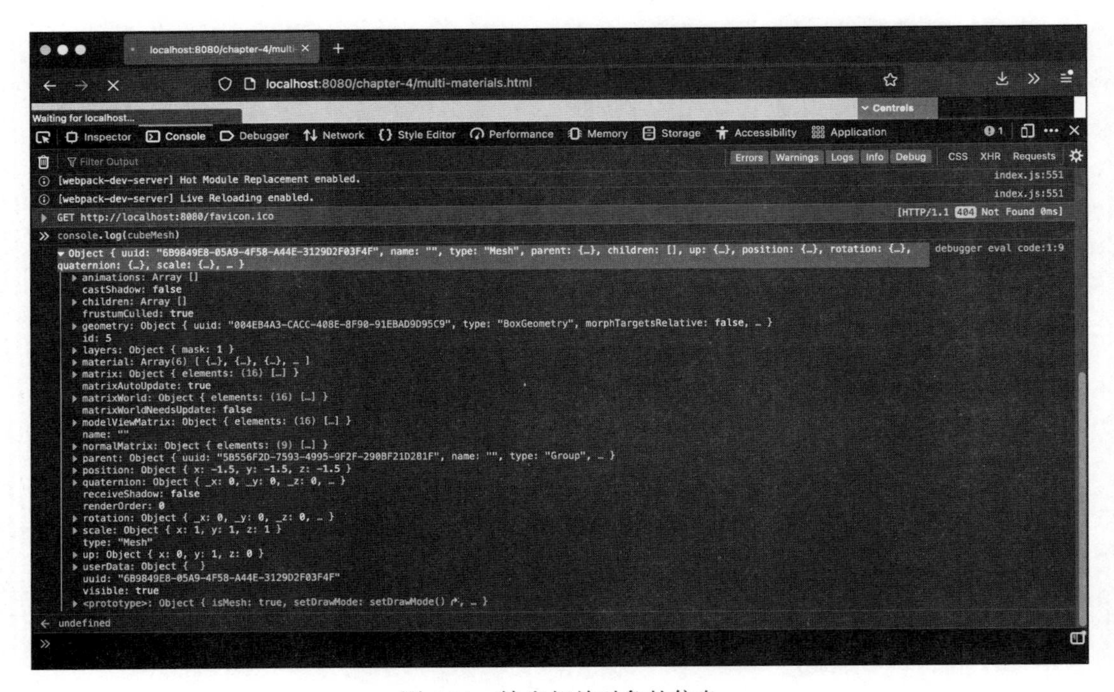


图 4.11 输出相关对象的信息

如果你进一步查看 cubeMesh 的 geometry 属性，那么你将看到 groups。cubeMesh 的 geometry 属性是一个包含 6 个元素的数组，每个元素都包含属于该组的顶点范围，以及一个名为 materialIndex 的附加属性，该属性指定了该组顶点应使用的材质索引：

```
[{ "start": 0,    "count": 600, "materialIndex": 0 },
 { "start": 600,  "count": 600, "materialIndex": 1 },
 { "start": 1200, "count": 600, "materialIndex": 2 },
 { "start": 1800, "count": 600, "materialIndex": 3 },
 { "start": 2400, "count": 600, "materialIndex": 4 },
 { "start": 3000, "count": 600, "materialIndex": 5 }]
```

因此，如果你从头开始创建自定义对象，并且想要为不同的顶点组应用不同的材质，则需要确保正确设置 groups 属性。对于 Three.js 创建的对象，你不必手动执行这种操作，因为 Three.js 已经执行了这种操作。

使用这种方法创建有趣的模型非常简单。例如，我们可以轻松创建一个简单的 3D 魔方立方体，如图 4.12 中 multi-materials.html 示例所示。

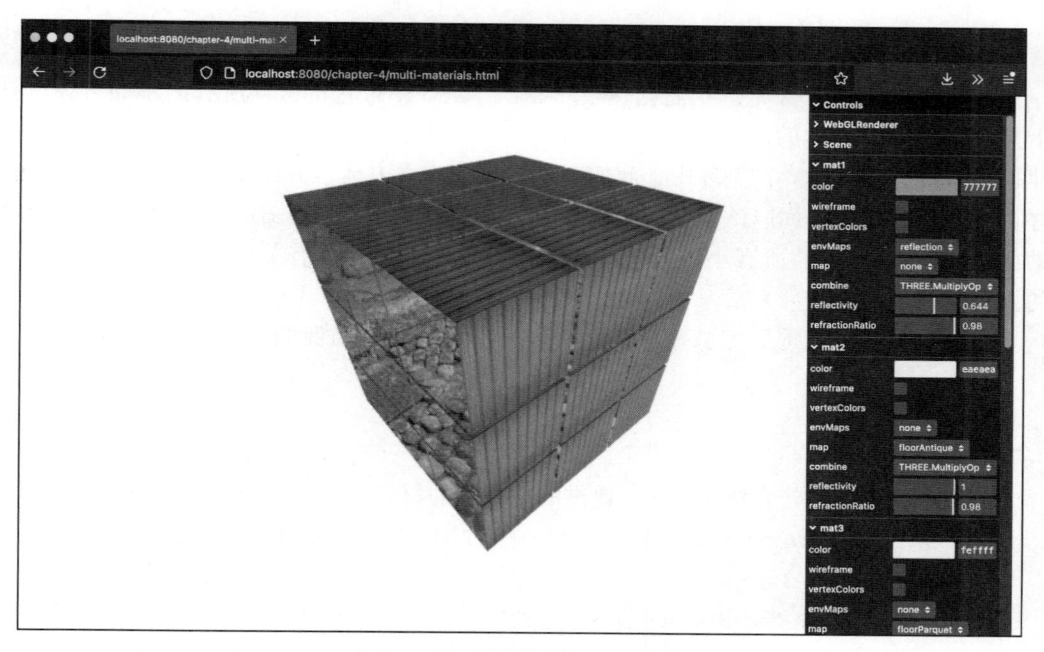


图 4.12　使用六种不同材质创建的多材质 3D 模型

我们还为魔方的每个面添加了材质控制，使得用户可以自由切换每个面的材质：

```
const group = new THREE.Group()
const mat1 = new THREE.MeshBasicMaterial({ color: 0x777777
  })
```

```
const mat2 = new THREE.MeshBasicMaterial({ color: 0xff0000
  })
const mat3 = new THREE.MeshBasicMaterial({ color: 0x00ff00
  })
const mat4 = new THREE.MeshBasicMaterial({ color: 0x0000ff
  })
const mat5 = new THREE.MeshBasicMaterial({ color: 0x66aaff
  })
const mat6 = new THREE.MeshBasicMaterial({ color: 0xffaa66
  })
for (let x = 0; x < 3; x++) {
  for (let y = 0; y < 3; y++) {
    for (let z = 0; z < 3; z++) {
      const cubeMesh = sampleCube([mat1, mat2, mat3, mat4,
        mat5, mat6], 0.95)
      cubeMesh.position.set(x - 1.5, y - 1.5, z - 1.5)
      group.add(cubeMesh)
    }
  }
}
```

在以上代码中，首先，我们创建了 THREE.Group，它将保存所有的小立方体。接下来，我们为立方体的每个面创建了材质。然后，我们创建了三层循环，以确保我们创建正确数量的立方体。在循环中，我们创建了每个小立方体、分配了材质、设置了位置，并将其添加到组中。你应该记住的是，小立方体的位置是相对于 group 对象的，因此移动或旋转 group 时，所有小立方体都会相应地移动或旋转。有关如何使用 group 对象的更多信息，请参见第 8 章。

本节关于基本材质及其如何组合的内容到此结束。4.3 节我们将介绍更高级的材质。

## 4.3 高级材质

在本节中，我们将介绍 Three.js 提供的更高级的材质。我们将介绍以下材质：

- THREE.MeshLambertMaterial：一种用于创建粗糙表面效果的材质。
- THREE.MeshPhongMaterial：一种用于创建光滑表面效果的材质。
- THREE.MeshToonMaterial：一种用于渲染卡通风格的材质。
- THREE.ShadowMaterial：一种仅用于显示对象接收到的阴影，其他地方是透明的材质。
- THREE.MeshStandardMaterial：一种非常通用的材质，可以用来表示各种不同的表面。
- THREE.MeshPhysicalMaterial：类似于 THREE.MeshStandardMaterial，但具有更多属性，从而可以创建出更真实和逼真的表面效果。

- THREE.ShaderMaterial：一种允许自定义渲染方式的材质，通过编写自己的着色器代码来定义如何渲染对象。

我们将从 THREE.MeshLambertMaterial 开始。

### 4.3.1 THREE.MeshLambertMaterial

这种材质可以用来创建看起来暗淡、无光泽的表面效果。这是一种非常易于使用的材质，能够响应场景中的光源。这种材质可以使用我们前面介绍过的基本属性进行配置，因此我们不会详细介绍这些属性，而是将重点放在该材质特有的属性上：

- color：用于设置材质的颜色。
- emissive：它表示材质自身发出的颜色。这种颜色不会产生光照效果，但它是一种不受其他光照影响的固定颜色，默认为黑色。你可以使用它来创建看似发光的对象。
- emissiveIntensity：用于设置对象看似发光的强度。

创建这个对象的方法与我们看到的创建其他材质的方法相同：

```
const material = new THREE.MeshLambertMaterial({color:
  0x7777ff});
```

你可以通过查看 mesh-lambert-material.html 示例文件来观察 THREE.Mesh-LambertMaterial 材质的效果，如图 4.13 所示。

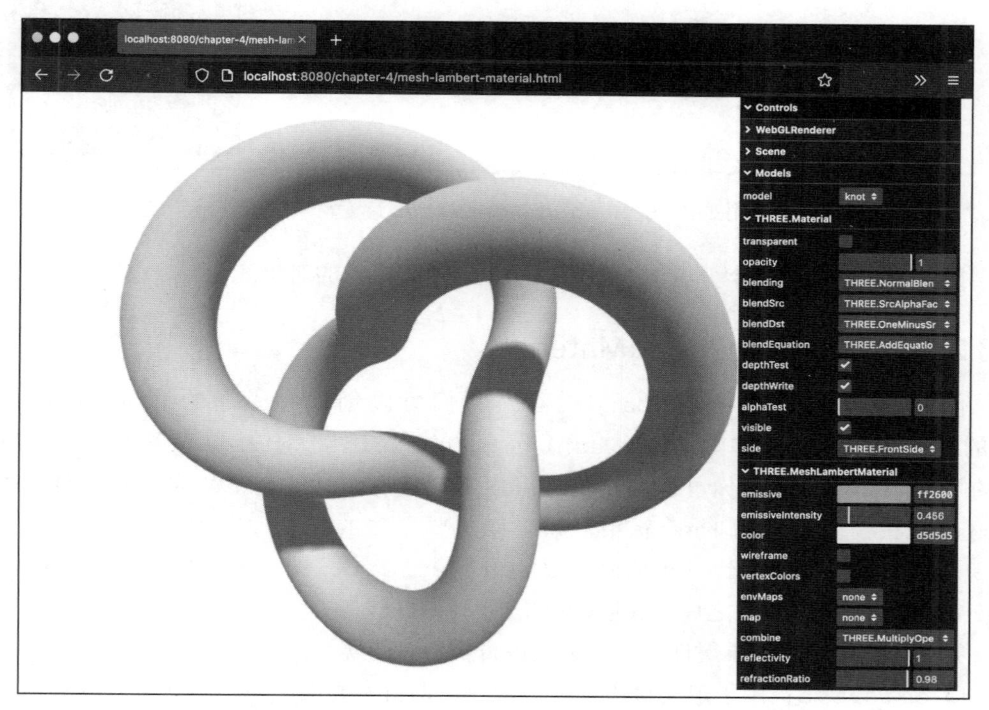


图 4.13　使用 THREE.MeshLambertMaterial 材质渲染的模型示例

上图显示了一个白色的、并带有非常轻微的红色自发光效果的环状结。THREE.MeshLambertMaterial 材质的一个有趣特性是它还支持线框属性，因此你可以使用线框渲染模型，并且线框会根据场景中的光源做出响应，如图 4.14 所示。

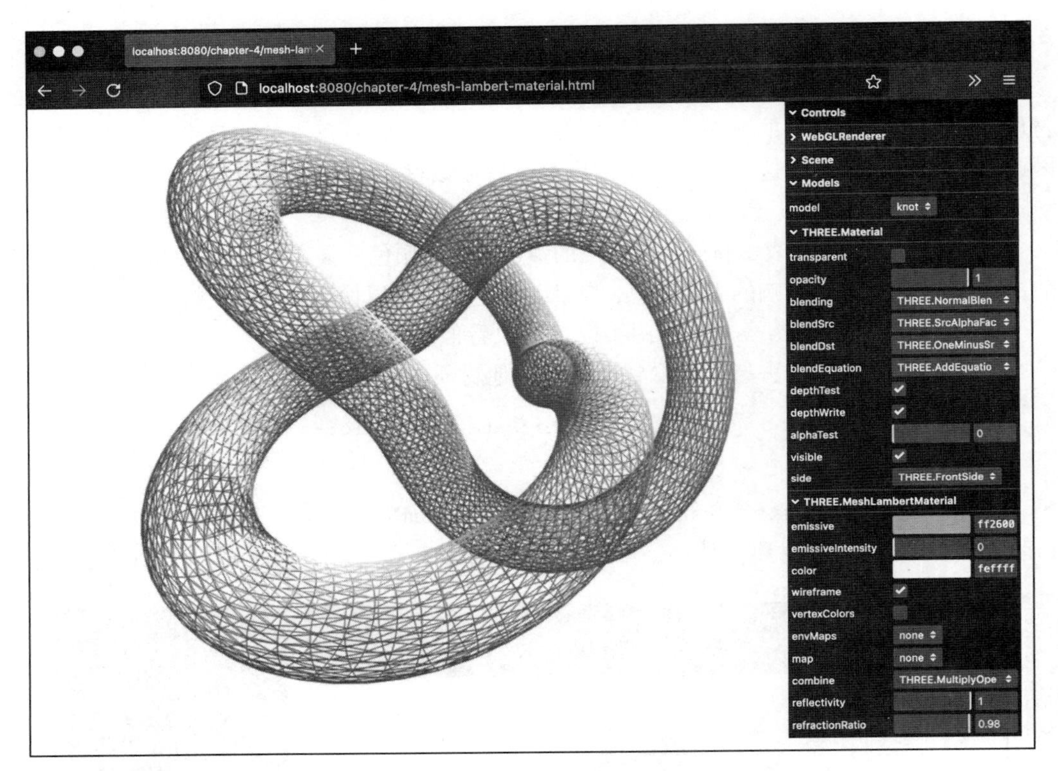


图 4.14 使用 THREE.MeshLambertMaterial 材质的线框渲染效果

接下来的这个材质十分类似，但可以用于创建有光泽的对象。

## 4.3.2 THREE.MeshPhongMaterial

使用 THREE.MeshPhongMaterial，我们可以创建有光泽的材质。你可以使用的属性与无光泽的 THREE.MeshLambertMaterial 对象几乎相同。在 Three.js 的早期版本中，这是你可以使用的、可用于制作有光泽的、塑料或金属感对象的唯一材质。在较新版本的 Three.js 中，如果你想要更多的控制，你还可以使用 THREE.MeshStandardMaterial 和 THREE.MeshPhysicalMaterial。在讲述完 THREE.MeshPhongMaterial 之后，我们将讨论这两种材质。

我们将再次跳过基本属性，重点关注该材质特有的属性：

❑ emissive：用于定义材质发射的颜色，即自发光的颜色。材质发射的颜色不会影响场景中的光照，不会照亮其他对象。默认为黑色。

- emissiveIntensity：用于设置材质自发光的强度。
- specular：定义了材质的光泽程度以及反光颜色。当该属性设置与材质颜色相同时，会得到更具金属质感的效果。如果将其设置为灰色，则会得到更具塑料质感的效果。
- shininess：用于定义材质的镜面反射效果，即高光反射。shininess 的默认值为 30。该值越高，对象越有光泽感。

创建使用 THREE.MeshPhongMaterial 材质的实例，其方法与其他材质的创建方式相同：

```
const meshMaterial = new THREE.MeshPhongMaterial({color:
  0x7777ff});
```

为了更好地比较不同材质的效果，我们将继续使用与 THREE.MeshLambertMaterial 和其他材质相同的模型。你可以使用控制 GUI 来对此材质进行调整。例如，以下设置可以创建一个塑料质感的材质。你可以在 mesh-phong-material.html 找到该示例，如图 4.15 所示。

图 4.15　使用 THREE.MeshPhongMaterial 材质创建的高光泽效果的模型

从上图可以看出，与 THREE.MeshLambertMaterial 相比，对象更加闪亮和呈现出更明显的塑料质感。

### 4.3.3 THREE.MeshToonMaterial

Three.js 提供的材质并非都注重实用性，有一些材质更偏向于艺术效果和创意表达。例如，THREE.MeshToonMaterial 允许你以卡通风格渲染对象（参见 mesh-toon-material.html 示例），如图 4.16 所示。

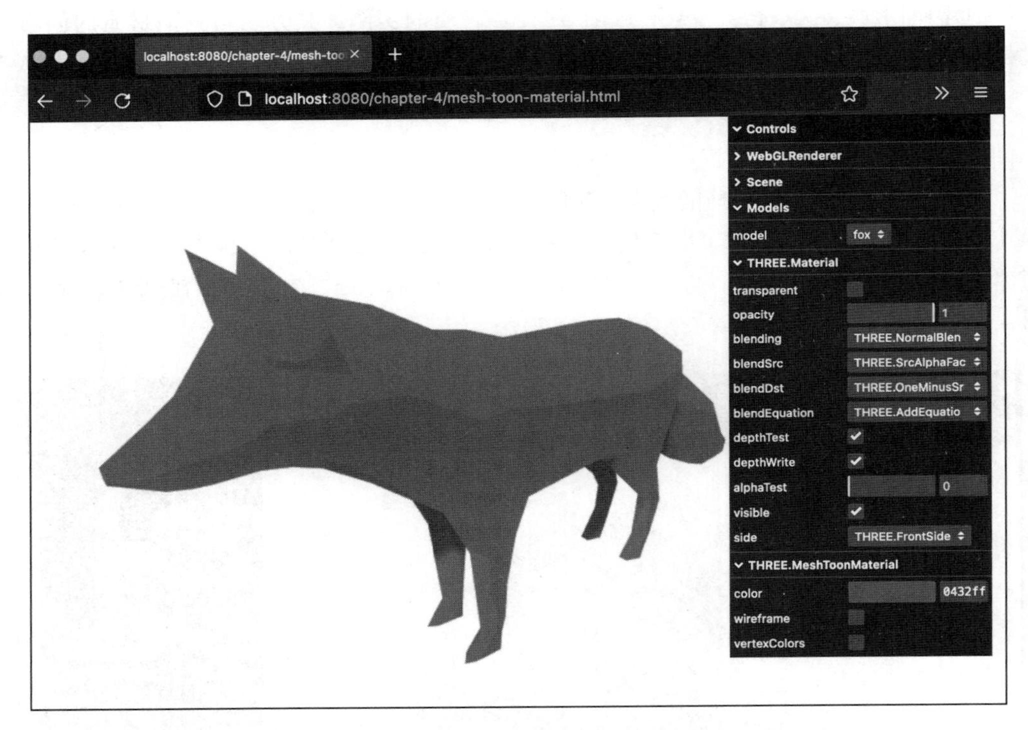


图 4.16 使用 MeshToonMaterial 材质渲染的狐狸模型

正如你所看到的，它看起来有点像我们在 THREE.MeshBasicMaterial 中看到的，但是这种材质会对场景中的光源做出响应并支持阴影。不过它只是将颜色绑在一起以创建卡通效果。

如果你想要更逼真的材质，那么 THREE.MeshStandardMaterial 是一个很好的选择。

### 4.3.4 THREE.MeshStandardMaterial

THREE.MeshStandardMaterial 是一种采用基于物理的渲染方法来决定如何响

应场景中光照的材质。这是一种非常适合创建光滑或金属质感的材质，并提供了多个属性用于配置和调整材质的渲染效果：

- metalness（金属质感程度）：该属性确定材质的金属质感程度。非金属材质应该使用 0，而金属材料应该使用接近于 1 的值。默认值为 0.5。
- roughness（粗糙度）：你还可以设置材质的粗糙程度。这决定了光线照射到材质表面时被散射的程度。默认值为 0.5。当值为 0 时，材质表面会呈现镜面反射的效果，光线几乎不散射；而当值为 1 时，材质表面会散射所有光线，没有镜面反射效果。

除了这些属性，你还可以使用 color 和 emissive 属性，以及从 THREE.Material 继承的属性来调整此材质。如图 4.17 所示，我们可以通过调整这些属性来模拟一种刷过金属的质感效果。

图 4.17　使用 MeshStandardMaterial 创建刷过金属的效果

Three.js 还提供了一个提供更多设置以渲染真实对象的材质：THREE.MeshPhysical-Material。

## 4.3.5 THREE.MeshPhysicalMaterial

一个非常接近 `THREE.MeshStandardMaterial` 的材质是 `THREE.MeshPhysicalMaterial`。使用这种材质，你可以更好地控制材质的反射性。除了我们已经看到的 `THREE.MeshPhysicalMaterial` 的属性之外，这个材质还提供了以下属性来帮助你控制材质的外观：

- `clearCoat`：表示材质表面涂层厚度的值。这个值越高，应用的涂层越多，`clearCoatRoughness` 参数的影响也越明显。这个值的范围是 `0` 到 `1`，默认值为 `0`。
- `clearCoatRoughness`：用于材质表面涂层的粗糙度。它越粗糙，光线扩散效果也相应增加。它与 `clearCoat` 属性一起使用。这个值的范围是 `0` 到 `1`，默认值为 `0`。

就像我们在其他材质中看到的那样，对于不同材质的属性值，很难直接推理出最适合特定需求的数值。通常最好的选择是添加一个简单的用户界面（如我们在示例中所做的），以直观地调整属性值来获得最能反映你需求的组合。你可以通过 `mesh-physical-material.html` 示例来实验，如图 4.18 所示。

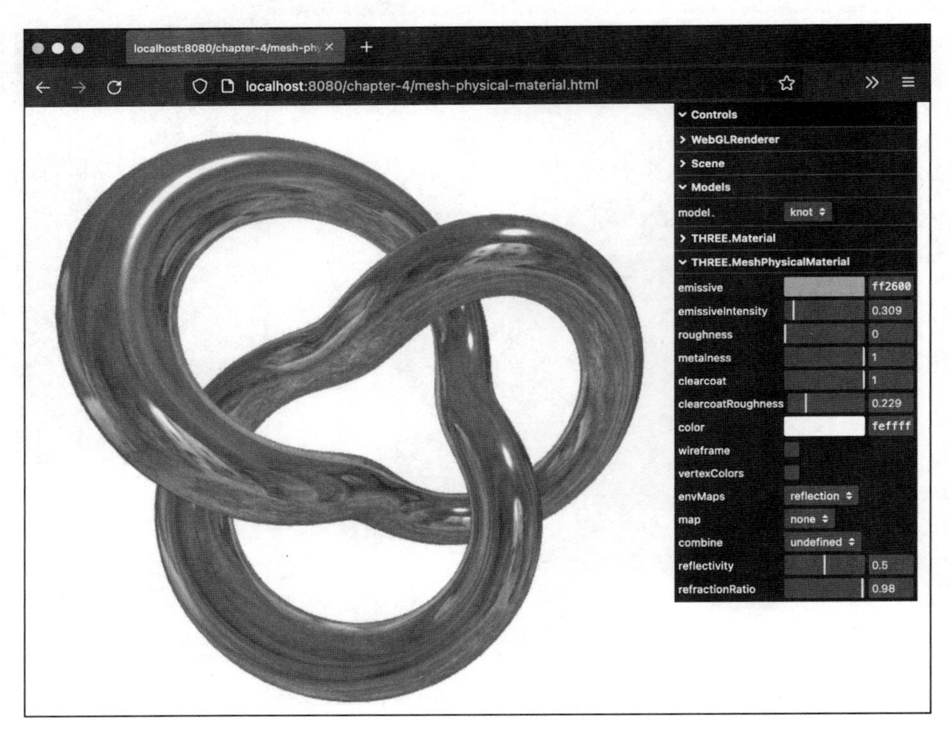


图 4.18 使用 `clearCoat` 属性来控制材质反射效果

大多数高级材质会投射和接收阴影。下一个我们将快速介绍的材质与大多数材质不同。这个材质不渲染对象本身，而只显示阴影。

### 4.3.6　THREE.ShadowMaterial

THREE.ShadowMaterial 是一种特殊的材质，它没有任何属性可以设置。你无法设置颜色、光泽或其他任何内容。这种材质的唯一功能是渲染对象接收到的阴影效果。具体参见图 4.19。

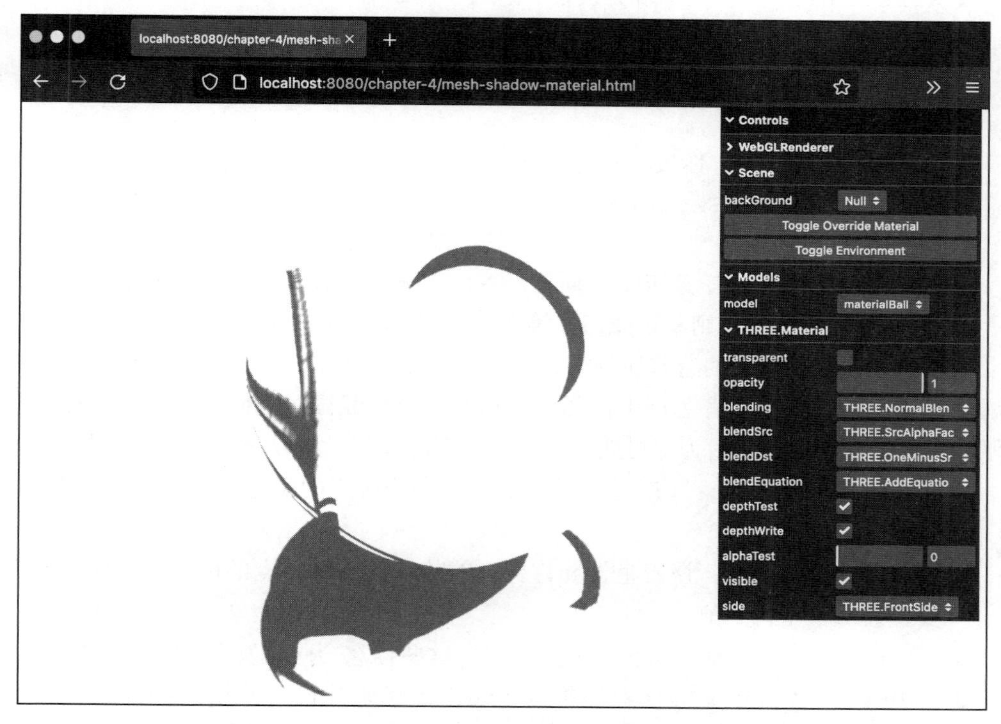


图 4.19　只使用 THREE.ShadowMaterial 材质渲染对象接收到的阴影效果

在这里，我们只能看到对象接收到的阴影，没有其他内容。THREE.ShadowMaterial 材质的主要使用场景是：在与你自己的材质组合的时候，它会自动处理阴影的接收和渲染，不需要你自行计算阴影。

我们将探讨的最后一种高级材质是 THREE.ShaderMaterial。

### 4.3.7　使用自定义着色器与 THREE.ShaderMaterial

THREE.ShaderMaterial 是 Three.js 中最通用和复杂的材质之一。通过这个材质，你可以传入自己的自定义着色器，并在 WebGL 上下文中直接运行这些着色器。着色器将 Three.js 的 JavaScript 网格转换为屏幕上的像素。通过这些自定义着色器，你可以定义对象的渲染方式以及如何覆盖或更改 Three.js 中的默认设置。在本节中，我们不会详细介绍编写自定义着色器的方法，而是提供一些示例代码来展示其效果。

正如我们已经看到的，THREE.ShaderMaterial 有几个你可以设置的属性。通过 THREE.ShaderMaterial，Three.js 将关于这些属性的所有信息传递给你的自定义着色器，但你仍然需要自行处理这些信息以创建颜色和顶点位置。以下是传递到着色器中的 THREE.Material 的属性，并且你可以自行处理：

- ❑ wireframe：将材质呈现为线框。这对于调试非常有用。
- ❑ shading：定义如何应用着色。可能的值为 THREE.SmoothShading 和 THREE.FlatShading。该属性并没有在该材质示例中启用。具体相关示例请查阅 4.2.4 节。
- ❑ vertexColors：你可以使用该属性定义应用于每个顶点的各个颜色。请参阅 4.4.1 节中的 LineBasicMaterial 示例，在那里我们将使用该属性对线的各个部分进行着色。
- ❑ fog：用于确定材质是否受全局雾设置的影响。尽管未在当前章节中演示，但如果设置为 false，则禁用我们在第 2 章看到的场景的全局雾效果。

除了传递到着色器中的这些属性外，THREE.ShaderMaterial 还提供了一些特定的属性，可用于向自定义着色器中传递其他信息。再次强调，我们不会过于详细地介绍如何编写自己的着色器，因为那可能需要一整本书的篇幅，所以我们只讨论基本知识：

- ❑ fragmentShader：该着色器定义传入的每个像素的颜色。对该属性你需要传递一个字符串值。
- ❑ vertextShader：该着色器允许你更改传入的每个顶点的位置。对该属性你需要传递一个字符串值。
- ❑ uniforms：允许你向着色器发送信息。这些信息会同时发送到每个顶点和片段。
- ❑ defines：将自定义键值对转换为 #define 代码片段。使用这些片段，你可以在着色器程序中设置一些额外的全局变量或定义自定义全局常量。
- ❑ attributes：attributes 属性可以存储与每个顶点和片段相关的数据，通常用于传递与位置和法线相关的数据。需要注意的是，在使用 attributes 属性时，需要为几何体中的所有顶点提供相应的属性值。
- ❑ lights：用于确定是否将光照数据传递到着色器中。默认情况下为 false。

在我们查看示例之前，我们将简要解释一下 THREE.ShaderMaterial 的最重要部分。要使用该材质，我们必须传入两个不同的着色器：

- ❑ vertexShader：该着色器在几何体的每个顶点上运行。你可以使用该着色器通过移动顶点的位置来变换几何体。
- ❑ fragmentShader：该着色器在几何体的每个片段上运行。在 fragmentShader 中，我们返回应显示的特定片段的颜色。

Three.js 已经为大多数材质提供了默认的 fragmentShader 和 vertexShader，

因此你通常无须手动编写这些着色器。

本节我们将查看一个简单的示例，该示例使用一个非常简单的 vertexShader 程序来更改简单的 THREE.PlainGeometry 的顶点的 x 和 y 坐标，并使用一个 fragmentShader 程序来基于一些输入更改颜色。

接下来，你可以看到该 vertexShader 的完整代码。请注意，vertexShader 不是使用 JavaScript 编写的，而是使用一种类似于 C 语言的着色器语言 GLSL（OpenGL ES Shading Language 1.0——WebGL 支持 GLSL1.0- 有关 GLSL 的更多信息，请参见 https://www.khronos.org/webgl/）编写的。我们这个简单的着色器的代码如下：

```
uniform float time;
void main(){
  vec3 posChanged=position;
  posChanged.x=posChanged.x*(abs(sin(time*2.)));
  posChanged.y=posChanged.y*(abs(cos(time*1.)));
  posChanged.z=posChanged.z*(abs(sin(time*.5)));

  gl_Position=projectionMatrix*modelViewMatrix*vec4
    (posChanged,1.);
}
```

我们这里不会过多地涉及细节，只关注以上代码的最重要部分。要从 JavaScript 与着色器进行通信，我们需要使用一种称为 uniform 的东西。在本例中，我们使用 uniform float time; 语句传入外部值。

在该值的基础上，我们更改传入的顶点的 x、y 和 z 坐标（作为 position 变量传入）：

```
posChanged.x=posChanged.x*(abs(sin(time*2.)));
posChanged.y=posChanged.y*(abs(cos(time*1.)));
posChanged.z=posChanged.z*(abs(sin(time*.5)));
```

posChanged 向量现在包含了基于传入的 time 变量计算出的新顶点坐标。最后一步是将这个新的顶点坐标传递回渲染器，这是 Three.js 中固定的做法：

```
gl_Position=projectionMatrix*modelViewMatrix*vec4
  (posChanged,1.);
```

gl_Position 变量是一个特殊变量，用于返回最终位置。这段代码作为字符串值传递给 THREE.ShaderMaterial 的 vertexShader 属性。对于 fragmentShader，我们也做类似的事情。我们创建了一个非常简单的片段着色器，该着色器仅基于传入的 time 值翻转颜色：

```
uniform float time;
void main(){
```

```
  float c1=mod(time,.5);
  float c2=mod(time,.7);
  float c3=mod(time,.9);
  gl_FragColor=vec4(c1,c2,c3,1.);
}
```

在 fragmentShader 中，我们确定传入的片段（像素）的颜色。在实际工作中，着色器程序会考虑许多因素，例如光照、顶点在面上的位置、法线向量等。但在这个示例中，仅通过传入的 time uniform 来简单地确定颜色的 rgb 值，并将结果存储在 gl_FragColor 变量中，然后最终渲染出的网格就会显示出这个颜色。

现在，我们需要将几何体、材质以及两个着色器黏合在一起：

```
const geometry = new THREE.PlaneGeometry(10, 10, 100, 100)
const material = new THREE.ShaderMaterial({
  uniforms: {
    time: { value: 1.0 }
  },
  vertexShader: vs_simple,
  fragmentShader: fs_simple
})
const mesh = new THREE.Mesh(geometry, material)
```

在这里，我们定义了一个名为 time 的 uniforms，它将包含一个在着色器中使用的值，并以字符串形式定义了 vertexShader 和 fragmentShader。在渲染循环中，我们只需要更新 time uniforms 的值即可：

```
// in the renderloop
material.uniforms.time.value += 0.005
```

在本章的示例中，我们添加了一些简单的着色器程序供实验使用。如果打开 chapter-4 文件夹中的 shader-material-vertex.html 示例，那么你将看到这些着色器程序的结果，如图 4.20 所示。

在示例的下拉菜单中，你还可以找到一些其他的着色器。例如，fs_night_sky 片段着色器显示了一个星空效果（基于 https://www.shadertoy.com/view/Nlffzj 上的着色器）。当与 vs_ripple 组合使用时，可以实现一个非常漂亮的效果，并且完全运行在 GPU 上，如图 4.21 所示。

可以将现有的材质与自定义着色器相结合，从而重用其片段和顶点着色器。例如，可以扩展 THREE.MeshStandardMaterial 并添加一些自定义效果。然而，在纯 Three.js 中这样做相当困难且容易出错。幸运的是，有一个开源项目可以为我们提供一个自定义材质，使封装现有材质并添加我们自己的自定义着色器变得非常简单。在 4.3.8 节中，我们将快速了解一下它的工作原理。

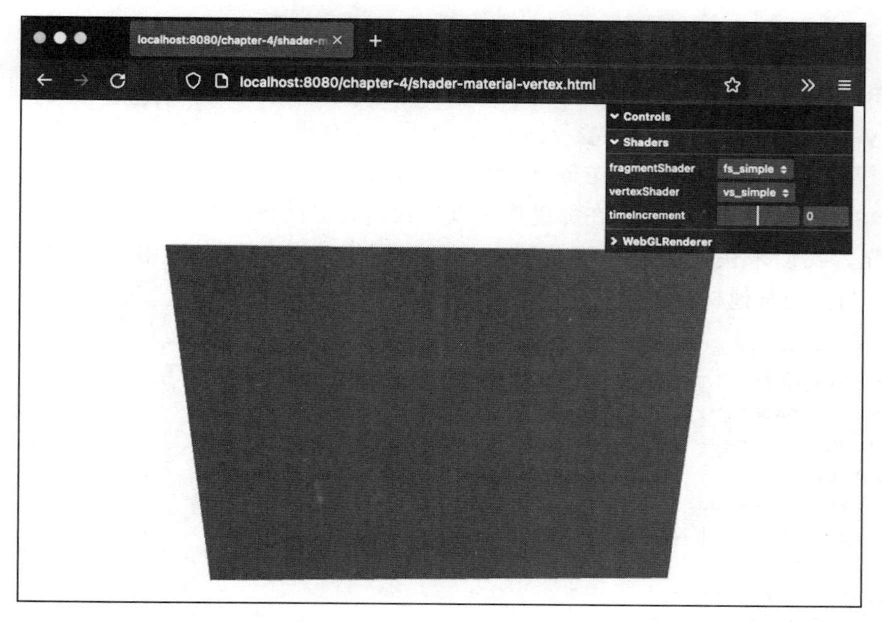


图 4.20　使用两个示例着色器程序（vertexShader 和 fragmentShader）的着色器材质（ShaderMaterial）渲染的一个平面

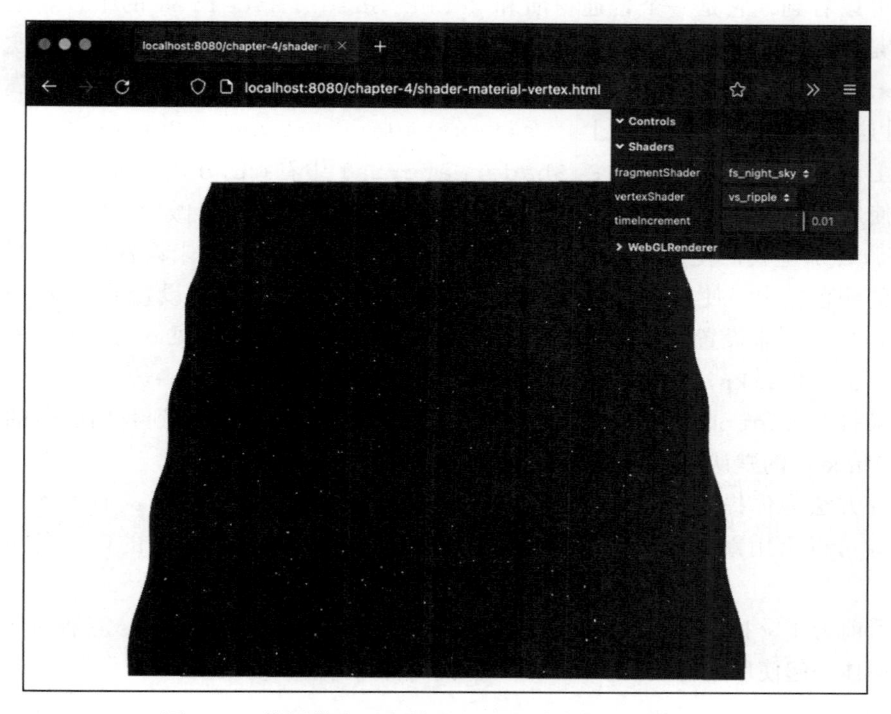


图 4.21　使用带有星空效果的片段着色器的波纹效果

### 4.3.8 使用 CustomShaderMaterial 自定义现有着色器

THREE.CustomShader 并没有包含在默认的 Three.js 发行版中，但是由于我们使用的是 yarn，因此安装是非常容易的（类似于第 1 章里面的相关命令）。如果你想获得关于该模块的更多信息，请访问 https://github.com/FarazzShaikh/THREE-CustomShaderMaterial，在那里你可以找到相关文档和其他示例。

首先，我们来快速浏览一下代码，然后再展示一些示例。使用 THREE.CustomShader 与使用其他材质相同：

```
const material = new CustomShaderMaterial({
  baseMaterial: THREE.MeshStandardMaterial,
  vertexShader: ...,
  fragmentShader: ...,
  uniforms: {
    time: { value: 0.2 },
    resolution: { value: new THREE.Vector2() }
  },
  flatShading: true,
  color: 0xffffff
})
```

你可以看到，它是一个普通材质和 THREE.ShaderMaterial 的组合。主要需要注意的是 baseMaterial 属性。在这里，你可以添加任何标准的 Three.js 材质。除了 vertexShader、fragmentShader 和 uniforms 之外，你添加的任何其他属性都会应用到这个 baseMaterial 上。vertexshader、fragmentShader 和 uniforms 属性的工作方式与我们在 THREE.ShaderMaterial 中看到的方式相同。

在使用 THREE.CustomShader 时，需要对着色器代码本身做少量修改。回想一下 4.3.7 节，在那里我们使用了 gl_Position 和 gl_FragColor 来设置顶点的最终位置和片段的颜色输出。使用这个材质，我们使用 csm_Position 来设置最终位置和 csm_DiffuseColor 来设置颜色。还有一些其他的输出变量可用，详见 https://github.com/FarazzShaikh/THREE-CustomShaderMaterial#output-variables。

如果打开 custom-shader-material 示例，那么你可以看到我们简单的着色器如何与 Three.js 的默认材质一起使用，如图 4.22 所示。

这种方法为你提供了一种相对容易的方式来创建自定义着色器，而无须完全从头开始。你可以重用默认着色器中的光照和阴影效果，并使用你所需的自定义功能扩展它们。

到目前为止，我们已经讨论了与网格对象一起使用的材质。Three.js 还提供了可以与线形几何体一起使用的材质。在 4.4 节中，我们将探讨这些材质。

图 4.22　使用 MeshStandardMaterials 作为基础材质，结合环境贴图实现的波纹效果

## 4.4　线形几何体可以使用的材质

我们要介绍的最后几种材质只能用于一种特定的网格：THREE.Line。顾名思义，THREE.Line 只是一条只包含线而没有面的单独的直线。Three.js 提供了两种可以用于 THREE.Line 几何体的材质：

- THREE.LineBasicMaterial：这是一种基本用于线的材质，它允许用户设置颜色（color）和顶点颜色（vertexColors）属性。
- THREE.LineDashedMaterial：和 THREE.LineBasicMaterial 有相同的属性，但是可以通过指定线（dash）和间距（spacing）大小来创建虚线效果。

我们将从基本材质 THREE.LineBasicMaterial 开始；然后介绍虚线材质 THREE.LineDashedMaterial。

### 4.4.1　THREE.LineBasicMaterial

THREE.LineBasicMaterial 非常简单。它继承了 THREE.Material 的所有属性，但对于这种材质来说，以下是最重要的属性：

- color：确定线的颜色。如果指定了 vertexColors，则忽略此属性。后续代码展示了如何做到这一点。

- vertexColors：通过将该属性设置为 THREE.VertexColors 值，你可以为每个顶点指定一个颜色。

在查看 THREE.LineBasicMaterial 的示例之前，首先需要了解如何从一组顶点创建一个 THREE.Line 几何体，并将该几何体与 THREE.LineBasicMaterial 结合使用来创建网格，具体代码如下：

```
const points = gosper(4, 50)
const lineGeometry = new THREE.BufferGeometry().
  setFromPoints(points)
const colors = new Float32Array(points.length * 3)
points.forEach((e, i) => {
  const color = new THREE.Color(0xffffff)
  color.setHSL(e.x / 100 + 0.2, (e.y * 20) / 300, 0.8)
  colors[i * 3] = color.r
  colors[i * 3 + 1] = color.g
  colors[i * 3 + 2] = color.b
})
lineGeometry.setAttribute('color', new THREE.
  BufferAttribute(colors, 3, true))
const material = new THREE.LineBasicMaterial(0xff0000);
const mesh = new THREE.Line(lineGeometry, material)
mesh.computeLineDistances()
```

以上代码的第一部分 const points = gosper(4, 50) 使用了 gosper 函数生成一组 x、y、z 坐标。gosper 函数返回一个 Gosper 曲线（更多信息请参见 https://mathworld.wolfram.com/Peano-GosperCurve.html），它是一个填充 2D 空间的简单算法。接下来我们使用这些坐标创建一个 THREE.BufferGeometry 实例，并调用 setFromPoints 函数来添加生成的点。对于每个坐标，我们还计算颜色值以设置几何体的颜色属性。请注意代码末尾调用了 computeLineDistances() 函数，这是在使用 THREE.LineDashedMaterial 时渲染虚线所必需的。

现在我们已经有了几何体，我们可以创建 THREE.LineBasicMaterial，并将其与几何体一起使用来创建 THREE.Line 网格。你可以在 line-basic-material.html 示例中看到结果。图 4.23 是该示例的截图。

这就是使用 THREE.LineBasicMaterial 创建的线形几何体。如果启用 vertexColors 属性，我们将看到各个线段的颜色，如图 4.24 所示。

本章中我们将讨论的下一个也是最后一个材质与 THREE.LineBasicMaterial 略有不同。使用 THREE.LineDashedMaterial，我们不仅可以给线段上色，还可以在线条中添加空隙，形成虚线效果。

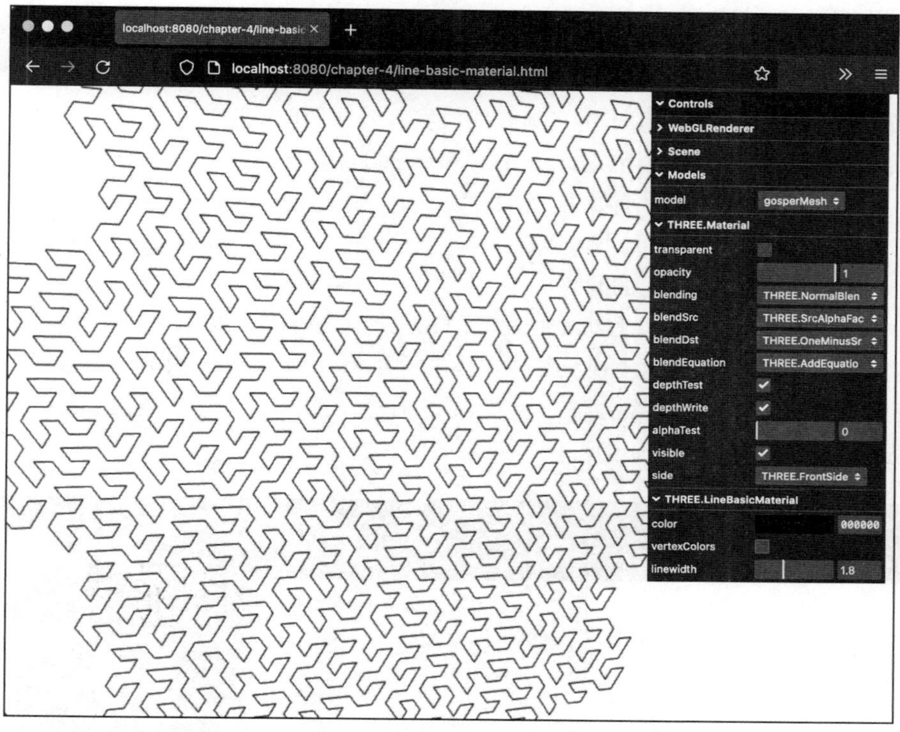


图 4.23　使用 THREE.LineBasicMaterial 材质渲染线条的效果

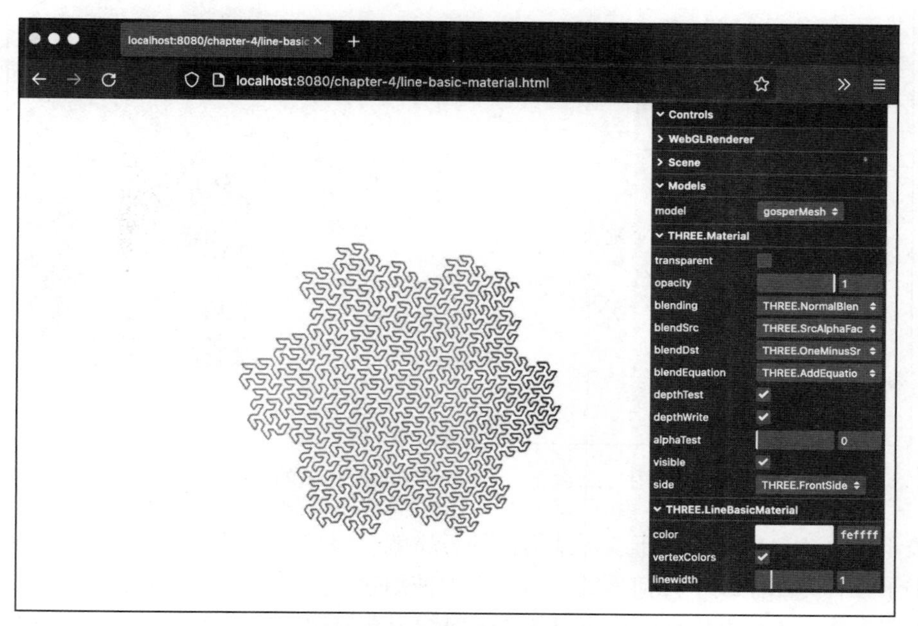


图 4.24　使用 THREE.LineBasicMaterial 材质的 vertexColors 属性渲染彩色线条的效果

## 4.4.2 THREE.LineDashedMaterial

THREE.LineDashedMaterial 材质与 THREE.LineBasicMaterial 材质具有相同的属性，并新增了三个用于定义虚线线段宽度和线段间空隙宽度的属性：

- scale：这个属性可以缩放 dashSize 和 gapSize。如果 scale 小于 1，则 dashSize 和 gapSize 会增加，而如果 scale 大于 1，则 dashSize 和 gapSize 会减小。
- dashSize：虚线的大小。
- gapSize：虚线之间的间隔。

这个材质的使用方式几乎与 THREE.LineBasicMaterial 完全一样。唯一的区别是你需要调用 computeLineDistances() 函数（用于确定构成一条线的顶点之间的距离）。如果你不这样做，那么将无法正确显示间隔。你可以在 line-dashed-material.html 找到该材质的示例，效果如图 4.25 所示。

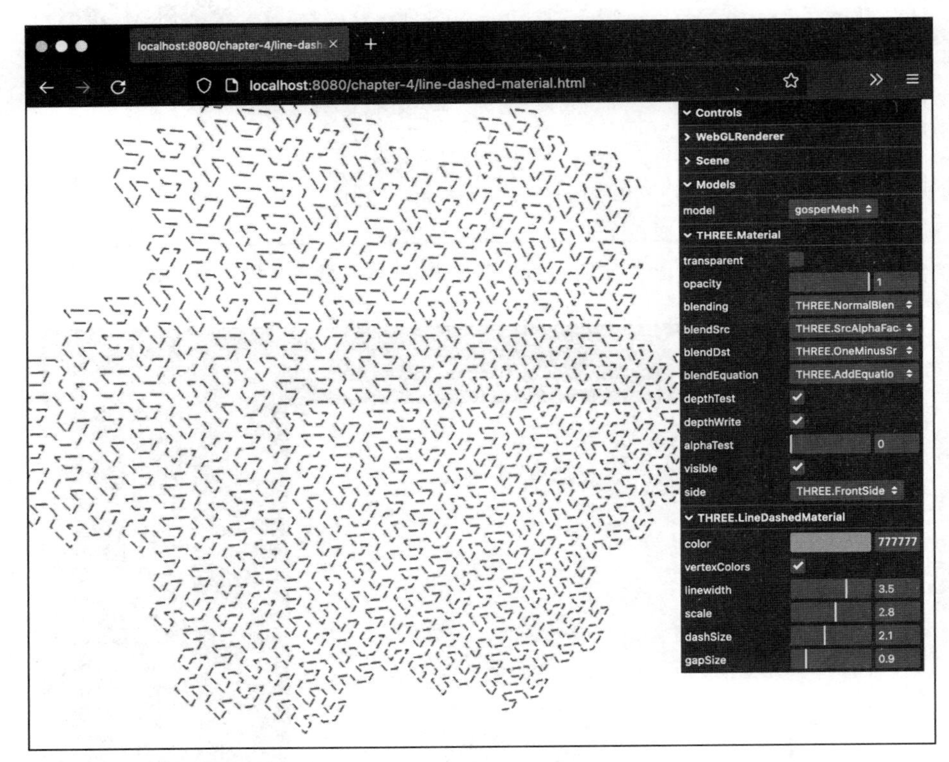


图 4.25 使用 LineDashedMaterial 材质的 Gosper 网格

关于 Three.js 中专门用于线形几何体的材质就介绍到这里了。你已经看到了 Three.js 只提供了几种专用于线形几何体的材质，但是使用这些材质，特别是与 vertexColors 结合使用，你应该能够以任何你想要的方式对线形几何体进行样式设置。

## 4.5　本章小结

Three.js 为你提供了许多可以用来对几何体添加皮肤的材质。这些材质从非常简单（THREE.MeshBasicMaterial）到复杂（THREE.ShaderMaterial），你可以在其中提供自己的 vertexShader 和 fragmentShader 程序。这些材质具有许多相同的基本属性。因此如果你知道如何使用一个材质，那么你可能也知道如何使用其他材质。请注意，并非所有材质都会对场景中的光源产生响应。如果你想要一个响应光源的材质，那么通常可以使用 THREE.MeshStandardMaterial。如果你需要更多控制，那么还可以考虑使用 THREE.MeshPhysicalMaterial、THREE.MeshPhongMaterial 或 THREE.MeshLamberMaterial。从代码中确定某些材质属性的效果是非常困难的。通常，一个好主意是使用控制 GUI 方法来尝试这些属性，就像我们在本章中所展示的那样。

同时，请记住大多数材质的属性可以在运行时进行修改。但是，一些属性值（例如 side）不能在运行时更改。如果你更改这样的值，则需要将 needsUpdate 属性设置为 true。有关可以在运行时更改的内容的完整概述，请参阅以下页面：https://threejs.org/docs/#manual/en/introduction/How-to-update-things。

在本章和前几章中，我们讨论了几何体。我们在示例中使用了这些几何体并探索了其中的一些。在第 5 章中，你将学到关于几何体的所有知识以及如何使用它们。

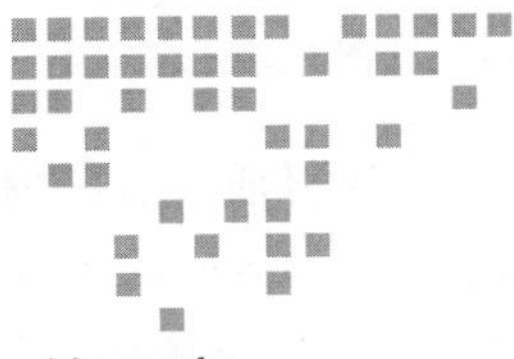

Chapter 5 第5章

# 基本几何体

在之前的章节中，你学到了如何使用 Three.js。现在你知道如何创建一个基本场景、添加光照，并为你的网格配置材质。在第 2 章，我们简要介绍了（但没有详细介绍）Three.js 几何体的细节，这些几何体可以用于创建 3D 对象。在本章和第 6 章中，我们将介绍 Three.js 提供的所有内置几何体（除了 THREE.Line，我们在第 4 章讨论过它）。

在本章中，我们将研究以下几何体：

- THREE.CircleGeometry
- THREE.RingGeometry
- THREE.PlaneGeometry
- THREE.ShapeGeometry
- THREE.BoxGeometry
- THREE.SphereGeometry
- THREE.CylinderGeometry
- THREE.ConeGeometry
- THREE.TorusGeometry
- THREE.TorusKnotGeometry
- THREE.PolyhedronGeometry
- THREE.IcosahedronGeometry
- THREE.OctahedronGeometry
- THREE.TetraHedronGeometry
- THREE.DodecahedronGeometry

在我们研究 Three.js 提供的几何体之前，我们将先更深入地了解 Three.js 如何使用 THREE.BufferGeometry 来表示几何体。在一些文档中，你可能仍然会遇到将 THREE.Geometry 作为所有几何体的基本对象。但是，在较新的版本中，它已被 THREE.BufferGeometry 完全替代，后者通常提供更好的性能，因为它可以轻松地将其数据传输到 GPU 上。但是，相比旧的 THREE.Geometry，使用 THREE.BufferGeometry 要稍微复杂一些。

使用 THREE.BufferGeometry，几何体的所有信息都通过一组属性来表示。每个属性是一个数组，包含一些额外的元数据 (metadata)，用于存储顶点的位置信息。除了位置信息外，属性还可以存储其他顶点相关的额外信息，例如顶点的颜色。要使用属性来定义顶点和面，需要使用 THREE.BufferGeometry 的以下两个属性：

- attributes：用于存储可以直接传递给 GPU 的信息。例如，在定义形状时，你可以使用一个 Float32Array，其中每三个值定义一个顶点的位置。然后每三个顶点组成一个面。具体定义如下：geometry.setAttribute('position', new THREE.BufferAttribute(arrayOfVertices, 3 ));。
- index：默认情况下，不需要显式定义面（每三个连续的位置会被解释为一个单独的面），但是我们可以使用 index 属性来显式定义哪些顶点一起形成一个面：geometry.setIndex(indicesArray);。

在使用本章介绍的 Three.js 内置几何体时，我们不需要关注其内部属性设置。但是，如果你想从头开始创建一个几何体，那么你需要使用前面讲到的属性。

Three.js 内置了一些生成 2D 网格的几何体，以及更多的生成 3D 网格的几何体。本章我们将讨论以下主题：

- 2D 几何体
- 3D 几何体

## 5.1 2D 几何体

2D 对象看起来像是平面对象，并且正如其名称所示，只具有两个维度。在本节中，我们首先了解以下 2D 几何体：THREE.PlaneGeometry、THREE.CircleGeometry、THREE.RingGeometry 和 THREE.ShapeGeometry。

### 5.1.1 THREE.PlaneGeometry

Three.PlaneGeometry 对象可用于创建一个非常简单的 2D 矩形。有关该几何体的示例，请参阅本章源代码中的 plane-geometry.html 示例。图 5.1 是使用 Three.PlaneGeometry 创建的矩形。

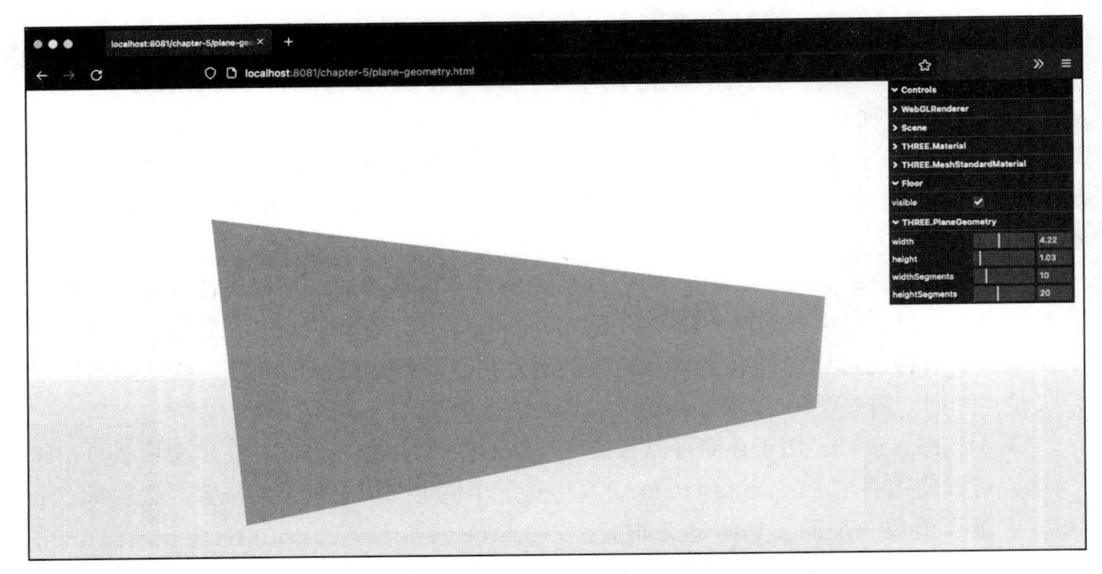


图 5.1 使用 Three.PlaneGeometry 创建的矩形

在本章的示例中，我们添加了一个控制 GUI，你可以通过这个 GUI 来控制几何体的属性（在本例中为 width、height、widthSegments 和 heightSegments），并更改材质（及其属性），禁用阴影和隐藏地面平面。例如，如果要查看此形状的各个面，你可以通过禁用地面平面并启用所选材料的 wireframe 属性来轻松显示它们，如图 5.2 所示。

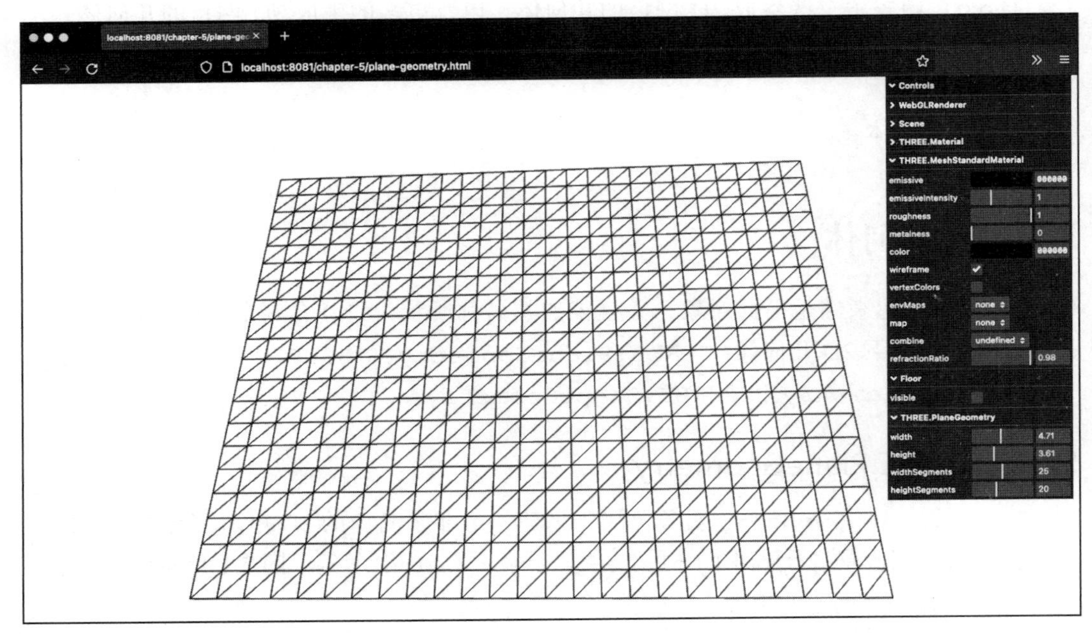


图 5.2 以线框模式显示的平面几何体

创建 Three.PlaneGeometry 对象非常简单：

```
new THREE.PlaneGeometry(width, height, widthSegments,
heightSegments)
```

在以上 Three.PlaneGeometry 示例中，你可以更改以下属性，并直接查看其对结果 3D 对象的影响。这些属性具体含义如下：

- width：矩形的宽度。
- height：矩形的高度。
- widthSegments：指定矩形的宽度方向应该被划分成多少段。默认为 1。
- heightSegments：指定矩形的高度方向应该被划分成多少段。默认为 1。

如你所见，平面几何体并不是一个复杂的几何体。你只需指定宽度和高度即可完成。如果要创建更多面（例如，要创建一个棋盘图案），则可以使用 widthSegments 和 heightSegments 属性将几何体分割为更小的面。

提示　创建完几何体之后，你不能通过 plane.width 这种方式访问其属性。你只能通过对象的 parameters 属性来访问几何体的属性。因此，要获取本节中创建的平面对象的 width 属性，你必须使用 plane.parameters.width。

### 5.1.2 THREE.CircleGeometry

你可能已经猜到了 THREE.CircleGeometry 的作用。有了这个几何体，你可以创建一个非常简单的 2D 圆（或圆的一部分）。首先，让我们看一下这个几何体的示例，circle-geometry.html。

在图 5.3 中，可以看到一个使用 THREE.CircleGeometry 对象创建的示例，其中 thetaLength 的值小于 2 * PI。

在这个示例中，你可以看到并控制一个通过使用 THREE.CircleGeometry 创建的网格。2 * PI 表示一个完整的圆（以弧度为单位）。如果你希望使用度数而不是弧度，则可以通过简单的转换公式进行转换。

以下两个函数可以帮助你在弧度和角度之间进行转换：

```
const deg2rad = (degrees) => (degrees * Math.PI) / 180
const rad2deg = (radians) => (radians * 180) / Math.PI
```

当你创建 THREE.CircleGeometry 时，你可以通过以下几个属性来定义圆的外观：

- radius：圆的半径，决定了圆的大小。半径是从圆的中心到其边缘的距离。默认值为 50。
- segments：定义了创建圆时使用的面的数量。最小的数量为 3，如果没有指定，默认值为 8。面的数量越大意味着圆的表面越平滑。

- thetaStart：定义了开始绘制圆的位置。此值的范围可以从 0 到 2 * PI，默认值为 0。
- thetaLength：定义圆的完成程度。 当未指定时，默认为 2 * PI（表示绘制一个完整的圆）。例如，如果指定此值为 0.5 * PI，则将获得一个四分之一圆。可以结合使用 thetaStart 属性来定义圆的形状。

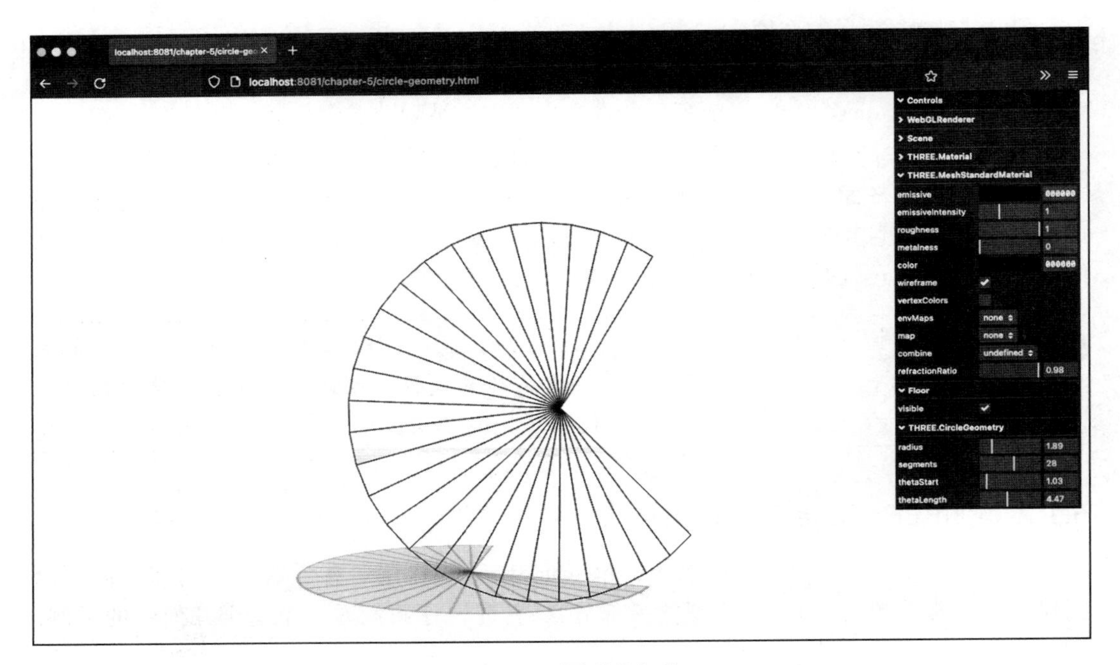


图 5.3 2D 圆形几何体

你只需指定 radius 和 segments 即可创建一个完整的圆：

```
new THREE.CircleGeometry(3, 12)
```

如果你想要从这个几何体创建一个半圆形，你可以使用以下代码：

```
new THREE.CircleGeometry(3, 12, 0, Math.PI);
```

这将创建一个 radius 为 3，由 12 个面组成的圆。通过设置 thetaLength 为 Math.PI，你可以在指定半径和面的情况下，创建一个半圆。

在继续讲解下一个几何体之前，需要指出 Three.js 在创建这些 2D 形状（THREE.PlaneGeometry、THREE.CircleGeometry、THREE.RingGeometry 和 THREE.ShapeGeometry）时使用的方向：Three.js 在创建这些对象时，会使其直立，并沿着 *x–y* 平面排列，这是非常合理的，因为它们是 2D 形状。但是，你经常会（特别是使用 THREE.PlaneGeometry 时）希望这个网格平躺在地面（*x–z* 平面）上以作为一种地面区域，然后我们可以在这个区域上放置其他对象。创建一个水平方向而不是垂直方向的二维对象的最简单方法是围绕其 $x$ 轴以 1/4 圈的角度向后旋转网格（`-PI / 2`），具体代码如下：

```
mesh.rotation.x =- Math.PI/2;
```

关于 `THREE.CircleGeometry` 的介绍就到这里。接下来要介绍的是 `THREE.RingGeometry`，它与 `THREE.CircleGeometry` 非常相似。

### 5.1.3　THREE.RingGeometry

你可以使用 `THREE.RingGeometry` 创建一个 2D 对象，`THREE.RingGeometry` 不仅与 `THREE.CircleGeometry` 非常相似，还可以在中心定义一个孔（参阅 `ring-geometry.html`），如图 5.4 所示。

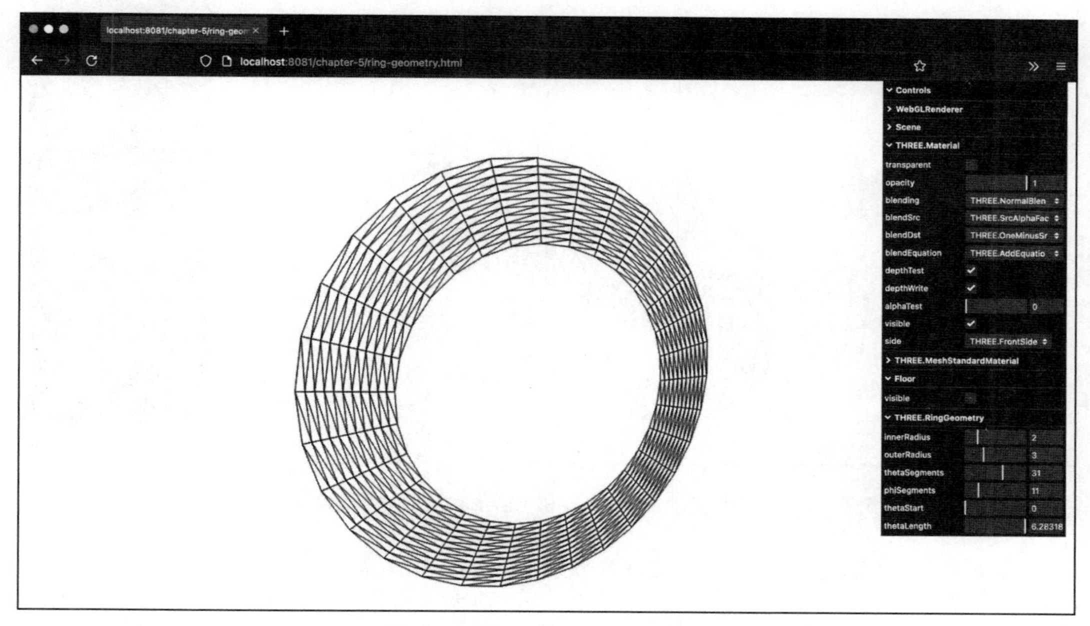


图 5.4　使用 `THREE.RingGeometry` 创建的 2D 环形几何体

在创建 `THREE.RingGeometry` 对象时，你可以使用以下属性：

- `innerRadius`：圆环中心孔的内半径。如果设置为 `0`，则不显示孔。默认值为 `0`。
- `outerRadius`：用于定义圆环的外半径，它决定了圆环的大小。外半径是指从圆环中心到其边缘的距离。默认值为 `50`。
- `thetaSegments`：用于设置沿圆环的径向分段数。分段数越高，圆环的形状越平滑。默认值为 `8`。

- phiSegments：用于设置沿圆环周向的分段数。默认值为 8。这实际上不会影响圆的平滑性，但会增加面的数量。
- thetaStart：定义绘制圆环的起始位置。此值范围可以从 0 到 2 * PI，默认值为 0。
- thetaLength：定义圆环的完成程度。当未指定时，默认为 2 * PI（一圈）。例如，如果指定该值为 0.5 * PI，则会获得一个四分之一圆。结合使用 thetaStart 和 thetaLength 属性，可以精确控制圆环的形状和绘制范围。

图 5.5 展示了 THREE.RingGeometry 如何结合使用 thetaStart 和 thetaLength 属性来绘制圆环。

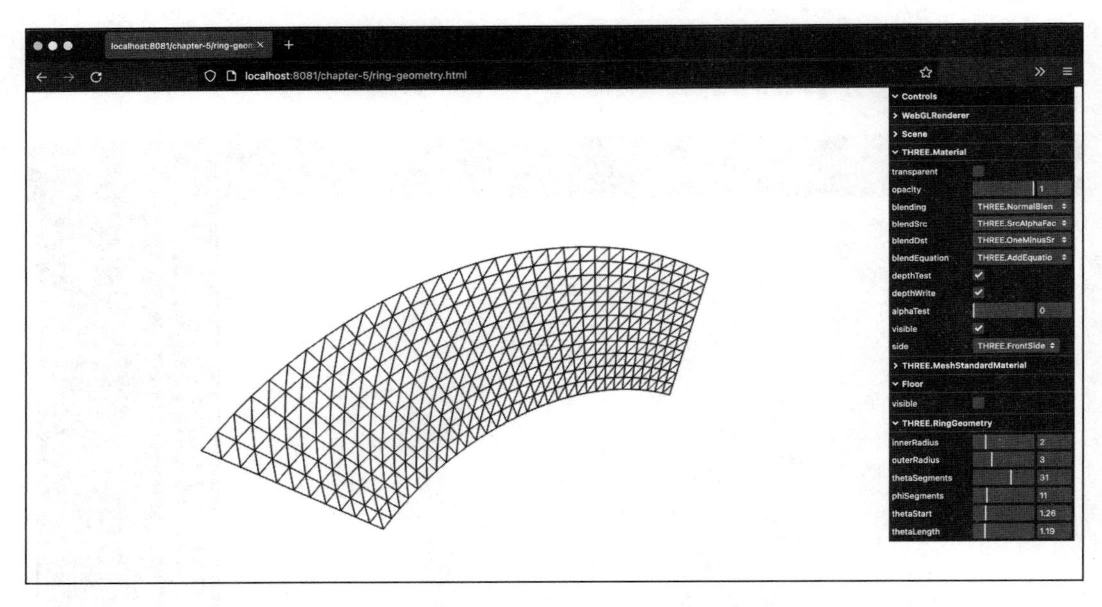


图 5.5 结合使用 thetaStart 和 thetaLength 属性来绘制圆环

接下来，我们将介绍最后一个 2D 形状：THREE.ShapeGeometry。

### 5.1.4 THREE.ShapeGeometry

THREE.PlaneGeometry 和 THREE.CircleGeometry 的自定义属性有限。因此，如果你想创建自定义的 2D 形状，你可以使用 THREE.ShapeGeometry。

THREE.ShapeGeometry 提供了多个绘制函数，用于创建自定义形状。这些函数类似于 HTML canvas 元素和 SVG 中的元素的绘制功能。我们从一个示例开始演示，然后展示如何使用各种函数来绘制自定义形状。shape-geometry.html 示例可以在本章的源代码中找到。

该示例如图 5.6 所示。

图 5.6　自定义形状几何体

在该示例中，你可以看到一个自定义的 2D 形状。在详细描述这个形状的属性之前，我们先来看看用于创建这个形状的代码。在使用 THREE.ShapeGeometry 之前，需要先创建一个 THREE.Shape 对象。具体步骤参见图 5.6，从右下角开始，按顺序查看是如何逐步绘制出整个形状的。下面是我们创建 THREE.Shape 对象的方法：

```
const drawShape = () => {
  // create a basic shape
  const shape = new THREE.Shape()
  // startpoint
  // straight line upwards
  shape.lineTo(10, 40)
  // the top of the figure, curve to the right
  shape.bezierCurveTo(15, 25, 25, 25, 30, 40)
  // spline back down
  shape.splineThru([new THREE.Vector2(32, 30), new
    THREE.Vector2(28, 20), new THREE.Vector2(30, 10)])
  // add 'eye' hole one
  const hole1 = new THREE.Path()
```

```
  hole1.absellipse(16, 24, 2, 3, 0, Math.PI * 2, true)
  shape.holes.push(hole1)
  // add 'eye hole 2'
  const hole2 = new THREE.Path()
  hole2.absellipse(23, 24, 2, 3, 0, Math.PI * 2, true)
  shape.holes.push(hole2)
  // add 'mouth'
  const hole3 = new THREE.Path()
  hole3.absarc(20, 16, 2, 0, Math.PI, true)
  shape.holes.push(hole3)
  return shape
}
```

在这段代码中，我们使用直线（lineTo）、曲线（quadraticCurveTo、bezierCurveTo）和样条曲线（splineThru）创建了这个形状的轮廓。之后，我们通过使用 THREE.Shape 的 holes 属性在该形状中打了一些孔。

本节我们讨论的是使用 THREE.ShapeGeometry 而不是 THREE.Shape——要从 THREE.Shape 创建一个几何体，我们需要将 THREE.Shape（在我们的例子中，则是通过 drawShape() 函数返回）作为参数传递给 THREE.ShapeGeometry。你也可以传入一个 THREE.Shape 对象的数组，但在我们的例子中，我们只使用一个对象：

```
new THREE.ShapeGeometry(drawShape())
```

该函数的结果是一个可用于创建网格的几何体。除了要转换为 THREE.ShapeGeometry 形状之外，你还可以通过第二个参数传递一些附加选项对象：

- curveSegments：该属性决定了从形状创建的曲线的平滑程度。默认值为 12。
- material：对应材质索引（materialIndex），用于为形状创建的面指定使用的材质。因此，如果你传入多个材质，则可以指定应将哪个材质应用于所创建的形状的面。
- UVGenerator：当你在材质中使用纹理时，UV 映射确定纹理的哪部分用于特定面。通过 UVGenerator 属性，你可以传入自己的对象，该对象将为传入的形状所创建的面创建 UV 设置。有关 UV 设置的更多信息，请参阅第 10 章。如果没有指定，则使用 THREE.ExtrudeGeometry.WorldUVGenerator。

THREE.ShapeGeometry 的核心是 THREE.Shape，你可以使用它来创建形状，因此让我们看一下可用于创建 THREE.Shape 的绘图函数：

- moveTo(x, y)：将绘图位置移动到指定的 x 和 y 坐标。
- lineTo(x, y)：从当前位置（例如，通过 moveTo 函数设置的位置）绘制一条线到指定的 x 和 y 坐标。
- quadraticCurveTo(aCPx, aCPy, x, y)：指定曲线有两种不同的方法。你

可以使用 quadraticCurveTo 函数，也可以使用 bezierCurveTo 函数。这两个函数之间的区别在于如何指定曲线的弯曲方式。

quadraticCurveTo 函数用于绘制二次贝塞尔曲线，只需要指定一个额外的控制点（aCPx, aCPy），该曲线仅基于这个控制点和曲线的终点（x, y）来生成。bezierCurveTo 函数用于绘制三次贝塞尔曲线，需要指定两个额外的控制点（aCPx1, aCPy1）和（aCPx2, aCPy2）。起始点都是路径的当前位置。

图 5.7 解释了这两个选项之间的差异。

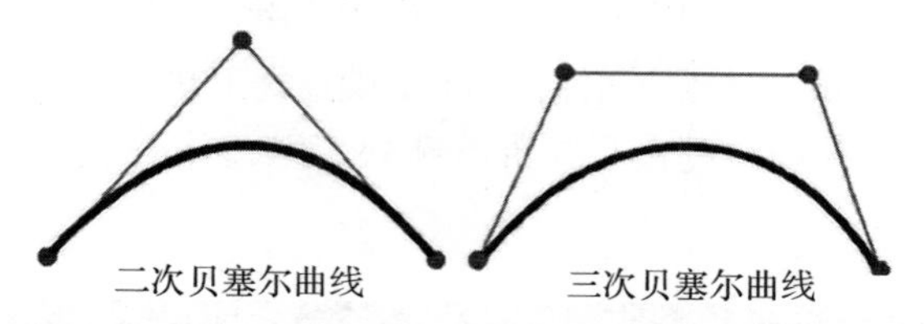


图 5.7 二次贝塞尔曲线（quadraticCurveTo）和三次贝塞尔曲线（bezierCurveTo）

- bezierCurveTo(aCPx1, aCPy1, aCPx2, aCPy2, x, y)：用于绘制三次贝塞尔曲线。详见上一个函数的介绍。bezierCurveTo 函数接收 6 个参数，包括两个控制点（aCPx1, aCPy1）和（aCPx2, aCPy2），以及曲线的终点（x, y），起始点是路径的当前位置。
- splineThru(pts)：该函数通过提供的一组坐标（pts）绘制光滑的曲线。该参数应为一个数组，每个元素都是 THREE.Vector2 对象。起始点是路径的当前位置。
- arc(aX, aY, aRadius, aStartAngle, aEndAngle, aClockwise)：用于绘制圆（或圆的一部分）。圆从路径的当前位置开始。这里的 aX 和 aY 是相对于当前位置的偏移量。aRadius 参数用于设置圆弧的半径，而 aStartAngle 和 aEndAngle 则分别用于定义圆弧的起始和结束角度，从而控制圆弧的长度。布尔值 aClockwise 属性确定是以顺时针还是逆时针绘制圆。
- absArc(aX, aY, aRadius, aStartAngle, aEndAngle, AClockwise)：absArc 函数与 arc 函数的参数完全相同。然而，absArc 函数的圆心坐标（aX, aY）是绝对坐标，而不是相对于当前路径位置的偏移量。
- ellipse(aX, aY, xRadius, yRadius, aStartAngle, aEndAngle, aClockwise)：ellipse 函数与 arc 函数的参数非常相似。区别在于，ellipse 函数增加了两个参数——xRadius 和 yRadius，分别用于设置椭圆的 x 轴和 y 轴半径。
- absEllipse(aX, aY, xRadius, yRadius, aStartAngle, aEndAngle,

aClockwise)：与 ellipse 函数非常相似。absEllipse 函数的圆心坐标（aX, aY）是绝对坐标，而不是相对于当前路径位置的偏移量。

- fromPoints(vectors)：该函数接收一个参数 vectors，它是一个数组，每个元素可以是 THREE.Vector2 或 THREE.Vector3 对象，Three.js 将使用这些点通过直线连接的方式创建一个路径。
- holes：holes 属性是一个数组，每个元素都是 THREE.Shape 对象。数组中的每个对象都会被渲染为一个孔。我们在本节开头看到的示例（图 5.6）就是这方面的一个很好例子。在那段代码中，我们向数组中添加了三个 THREE.Shape 对象：一个用于左眼，一个用于右眼，一个用于嘴巴。

就像很多示例一样，要了解各种属性是如何影响最终形状的，最简单的方法就是在材质上启用 wireframe 属性并调整设置。例如，图 5.8 展示了在 curveSegments 的值较小时会发生的情况。

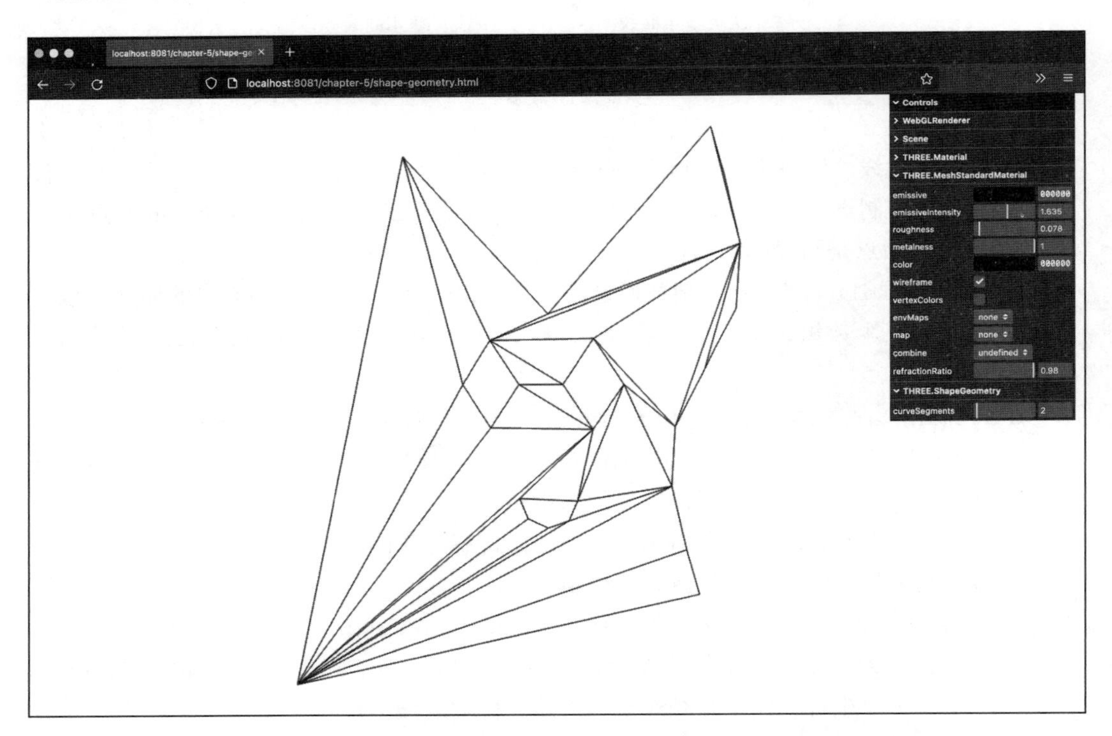


图 5.8 线框模式在直观观察 ShapeGeometry 形状变化中的重要作用

通过图 5.8 的线框模式，我们可以看到降低曲线段数（curveSegments）后，形状失去了圆滑的边缘，但在这个过程中使用的面数减少了。2D 形状部分的介绍到此结束。5.2 节将介绍基本的 3D 形状。

## 5.2　3D 几何体

本节将从一个我们已经见过几次的几何体开始：THREE.BoxGeometry。

### 5.2.1　THREE.BoxGeometry

THREE.BoxGeometry 是一个非常简单的 3D 几何体，可以通过指定 width、height 和 depth 属性来创建一个盒子。你可以通过示例 box-geometry.html 实验这些属性。图 5.9 展示了该几何体的效果。

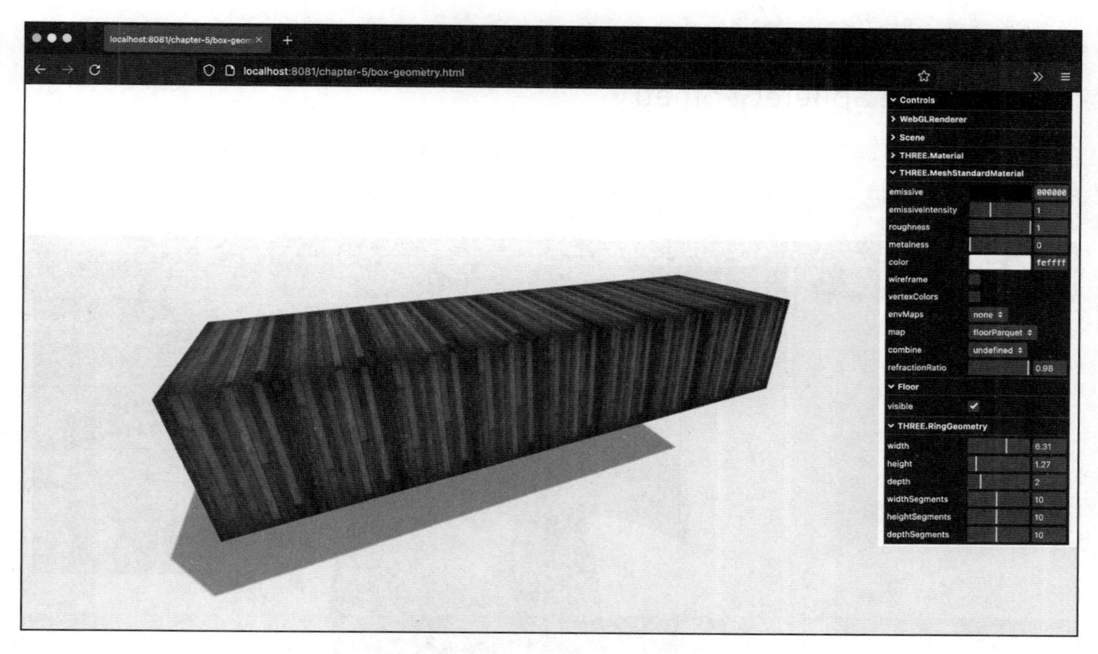


图 5.9　使用 THREE.BoxGeometry 创建立方体

正如你在该示例中所看到的，通过更改 THREE.BoxGeometry 的 width、height 和 depth 属性，可以控制所生成网格的大小。这三个属性是创建一个新的立方体时必需的：

```
new THREE.BoxGeometry(10,10,10);
```

在示例中，你可以看到，除了基本的 width、height 和 depth 属性外，还有其他一些属性可以定义在立方体上。以下是所有属性的解释：

- width：立方体的宽度，即立方体沿 x 轴方向到达顶点的长度。
- height：立方体的高度，即立方体沿 y 轴方向到达顶点的长度。
- depth：立方体的深度，即立方体沿 z 轴方向到达顶点的长度。
- widthSegments：这是我们沿着立方体的 x 轴将一个面分成的段数。默认值为

1。定义的段数越多，一个侧面的面数就越多。如果将该属性和后面两个属性都设置为 1，则立方体的每一面将只有 2 个面。如果将该属性设置为 2，那么一个面将被分割成 2 段，从而产生 4 个面。

- heightSegments：这是我们沿着立方体的 y 轴将一个面分成的段数。默认值为 1。
- depthSegments：这是我们沿着立方体的 z 轴将一个面分成的段数。默认值为 1。

通过增加各种分段属性，可以将立方体的 6 个主要面分割成更小的面。这对于使用 THREE.MeshFaceMaterial 在立方体的部分上设置特定的材质属性非常有用。

THREE.BoxGeometry 是一个非常简单的几何体。另一个同样简单的几何形状是 THREE.SphereGeometry。

## 5.2.2 THREE.SphereGeometry

使用 THREE.SphereGeometry，你可以创建一个 3D 球体。我们直接看一下示例 sphere-geometry.html，如图 5.10 所示。

图 5.10 通过 THREE.SphereGeometry 创建的简单 3D 球体几何体

在图 5.10 中，我们展示了一个基于 THREE.SphereGeometry 创建的半开放球体。这个几何体非常灵活，可以用来创建各种与球体相关的几何体。创建一个基本的 THREE.SphereGeometry 实例也很简单，只需要一行代码：new THREE.SphereGeometry()。

我们可以使用以下属性来调整所生成网格的外观：

- radius：用于设置球体的半径。它决定了所生成网格的大小，其默认值是 50。
- widthSegments：用于垂直方向上的分段数。分段数越多，表面越平滑。默认值是 8，最小值为 3。
- heightSegments：用于水平方向上的分段数。分段数越多，表面越平滑。默认值是 6，最小值为 2。
- phiStart：用于确定沿其 x 轴开始绘制球体的位置。取值范围为 0 到 2 * PI，默认值是 0。
- phiLength：确定了从 phiStart 开始绘制的球体的范围。2 * PI 表示绘制一个完整的球体，0.5 * PI 表示绘制一个开放的四分之一球体。默认值是 2 * PI。
- thetaStart：用于确定沿 x 轴开始绘制球体的位置。取值范围为 0 到 2 * PI，默认值是 0。
- thetaLength：用于确定从 thetaStart 开始绘制的球体的范围。2 * PI 表示绘制一个完整的球体，PI 表示绘制只有一半的球体。默认值是 2 * PI。

radius、widthSegments 和 heightSegments 这几个属性你应该很清楚了。我们已经在其他示例中看到过这些类型的属性。phiStart、phiLength、thetaStart 和 thetaLength 属性稍微难以理解，如果没有示例，则很难明白。不过，幸运的是，你可以从 sphere-geometry.html 示例中的菜单中实验这些属性，并创建出有趣的几何体，如图 5.11 所示。

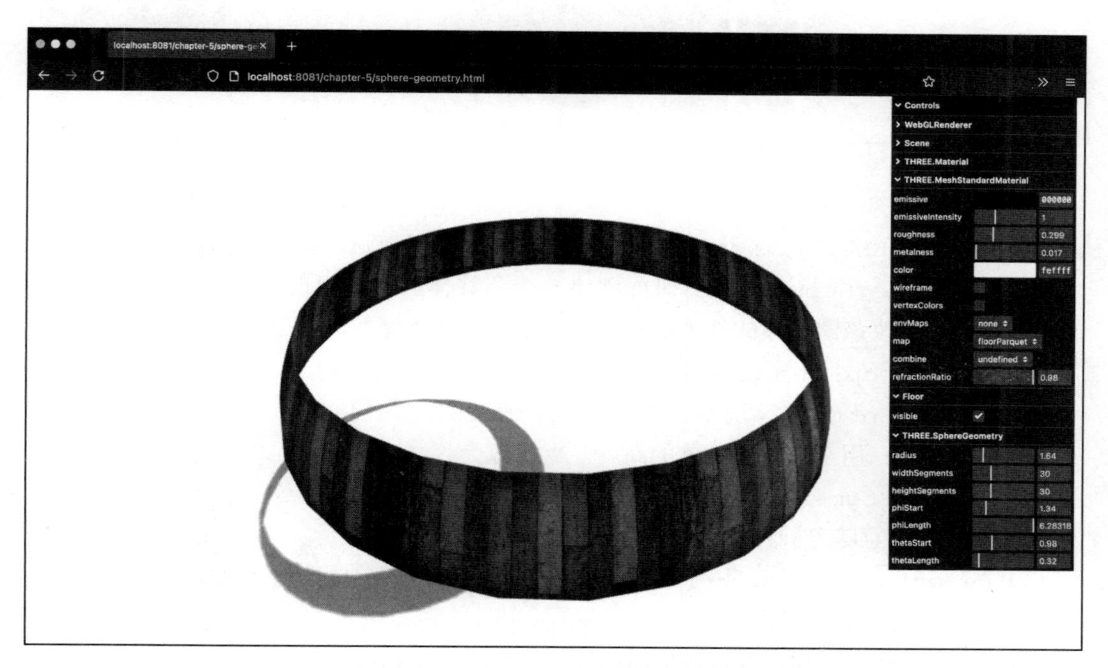


图 5.11　使用不同 phi 和 theta 属性设置的球体几何体示例

接下来要介绍的是 THREE.CylinderGeometry。

### 5.2.3 THREE.CylinderGeometry

我们可以使用这个几何体创建圆柱体和圆柱形对象。与其他几何体一样，我们也有一个示例（cylinder-geometry.html），让你可以实验该几何体的属性，如图 5.12 所示。

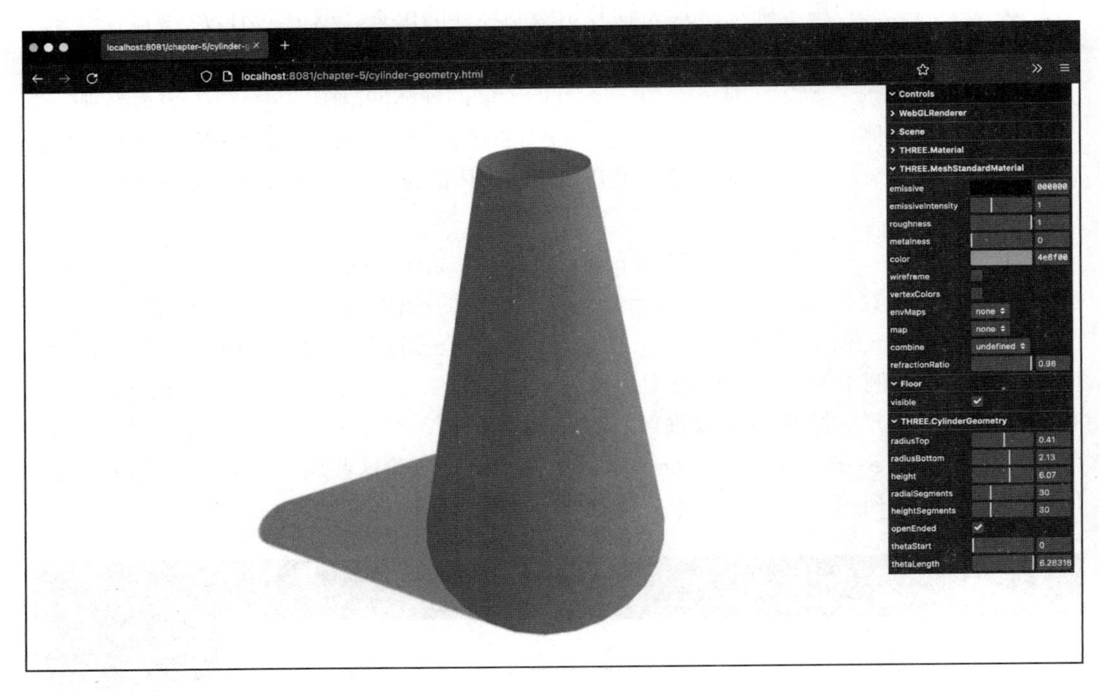


图 5.12 3D 圆柱体几何体

在你创建 THREE.CylinderGeometry 时，没有任何强制性参数，因此只需调用 new THREE.CylinderGeometry() 即可创建一个圆柱体。如前面的示例所示，你可以传递多个属性来更改该圆柱体的外观。对这些属性的具体解释如下：

- radiusTop：用于设置圆柱体顶部的大小。默认值为 20。
- radiusBottom：用于设置圆柱体底部的大小。默认值为 20。
- height：用于设置圆柱体的高度。默认值为 100。
- radialSegments：用于确定圆柱体在半径方向上的分段数量。默认值为 8。分段数越多意味着圆柱体越平滑。
- heightSegments：用于确定圆柱在高度方向上的分段数量。默认值为 1。分段数越多意味着面越多。
- openEnded：确定网格的顶部和底部是否闭合。默认值为 false。

- thetaStart：确定沿其 x 轴绘制圆柱体的起始位置。取值范围是从 0 到 2 * PI，默认值为 0。
- thetaLength：用于确定从 thetaStart 开始绘制圆柱体的距离。2 * PI 表示绘制一个完整的圆柱体，而 PI 表示只绘制半个圆柱体。默认值为 2 * PI。

这些都是你可以用于配置圆柱体的非常基本的属性。然而，有趣的是，你可以为顶部（或底部）使用负 radius 值。如果这样做，你将创建一个类似沙漏的形状，如图 5.13 所示。

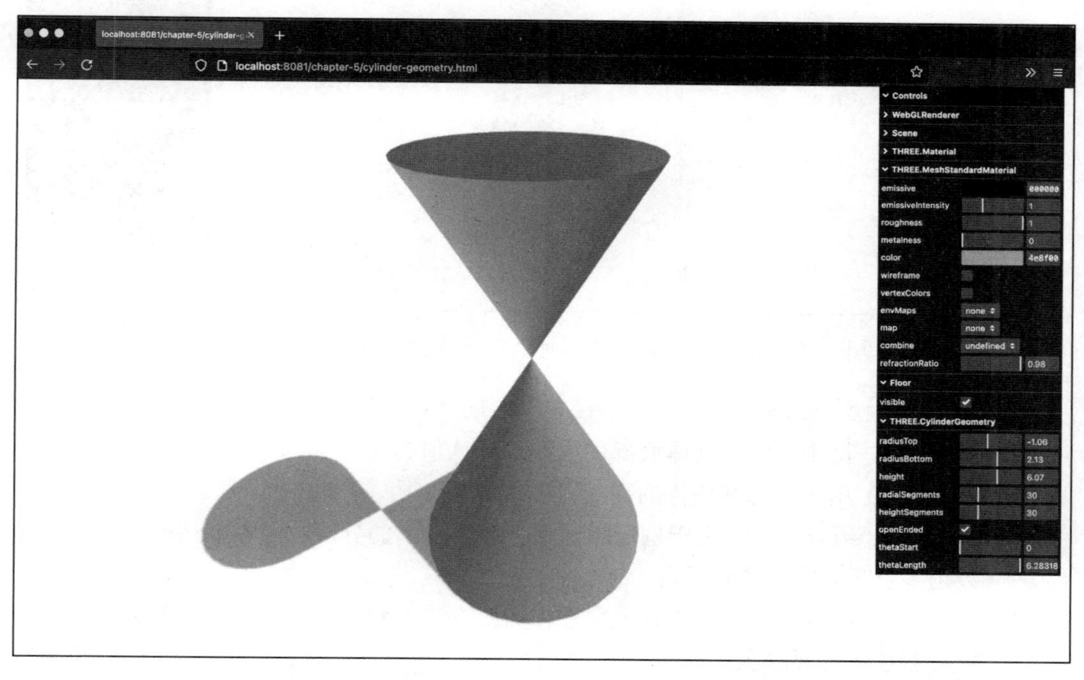


图 5.13　将顶部或底部的半径设置为负值，使用 3D 圆柱几何体创建出的类似沙漏的形状

这里需要注意的是，在这种情况下，上半部分被翻转了。如果你使用的材质没有配置为 THREE.DoubleSide，那么你将看不到上半部分。

下一个要介绍的几何体是 THREE.ConeGeometry，它具有 THREE.CylinderGeometry 的基本功能，但顶部半径固定为零。

## 5.2.4　THREE.ConeGeometry

THREE.ConeGeometry 与 THREE.CylinderGeometry 非常相似，它们使用了相同的属性，唯一的区别在于 THREE.ConeGeometry 只允许设置一个半径值，而不需要分别设置 radiusTop 和 radiusBottom 两个值，如图 5.14 所示。

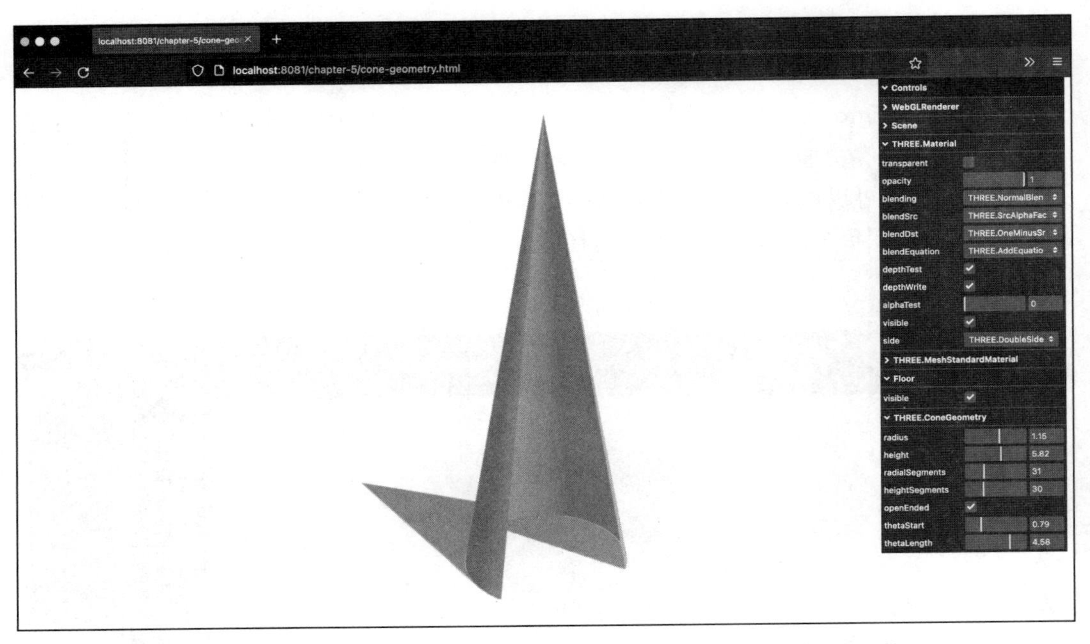


图 5.14 使用 THREE.ConeGeometry 创建的简单 3D 圆锥几何体

可以在 THREE.ConeGeometry 上设置以下属性：

- radius：用于设置圆柱体底部的大小。默认值为 20。
- height：用于设置圆柱体的高度。默认值为 100。
- radialSegments：用于确定圆柱在半径方向上的分段数量。默认值为 8。分段数越多意味着圆柱体越平滑。
- heightSegments：用于确定圆柱在高度方向上的分段数量。默认值为 1。分段数越多意味着面越多。
- openEnded：确定网格的顶部和底部是否闭合。默认值为 false。
- thetaStart：确定沿其 x 轴绘制圆柱体的起始位置。取值范围是从 0 到 2 * PI，默认值为 0。
- thetaLength：用于确定从 thetaStart 开始绘制圆柱体的距离。2 * PI 表示绘制一个完整的圆柱体，而 PI 表示只绘制半个圆柱体。默认值为 2 * PI。

下一个几何体 THREE.TorusGeometry 可以用来创建一个类似甜甜圈的形状对象。

### 5.2.5 THREE.TorusGeometry

torus（圆环）是一个看起来像甜甜圈的简单形状。你可以通过打开 torus-geometry.html 示例来体验 THREE.TorusGeometry 的效果，如图 5.15 所示。

图 5.15　使用 THREE.TorusGeometry 创建的 3D 甜甜圈几何体

像大多数简单的几何体一样，在创建 THREE.TorusGeometry 时不需要强制指定任何参数。在创建这个几何体时，你可以指定以下参数：

- radius：用于设置整个圆环的大小。默认值为 100。
- tube：用于设置管道（实际甜甜圈的环）的半径。默认值为 40。
- radialSegments：用于确定沿圆环长度使用的段数。默认值为 8。你可以通过实验示例来确切地看到更改该值的效果。
- tubularSegments：用于确定沿圆环宽度使用的段数。默认值为 6。你可以通过实验示例来确切地看到更改该值的效果。
- arc：通过这个属性，你可以控制是绘制一个完整的圆还是只绘制一部分圆。默认值为 2 * PI（一个完整圆）。

大部分属性你之前都已经见过，但 arc 属性非常有趣。通过这个属性，你可以定义甜甜圈是形成一个完整的圆还是只绘制一部分圆。通过实验这个属性，你可以创建出非常有趣的网格，例如，图 5.16 中 arc 的值被设置为小于 2 * PI。

THREE.TorusGeometry 是一个非常直观的几何体。在 5.2.6 节中，我们将探讨一个名称与它相似但远没有那么直观的几何体：THREE.TorusKnotGeometry。

### 5.2.6　THREE.TorusKnotGeometry

使用 THREE.TorusKnotGeometry，你可以创建一个环状结（torus knot）。环状结

是一种特殊的结，看起来像一个绕自身缠绕几次的管道。最好的解释方法是查看 torus-knot-geometry.html 示例。图 5.17 展示了这种几何体。

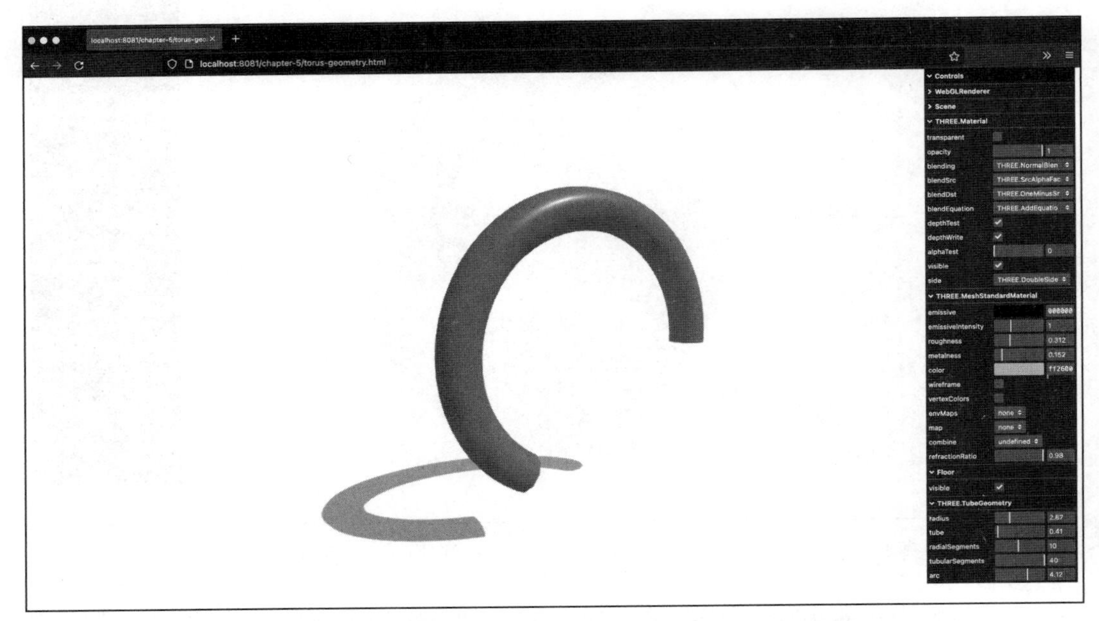


图 5.16 arc 属性值设置为小于 2 * PI 的 3D 甜甜圈几何体

图 5.17 使用 THREE.TorusKnotGeometry 创建的环状结几何体

如果你打开 torus-knot-geometry.html 这个示例，并调整 p 和 q 这两个参数，你可以创造出各种美丽的几何体。p 属性定义环围绕其轴旋转的次数，q 定义环围绕其内部旋转的次数。

如果这听起来有点模糊，那么也不用担心。你不需要理解这些属性就能创建出漂亮的结，比如图 5.18 所示的结（对于对细节感兴趣的读者，可以参阅 Wolfram 关于该主题的一篇好文章，网址为 https://mathworld.wolfram.com/TorusKnot.html）。

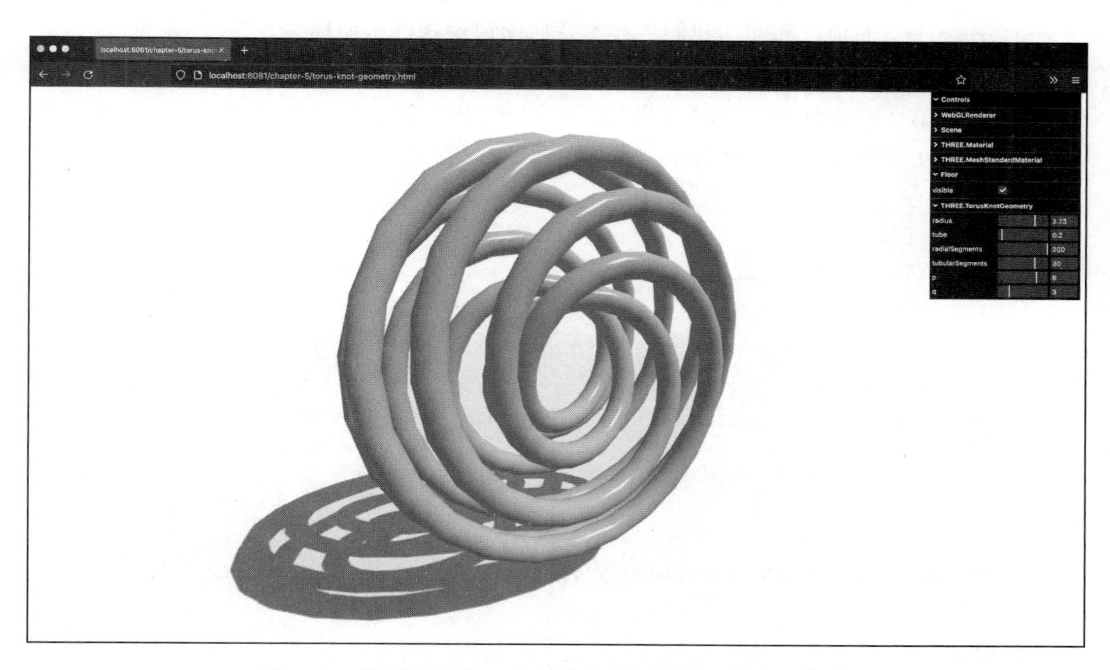


图 5.18　使用不同的 p 和 q 参数值创建的环状结几何体

你可以通过这个示例尝试使用以下属性并查看不同的 p 和 q 组合对该几何体的影响：

- radius：用于设置整个圆环的大小。默认值为 100。
- tube：用于设置管道（实际甜甜圈的环）的半径。默认值为 40。
- radialSegments：确定沿着环状结长度使用的段数。默认值为 64。你可以通过实验示例来确切地看到更改该值的效果。
- tubularSegments：确定沿着环状结宽度使用的段数。默认值为 8。你可以通过实验示例来确切地看到更改该值的效果。
- p：用于定义环状结的形状，默认值为 2。
- q：用于定义环状结的形状，默认值为 3。
- heightScale：通过设置 heightScale 属性，可以拉伸或压缩环状结的高度，从而改变其形状。默认值为 1。

接下来要介绍的几何体是最后一个基本几何体：THREE.PolyhedronGeometry。

### 5.2.7 THREE.PolyhedronGeometry

使用 THREE.PolyhedronGeometry 可以轻松创建多面体，多面体是一种只有平面和直线边的几何体。不过，通常情况下，我们不会直接使用 THREE.PolyhedronGeometry。Three.js 提供了许多特定的多面体，你可以使用它们而无须指定 THREE.PolyhedronGeometry 的顶点和面。我们将在本章后面讨论这些多面体。

如果你确实想要直接使用 THREE.PolyhedronGeometry，你必须指定顶点和面（就像我们在第 3 章中创建立方体所做的那样）。例如，我们可以这样创建一个简单的四面体（在 5.2.9 节中也有相关内容）：

```
const vertices = [
 1,  1,  1,
-1, -1,  1,
-1,  1, -1,
 1, -1, -1
];
const indices = [
2,  1,  0,
0,  3,  2,
1,  3,  0,
2,  3,  1
];
new THREE.PolyhedronBufferGeometry(vertices, indices, radius,
detail)
```

要构建 THREE.PolyhedronGeometry，我们需要传入顶点（vertices）、索引（indices）、半径（radius）和细节（detail）这四个属性。可以在 polyhedron-geometry.html 示例中查看构建出的 THREE.PolyhedronGeometry 对象，如图 5.19 所示。

在创建多面体时，你可以传入以下四个属性：

- vertices：构成多面体的点。
- indices：这些是从顶点创建多面体所需的面的顶点索引。
- radius：多面体的大小，默认为 1。
- detail：使用 detail 属性，你可以向多面体添加更多细节。如果将其设置为 1，则多面体中的每个三角形将分成 4 个较小的三角形。如果将其设置为 2，则这 4 个较小的三角形每个都将再次分成 4 个较小的三角形，以此类推。

图 5.20 是具有更多细节的自定义多面体。

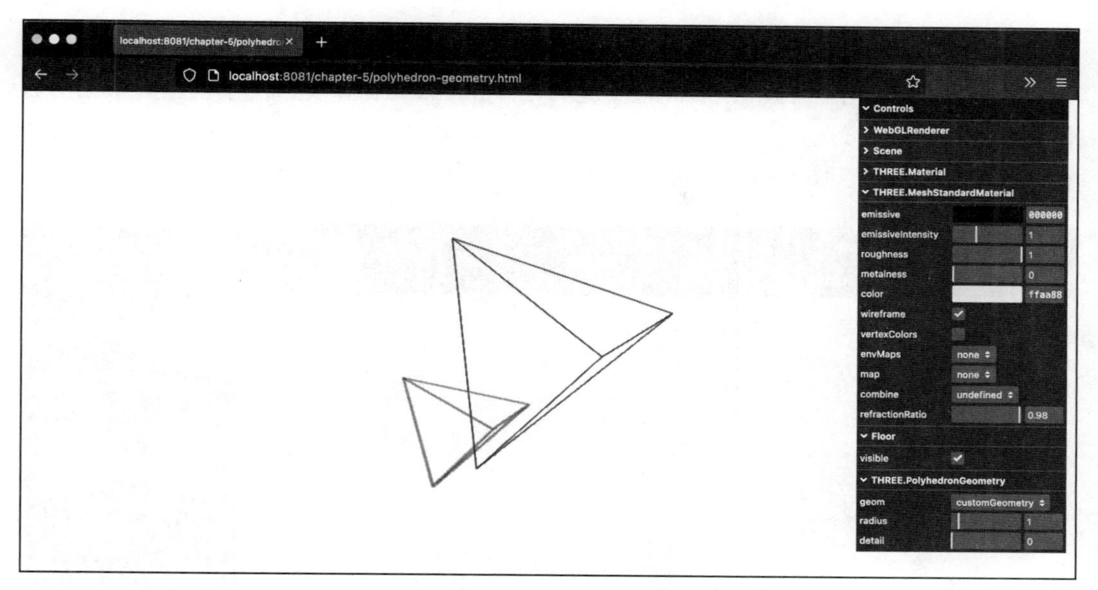


图 5.19　一个自定义多面体

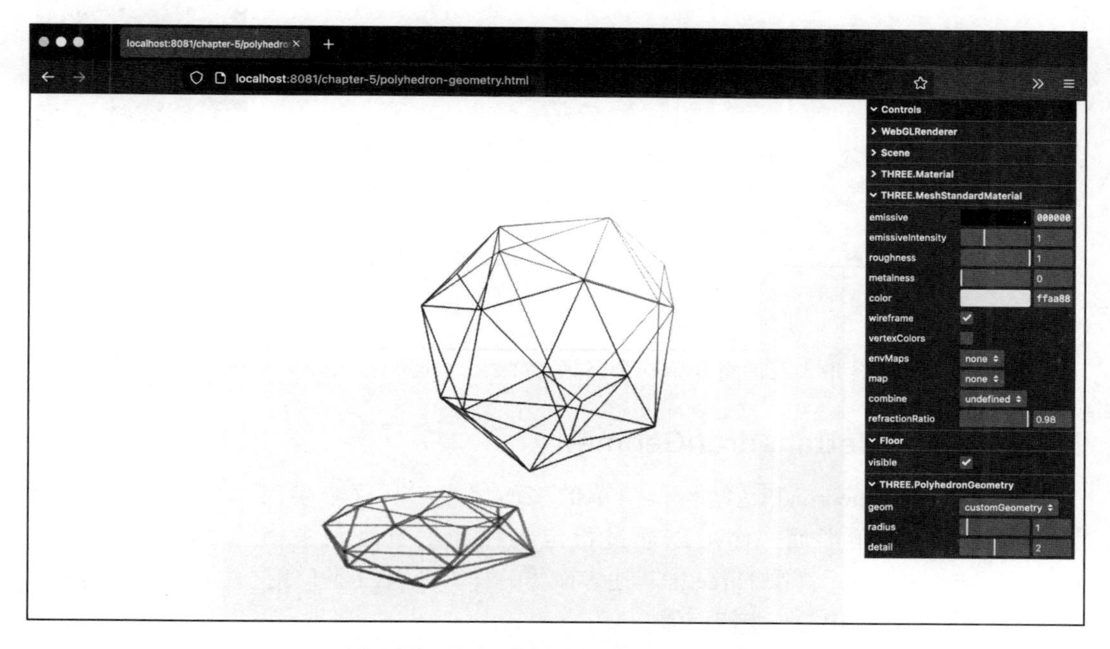


图 5.20　具有更多细节的自定义多面体

在本小节开始时，我们提到 Three.js 自带了几个多面体。在 5.2.8 节中，我们将快速展示这些多面体。你可以通过查看 `polyhedron-geometry.html` 示例来体验所有这些多面体类型。

## 5.2.8 THREE.IcosahedronGeometry

THREE.IcosahedronGeometry 是一个 Three.js 几何体类，用于创建一个二十面体，也就是一个有 20 个等边三角形面的多面体。在创建这个多面体时，你只需要指定半径和细节级别即可。图 5.21 是使用 THREE.IcosahedronGeometry 创建的多面体。

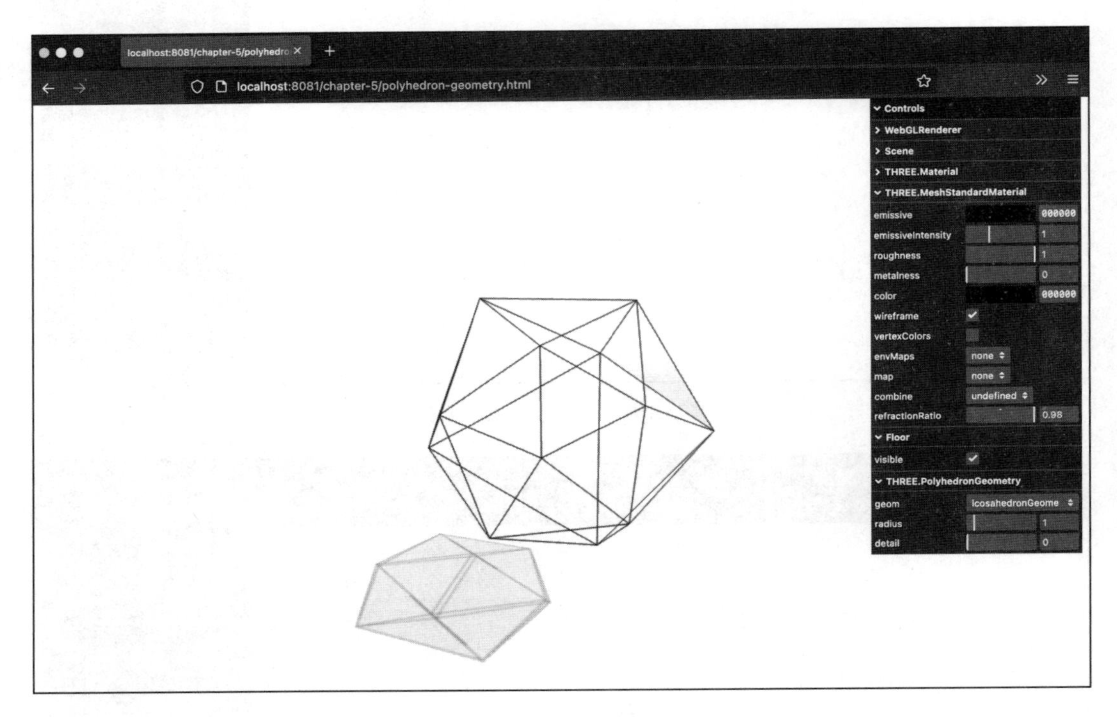


图 5.21 3D 二十面体

在接下来的内容中，我们将介绍一个名为 THREE.TetrahedronGeometry 的多面体。

## 5.2.9 THREE.TetrahedronGeometry

四面体（tetrahedron）是结构最简单的多面体之一。这个多面体只包含由 4 个顶点创建的 4 个三角形面。你可以通过指定半径和细节级别来创建 THREE.TetrahedronGeometry，就像 Three.js 其他多面体一样。图 5.22 是使用 THREE.TetrahedronGeometry 创建的一个四面体。

接下来，我们将介绍一个有 8 个面的多面体：八面体（octahedron）。

## 5.2.10 THREE.OctahedronGeometry

Three.js 也提供了一个八面体的实现，即 THREE.OctahedronGeometry。顾名思义，

这个多面体有 8 个面，这些面是由 6 个顶点组成的。图 5.23 是使用 `THREE.OctahedronGeometry` 创建的一个八面体。

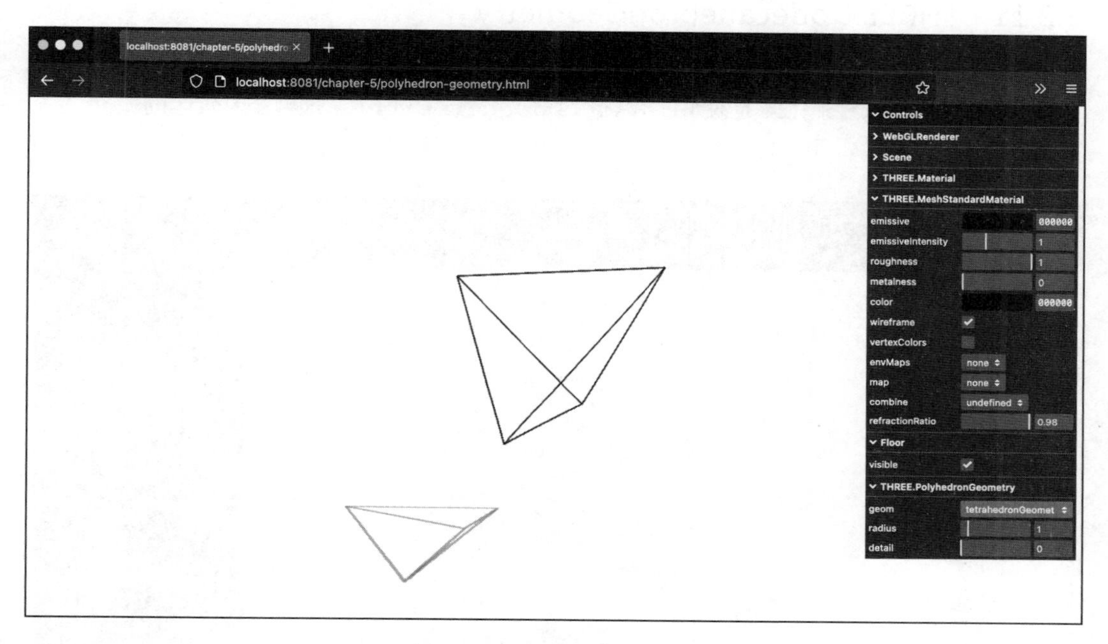


图 5.22　3D 四面体几何体

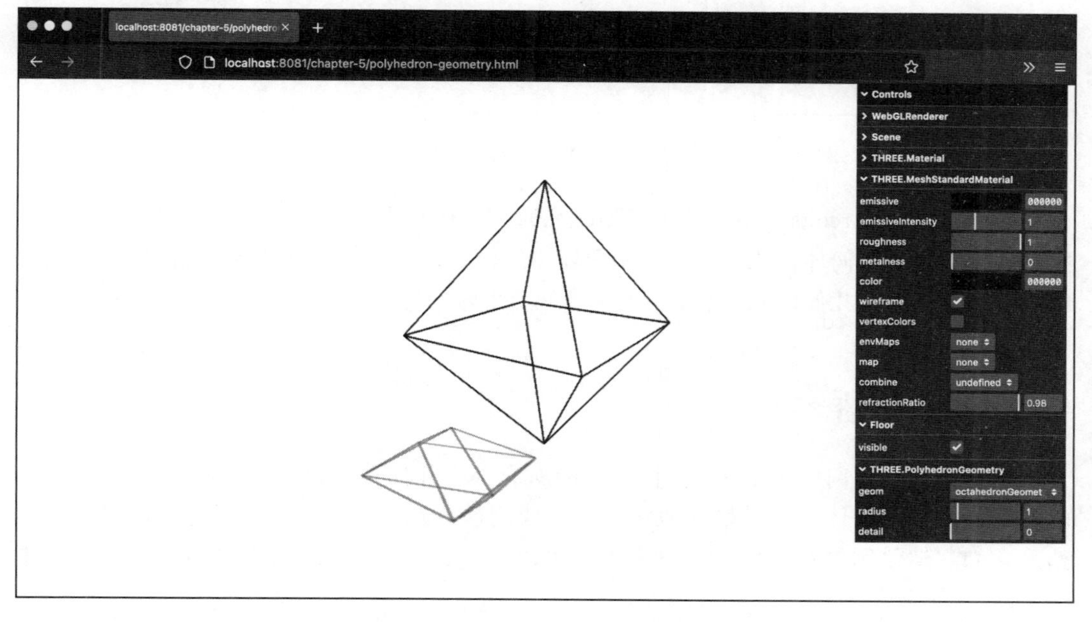


图 5.23　3D 八面体几何体

我们最后要介绍的多面体是十二面体（dodecahedron）。

### 5.2.11 THREE.DodecahedronGeometry

Three.js 内置的最后一个多面体几何体是 `THREE.DodecahedronGeometry`。这个多面体有 12 个面。图 5.24 是使用 `THREE.DodecahedronGeometry` 创建的一个十二面体。

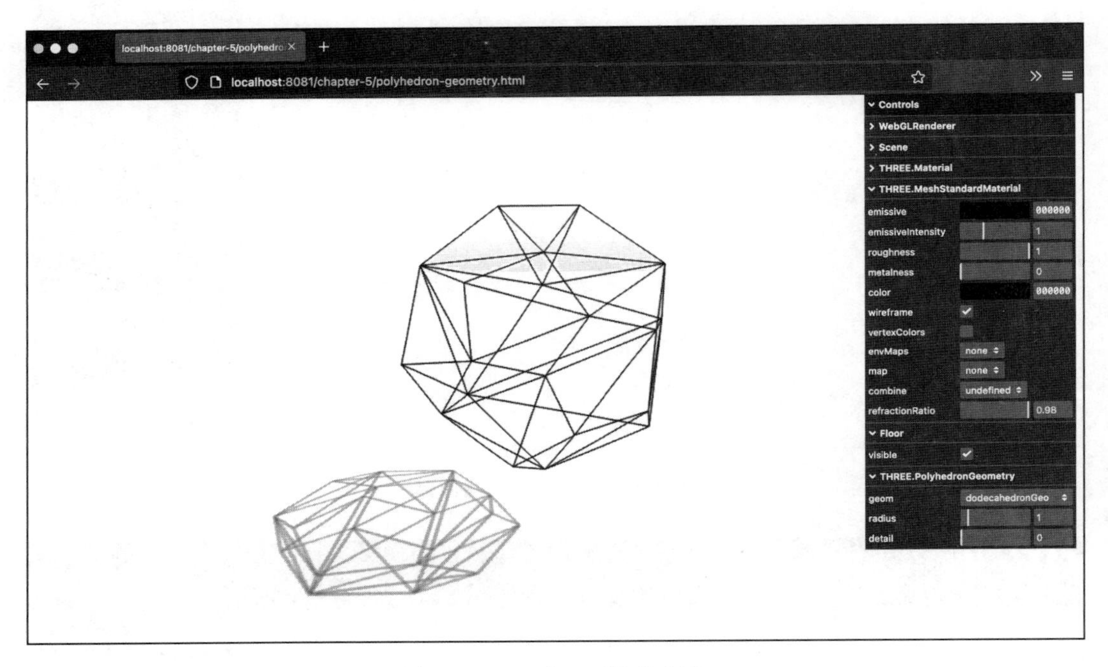


图 5.24 3D 十二面体几何体

如你所见，Three.js 内置了大量的 3D 几何体，从常用的球体和立方体到在实践中可能不那么常用的几何体，比如一系列多面体。然而，无论如何，这些 3D 几何体都为我们创建和实验材质、几何体和 3D 场景提供了一个很好的起点。

## 5.3 本章小结

在本章中，我们讨论了 Three.js 内置的所有标准几何体。正如你所看到的，Three.js 内置了大量的几何体。为了最好地学习如何使用这些几何体，你需要通过示例来实验以熟悉它们。请使用本章提供的示例来了解可以用于自定义 Three.js 中可用的标准几何体的属性。

对于 2D 形状，重要的是要记住它们放置在 $x$–$y$ 平面上。如果你想要在水平方向上拥有 2D 形状，则必须将网格沿着 $x$ 轴旋转 `-0.5 * PI`。最后，请注意，如果你在旋转 2D 形状，或者一个开放的 3D 形状（例如，圆柱或管道），则请记得将材质设置为 `THREE.DoubleSide`。如果你没有这样做，则几何体的内部或背面将不会显示。

本章我们介绍了简单、直观的几何体。第 6 章我们将介绍复杂几何体。

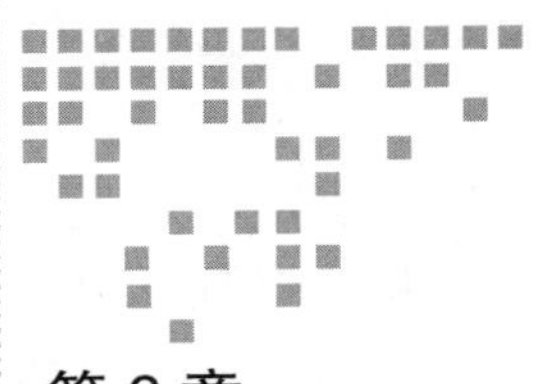

Chapter 6 第6章

# 高级几何体

在第5章中，我们介绍了Three.js内置的所有基本几何体。除了这些基本几何体，Three.js还提供了一套更高级和专业的几何体。

本章我们将展示这些高级几何体：

- 如何使用THREE.ConvexGeometry、THREE.LatheGeometry、THREE.BoxLineGeometry、THREE.RoundeBoxGeometry、THREE.TeapotGeometry和THREE.TubeGeometry等高级几何体。
- 如何使用THREE.ExtrudeGeometry从2D形状创建3D形状。我们将从2D SVG图像创建3D形状，并通过使用2D Three.js形状进行拉伸来创建新颖的3D形状。
- 如果你想自己创建自定义几何体，那么你可以继续使用前几章讨论的基本几何体来创造自定义几何体。然而，Three.js还提供了一个THREE.ParametricGeometry对象。这是一个参数化几何体，可以根据参数值来改变几何体。
- 我们还将展示如何使用THREE.TextGeometry创建3D文本效果，以及如何使用Troika库来添加2D文字标签。
- 另外，我们还将向你展示如何使用Three.js中的THREE.WireframeGeometry和THREE.EdgesGeometry这两个辅助几何体来查看其他几何体的更多细节。

我们先从上述列表中的第一个THREE.ConvexGeometry开始。

## 6.1 学习高级几何体

在本节中，我们将介绍一些高级的Three.js几何体。我们将从THREE.Convex-

Geometry 开始，你可以使用它来创建凸包（convex hulls）。

### 6.1.1　THREE.ConvexGeometry

通过使用 THREE.ConvexGeometry，我们可以从一组点创建一个凸包。凸包通常指的是这么一种几何体，它能够完全包含一组点，并且所有点都位于凸包的表面上。最容易理解凸包的方法是查看示例。如果你打开 convex-geometry.html 示例，那么你将看到一组随机点的凸包。图 6.1 展示了该几何体。

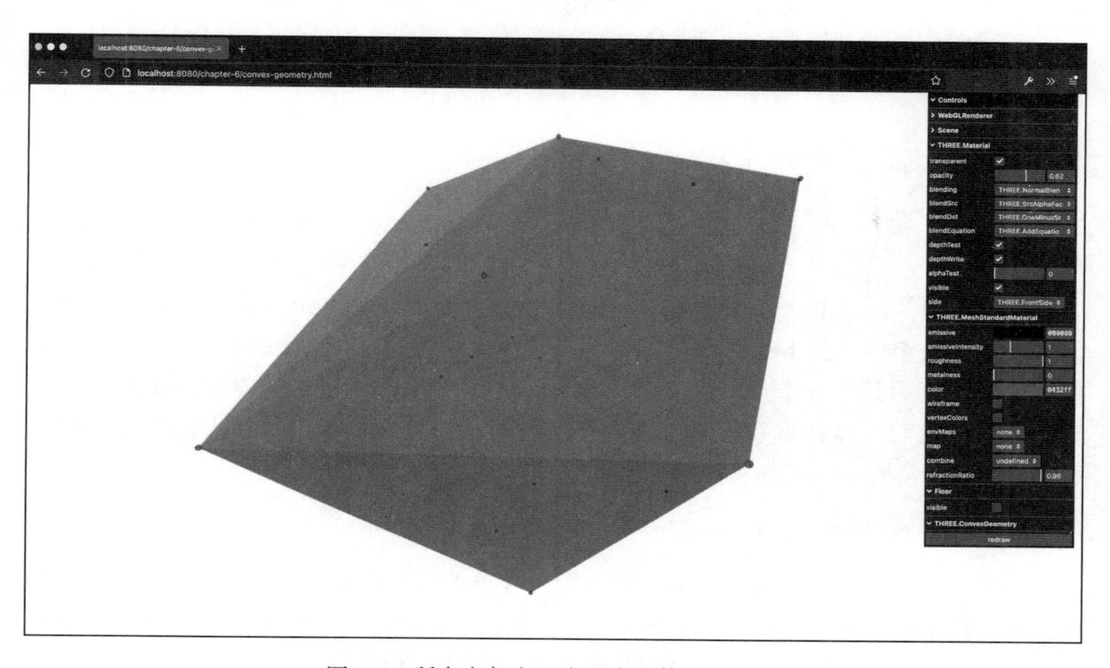


图 6.1　所有点都在一个凸多面体内的凸包

在这个示例中，我们生成一组随机点，并根据这些点创建 THREE.ConvexGeometry。在示例中，你可以使用右侧菜单中的 **redraw** 按钮，该按钮将生成 20 个新点并绘制凸包。如果你自己尝试，则可以启用材质的透明度，并将不透明度设置为低于 1，以便看到用于创建这个几何体的点。这些点在该示例中被创建为小小的 THREE.SphereGeometry 对象。

创建 THREE.ConvexGeometry 需要一组点。以下是具体的代码：

```
const generatePoints = () => {
  const spGroup = new THREE.Object3D()
  spGroup.name = 'spGroup'
  const points = []
  for (let i = 0; i < 20; i++) {
```

```
    const randomX = -5 + Math.round(Math.random() * 10)
    const randomY = -5 + Math.round(Math.random() * 10)
    const randomZ = -5 + Math.round(Math.random() * 10)
    points.push(new THREE.Vector3(randomX, randomY, randomZ))
  }
  const material = new THREE.MeshBasicMaterial({ color:
    0xff0000, transparent: false })
  points.forEach(function (point) {
    const spGeom = new THREE.SphereGeometry(0.04)
    const spMesh = new THREE.Mesh(spGeom, material)
    spMesh.position.copy(point)
    spGroup.add(spMesh)
  })
  return {
    spGroup,
    points
  }
}
```

可以看到，在以上代码中，我们创建了 20 个随机点（THREE.Vector3），并将它们推入一个数组中。接下来，我们迭代这个数组，并创建 THREE.SphereGeometry，将其位置设置为其中一个点（position.copy(point)）。所有的点都被添加到一个组中，所以我们可以在重新绘制时轻松替换它们。一旦你拥有了这组点，从其中创建 THREE.ConvexGeometry 就会非常简单：

```
const convexGeometry = new THREE.ConvexGeometry(points);
```

THREE.ConvexGeometry 只需要一个包含顶点（类型为 THREE.Vector3）的数组作为参数。请注意，如果你想渲染平滑的 THREE.ConvexGeometry，那么你应该调用 computeVertexNormals，就像我们在第 2 章所讲述的那样。

下一个复杂的几何体是 THREE.LatheGeometry，可以用来创建瓶状物。

### 6.1.2 THREE.LatheGeometry

THREE.LatheGeometry 通过一组点创建几何体，这些点共同形成一条曲线。从图 6.2 可以看到，我们创建了一些点，Three.js 使用这些点来创建 THREE.LatheGeometry。另外，理解 THREE.LatheGeometry 最简单的方法是查看示例。该几何体对应示例是 lathe-geometry.html。

在图 6.2 中，你可以看到用于创建该几何体的点组成了一组小红点。这些点的位置将与定义几何体形状的其他参数一起传递给 THREE.LatheGeometry。在讲述所有参数之前，让我们看看用于创建单独点以及 THREE.LatheGeometry 如何使用这些点的代码：

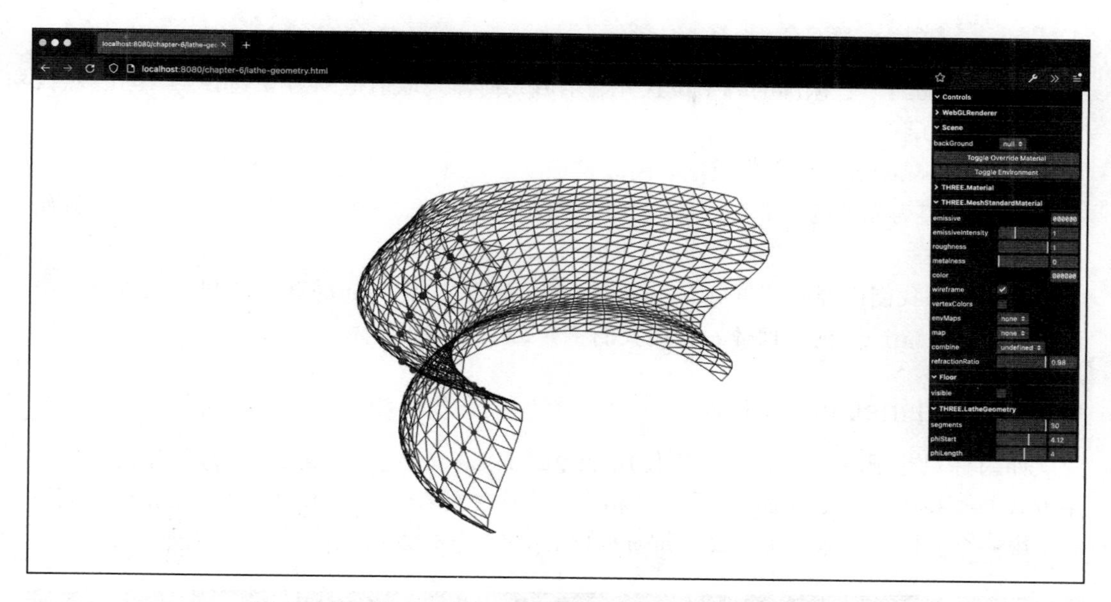


图 6.2　使用 THREE.LatheGeometry 创建的瓶状网格

```
const generatePoints = () => {
  ...
  const points = []
  const height = 0.4
  const count = 25
  for (let i = 0; i < count; i++) {
    points.push(new THREE.Vector3((Math.sin(i * 0.4) +
      Math.cos(i * 0.4)) * height + 3, i / 6, 0))
  }
  ...
}
// use the same points to create a LatheGeometry
const latheGeometry = new THREE.LatheGeometry (points,
  segments, phiStart, phiLength);
latheMesh = createMesh(latheGeometry);
scene.add(latheMesh);
}
```

在这段 JavaScript 代码中，我们生成了 25 个点，它们的 x 坐标基于正弦和余弦函数的组合，而 y 坐标基于 `i` 和 `count` 变量。这样就创建了图 6.2 中由小点表示的样条曲线。基于这些点，我们可以创建 `THREE.LatheGeometry`。除了这个顶点数组外，`THREE.LatheGeometry` 还需要其他一些参数。以下是这些参数的介绍：

- `points`：用于生成钟 / 瓶状几何体的样条曲线的点。
- `segments`：在创建几何体时使用的段数。该值越高，生成的几何体越圆滑。默认值为 12。

- phiStart：从圆的哪个位置开始生成几何体。取值范围为 0 到 2 * PI，默认值是 0。
- phiLength：定义生成形状的完整程度。例如，四分之一形状将是 0.5 * PI。默认值为完整的 360 度或 2 * PI。该形状将从 phiStart 属性指定的位置开始生成。

在第 5 章我们已经介绍过 BoxGeometry。除此之外，Three.js 还提供了另外两种类似于 BoxGeometry 的几何体，下面我们将介绍这两种几何体。

### 6.1.3 BoxLineGeometry

如果你只想显示轮廓，则可以使用 THREE.BoxLineGeometry。这种几何体的使用方式与 THREE.BoxGeometry 完全相同，不同之处在于它使用线条来渲染箱体，而不是渲染一个实体的箱体。实际效果如图 6.3 所示（来自 box-line-geometry.html）。

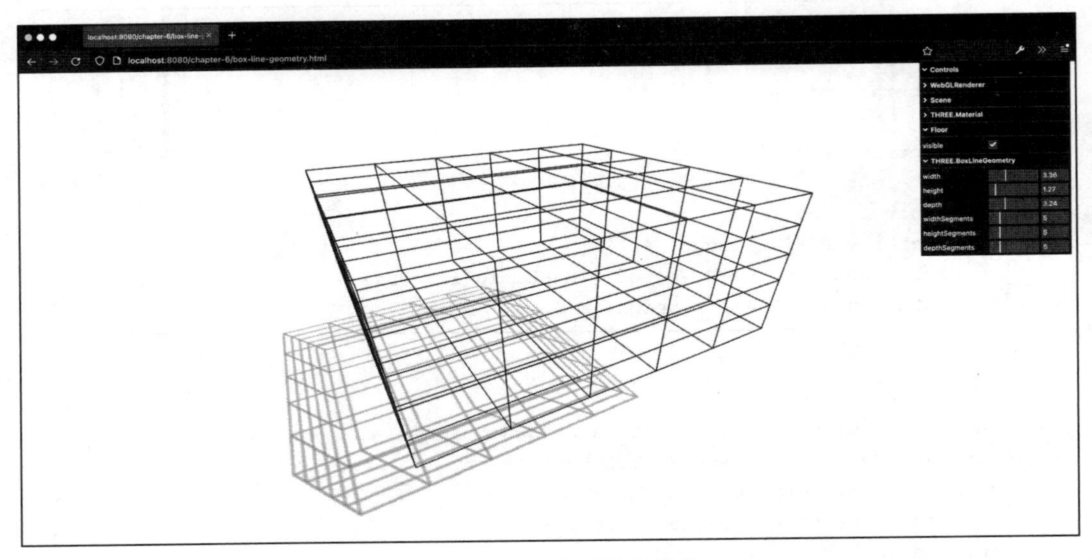


图 6.3 使用线条渲染的箱体

BoxLineGeometry 的使用方法与 BoxGeometry 类似，但在创建网格时需要使用 THREE.LineSegments，而不是 THREE.Mesh。同时，需要使用专门的线材质，而不是通常的网格材质：

```
import { BoxLineGeometry } from 'three/examples/jsm/
  geometries/BoxLineGeometry'
const material = new THREE.LineBasicMaterial({ color:
  0x000000 }),
```

```
const geometry = new BoxLineGeometry(width, height, depth,
  widthSegments, heightSegments, depthSegments)
const lines = new THREE.LineSegments(geometry, material)
scene.add(lines)
```

BoxLineGeometry 的参数与 BoxGeometry 相同，如果你需要了解可以传递给 BoxLineGeometry 的参数，则可以参考 5.2.1 节。

Three.js 提供了一个略微更高级的 BoxGeometry，即 RoundedBoxGeometry，它允许创建具有圆角的箱体。

### 6.1.4 THREE.RoundedBoxGeometry

THREE.RoundedBoxGeometry 使用了与 THREE.BoxGeometry 相同的属性，但前者还允许你指定圆角的圆滑程度。该几何体实际效果参见如图 6.4 所示的 rounded-box-geometry 示例。

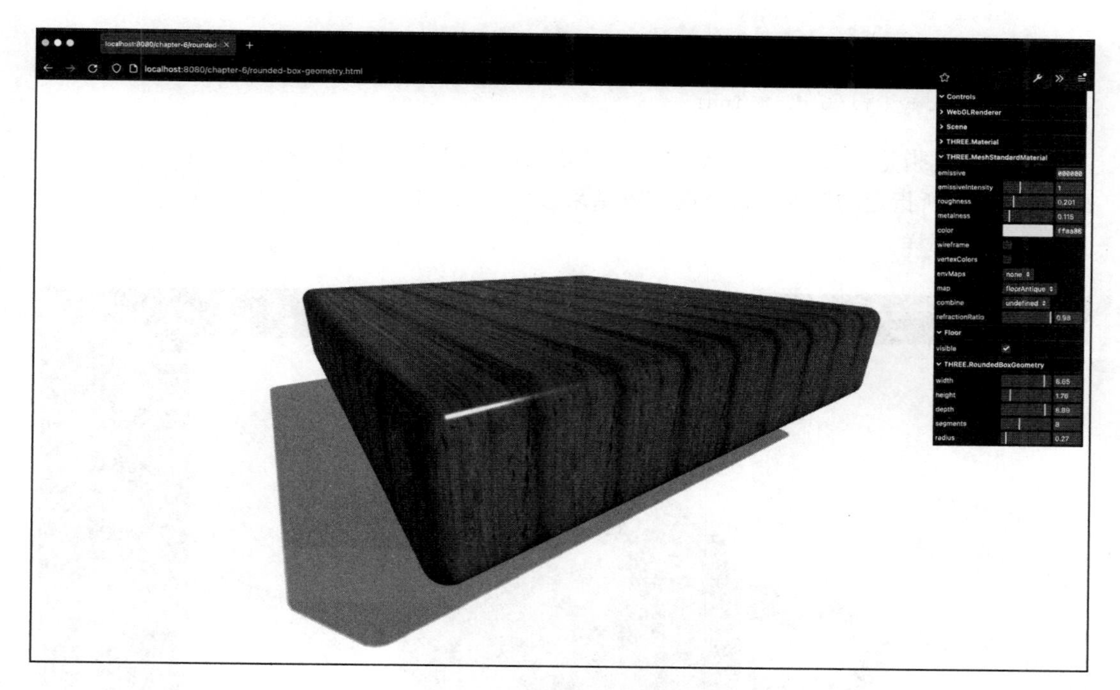


图 6.4　带圆角的箱体

对于 RoundedBoxGeometry，我们可以通过指定 width、height 和 depth 来设置箱体的大小。除此之外，这个几何体还提供了两个额外的属性：

- radius：用于指定圆角的大小。值越高，圆角就越圆滑。
- segments：定义了圆角的详细程度。如果设置为较低的值，则 Three.js 将使用较少的顶点定义圆角，会导致圆角看起来较为粗糙。

在继续介绍如何从 2D 对象创建 3D 几何体之前，我们先来了解一下 Three.js 内置的最后一个高级几何体，即 TeapotGeometry。

### 6.1.5 TeapotGeometry

TeapotGeometry 是一个可以用来渲染一个茶壶的几何体。这个模型起源于 1975 年，是计算机图形学中的一个标准参考模型。关于这个模型的历史和用途的信息可以在这里找到：https://www.computerhistory.org/revolution/computer-graphics-music-and-art/15/206。

使用 TeapotGeometry 来渲染茶壶模型的方式与其他我们之前介绍过的模型完全相同：

```
import { TeapotGeometry } from 'three/examples/jsm/
  geometries/TeapotGeometry'
...
const geom = new TeapotGeometry(size, segments, bottom,
  lid, body, fitLid, blinn)
```

我们通过指定 TeapotGeometry 的特定属性创建该几何体，并将其分配给 THREE.Mesh。根据所指定的属性，最终的渲染结果会像图 6.5 中 teapot-geometry.html 示例中显示的那样。

图 6.5 使用 TeapotGeometry 创建的 3D Utah 茶壶模型。

你可以使用以下属性配置 TeapotGeometry：

- size：用于设置茶壶的大小。
- segments：定义了创建茶壶线框时使用的细分段数。细分段数越多，茶壶的外观会越光滑。
- bottom：如果设置为 true，则渲染茶壶的底部。如果设置为 false，则不会渲染茶壶的底部，当茶壶放置在一个平面上因此不需要渲染茶壶底部时，可以将该属性设置为 false。
- lid：如果设置为 true，则渲染茶壶的盖子。如果设置为 false，则不会渲染茶壶的盖子。
- body：如果设置为 true，则渲染茶壶的壶身。如果设置为 false，则不会渲染茶壶的壶身。
- fitLid：如果设置为 true，则茶壶的盖子将完全贴合壶身。如果设置为 false，则盖子和壶身之间会有一定的间隙。
- blinn：用于确定是否使用与 1975 年原始模型相同的比例尺。

在接下来的章节中，我们将探讨一种通过从 2D 形状提取 3D 几何体来创建几何体的替代方法。

## 6.2　通过 2D 形状创建 3D 几何体

Three.js 提供了一种方法，可以将一个 2D 形状拉伸成一个 3D 形状。拉伸的意思是沿着它的 z 轴拉伸该 2D 几何体以将其转换为 3D 几何体。例如，如果我们拉伸 THREE.CircleGeometry，则将得到一个类似圆柱体的几何体；如果我们拉伸 THREE.PlaneGeometry，则将得到一个类似立方体的几何体。最灵活的拉伸几何体的方法是使用 THREE.ExtrudeGeometry。

### 6.2.1　THREE.ExtrudeGeometry

使用 THREE.ExtrudeGeometry，你可以从 2D 几何体创建一个 3D 几何体对象。在深入了解它之前，我们先看图 6.6 中的示例 extrude-geometry.html 来感知一下其实际效果。

在这个例子中，我们将使用 THREE.ExtrudeGeometry 将在第 5 章创建的 2D 几何体转换为 3D 几何体。如图 6.6 所示，2D 几何体沿着 z 轴进行拉伸，从而生成了一个 3D 几何体。创建 THREE.ExtrudeGeometry 的代码非常简单：

```
const geometry = new THREE.ExtrudeGeometry(drawShape(), {
    curveSegments,
```

```
    steps,
    depth,
    bevelEnabled,
    bevelThickness,
    bevelSize,
    bevelOffset,
    bevelSegments,
    amount
  })
```

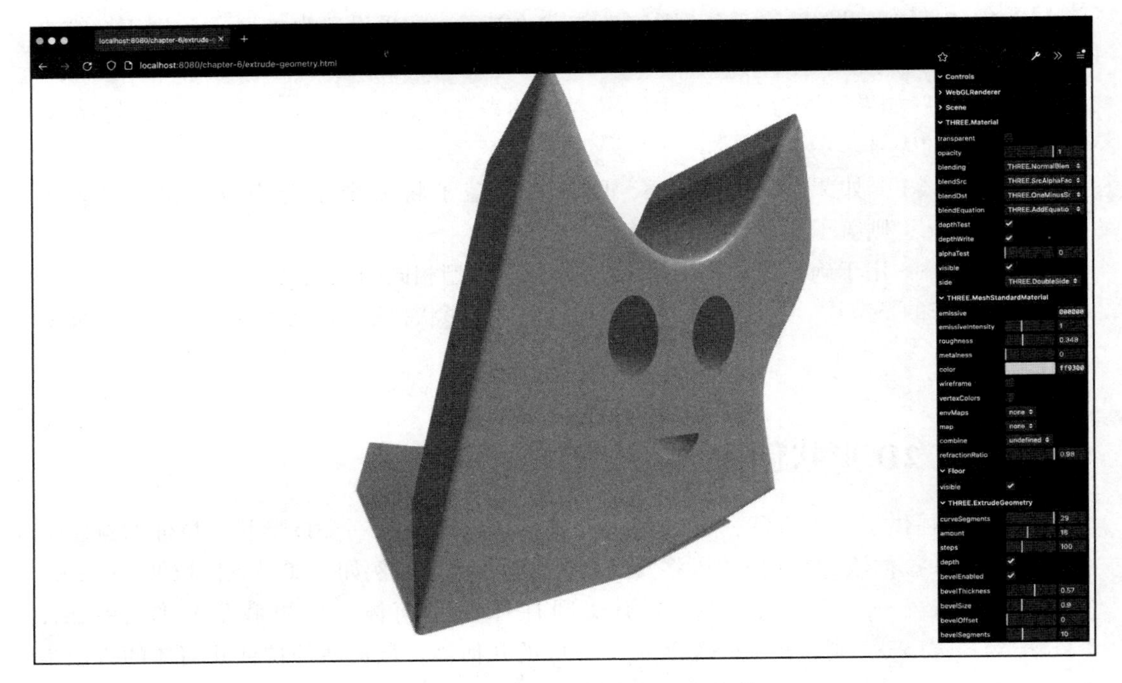


图 6.6 通过 2D 形状创建 3D 几何体

在这段代码中，我们使用 drawShape() 函数创建了一个几何体，就像在第 5 章中一样。将这个几何体与一组属性一起传递给 THREE.ExtrudeGeometry 构造函数。通过这些属性，我们可以精确地定义几何体应如何拉伸。以下是可以传递给 THREE.ExtrudeGeometry 的属性：

- shapes：需要进行拉伸的一个或多个几何体（THREE.Shape 对象）。有关如何创建此类形状的方法，请参阅第 5 章。
- depth：确定几何体沿 z 轴方向拉伸的距离。默认值为 100。
- bevelThickness：确定斜角的深度。斜角是指几何体前后表面与挤出部分之间的过渡圆角。该值定义了斜角进入形状的深度。默认值为 6。

- bevelSize：斜面相对于几何体正常高度的高度差。默认值为 bevelThickness - 2。
- bevelSegments：定义斜角使用的段数。使用的段数越多，斜角看起来越平滑。默认值为 3。然而，增加分段数也会增加顶点数量，可能会对性能产生不利影响。
- bevelEnabled：如果设置为 true，则添加斜角。默认值为 true。
- bevelOffset：斜面与形状轮廓之间的距离。默认值为 0。
- curveSegments：确定在拉伸形状曲线时将使用的段数。使用的段数越多，曲线看起来越平滑。默认值为 12。
- steps：定义在拉伸形状时沿深度方向划分的段数。默认值为 1，这意味着它在拉伸形状时沿深度方向只被划分成 1 个分段，不会产生不必要的额外顶点。
- extrudePath：指定了形状被拉伸的路径（THREE.CurvePath）。如果未指定该属性，则形状沿 z 轴拉伸。注意，如果路径是曲线，那么你还需要为 step 属性设置一个更高的值，以便能够准确地跟随曲线。
- uvGenerator：uvGenerator 参数允许用户自定义一个对象，用于为传入的形状创建 UV 设置。UV 映射用于确定材质纹理中用于特定面的部分。因此，uvGenerator 参数允许用户自定义每个面使用的纹理部分。这意味着用户可以自定义 UV 映射，以控制材质纹理在挤出几何体每个面上的应用。有关 UV 设置的更多信息，请参阅第 10 章。如果未指定 uvGenerator，则默认使用 THREE.ExtrudeGeometry.WorldUVGenerator。

如果你想为正面和侧面使用不同的材质，则可以向 THREE.Mesh 传递一个材质数组。第一个传递的材质将应用于正面，第二个材质将用于侧面。你可以使用 extrude-geometry.html 示例中的菜单来尝试这些选项。在该示例中，我们沿着 z 轴拉伸形状。正如你在本节早些时候列出的选项中所看到的，你也可以使用 extrudePath 选项沿路径拉伸形状。这就是我们接下来要介绍的 THREE.TubeGeometry 的做法。

### 6.2.2　THREE.TubeGeometry

THREE.TubeGeometry 用于创建沿着一个 3D 样条线（spline）拉伸出的管道几何体。你可以通过指定一系列顶点来定义路径，然后 THREE.TubeGeometry 将根据这些顶点创建出管道几何体。你可以在本章配套源代码中找到可以对应的实验示例（tube-geometry.html）。实际效果如图 6.7 所示。

正如你在示例中看到的，我们生成了一些随机点，并使用这些点绘制管道几何体。通过菜单中的控制，我们可以定义管道几何体的外观。创建管道几何体所需的代码非常简单：

```
const points = ... // array of THREE.Vector3 objects
const tubeGeometry = new TubeGeometry(
```

```
    new THREE.CatmullRomCurve3(points),
    tubularSegments,
    radius,
    radiusSegments,
    closed
  )
```

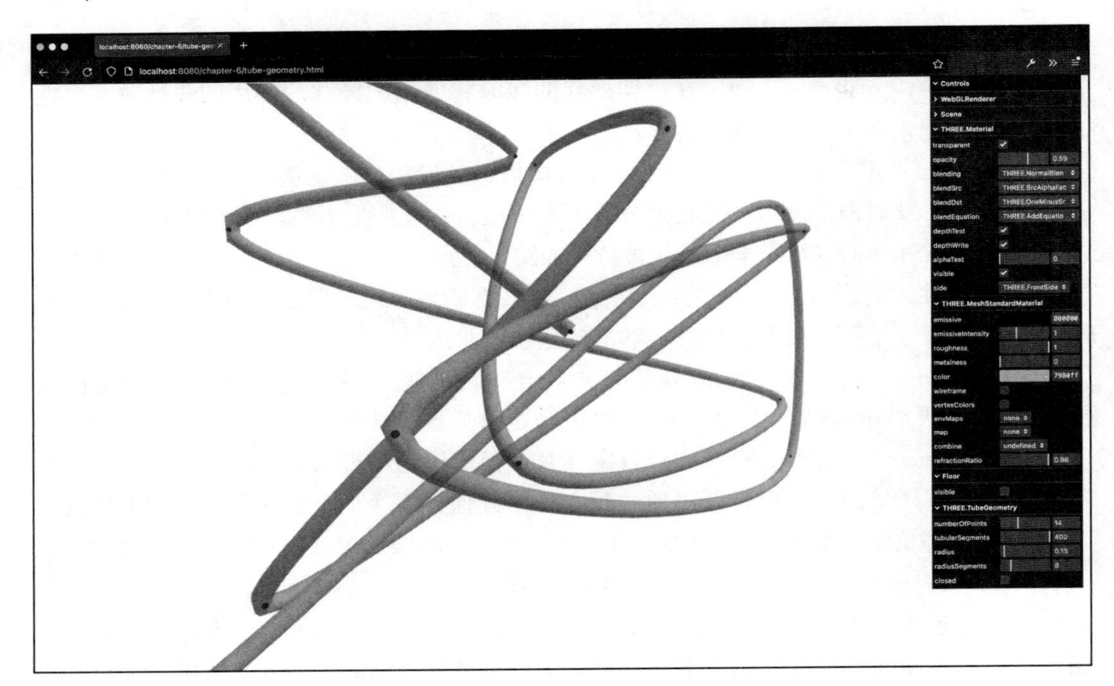


图 6.7 基于随机生成的 3D 顶点来创建的 TubeGeometry

我们首先需要获取一组顶点（points 变量），其类型为 THREE.Vector3，就像我们为 THREE.ConvexGeometry 和 THREE.LatheGeometry 所做的那样。然而，在使用这些点创建管道几何体之前，我们首先需要将这些点转换为 THREE.Curve。换句话说，我们需要通过定义一条平滑的曲线来连接我们定义的点。我们只需将顶点数组传递给 THREE.CatmullRomCurve3 的构造函数或 Three.js 提供的任何其他 Curve 实现，就可以很容易地实现这一点。有了这条曲线和其他参数（我们将在本节中解释），我们就可以创建管道几何体并将其添加到场景中。

在这个例子中，我们使用了 THREE.CatmullRomCurve3。Three.js 还提供了其他一些可以使用的曲线路径，它们使用了稍微不同的参数，但都可以用于创建不同的管道几何体曲线路径。Three.js 内置以下曲线：ArcCurve、CatmullRomCurve3、CubicBezierCurve、CubicBezierCurve3、EllipseCurve、LineCurve、LineCurve3、QuadraticBezierCurve、QuadraticBezierCurve3 和 SplineCurve。

THREE.TubeGeometry 除了曲线路径还有其他一些参数。以下是 THREE.TubeGeometry 的所有参数：

- path：该参数是 THREE.SplineCurve3 类型的对象，用于描述管状几何体应该遵循的路径。
- tubularSegments：用于确定沿管道长度方向上划分的段数。默认值为 64。该值越大，管道长度方向的分段就越细致，外观更平滑。
- radius：用于指定管道几何体的半径。默认值为 1。
- radiusSegments：用于确定沿管道横截面方向上划分的段数。默认值为 8。该值越大，管道横截面方向的分段就越细致，外观更圆润。
- closed：如果设置为 true，则管道的起点和终点将连接在一起。默认值为 false。

在本章中，我们将展示的最后一个拉伸示例并不是一个完全不同类型的几何体，而是使用现有的 THREE.ExtrudeGeometry 从一个 SVG 图像创建的。

> **什么是 SVG**
>
> SVG 是一种基于 XML 的标准，用于在 Web 上创建基于矢量的 2D 图像。SVG 是一个开放的标准，所有现代浏览器都支持。直接使用 JavaScript 操作 SVG 并不简单。幸运的是，有一些开源 JavaScript 库能够简化 SVG 的操作，例如 Paper.js、Snap.js、D3.js 和 Raphael.js。如果你想要一个图形编辑器，那么还可以使用开源的 Inkscape 产品。

### 6.2.3 从 SVG 图像中拉伸 3D 形状

当我们在第 5 章讨论 THREE.ShapeGeometry 时，我们提到 SVG 在绘制形状方面的方法与 Three.js 非常相似。本节我们将探讨如何使用 THREE.SVGLoader 加载 SVG 图像，将其路径转换为 Three.js 的形状对象。我们将使用蝙蝠侠标志作为示例，如图 6.8 所示。

首先，让我们看看原始 SVG 代码是什么样子的（位于 assets/svg/batman.svg）：

```
<svg version="1.0" xmlns="http://www.w3.org/2000/
svg"   xmlns:xlink="http://www.w3.org/1999/xlink" x="0px"
y="0px" width="1152px" height="1152px" xml:space="preserve">
  <g>
    <path   id="batman-path" style="fill:rgb(0,0,0);" d="M
261.135 114.535 C 254.906 116.662 247.491 118.825 244.659
119.344 C
    229.433 122.131 177.907 142.565 151.973 156.101 C    111.417
    177.269 78.9808 203.399 49.2992 238.815 C 41.0479    248.66
    26.5057 277.248 21.0148 294.418 C 14.873 313.624     15.3588
    357.341 21.9304 376.806 C 29.244 398.469 39.6107     416.935
    52.0865 430.524 C 58.2431 437.23 63.3085 443.321     63.3431
```

```
    444.06 ... 261.135 114.535 "/>
  </g>
</svg>
```

图 6.8 原始的蝙蝠侠 SVG 图像

可以看到，SVG 代码对普通人来说可能不易理解。但基本上，你在这里看到的是一组绘图指令。例如，`C 277.987 119.348 279.673 116.786 279.673 115.867` 告诉浏览器绘制一个三次贝塞尔曲线，而 `L 489.242 111.787` 告诉我们应该在某个位置绘制一条线。幸运的是，我们不必自己编写代码来解释这些指令，可以使用 `THREE.SVGLoader`，具体如下所示：

```
// returns a promise
const batmanShapesPromise = new SVGLoader().loadAsync('/assets/
svg/batman.svg')
// when promise resolves the svg will contain the shapes
batmanShapes.then((svg) => {
  const shapes = SVGLoader.createShapes(svg.paths[0])
  // based on the shapes we can create an extrude geometry
    as we've seen earlier
  const geometry = new THREE.ExtrudeGeometry(shapes, {
    curveSegments,
    steps,
    depth,
    bevelEnabled,
```

```
      bevelThickness,
      bevelSize,
      bevelOffset,
      bevelSegments,
      amount
    })
    ...
}
```

在这段代码中，你可以看到我们使用 SVGLoader 的 loadAsync 方法加载 SVG 文件，该方法返回一个 JavaScript Promise 对象。当该 Promise 解析后，我们可以访问加载的 SVG 数据。此数据可以包含一系列路径元素，每个元素表示原始 SVG 的路径元素。在我们的示例中，我们只有一个路径，所以我们使用 svg.paths[0] 并将其传递给 SVGLoader.createShapes，将其转换为 THREE.Shape 对象的数组。现在，我们已经得到了这些形状，我们可以使用之前在创建自定义 2D 几何体时使用的方法，即使用 THREE.ExtrudeGeometry 从 2D 加载的 SVG 形状创建一个 3D 模型。

当你在浏览器中打开名为 extrude-svg.html 的示例文件时，你将看到最终的 3D 模型效果，如图 6.9 所示。

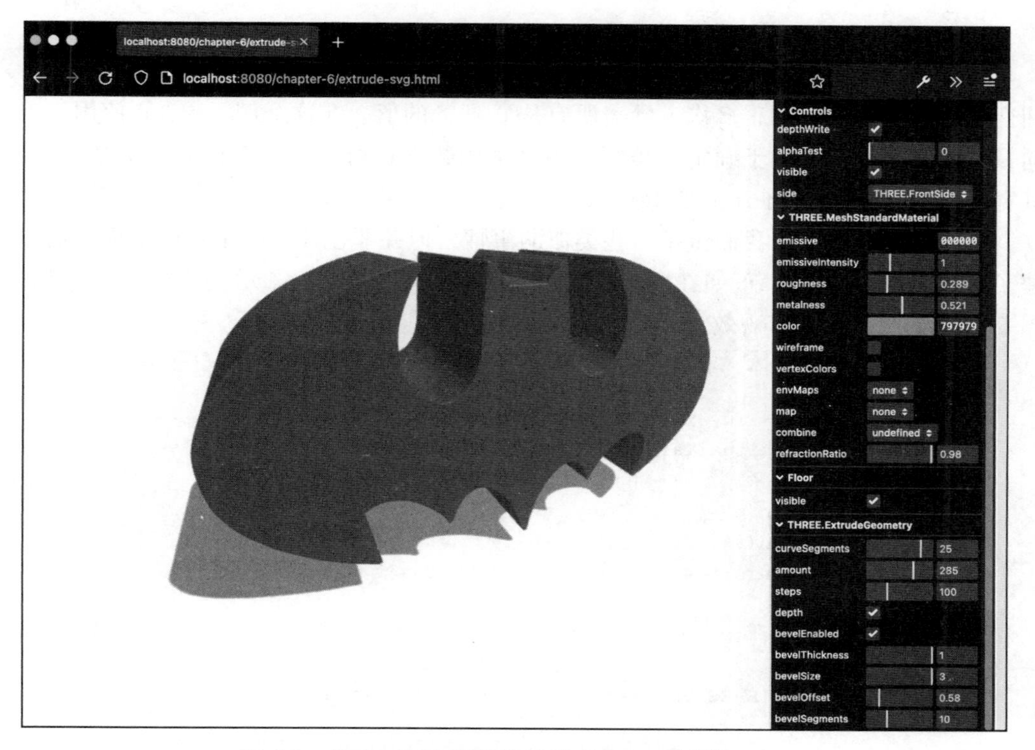


图 6.9　从 2D SVG 图像拉伸出来的 3D 蝙蝠侠 logo

我们将在本节讨论的最后一个几何体是 THREE.ParametricGeometry。使用这个几何体，你可以指定一些函数以编程方式创建几何体。

## 6.2.4 THREE.ParametricGeometry

使用 THREE.ParametricGeometry，你可以基于一个方程式创建几何体。在我们深入研究自己的示例之前，一个好的开始是查看 Three.js 提供的示例。当你下载 Three.js 发行版时，你会得到 examples/js/ParametricGeometries.js 文件。在这个文件中，你可以找到一些可以与 THREE.ParametricGeometry 一起使用的方程式的例子。

最基本的例子是创建平面的函数：

```
plane: function ( width, height ) {
    return function ( u, v, target ) {
        const x = u * width;
        const y = 0;
        const z = v * height;
        target.set( x, y, z );
    };
},
```

THREE.ParametricGeometry 会调用这个函数，并且 u 和 v 的值会在 0 到 1 之间变化，而且会被调用很多次，涵盖所有从 0 到 1 的值。在这个例子中，u 值用于确定向量的 x 坐标，v 值用于确定 z 坐标。当这个函数被运行时，你会得到一个基本平面，其宽度和深度分别为 width 和 depth。

在我们的示例中，我们做了一些类似的事情，但并非创建一个平坦的平面，而是创建了一个波浪状图案，正如在 parametric-geometry.html 示例中所看到的那样。图 6.10 是这个例子的直观效果。

为了创建这个几何体，我们将以下函数传递给 THREE.ParametricGeometry：

```
const radialWave = (u, v, optionalTarget) => {
  var result = optionalTarget || new THREE.Vector3()
  var r = 20
  var x = Math.sin(u) * r
  var z = Math.sin(v / 2) * 2 * r + -10
  var y = Math.sin(u * 4 * Math.PI) + Math.cos(v * 2 *
    Math.PI)
  return result.set(x, y, z)
}
const geom = new THREE.ParametricGeometry(radialWave, 120,
  120);
```

图 6.10　使用 `THREE.ParametricGeometry` 创建的波浪状平面

通过这个示例，我们可以看到，只需使用几行代码，我们就可以创建出一些非常有趣的几何体。在本示例中，你还可以看到我们可以传递给 `THREE.Parametric-Geometry` 的参数：

- `function`：这是一个用于定义每个顶点位置的函数，根据提供的 `u` 和 `v` 值定义每个顶点的位置。
- `slices`：定义了 `u` 值应该被划分成多少部分。
- `stacks`：定义了 `v` 值应该被划分成多少部分。

通过改变函数，我们可以轻松使用完全相同的方法来渲染一个完全不同的对象，如图 6.11 所示。

在继续本章的下一部分之前，我们对如何使用 `slices` 和 `stacks` 属性进行最后一点说明。我们提到，`u` 和 `v` 的值会传递给提供的函数，它们的范围从 `0` 到 `1`。通过 `slices` 和 `stacks` 属性，我们可以定义函数被调用的频率。例如，如果我们设置 `slices` 为 `5`，`stacks` 为 `4`，则函数将按照以下值被调用：

```
u:0/5, v:0/4
u:1/5, v:0/4
u:2/5, v:0/4
u:3/5, v:0/4
u:4/5, v:0/4
u:5/5, v:0/4
u:0/5, v:1/4
```

```
u:1/5, v:1/4
...
u:5/5, v:3/4
u:5/5, v:4/4
```

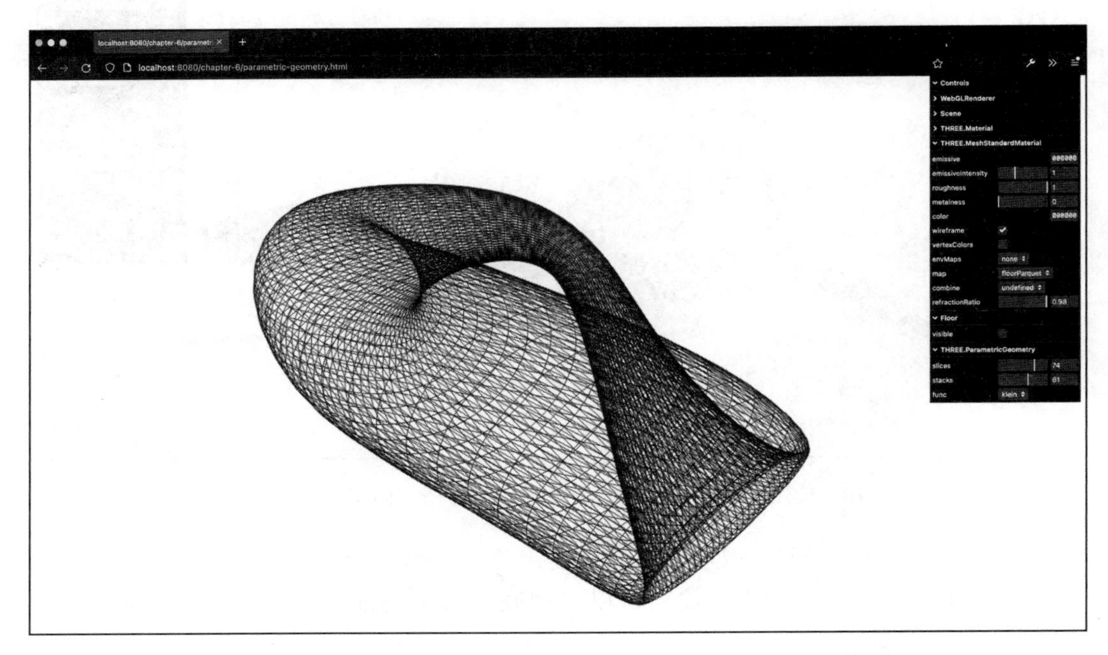


图 6.11 使用 THREE.ParametricGeometry 创建的克莱因瓶

因此，slices 和 stacks 的值越高，你就可以指定更多的顶点，并且创建的几何体将越平滑。你可以使用 parametric-geometry.html 示例右边的菜单来查看实际效果。

有关更多示例，请查看 Three.js 发行版中 examples/js/ParametricGeometries.js 文件。该文件包含用于创建以下几何体的函数：

- ❑ Klein bottl（克莱因瓶）
- ❑ Plane（平面）
- ❑ Flat Mobius strip（二维莫比乌斯带）
- ❑ 3D Mobius strip（三维莫比乌斯带）
- ❑ Tube（管道几何体）
- ❑ Torus knot（环状结）
- ❑ Sphere（球体）

有时，你需要查看有关几何体的更多细节，并且你不太关心材质和网格的渲染方式。如果你想查看顶点和面，甚至只是轮廓，除了为网格使用的材质的 wireframe 属性之外，Three.js 还提供了一些辅助几何体，可以满足你的需求。我们将在 6.3 中探讨这些内容。

# 6.3　用于调试的几何体

Three.js 默认提供了两个辅助几何体，可以更容易地查看几何体的细节或者仅查看轮廓：

- THREE.EdgesGeometry，专门用于渲染其他几何体的边，而不会显示顶点或面。
- THREE.WireFrameGeometry，仅渲染几何体的线框，而不显示任何面。

首先我们来看看 THREE.EdgesGeometry。

## 6.3.1　THREE.EdgesGeometry

你可以使用 THREE.EdgesGeometry 包装一个现有的几何体，然后只显示该现有几何体的边而不显示顶点和面。实际效果参见图 6.12 中的 edges-geometry.html 示例。

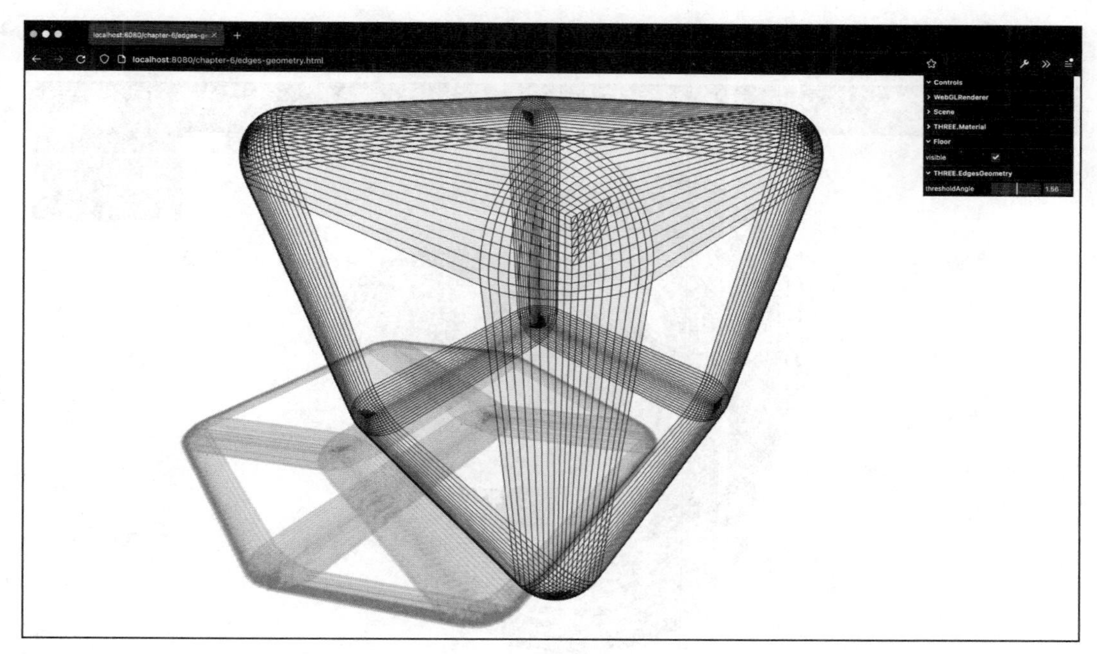


图 6.12　THREE.EdgesGeometry 只显示边，不会显示顶点或面

在图 6.12 中，你可以看到 RoundedBoxGeometry 的轮廓被显示出来，我们只看到边。由于 RoundedBoxGeometry 具有平滑的角，因此这些平滑的角会在使用 THREE.EdgesGeometry 时显示出来。

要使用 THREE.EdgesGeometry，只需按照以下步骤操作：

```
const baseGeometry = new RoundedBoxGeometry(3, 3, 3, 10, 0.4)
const edgesGeometry = THREE.EdgesGeometry(baseGeometry, 1.5)
}
```

THREE.EdgesGeometry 只接收一个参数，即 thresholdAngle。使用这个属性，你可以确定绘制边的方式。你可以在 edges-geometry.html 实验该属性以查看实际效果。

如果你已经有一个现有的几何体，并希望查看其线框，那么你可以配置材质以显示其线框：

```
const material = new THREE.MeshBasicMaterial({ color: 0xffff00,
wireframe: true })
```

Three.js 还提供了另一种使用 THREE.WireFrameGeometry 的方式。

## 6.3.2 THREE.WireFrameGeometry

这个几何体模拟了当你将材质的 wireframe 属性设置为 true 时所看到的行为：

图 6.13 使用 THREE.WireFrameGeometry 来显示一个几何体所有面的线框结构

使用这个材质的方法与使用 THREE.EdgesGeometry 的方法相同：

```
const baseGeometry = new THREE.TorusKnotBufferGeometry(3, 1,
100, 20, 6, 9)
const wireframeGeometry = new THREE.
WireframeGeometry(baseGeometry)
```

这个几何体不需要任何额外的参数。

6.4 节将介绍创建 3D 文本对象的方法。我们将向你展示两种不同的方法，一种是使用 THREE.Text 对象，另一种是使用外部库。

## 6.4　创建一个 3D 文字网格

在本节中，我们将快速介绍一下如何创建 3D 文字。首先，我们将简要介绍如何使用 Three.js 提供的字体来渲染 3D 文本，并展示如何使用自定义字体。然后，我们将展示如何使用一个外部库 Troika（https://github.com/protectwise/troika）示例，该库使得创建标签和 2D 文本元素并将它们添加到场景中变得非常容易。

### 6.4.1　渲染文本

在 Three.js 中渲染文本非常容易。你只需要定义要使用的字体，并使用我们在讨论 THREE.ExtrudeGeometry 时看到的相同的 extrude 属性。图 6.14 展示了如何在 Three.js 中渲染文本的 text-geometry.html 示例实际效果。

图 6.14　在 Three.js 中渲染文本

创建以上 3D 文本所需的代码如下：

```
import { FontLoader } from 'three/examples/jsm/
  loaders/FontLoader'
import { TextGeometry } from 'three/examples/jsm/
```

```
  geometries/TextGeometry'
...
new FontLoader()
  .loadAsync('/assets/fonts/helvetiker_regular.typeface.json')
  .then((font) => {
      const textGeom =  new TextGeometry('Some Text', {
          font,
          size,
          height,
          curveSegments,
          bevelEnabled,
          bevelThickness,
          bevelSize,
          bevelOffset,
          bevelSegments,
          amount
    })
    ...
  )
```

在以上代码中，你可以看到我们首先需要加载字体。为此，Three.js 提供了 `FontLoader()`，我们只需提供要加载的字体名称，就像使用 `SVGLoader` 一样，该方法会返回一个 JavaScript `Promise` 对象。一旦该 `Promise` 解析完毕，我们就可以使用加载的字体来创建 `TextGeometry`。

我们可以传递给 `THREE.TextGeometry` 的选项与我们可以传递给 `THREE.ExtrudeGeometry` 的选项相类似：

- `font`：用于指定加载的字体。
- `size`：文本的大小。默认值为 `100`。
- `height`：拉伸的长度（深度）。默认值为 `50`。
- `curveSegments`：确定在拉伸形状曲线时将使用的段数。使用的段数越多，曲线看起来越平滑。默认值为 `4`。
- `bevelEnabled`：如果设置为 `true`，则添加斜角。默认值为 `true`。
- `bevelThickness`：确定斜角的深度。斜角是指几何体前后表面与挤出部分之间的过渡圆角。该值定义了斜角进入形状的深度。默认值为 `10`。
- `bevelSize`：斜面相对于几何体正常高度的高度差。默认值为 `8`。
- `bevelSegments`：定义斜角使用的段数。使用的段数越多，斜角看起来越平滑。默认值为 `3`。
- `bevelOffset`：斜面与形状轮廓之间的距离。默认值为 `0`。

由于 `THREE.TextGeometry` 是基于 `THREE.ExtrudeGeometry` 实现的，因此如果你想在文本的正面和侧面使用不同的材质，可以采用与 `THREE.ExtrudeGeometry` 相

同的方法。具体来说，在创建 THREE.Mesh 时，你可以传入一个包含两个材质的数组。Three.js 会使用第一个材质渲染文本的正面和反面，第二个材质渲染文本的侧面。

你也可以使用其他字体来渲染 3D 文本，但首先需要将它们转换为 JSON——如何转换将在 6.4.2 节介绍。

### 6.4.2 添加自定义字体

Three.js 提供了一些字体，这些字体基于 TypeFace.js 库提供的字体。TypeFace.js 是一个可以将 TrueType 和 OpenType 字体转换为 JavaScript 的库。生成的 JavaScript 文件或 JSON 文件可以包含在你的页面中，然后可以在 Three.js 中使用该字体。在 Three.js 的旧版本中，使用的是 JavaScript 文件，但在较新的版本中，Three.js 已经切换到使用 JSON 文件。

要转换现有的 OpenType 或 TrueType 字体，你可以使用这个网页 https://gero3.github.io/facetype.js/，如图 6.15 所示。

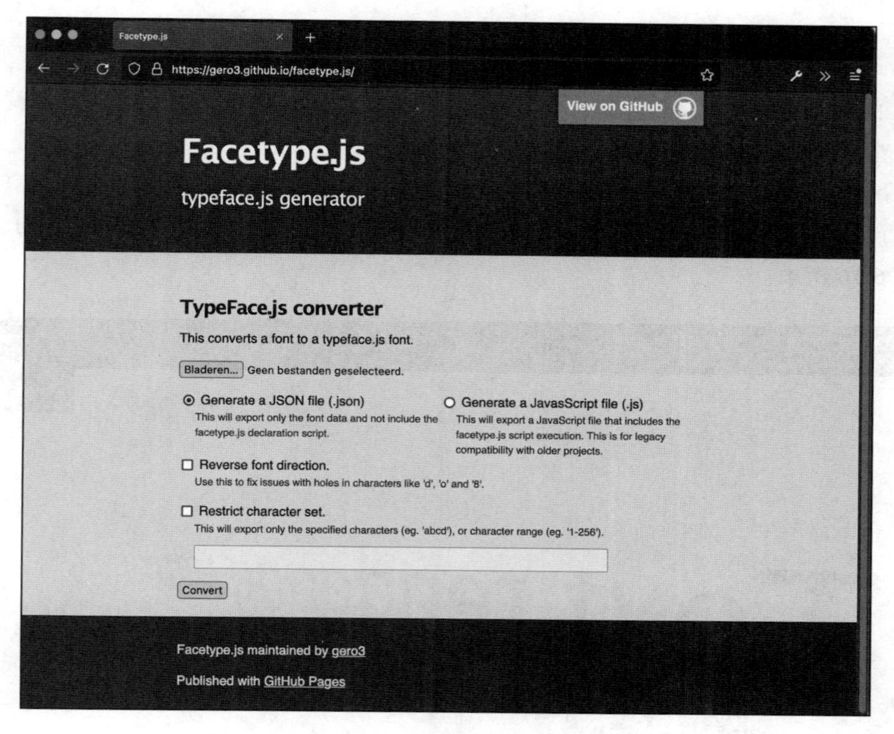


图 6.15 将字体转换为 TypeFace 支持的格式

这个网页可以将字体转换为 JSON 格式，但是要注意并不是所有的字体都能正常转换。字体越简单（直线越多），更容易被 Three.js 正确渲染。生成的文件示例如下所示，描述了 JSON 文件中的每个字符（或字形）。

```
{"glyphs":{"¦":{"x_min":359,"x_max":474,"ha":836,"o":"m 474 971
l 474 457 l
359 457 l 359 971 l 474 971 m 474 277 l 474 -237 l 359 -237 l
359 277 l 474
277 "},"ž":{"x_min":106,"x_max":793,"ha":836,"o":"m 121 1013 l
778 1013 l
778 908 l 249 115 l 793 115 l 793 0 l 106 0 l 106 104 l 620 898
l 121 898 l
121 1013 m 353 1109 l 211 1289 l 305 1289 l 417 1168 l 530 1289
l 625 1289
l 482 1109 l 353 1109 "},"Á":{"x_min":25,"x_
max":811,"ha":836,"o":"m 417
892 l 27 ....
```


当你获得了以上 JSON 文件之后，就可以使用 FontLoader（与之前在 6.4.1 节中展示的方法相同）加载该字体，并将其赋值给 TextGeometry 的 font 属性。

在本章的最后一个示例中，我们将介绍另一种使用 Three.js 创建文本的方式。

### 6.4.3 使用 Troika 库创建文本

除了使用 THREE.Text 之外，还有另一种使用 Three.js 创建文本的方式。就是使用 Troika 外部库：https://github.com/protectwise/troika。

这是一个相当大的库，提供了许多功能来为你的场景添加交互。就本例而言，我们只讲述该库的文本模块。我们要创建的示例（详见 troika-text.html 文件）实际效果如图 6.16 所示。

图 6.16 使用 Troika 库在 Three.js 场景中创建的 2D 文本标签

要使用此库，首先我们必须安装它（如果你已经按照第 1 章的说明进行操作，那就已经可以使用该库了）：`$ yarn add troika-three-text`。安装完成后，我们可以导入它并像使用 Three.js 提供的其他模块那样使用它：

```
import { Text } from 'troika-three-text'
const troikaText = new Text()
troikaText.text = 'Text rendering with Troika!\nGreat for
  2D labels'
troikaText.fontSize = 2
troikaText.position.x = -3
troikaText.color = 0xff00ff
troikaText.sync()
scene.add(troikaText)
```

在上面的代码中，我们展示了如何使用 Troika 创建一个简单的文本元素。你只需要调用 `Text()` 构造函数并设置属性即可。但是，请记住，每当你更改 `Text()` 对象中的属性时，必须调用 `troikaText.sync()`。以确保任何修改后的文本内容或属性立即生效。

## 6.5　本章小结

在本章中，我们见识了很多东西。我们介绍了一些高级几何体，并展示了如何使用 Three.js 创建和渲染文本元素。我们展示了如何使用高级几何体（如 `THREE.ConvexGeometry`、`THREE.TubeGeometry` 和 `THREE.LatheGeometry`）创建非常漂亮的形状，并且可以通过实验这些几何体来获得你期望的结果。一个非常好的特性是我们还可以使用 `THREE.ExtrudeGeometry` 来将现有的 SVG 路径转换为 Three.js。

我们还快速见识了一些用于调试目的的非常有用的几何体。`THREE.EdgesGeometry` 只显示另一个几何体的边，`THREE.WireframeGeometry` 可用于显示其他几何体的线框。

最后，如果你想创建 3D 文本，Three.js 提供了 `TextGeometry`，你可以传递要使用的字体。Three.js 带有几种字体，但你也可以创建自己的字体。但是，请记住，复杂字体往往不能正确转换。除了使用 `TextGeometry` 之外，另一种方法是使用 Troika 库，它使得在场景中创建 2D 文本标签并将它们放置在任何位置非常容易。

本书讲到这里，我们介绍了实体（或线框）几何体，这些几何体通过将顶点连接在一起形成面。在第 7 章中，我们将介绍一种新的几何体表示方法，即使用粒子或点。在这种情况下，我们不是渲染完整的几何体，而是将顶点渲染为空间中的点。通过使用点或粒子，可以创建外观优美且性能良好的 3D 效果。

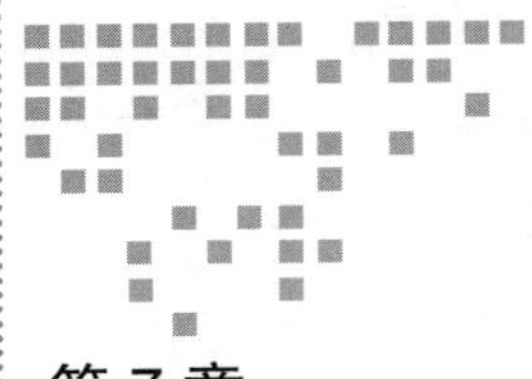

Chapter 7 第7章

# 点和精灵

在之前的章节中，我们讨论了 Three.js 所提供的最重要的概念、对象和 API。在本章中，我们将深入研究直到现在为止我们还没有涉及的概念：点（point）和精灵（sprite）。通过使用 THREE.Points（有时也称为精灵），我们可以非常容易地创建许多总是面向相机的微小矩形，并可以利用它们来模拟雨、雪、烟雾和其他有趣的效果。例如，我们可以将个别几何体渲染为一组点，并单独控制这些点。在本章中，我们将探讨 Three.js 提供的各种与点和精灵相关的功能。

具体而言，本章将探讨以下主题：

- 使用 `THREE.SpriteMaterial` 和 `THREE.PointsMaterial` 创建和设置粒子的样式
- 使用 `THREE.Points` 创建一组点
- 使用 HTML canvas 对每个点单独设置样式
- 使用纹理为每个点设置样式
- 对 `THREE.Points` 对象进行动画处理
- 从现有几何体创建 `THREE.Points` 对象

**关于本章中使用的一些名称的快速说明**

在 Three.js 的新版本中，与点相关的对象的名称已经多次更改。`THREE.Points` 对象以前的名称为 `THREE.PointCloud`，在更早的版本中称为 `THREE.ParticleSystem`。`THREE.Sprite` 以前的名称为 `THREE.Particle`，材质也经历了几次更名。因此，如果你在在线示例中看到使用这些旧名称的示例，那么请记住它们指的是相同的概念。

我们从介绍粒子是什么以及如何创建粒子开始。

## 7.1　理解点和精灵

和大多数新概念一样，我们将从一个示例开始。在本章的源码中，你会找到一个名为 sprite.html 的例子。在打开这个例子时，你会看到一个包含一个简单彩色方块的简约场景，如图 7.1 所示。

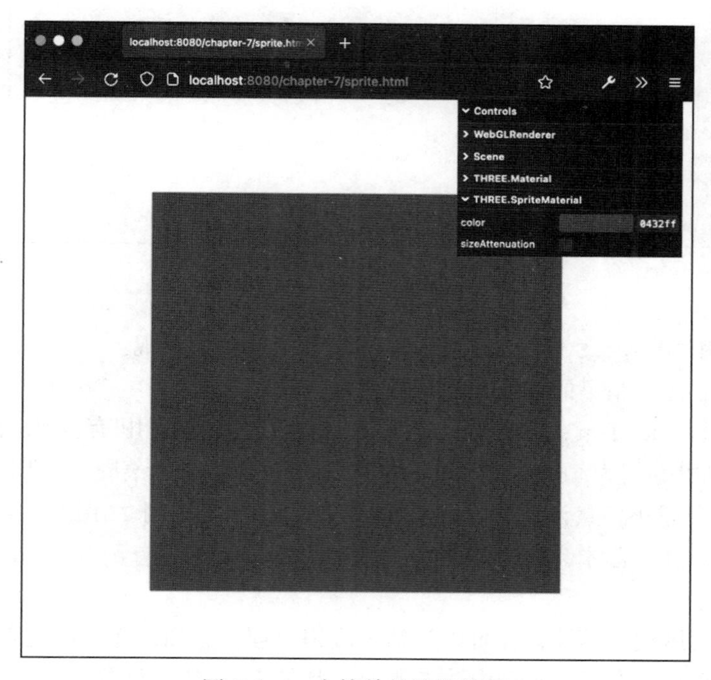


图 7.1　一个简单的渲染精灵

在这个场景中，你可以使用鼠标来围绕场景进行旋转观察。你会注意到无论从哪个角度观察，这个方块精灵始终看起来是一样的。例如，图 7.2 展示了从不同位置观察同一场景的视图。

如你所见，精灵始终面向相机，你无法从它的后面观察。你可以将精灵视为一个始终面向相机的 2D 平面。如果你创建一个没有任何属性的精灵，则它们将渲染为小巧的白色二维方块。创建一个精灵十分简单，我们只需要提供一个材质：

```
const material = new THREE.SpriteMaterial({ size: 0.1,
  color: 0xff0000 })
const sprite = new THREE.Sprite(material)
sprite.position.copy(new THREE.Vector3(1,1,1))
```

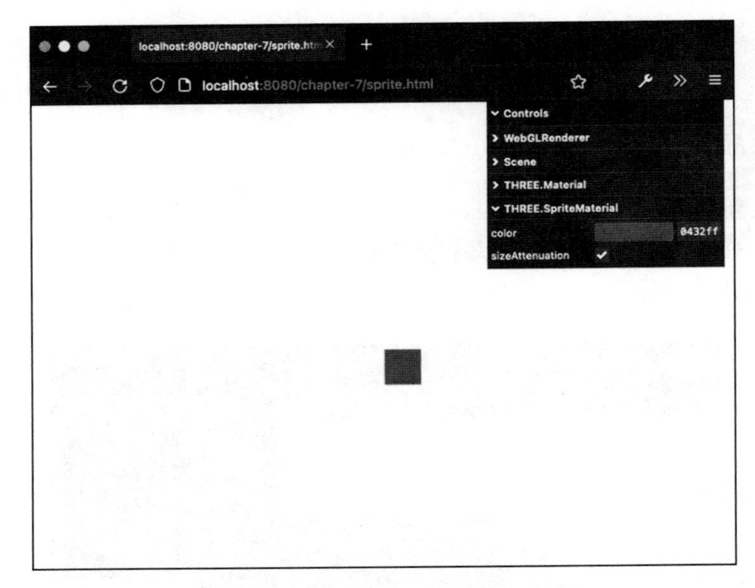


图 7.2 一个始终面对相机渲染的精灵

你可以使用 THREE.SpriteMaterial 来配置精灵的外观：

- color：这是精灵的颜色。默认颜色为白色。
- sizeAttenuation：如果设置为 false，则无论精灵离相机有多远，它都会保持相同大小。如果设置为 true，则大小将基于与相机的距离进行衰减，离相机越远，Sprite 看起来会越小。默认值为 true。请注意，只有在使用 THREE.Perspective-Camera 时，它才会产生效果。对于 THREE.OrthographicCamera，始终是 false。
- map：使用这个属性，你可以为精灵应用纹理。例如，你可以使它们看起来像雪花。这个属性在当前示例中并未展示，但在 7.2 节中有解释。
- opacity：这个属性和 transparent 属性一起设置精灵的不透明度。默认值为 1（完全不透明）。
- transparent：如果设置为 true，则精灵将以 opacity 属性设置的透明度进行渲染。默认值为 false。
- blending：定义了渲染精灵时所使用的混合模式。

请注意，THREE.SpriteMaterial 是从基类 THREE.Material 扩展而来的。因此，THREE.Material 对象中的所有属性都可以在 THREE.SpriteMaterial 对象中使用。

在我们继续研究更有趣的 THREE.Points 对象之前，让我们仔细看一下 THREE.Sprite 对象。THREE.Sprite 对象扩展自 THREE.Object3D 对象，就像 THREE.

Mesh 一样。这意味着大部分你从 THREE.Mesh 知道的属性和函数都可以在 THREE.Sprite 上使用。你可以使用 position 属性设置其位置，使用 scale 属性进行缩放，使用 translate 属性来沿轴移动。

使用 THREE.Sprite，你可以很容易地创建一组对象并在场景中移动它们。当你只使用少量对象时，效果很好，但是当你想要处理大量 THREE.Sprite 对象时，你将很快遇到性能问题。这是因为每个对象都需要由 Three.js 单独管理。Three.js 提供了一种使用 THREE.Points 对象处理大量精灵的替代方法。使用 THREE.Points，Three.js 不必单独管理许多单独的 THREE.Sprite 对象，只需管理 THREE.Points 实例即可。这将使 Three.js 能够优化绘制精灵的方式，从而实现更好的性能。图 7.3 展示了使用 THREE.Points 对象渲染的大量精灵的效果。

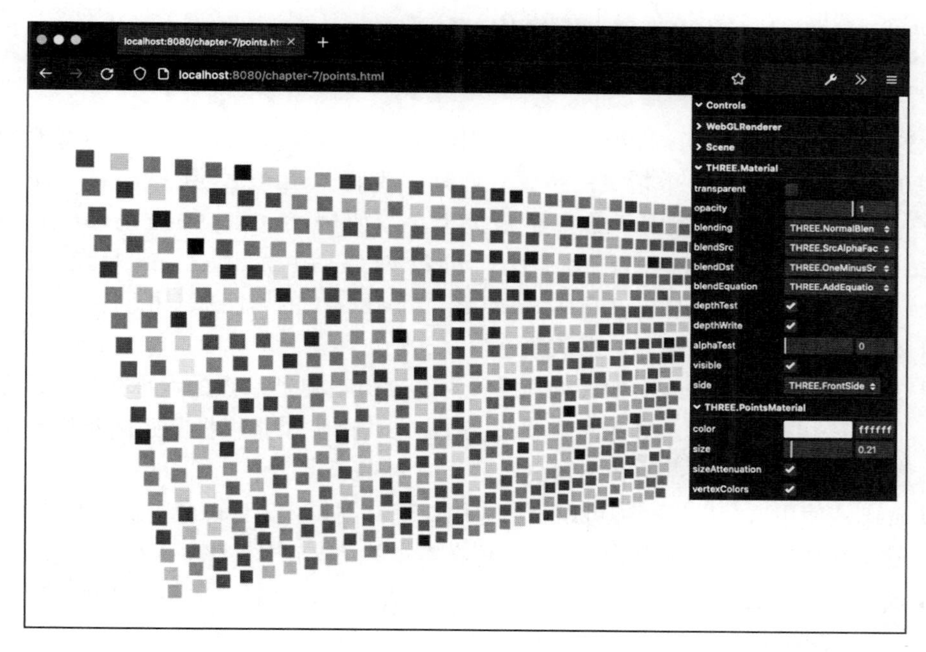


图 7.3　使用 THREE.BufferGeometry 渲染的大量点

要创建一个 THREE.Points 对象，我们需要为它提供 THREE.BufferGeometry。对于图 7.3，我们可以像这样创建一个 THREE.BufferGeometry：

```
const createPoints = () => {
  const points = []
  for (let x = -15; x < 15; x++) {
    for (let y = -10; y < 10; y++) {
      let point = new THREE.Vector3(x / 4, y / 4, 0)
      points.push(point)
```

```
    }
  }
  const colors = new Float32Array(points.length * 3)
  points.forEach((e, i) => {
    const c = new THREE.Color(Math.random() * 0xffffff)
    colors[i * 3] = c.r
    colors[i * 3 + 1] = c.g
    colors[i * 3 + 2] = c.b
  })
  const geom = new THREE.BufferGeometry().setFromPoints(points)
  geom.setAttribute('color', new THREE.BufferAttribute(colors,
3, true))
  return geom
}
const material = new THREE.PointsMaterial({ size: 0.1,
  vertexColors: true, color: 0xffffff })
const points = new THREE.Points(createPoint(), material)
```

从这段代码中，我们可以看到，首先我们创建了一个 THREE.Vector3 对象数组——数组里的每个对象代表一个精灵的位置。此外，我们在 THREE.BufferGeometry 上设置了 color 属性，这将用于给每个精灵上色。使用 THREE.BufferGeometry 和 THREE.PointsMaterial 的实例，我们可以创建 THREE.Points 对象。THREE.PointsMaterial 的属性与 THREE.SpriteMaterial 的属性基本相同：

- color：这是点的颜色。默认颜色为 0xffffff。
- sizeAttenuation：如果将其设置为 false，则所有点的大小都相同，无论它们距离相机有多远。如果将其设置为 true，则大小将根据其距离相机的距离而变化，距离越远，点的大小越小。默认值为 true。
- map：使用这个属性，你可以为点应用纹理。例如，你可以使它们看起来像雪花。这个属性在当前示例中并未展示，但在本章的 7.2 节中有解释。
- opacity：这个属性和 transparent 属性一起设置精灵的不透明度。默认值为 1（不透明）。
- transparent：如果设置为 true，则精灵将以 opacity 属性设置的透明度进行渲染。默认值为 false。
- blending：定义了渲染精灵时所使用的混合模式。
- vertexColors：通常，THREE.Points 中的所有点都具有相同的颜色。如果将该属性设置为 true，并在几何体上设置了颜色的缓冲属性，则每个点将从该数组中获取颜色。默认值为 false。

与往常一样，你可以使用每个示例右侧的菜单实验这些属性。

到目前为止，我们只将粒子渲染为小正方形，这是默认的行为。但是，你可以以两种其他方式对粒子进行样式设置，我们将在 7.2 节中展示。

## 7.2　使用纹理样式化粒子

在本节中，我们将介绍以下两种改变精灵外观的方法：

- 使用 HTML canvas 绘制图像，并将其显示为每个精灵的纹理。
- 加载外部图像文件来定义每个精灵的外观。

我们先从使用 HTML canvas 绘制图像开始。

### 7.2.1　使用 HTML canvas 绘制图像

在 `THREE.PointsMaterial` 的属性中，我们提到了 `map` 属性。使用 `map` 属性，我们可以为每个点加载一个纹理。在 Three.js 中，这个纹理可以是 HTML5 canvas 的输出。在讲述代码之前，让我们先看示例（`canvastexture.js`）来体验实际效果，如图 7.4 所示。

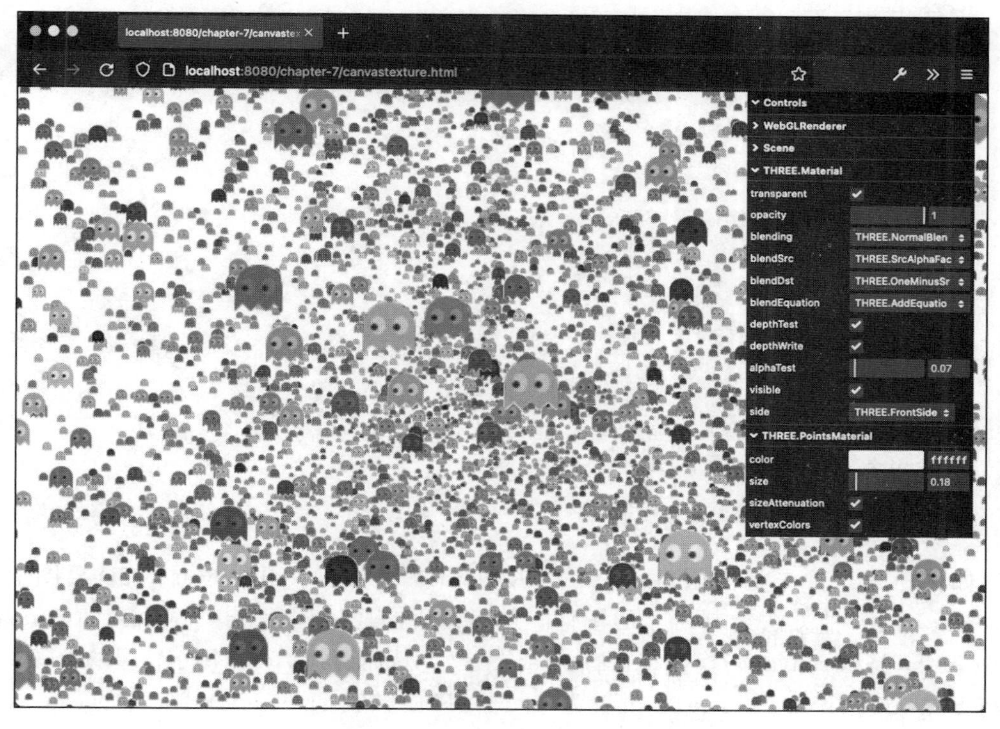


图 7.4　使用基于 HTML canvas 的纹理创建精灵

在这里，你可以看到屏幕上有一大堆类似于 Pac-Man 的幽灵。这里使用的是我们之前在 7.1 节中看到的相同方法。不过，这次我们展示的不是一个简单的正方形，而是一张图像。我们可以使用以下代码创建这个纹理：

```
const createGhostTexture = () => {
  const canvas = document.createElement('canvas')
  canvas.width = 32
  canvas.height = 32
  const ctx = canvas.getContext('2d')
  // 身体
  ctx.translate(-81, -84)
  ctx.fillStyle = 'orange'
  ctx.beginPath()
  ctx.moveTo(83, 116)
  ctx.lineTo(83, 102)
  ctx.bezierCurveTo(83, 94, 89, 88, 97, 88)
  // 为简洁删除了一些代码
  ctx.fill()
  // 眼睛
  ctx.fillStyle = 'white'
  ctx.beginPath()
  ctx.moveTo(91, 96)
  ctx.bezierCurveTo(88, 96, 87, 99, 87, 101)
  ctx.bezierCurveTo(87, 103, 88, 106, 91, 106)
  // 为简洁删除了一些代码
  ctx.fill()
  // 瞳孔
  ctx.fillStyle = 'blue'
  ctx.beginPath()
  ctx.arc(101, 102, 2, 0, Math.PI * 2, true)
  ctx.fill()
  ctx.beginPath()
  ctx.arc(89, 102, 2, 0, Math.PI * 2, true)
  ctx.fill()
  const texture = new THREE.Texture(canvas)
  texture.needsUpdate = true
  return texture
}
```

如你所见，首先我们创建一个 HTML canvas，在上面使用 canvas 的 2D 绘图上下文（`ctx`）的各种方法绘制所需的图像。最后，我们通过调用 `new THREE.Texture(canvas)` 将该 canvas 转换为 `THREE.Texture`，从而得到了可以用于精灵的纹理。记得将 `texture.needsUpdate` 设置为 `true`，以便触发 Three.js 加载实际的 canvas 数据到纹理中。

现在我们有了纹理，我们可以使用它来创建一个 `THREE.PointsMaterial`，就像我们在 7.1 节中所做的那样：

```
const createPoints = () => {
  const points = []
```

```
    const range = 15
    for (let i = 0; i < 15000; i++) {
      let particle = new THREE.Vector3(
        Math.random() * range - range / 2,
        Math.random() * range - range / 2,
        Math.random() * range - range / 2
      )
      points.push(particle)
    }
    const colors = new Float32Array(points.length * 3)
    points.forEach((e, i) => {
      const c = new THREE.Color(Math.random() * 0xffffff)
      colors[i * 3] = c.r
      colors[i * 3 + 1] = c.g
      colors[i * 3 + 2] = c.b
    })
    const geom = new THREE.BufferGeometry().setFromPoints(points)
    geom.setAttribute('color', new THREE.BufferAttribute(colors,
  3, true))
    return geom
  }
  const material = new THREE.PointsMaterial({ size: 0.1,
    vertexColors: true, color: 0xffffff, map:
      createGhostTexture() })
  const points = new THREE.Points(createPoint(), material)
```

如你所见，我们在这个示例中创建了 `15000` 个点，并在指定范围内随机放置它们。你可能注意到，即使启用了 `transparency`，某些精灵看起来仍然重叠在其他精灵之上。这是因为 Three.js 不根据它们的 z-index 对精灵进行排序，所以在渲染过程中无法正确确定哪个精灵在另一个精灵之前。你可以通过两种方式解决这个问题：可以关闭 `depthWrite`，或者可以调整 `alphaTest` 属性（从 0.5 开始是一个很好的起点）。

如果你缩小视图，那么你将看到 15 000 个单独的精灵，如图 7.5 所示。

令人惊奇的是，即使有 100 万个点，Three.js 仍然能够非常流畅地渲染（当然，这取决于你运行这些示例的硬件），如图 7.6 所示。

在 7.2.2 节中，我们将从外部图像加载一些纹理，而不再自行绘制纹理。

### 7.2.2　使用纹理来设置粒子的样式

在 7.2.1 节的示例中，我们看到了如何使用 HTML canvas 来设置 `THREE.Points` 的样式。由于你可以绘制任何你想要的东西，甚至加载外部图片，因此你可以使用这种方法为粒子系统添加各种样式。然而，还有一种更直接的方法：使用 `THREE.TextureLoader().load()` 函数将图像加载为 `THREE.Texture` 对象。然后，再将该 `THREE.Texture` 对象分配给材质的 `map` 属性。

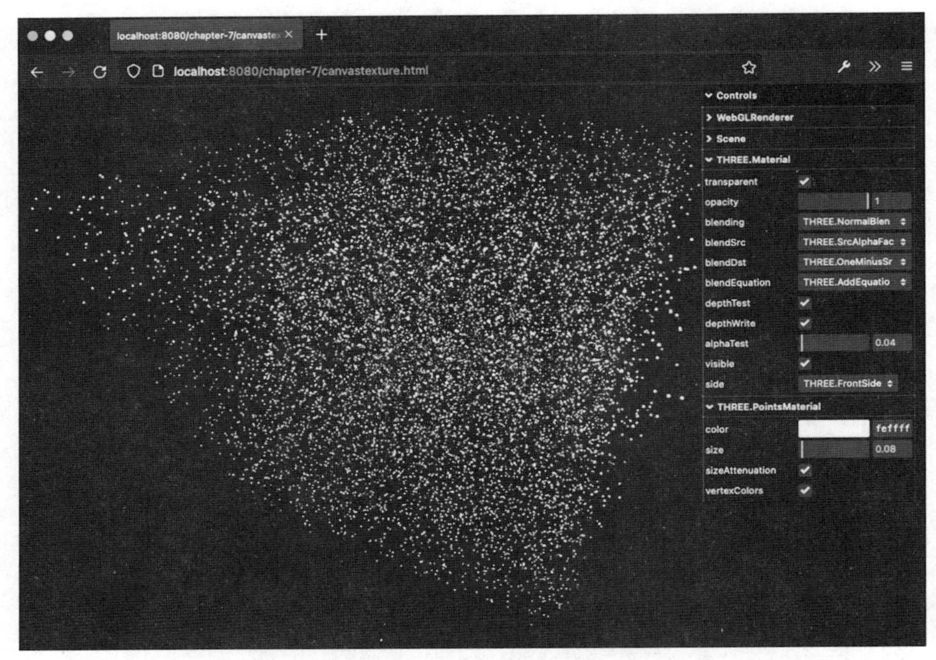


图 7.5 同时显示 15 000 个精灵

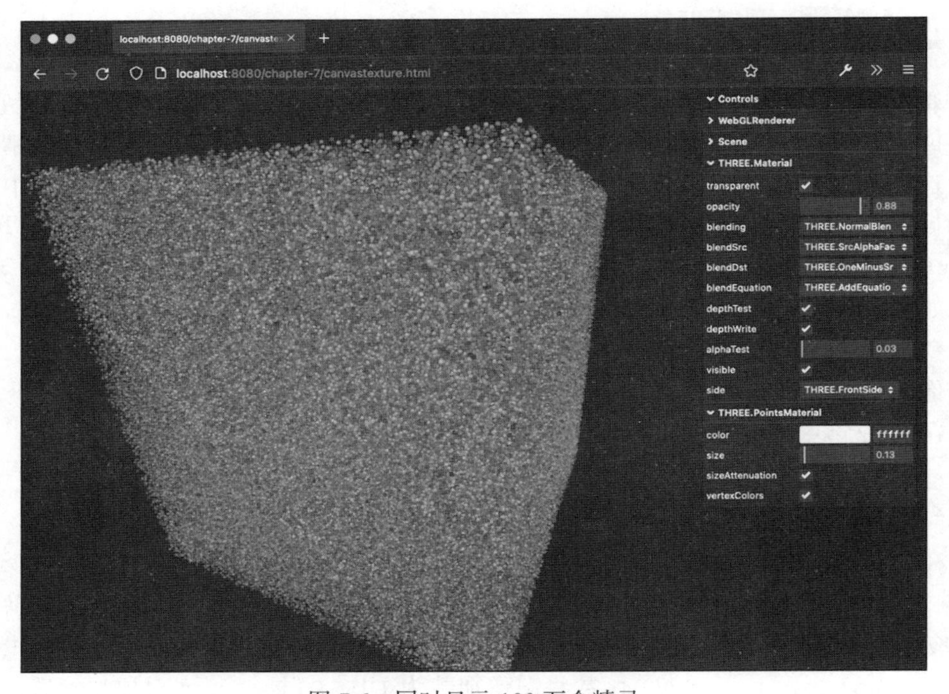


图 7.6 同时显示 100 万个精灵

在本节中，我们将向你展示两个示例，并解释如何创建它们。这两个示例都使用一张图像作为粒子的纹理。在第一个示例中，我们将创建一个模拟大雨的效果（rain.html），如图 7.7 所示。

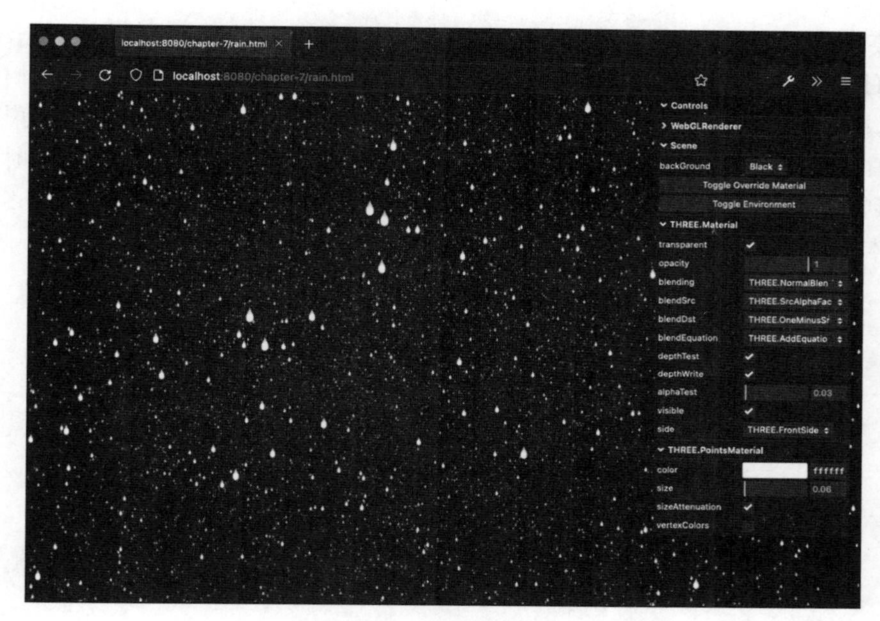


图 7.7　模拟下大雨

我们首先需要获取代表雨滴的纹理。你可以在 assets/textures/particles 文件夹中找到一些示例。对于纹理的具体要求和细节，将在后续章节中详细介绍。目前，你只需要知道纹理应该是正方形的，最好是 2 的幂次方（例如 64×64、128×128 或 256×256）。对于这里的示例，我们将使用如图 7.8 所示的纹理。

图 7.8　雨滴纹理

该纹理是一个简单的透明图像，显示了雨滴的形状和颜色。在将纹理应用于 THREE.PointsMaterial 之前，我们需要先加载它。可以使用以下代码完成这个操作：

```
const texture = new THREE.TextureLoader().load("../../assets/
textures/particles/raindrop-3t.png");
```

使用以上代码，Three.js 将加载纹理，现在可以在我们的材质中使用它。就本例而言，我们定义了以下材质：

```
const material = new THREE.PointsMaterial({
    size: 0.1,
    vertexColors: false,
    color: 0xffffff,
    map: texture,
```

```
    transparent: true,
    opacity: 0.8,
    alphaTest: 0.01
  }),
```

在本章中，这些属性我们都介绍过了。在这里需要理解的主要内容是，map 属性指向了我们使用 THREE.TextureLoader.load 函数加载的纹理。请注意，我们再次使用 alphaTest 属性，以确保两个精灵在彼此前面移动时不会出现任何奇怪的伪影。

这就是设置 THREE.Points 对象样式的全部内容了。当你打开这个示例时，你还会注意到点本身是移动的。这样做非常简单。每个点都表示为构成 THREE.Points 对象几何体的顶点。让我们看看如何为这个 THREE.Points 对象添加点：

```
const count = 25000
const range = 20
const createPoints = () => {
  const points = []
  for (let i = 0; i < count; i++) {
    let particle = new THREE.Vector3(
      Math.random() * range - range / 2,
      Math.random() * range - range / 2,
      Math.random() * range - range / 1.5
    )
    points.push(particle)
  }
  const velocityArray = new Float32Array(count * 2)
  for (let i = 0; i < count * 2; i += 2) {
    velocityArray[i] = ((Math.random() - 0.5) / 5) * 0.1
    velocityArray[i + 1] = (Math.random() / 5) * 0.1 + 0.01
  }
  const geom = new THREE.BufferGeometry().setFromPoints(points)
  geom.setAttribute('velocity', new THREE.
BufferAttribute(velocityArray, 2))
  return geom
}
const points = new THREE.Points(geom, material);
```

这里的代码与本章前面的示例相比并没有太大区别。在这里，我们为每个粒子添加了一个名为 velocity 的属性。该属性包含两个值：velocityX 和 velocityY。第一个定义了粒子（雨滴）在水平方向上的移动速度，而第二个定义了雨滴下落的速度。现在每个雨滴都有自己的速度，我们可以在渲染循环中移动单个粒子：

```
const positionArray = points.geometry.attributes.position.array
const velocityArray = points.geometry.attributes.velocity.array
for (let i = 0; i < points.geometry.attributes.position.count;
i++) {
```

```
    const velocityX = velocityArray[i * 2]
    const velocityY = velocityArray[i * 2 + 1]
    positionArray[i * 3] += velocityX
    positionArray[i * 3 + 1] -= velocityY
    if (positionArray[i * 3] <= -(range / 2) || positionArray[i *
3] >= range / 2)
      positionArray[i * 3] = positionArray[i * 3] * -1
    if (positionArray[i * 3 + 1] <= -(range / 2) ||
positionArray[i * 3 + 1] >= range / 2)
      positionArray[i * 3 + 1] = positionArray[i * 3 + 1] * -1
}
points.geometry.attributes.position.needsUpdate = true
```

在这段代码中，我们从用于创建 `THREE.Points` 的几何体中获取所有顶点（粒子）。对于每个粒子，我们取 `velocityX` 和 `velocityY`，并使用它们来改变粒子的当前位置。然后，我们确保粒子保持在我们定义的范围内。如果 `v.y` 位置低于 `0`，则我们将雨滴添加回顶部；如果 `v.x` 位置到达任何边缘，则我们通过反转水平速度使其弹回。最后，我们需要告诉 Three.js 我们已经在 `bufferGeometry` 中改变了一些东西，这样它在下次渲染时就知道正确的值。

让我们再看一个例子。这次，我们不再下雨，而是下雪。另外，我们不只使用一个纹理——我们将使用三张单独的图片（来自 Three.js 示例）。让我们先看一下结果（`snow.html`），如图 7.9 所示。

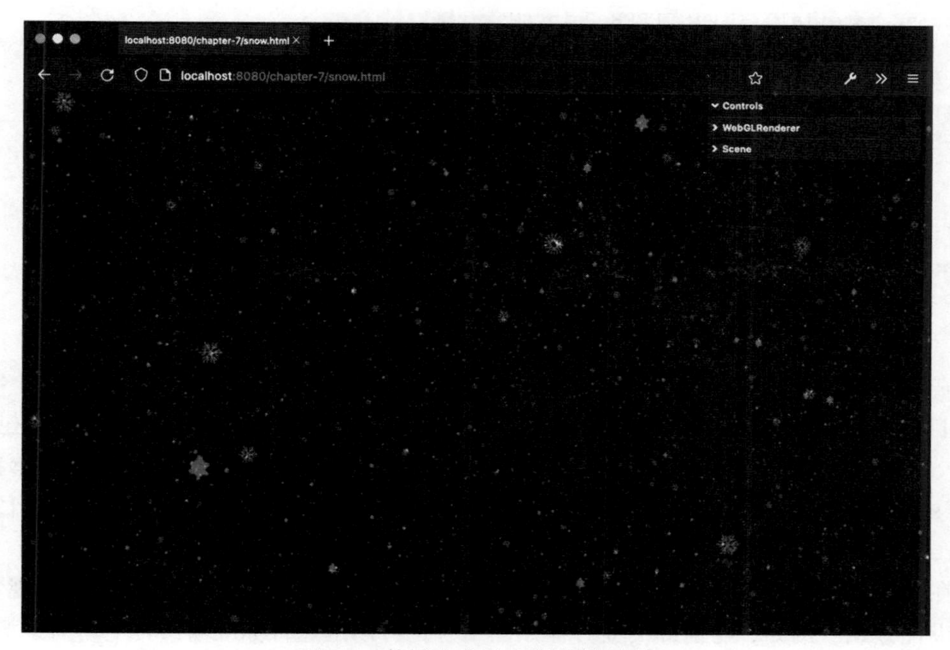


图 7.9　使用多个纹理制作的雪景

在图 7.9 中，如果你仔细看，就会发现我们不仅仅使用了一张单一的图像作为纹理，而是使用了多张带有透明背景的图片。你可能想知道我们是怎么做到这一点的。正如你可能记得的那样，我们只能为一个 THREE.Points 对象设置一个材质。如果我们想要有多个材质，那么我们只需要创建多个 THREE.Points 实例，代码如下所示：

```
const texture1 = new THREE.TextureLoader().load
  ('/assets/textures/particles/snowflake4_t.png')
const texture2 = new THREE.TextureLoader().load
  ('/assets/textures/particles/snowflake2_t.png')
const texture3 = new  THREE.TextureLoader().load
  ('/assets/textures/particles/snowflake3_t.png')
const baseProps = {
  size: 0.1,
  color: 0xffffff,
  transparent: true,
  opacity: 0.5,
  blending: THREE.AdditiveBlending,
  depthTest: false,
  alphaTest: 0.01
}
const material1 = new THREE.PointsMaterial({
  ...baseProps,
  map: texture1
})
const material2 = new THREE.PointsMaterial({
  ...baseProps,
  map: texture2
})
const material3 = new THREE.PointsMaterial({
  ...baseProps,
  map: texture3
})
const points1 = new THREE.Points(createPoints(), material1)
const points2 = new THREE.Points(createPoints(), material2)
const points3 = new THREE.Points(createPoints(), material3)
```

在这段代码中，可以看到我们创建了三个不同的 THREE.Points 实例，每个实例都有自己的材质。为了让雪花移动起来，我们使用了与雨滴相同的方法，因此这里不展示 createPoint 和渲染循环的细节。需要注意的一点是，我们可以有一个单独的 THREE.Points 实例，其中的单个精灵具有不同的纹理。不过，这里还需要一个自定义的 fragment-shader 和你自己的 THREE.ShaderMaterial 实例。

在我们进入 7.3 节之前，请注意使用 THREE.Points 是一种为现有场景添加视觉效果的极佳方式。例如，与前面的立方体贴图结合，可以迅速将标准场景转变为雪景场景，如图 7.10 所示。

图 7.10　THREE.Points 与立方体贴图相结合的效果

我们还可以使用精灵在现有场景之上创建一个简单的 2D 平视显示器（Heads-Up Display, HUD）。我们将在 7.3 节中详细探讨如何做到这一点。

## 7.3　使用精灵贴图

在本章的开头，我们使用了一个 THREE.Sprite 对象来渲染单个点。这些精灵在 3D 世界中的某个位置上，其大小基于与相机的距离（这有时也称为广告牌效果）。在本节中，我们将展示 THREE.Sprite 对象的另一种用法：使用 THREE.Sprite 为 3D 内容创建类似 HUD 的层，这可以通过使用额外的 THREE.OrthographicCamera 实例和额外的 THREE.Scene 来实现。我们还将向你展示如何使用精灵贴图来为 THREE.Sprite 对象选择图像。

在这个示例中，我们将创建一个简单的 THREE.Sprite 对象，该对象从屏幕左侧移动到右侧。在背景中，我们渲染了一个 3D 场景，并设置了可以移动的相机，通过移动相机，我们可以证明 THREE.Sprite 对象是独立于相机移动的。图 7.11 是这个示例（spritemap.html）的实际效果。

图 7.11 使用两个场景和相机创建 HUD

如果你在浏览器中打开此示例，那么你将看到一个类似 Pac-Man 鬼魂的精灵在屏幕上移动，每当它到达右边边缘时，其颜色和形状都会改变。我们要做的第一件事是看看我们如何创建 `THREE.OrthographicCamera` 和一个单独的场景来渲染这个 `THREE.Sprite`：

```
const sceneOrtho = new THREE.Scene()
sceneOrtho.backgroundColor = new THREE.Color(0x000000)
const cameraOrtho = new THREE.OrthographicCamera(0, window.
innerWidth, window.innerHeight, 0, -10, 10)
```

接下来，我们看一下如何构建 `THREE.Sprite` 对象以及如何加载精灵可以采用的各种形状：

```
const getTexture = () => {
  const texture = new THREE.TextureLoader().load
   ('/assets/textures/particles/sprite-sheet.png')
  return texture
}
const createSprite = (size, transparent, opacity, spriteNumber)
=> {
  const spriteMaterial = new THREE.SpriteMaterial({
    opacity: opacity,
```

```
        color: 0xffffff,
        transparent: transparent,
        map: getTexture()
      })
      // we have 1 row, with five sprites
      spriteMaterial.map.offset = new THREE.Vector2(0.2 *
    spriteNumber, 0)
      spriteMaterial.map.repeat = new THREE.Vector2(1 / 5, 1)
      // make sure the object is always rendered at the front
      spriteMaterial.depthTest = false
      const sprite = new THREE.Sprite(spriteMaterial)
      sprite.scale.set(size, size, size)
      sprite.position.set(100, 50, -10)
      sprite.velocityX = 5
      sprite.name = 'Sprite'
      sceneOrtho.add(sprite)
    }
```

在 getTexture() 函数中，我们加载了一个纹理。然而，我们不是加载每个幽灵的五个不同图像，而是加载了一个包含所有精灵图像（也称为精灵地图）的单个纹理。我们使用的纹理如图 7.12 所示。

图 7.12　包含多个小精灵图像的精灵表

然后我们可以通过 map.offset 和 map.repeat 属性选择在屏幕上显示的具体精灵。通过 map.offset 属性，我们确定了加载的纹理的 x 轴（u）和 y 轴（v）的偏移量。这些属性的取值范围从 0 到 1。在我们的例子中，如果想选择第三个幽灵，那么我们必须将 u 偏移（x 轴）设置为 0.4，而且因为我们只有一行，所以不需要更改 v 偏移量（y 轴）。如果我们只设置这个属性，那么纹理会显示在屏幕上压缩在一起的第三个、第四个和第五个幽灵。因此为了只显示一个幽灵，我们需要放大显示。我们可以通过将 u 值的 map.repeat 属性设置为 1/5 来实现。这意味着我们放大（仅对 x 轴）只显示纹理的 20%，也就是一个幽灵。

最后，我们需要更新 render 函数：

```
renderer.render(scene, camera)
renderer.autoClear = false
renderer.render(sceneOrtho, cameraOrtho)
```

首先，我们用常规相机渲染包括两个网格模型的场景。然后，我们渲染包含精灵的场景。在渲染循环中，我们还切换一些属性，以在精灵撞击右侧墙壁时显示下一个精灵，并改变精灵的方向（相关代码这里没有展示）。

到目前为止，我们都是从头开始创建精灵和点。然而，我们还可以从现有几何体创建 `THREE.Points`。

## 7.4 从现有几何体创建 THREE.Points

如你所记，`THREE.Points` 基于提供的 `THREE.BufferGeometry` 的顶点渲染每个点。这意味着如果我们提供一个复杂的几何体（例如，一个环状结或一个管道），那么可以基于该特定几何体的顶点创建 `THREE.Points`。在本节中，我们将创建一个环状结，就像我们在第 6 章看到的那个，然后将其渲染为一个 `THREE.Points` 对象。

我们在第 6 章解释了环状结，所以我们在这里不会详细介绍。图 7.13 是我们的示例（`points-from-geom.html`）的实际效果。

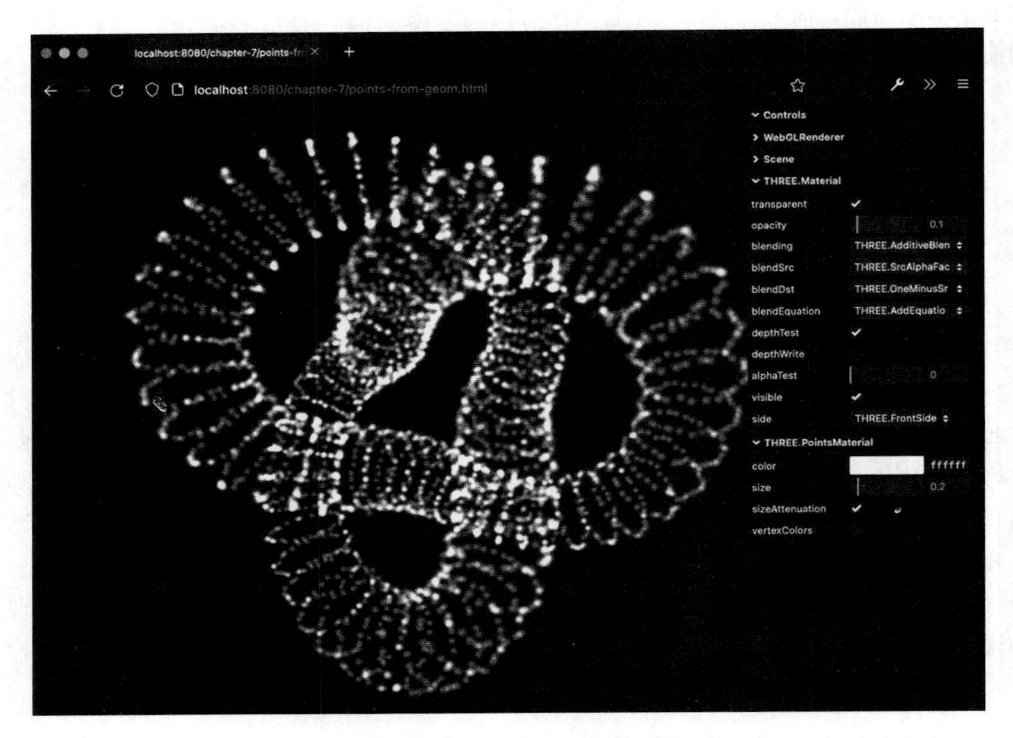


图 7.13 带有一点动画效果的、用点渲染的环状结

从图 7.13 中可以看出，环状结的每个顶点都用作一个点来创建 `THREE.Points` 对

象。我们可以这样设置:

```
const texture = new THREE.TextureLoader().load('/assets/
textures/particles/glow.png')
const geometry = new THREE.TorusKnotGeometry(2, 0.5, 100, 30,
2, 3)
const material = new THREE.PointsMaterial({
    size: 0.2,
    vertexColors: false,
    color: 0xffffff,
    map: texture,
    depthWrite: false,
    opacity: 0.1,
    transparent: true,
    blending: THREE.AdditiveBlending
  })
const points = new THREE.Points(geometry, material)
```

如你所见，我们只需创建一个几何体并将其作为 THREE.Points 对象的输入即可。通过这种方式，我们可以将每个几何体渲染为点对象。

> 注意　如果你使用 Three.js 模型加载器（如 glTF 模型加载器）加载外部模型，你通常会得到一个对象的层次结构——这些对象通常会被组织在 THREE.Group 或 THREE.Object3D 对象中。在这些情况下，你需要将每个组中的每个几何体都转换为 THREE.Points 对象。

## 7.5　本章小结

本章我们解释了精灵和点是什么，以及如何使用可用的材质来为这些对象进行样式设置。在本章中，你了解到可以直接使用 THREE.Sprite，并且知道如果要创建大量的粒子，则应该使用 THREE.Points 对象。通过 THREE.Points，所有元素共享相同的材质，并且可以通过设置材质的 vertexColors 属性为 true，并在 THREE.BufferGeometry 的颜色数组中提供颜色值，来为每个点单独设置颜色。我们还展示了如何通过改变几何体顶点的位置来轻松实现点的动画效果。这对于单个 THREE.Sprite 实例和用于创建 THREE.Points 对象的几何体顶点同样适用。

到目前为止，我们使用 Three.js 内置的几何体创建了基于网格的模型。对于简单的模型，如球体和立方体，这种方法效果很好，但在创建复杂的 3D 模型时可能不是最佳方法。对于这些模型，我们通常会使用 3D 建模应用程序，如 Blender 或 3D Studio Max。在第 8 章中，你将学习如何加载和显示由这些 3D 建模应用程序创建的模型。

第三部分

# 创建复杂的几何体、动画和纹理

在本部分，我们将向你展示如何加载外部模型的数据以及 Three.js 如何支持动画。我们还将深入介绍 Three.js 支持的不同类型的纹理以及如何使用它们来增强你的模型。

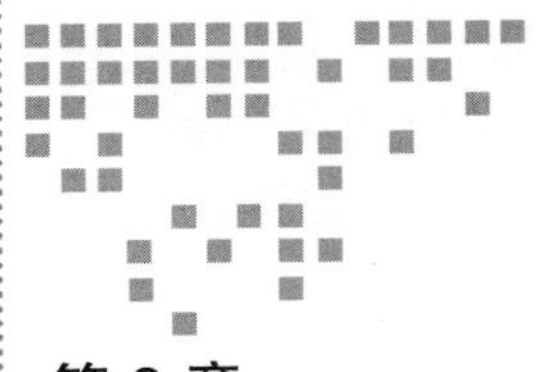

Chapter 8 第8章

# 创建和加载复杂的网格和几何体

在本章中，我们将介绍几种创建和加载高级和复杂的几何体和网格的方法。在第5章和第6章我们向你展示了如何使用Three.js的内置对象创建一些高级几何体。在本章中，我们将使用以下两种方法来创建高级几何体和网格：

- 几何体分组和合并。
- 从外部资源加载几何体。

我们以“分组和合并”方法开始。在这种方法中，我们使用标准的Three.js分组（`THREE.Group`）和`BufferGeometryUtils.mergeBufferGeometries()`函数来创建新对象。

## 8.1 几何体分组和合并

在本节，我们将介绍Three.js的两个基本特性：将对象分组在一起和将多个几何体合并成一个单独的几何体。我们将从对象分组开始。

### 8.1.1 对象分组

在之前的一些章节中，我们已经看到了如何在处理多个材质时将对象分组。当你使用多个材质创建网格时，Three.js实际上创建了一个包含多个网格的组。你的几何体的多个副本会被添加到这个组中，每个副本都有自己的特定材质。最终返回的看起来是一个使用多个材质的网格，但实际上是一个包含多个网格的分组。

在Three.js中创建分组非常简单。每个网格都可以包含子元素，这些子元素可以使用 add 函数添加到网格中。将子对象添加到组中的效果是，你在移动、缩放、旋转和转换父对象时，所有子对象也会受到影响。在使用组时，你仍然可以引用、修改和定位单个几何体。你需要记住的唯一一件事是，所有的位置、旋转和转换都是相对于父对象的。

让我们来看看示例（grouping.html）的实际效果，如图 8.1 所示。

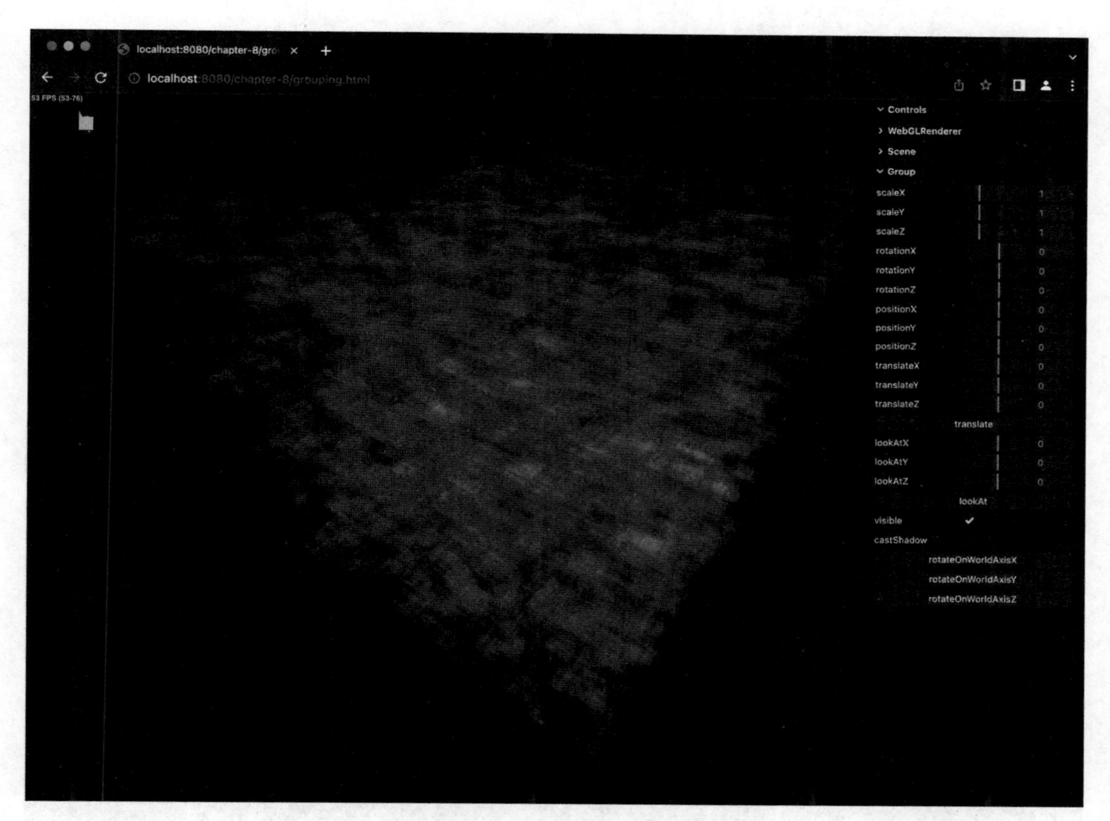


图 8.1　使用 THREE.Group 对象将多个对象组合在一起

在这个例子中，你看到了使用 THREE.Group 对象将大量立方体添加到场景中作为单个分组的效果。在查看使用分组后的效果之前，让我们快速看一下如何创建这个网格：

```
const size = 1
const amount = 5000
const range = 20
const group = new THREE.Group()
const mat = new THREE.MeshNormalMaterial()
mat.blending = THREE.NormalBlending
mat.opacity = 0.1
mat.transparent = true
for (let i = 0; i < amount; i++) {
```

```
    const x = Math.random() * range - range / 2
    const y = Math.random() * range - range / 2
    const z = Math.random() * range - range / 2
    const g = new THREE.BoxGeometry(size, size, size)
    const m = new THREE.Mesh(g, mat)
    m.position.set(x, y, z)
    group.add(m)
  }
```

在以上代码中，你可以看到我们创建了一个 THREE.Group 实例。这个对象与 THREE.Mesh 和 THREE.Scene 的基类 THREE.Object3D 几乎相同，但它本身并不包含任何东西或导致任何东西被渲染。在这个例子中，我们使用 add 函数将大量的小立方体添加到这个场景中。对于这个例子，我们添加了可以用来改变网格位置的控件。每当你使用菜单更改属性时，THREE.Group 对象的相关属性也会更改。例如，在图 8.2 中，你可以看到当我们缩放这个 THREE.Group 对象时，所有嵌套的小立方体也会被缩放。

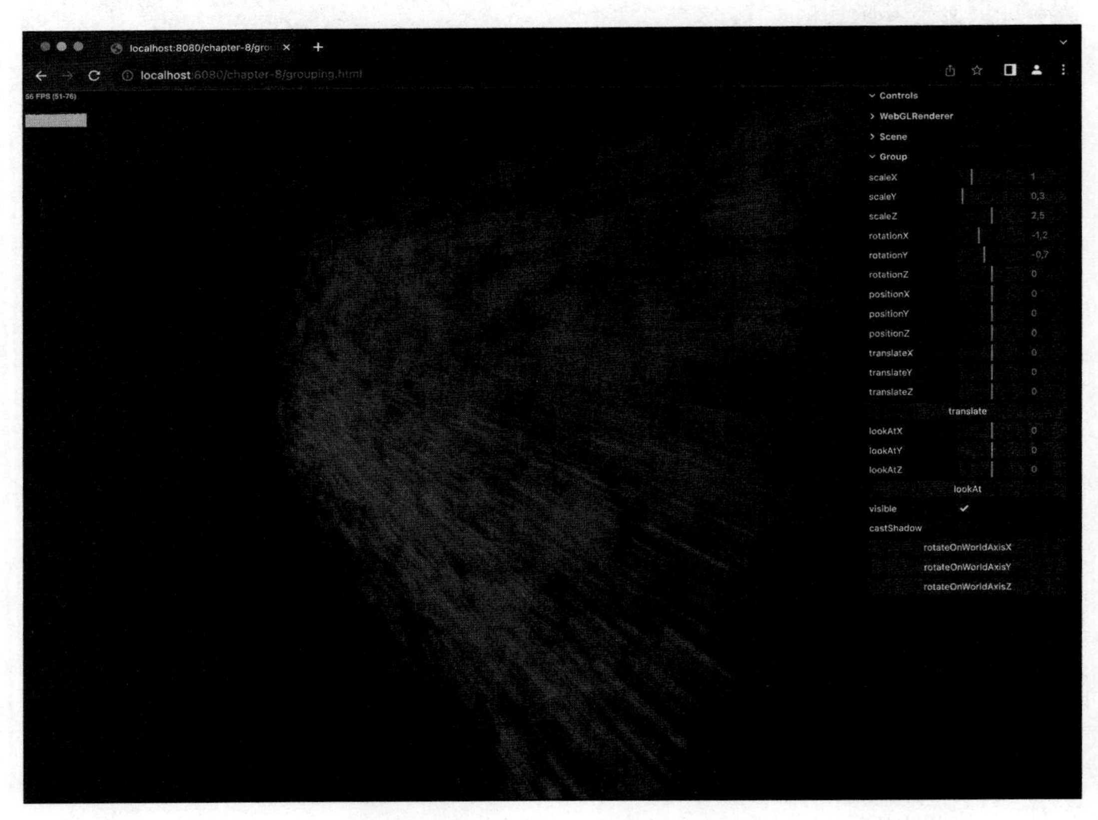


图 8.2 缩放 THREE.Group 对象的效果

如果你想进一步探索 THREE.Group 对象，那么一个很好的练习是修改示例，使 THREE.Group 实例在 x 轴上旋转，而每个小立方体在它们的 y 轴上旋转。

**使用 THREE.Group 对象对性能的影响**

在我们了解合并之前，简单介绍一下性能。当你使用 THREE.Group 时，组内的所有单独的网格被视为单独的对象，Three.js 需要管理和渲染这些对象。如果场景中有大量对象，那么你将会看到性能明显下降。如果你看一下图 8.2 的左上角，当屏幕上有 5000 个立方体时，则只能获得大约 56 帧每秒（FPS）的渲染速度。尽管这个速度不算太差，但在正常情况下，我们的渲染速度应该是大约 120 帧每秒。

Three.js 提供了另一种性能更优的方式来控制单个网格。即通过使用 THREE.InstancedMesh 对象。如果你想渲染大量具有相同几何体但具有不同变换（例如旋转、缩放、颜色或任何其他矩阵变换）的对象，这个方式很适合。

我们创建了一个名为 instanced-mesh.html 的示例来展示了这种方式的实际效果。在这个示例中，我们渲染了 25 万个立方体，并且性能良好，如图 8.3 所示。

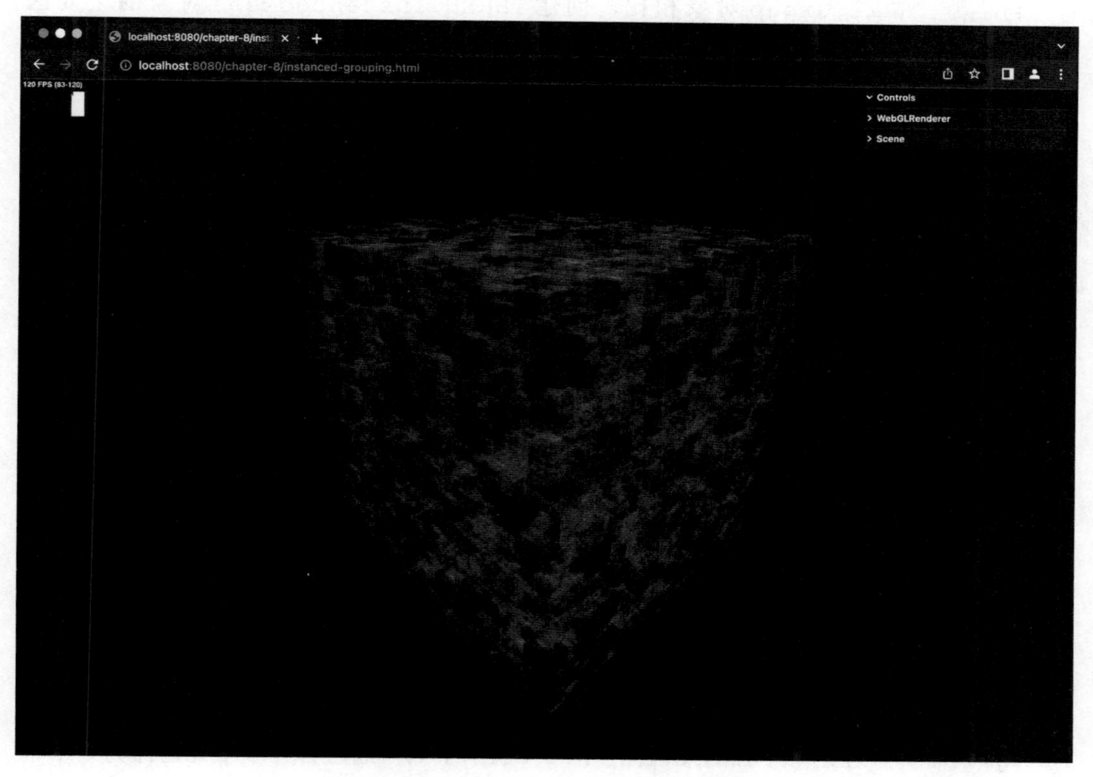


图 8.3 使用 InstancedMesh 对象进行分组

创建 THREE.InstancedMesh 对象的方法与创建 THREE.Group 实例的方法类似:

```
const size = 1
const amount = 250000
const range = 20
const mat = new THREE.MeshNormalMaterial()
mat.opacity = 0.1
mat.transparent = true
mat.blending = THREE.NormalBlending
const g = new THREE.BoxGeometry(size, size, size)
const mesh = new THREE.InstancedMesh(g, mat, amount)
for (let i = 0; i < amount; i++) {
  const x = Math.random() * range - range / 2
  const y = Math.random() * range - range / 2
  const z = Math.random() * range - range / 2
  const matrix = new THREE.Matrix4()
  matrix.makeTranslation(x, y, z)
  mesh.setMatrixAt(i, matrix)
}
```

与创建 THREE.Group 对象相比，创建 THREE.InstancedMesh 对象的主要区别在于我们需要预先定义要使用的材质和几何体，以及我们要创建的这个几何体的实例数量。要对 THREE.InstancedMesh 对象的一个实例进行位置或旋转，需要使用 THREE.Matrix4 实例来提供变换。幸运的是，我们不需要深入了解矩阵背后的数学，因为 Three.js 提供了一些在 THREE.Matrix4 实例上定义旋转、平移和其他一些变换的辅助函数。在这个示例中，我们只是简单地使用随机位置来定位每个实例。

因此，如果你只处理少量的网格（或使用不同几何体的网格），并且想将它们组合在一起，应该使用一个 THREE.Group 对象。如果你要处理大量共享几何体和材质的网格，则可以使用 THREE.InstancedMesh 对象或 THREE.InstancedBufferGeometry 对象来获得大幅度的性能提升。

在 8.1.2 节中，我们将讨论合并，你将合并多个分离的几何体并得到一个 THREE.Geometry 对象。

### 8.1.2 合并几何体

在大多数情况下，使用 THREE.Group 对象可以方便地管理和操作大量网格对象，因为它们可以被视为一个整体。然而，当你处理非常多的对象时，性能将成为一个问题，因为 Three.js 必须单独处理组中的每个子对象。通过 BufferGeometryUtils.mergeBufferGeometries，你可以将几何体合并在一起创建一个组合几何体，因此 Three.js 只需要管理这个单独的几何体。图 8.4 展示了如何通过合并多个几何体为一个单一的 THREE.BufferGeometry 对象来提高渲染性能。如果你打开 merging.html 示例，则会看到这样一个场景，其中包含相同的一组随机分布的半透明立方体，我们将它们合并为一个 THREE.BufferGeometry 对象。

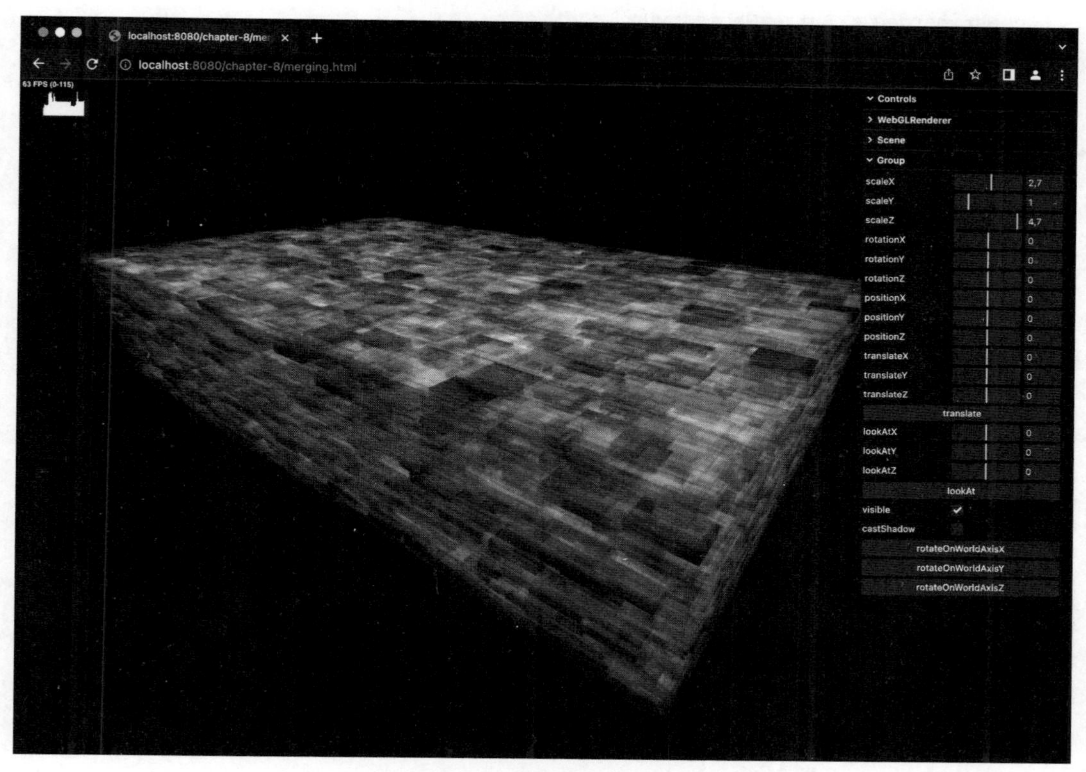


图 8.4　将 50 万个几何体合并为一个几何体

你可以看到，我们可以轻松渲染 50 万个立方体而不影响性能。对此我们只需要以下几行代码：

```
const size = 1
const amount = 500000
const range = 20
const mat = new THREE.MeshNormalMaterial()
mat.blending = THREE.NormalBlending
mat.opacity = 0.1
mat.transparent = true
const geoms = []
for (let i = 0; i < amount; i++) {
  const x = Math.random() * range - range / 2
  const y = Math.random() * range - range / 2
  const z = Math.random() * range - range / 2
  const g = new THREE.BoxGeometry(size, size, size)
```

```
  g.translate(x, y, z)
  geoms.push(g)
}
const merged = BufferGeometryUtils.
  mergeBufferGeometries(geoms)
const mesh = new THREE.Mesh(merged, mat)
```

在这段代码中，我们创建了大量的 `THREE.BoxGeometry` 对象，然后使用 `BufferGeometryUtils.mergeBufferGeometries(geoms)` 函数将它们合并在一起。结果是一个单一的大几何体，我们可以将其添加到场景中。这种方法最大的缺点是你失去了对单个立方体的控制，因为它们都合并到一个大几何体中。如果你想要移动、旋转或缩放单个立方体，现在是很难做到的（除非你搜索正确的面和顶点并单独定位它们）。

> **通过构造几何体创建新的几何体**
>
> 除了在本章中看到的方式合并几何体，我们还可以使用**构造几何体**（Constructive Solid Gometry，CSG）来创建几何体。使用 CSG，你可以将一些操作（通常是加法、减法、差值和交集）应用于结合两个几何体。这些库将根据选择的操作创建一个新的几何体。例如，使用 CSG，很容易在一个侧面上创建具有球形凹陷的实心立方体。你可以使用 Three.js 的 `three-bvh-csg`（`https://github.com/gkjohnson/three-bvh-csg`）和 `Three.csg`（`https://github.com/looeee/threejs-csg`）这两个库来实现这一点。

使用分组和合并的方法，你可以使用 Three.js 内置的基本几何体创建大型复杂几何体。如果你想要创建更高级的几何体，那么使用 Three.js 提供的编程方法并不总是最好和最简便的选择。幸运的是，Three.js 提供了另外几种方法来创建更高级的几何体。在 8.2 节中，我们将探讨如何从外部资源加载几何体和网格。

## 8.2 从外部资源加载几何体

Three.js 能够读取很多种 3D 文件格式，并导入这些文件中定义的几何体和网格。然而，需要注意的是，这些格式中的所有特性并不总是完全受支持，因此有时候可能会出现纹理问题或材质设置不正确的情况。交换模型和纹理的新事实标准是 glTF，因此，如果你想加载外部创建的模型，则将这些模型导出为 glTF 格式通常会在 Three.js 中获得最佳效果。

在本节中，我们将更深入地介绍 Three.js 支持的一些格式，但不会显示所有加载器。以下是 Three.js 支持的格式概述：

- AMF：AMF 是一种 3D 打印标准，但不再积极开发了。以下 Wikipedia 页面上提供了有关该标准的其他信息：`https://www.sculpteo.com/en/glossary/amf-definition/`。
- 3DM：3DM 是一种由 Rhinoceros 软件使用的文件格式，Rhinoceros 是一种创建 3D 模型的工具。有关 Rhinoceros 的更多信息，请访问此处：`https://www.rhino3d.com/`。
- 3MF：3MF 是 3D 打印中使用的标准之一。有关此格式的信息，请访问 3MF 联盟主页：`https://3mf.io`。
- COLLAborative Design Activity（COLLADA）：COLLADA 是一种基于 XML 的格式，用于定义和交换数字资产。这是一种广泛使用的格式，几乎所有 3D 应用程序和渲染引擎都支持该格式。
- Draco：Draco 是一种以非常高效的方式存储几何体和点云的文件格式。它指定了这些元素最佳压缩和解压缩的方法。有关 Draco 的工作原理的详细信息可以在其 GitHub 页面上找到：`https://github.com/google/draco`。
- GCode：GCode 是与 3D 打印机或 CNC 机器进行通信的一种标准方式。当打印模型时，可以通过发送 GCode 命令来控制 3D 打印机。有关此标准的详细信息，请参阅以下论文：`https://www.nist.gov/publications/nist-rs274ngc-interpreter-version-3?pub_id=823374`。
- glTF：这是一种规范，用于定义 3D 场景和模型如何被不同的应用程序和工具交换和加载，并且正在成为 Web 上交换模型的标准格式。它们以 `.glb` 扩展名的二进制格式和 `.gltf` 扩展名的文本格式呈现。有关此标准的更多信息，请访问此处：`https://www.khronos.org/gltf/`。
- 工业基础类（Industry Foundation Classes，IFC）：这是由建筑信息建模（Building Information Modeling，BIM）工具使用的开放文件格式。它包含建筑模型以及关于所使用材料的大量附加信息。有关此标准的更多信息，请访问此处：`https://www.buildingsmart.org/standards/bsi-standards/industry-foundation-classes/`。
- JSON：Three.js 具有自己的 JSON 格式，你可以使用该格式声明性地定义几何体或场景。尽管这不是官方格式，但在你想要重用复杂的几何体或场景时非常容易使用。
- KMZ：这是 Google Earth 中的 3D 资产使用的格式。有关详细信息，请访问此处：`https://developers.google.com/kml/documentation/kmzarchives`。
- LDraw：LDraw 是一种用于创建虚拟乐高模型和场景的开放标准。有关详细信息，请访问 LDraw 主页：`https://ldraw.org`。

- LWO：这是 LightWave 3D 使用的文件格式。有关 LightWave 3D 的更多信息，请访问此处：https://www.lightwave3d.com/。
- NRRD：NRRD 是用于可视化容积数据的文件格式。例如，它可以用于渲染 CT 扫描。这里提供了很多信息和示例：http://teem.sourceforge.net/nrrd/。
- OBJ 和 MTL：OBJ 是 Wavefront Technologies 最早开发的一种简单 3D 格式。它是最广泛采用的 3D 文件格式之一，并用于定义对象的几何形状。MTL 是 OBJ 的陪伴格式。在 MTL 文件中，指定了 OBJ 文件中对象的材质。Three.js 还具有自定义的 OBJ 导出器，称为 OBJExporter，如果你想从 Three.js 导出模型到 OBJ，则可以使用它。
- PCD：这是一种描述点云的开放格式。有关详细信息请访问此处：https://pointclouds.org/documentation/tutorials/pcd_file_format.html。
- PDB：这是一种非常专业的格式，由**蛋白质数据银行**（**Protein Data Bank, PDB**）创建，用于指定蛋白质的外观。Three.js 可以加载和可视化以此格式指定的蛋白质。
- Polygon File Format（PLY）：一种经常用于存储三维扫描仪信息的文件格式。
- Packed Raw WebGL Model（PRWM）：这是另一种格式，专注于高效存储和解析 3D 几何体。有关此标准以及如何使用它的更多信息，请参阅此处：https://github.com/kchapelier/PRWM。
- STereoLithography（STL）：这在快速原型制作中广泛使用。例如，用于 3D 打印机的模型通常定义为 STL 文件。Three.js 还具有自定义的 STL 导出器，称为 STLExporter.js，如果你想从 Three.js 导出模型到 STL，则可以使用它。
- SVG：SVG 是定义矢量图形的标准方法。这个加载器允许你加载 SVG 文件并返回一组可以用于 2D 挤压或渲染的 THREE.Path 元素。
- 3DS：Autodesk 3DS 格式。有关详细信息请访问 https://www.autodesk.com/。
- TILT：TILT 是 Tilt Brush 使用的格式，Tilt Brush 是一种允许你在虚拟现实中绘画的 VR 工具。有关详细信息请访问：https://www.tiltbrush.com/。
- VOX：这是 MagicaVoxel 使用的格式，MagicaVoxel 是一个免费工具，你可以使用它创建体素艺术。有关 MagicaVoxel 的更多信息请访问主页：https://ephtracy.github.io/。
- Virtual Reality Modeling Language（VRML）：这是一种基于文本的格式，允许你指定 3D 对象和场景。它已被 X3D 文件格式取代。Three.js 不支持加载 X3D 模型，但这些模型可以轻松转换为其他格式。有关更多信息，请访问 http://www.x3dom.org/?page_id=532#。
- Visualization Toolkit（VTK）：这是由和用于指定顶点和面定义的文件格式。有两种可用的格式：一种是二进制格式，另一种是基于文本的 ASCII 格式。Three.js 仅支持基于 ASCII 的格式。

- XYZ：这是一种非常简单的用于描述三维空间中的点的文件格式。有关更多信息，请访问此处：https://people.math.sc.edu/Burkardt/data/xyz/xyz.html。

在第 9 章讲述动画的相关章节中，我们将回顾以上其中一些格式（并介绍另一些未提到的格式）。

从这个列表中可以看出，Three.js 支持非常多的 3D 文件格式。我们不会详细描述所有这些格式，只介绍最有趣的几种。我们将从 JSON 加载器开始，因为它提供了一种很好的方式来存储和检索你自己创建的场景。

## 在 Three.js 中保存和加载 JSON 格式

Three.js JSON 格式可以用于两种不同的场景。第一种是你可以使用它来保存和加载单个 `THREE.Object3D` 对象，第二种是你可以使用它导出 `THREE.Scene` 对象。

为了演示保存和加载功能，我们创建了一个基于 `THREE.TorusKnotGeometry` 的简单示例。通过这个示例，你可以像我们在第 5 章中所做的一样创建一个环状结，然后使用 Save/load 菜单中的 save 按钮保存当前的几何体。就这个示例而言，我们使用 HTML5 本地存储 API 进行保存。这个 API 允许我们在客户端浏览器中轻松存储持久信息，并可以在以后的时间检索到它（即使在关闭和重新启动浏览器之后），如图 8.5 所示。

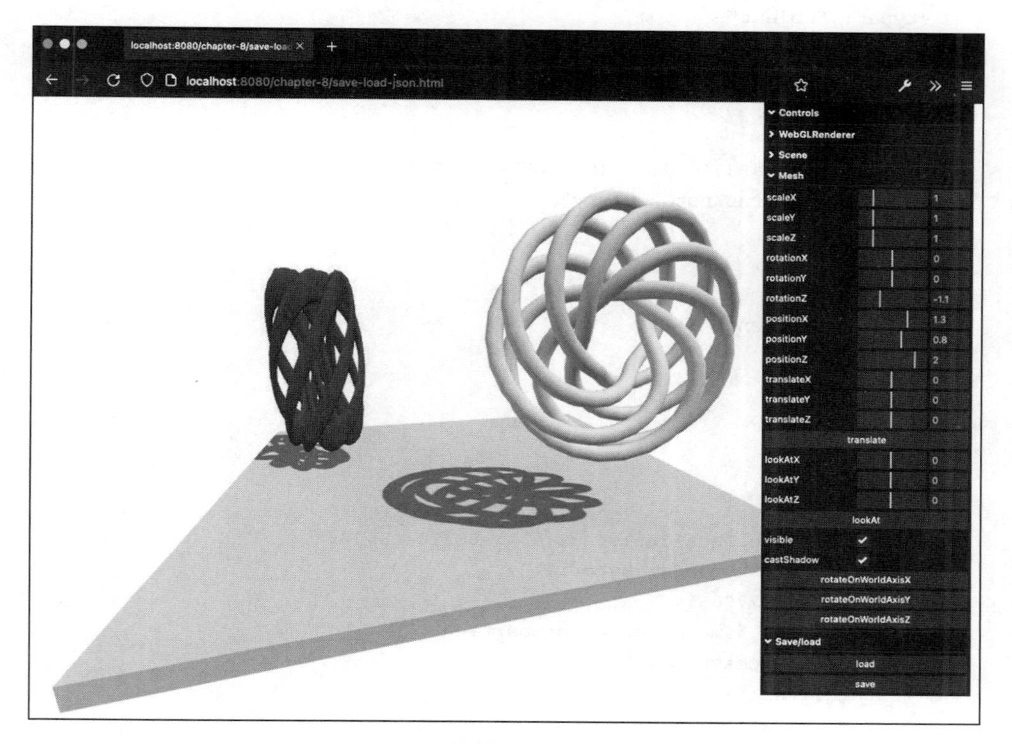


图 8.5　通过加载获得的网格和原始的网格

在图 8.5 中，你可以看到两个网格——红色网格是我们加载的网格，黄色网格是原始的网格。如果你自己打开此示例并单击 save 按钮，将存储网格的当前状态。现在，你可以刷新浏览器并单击 load，保存的状态将显示为红色。

从 Three.js 导出 JSON 格式非常简单，不需要你包含任何其他库。你唯一需要做的就是将 `THREE.Mesh` 导出为 JSON 并将其存储在浏览器的 `localstorage` 中，具体代码如下所示：

```
const asJson = mesh.toJSON()
localStorage.setItem('json', JSON.stringify(asJson))
```

在保存之前，我们首先使用 `JSON.stringify` 函数将 `toJSON` 函数的结果（JavaScript 对象）转换为字符串。要使用 HTML5 本地存储 API 保存此信息，我们只需调用 `localStorage.setItem` 函数。第一个参数是键值（`json`），以后我们可以使用它来检索我们作为第二个参数传递的信息。

我们通过 `JSON.stringify` 函数得到的 JSON 字符串如下：

```
{
  "metadata": {
    "version": 4.5,
    "type": "Object",
    "generator": "Object3D.toJSON"
  },
  "geometries": [
    {
      "uuid": "15a98944-91a8-45e0-b974-0d505fcd12a8",
      "type": "TorusKnotGeometry",
      "radius": 1,
      "tube": 0.1,
      "tubularSegments": 200,
      "radialSegments": 10,
      "p": 6,
      "q": 7
    }
  ],
  "materials": [
    {
      "uuid": "38e11bca-36f1-4b91-b3a5-0b2104c58029",
      "type": "MeshStandardMaterial",
      "color": 16770655,
      // left out some material properties
      "stencilFuncMask": 255,
      "stencilFail": 7680,
      "stencilZFail": 7680,
      "stencilZPass": 7680
```

```
      }
    ],
    "object": {
      "uuid": "373db2c3-496d-461d-9e7e-48f4d58a507d",
      "type": "Mesh",
      "castShadow": true,
      "layers": 1,
      "matrix": [
        0.5,
        ...
        1
      ],
      "geometry": "15a98944-91a8-45e0-b974-0d505fcd12a8",
      "material": "38e11bca-36f1-4b91-b3a5-0b2104c58029"
    }
  }
```

正如你所见，Three.js 保存了关于 THREE.Mesh 对象的所有信息。将 THREE.Mesh 加载回 Three.js 也只需要几行代码，具体如下所示：

```
const fromStorage = localStorage.getItem('json')
if (fromStorage) {
  const structure = JSON.parse(fromStorage)
  const loader = new THREE.ObjectLoader()
  const mesh = loader.parse(structure)
  mesh.material.color = new THREE.Color(0xff0000)
  scene.add(mesh)
}
```

在这里，我们首先使用我们保存的名称（在本例中为 json）从本地存储中获取 JSON。为此，我们使用了 HTML5 本地存储 API 提供的 localStorage.getItem 函数。接下来，我们需要将字符串转换回 JavaScript 对象（JSON.parse）并将 JSON 对象转换回 THREE.Mesh。Three.js 提供了一个名为 THREE.ObjectLoader 的辅助对象，你可以使用它将 JSON 转换为 THREE.Mesh。在本例中，我们使用 loader 的 parse 函数直接解析 JSON 字符串。这个 loader 还提供了一个 load 函数，允许我们传递一个包含 JSON 定义的文件 URL 来加载该文件。

正如你在这里看到的，我们仅保存了一个 THREE.Mesh 对象，因此我们失去了其他所有内容。如果要保存完整的场景，包括灯光和相机，则可以使用相同的方法导出场景：

```
const asJson = scene.toJSON()
localStorage.setItem('scene', JSON.stringify(asJson))
```

这样的结果将是一个包含完整的场景描述的 JSON，如图 8.6 所示。

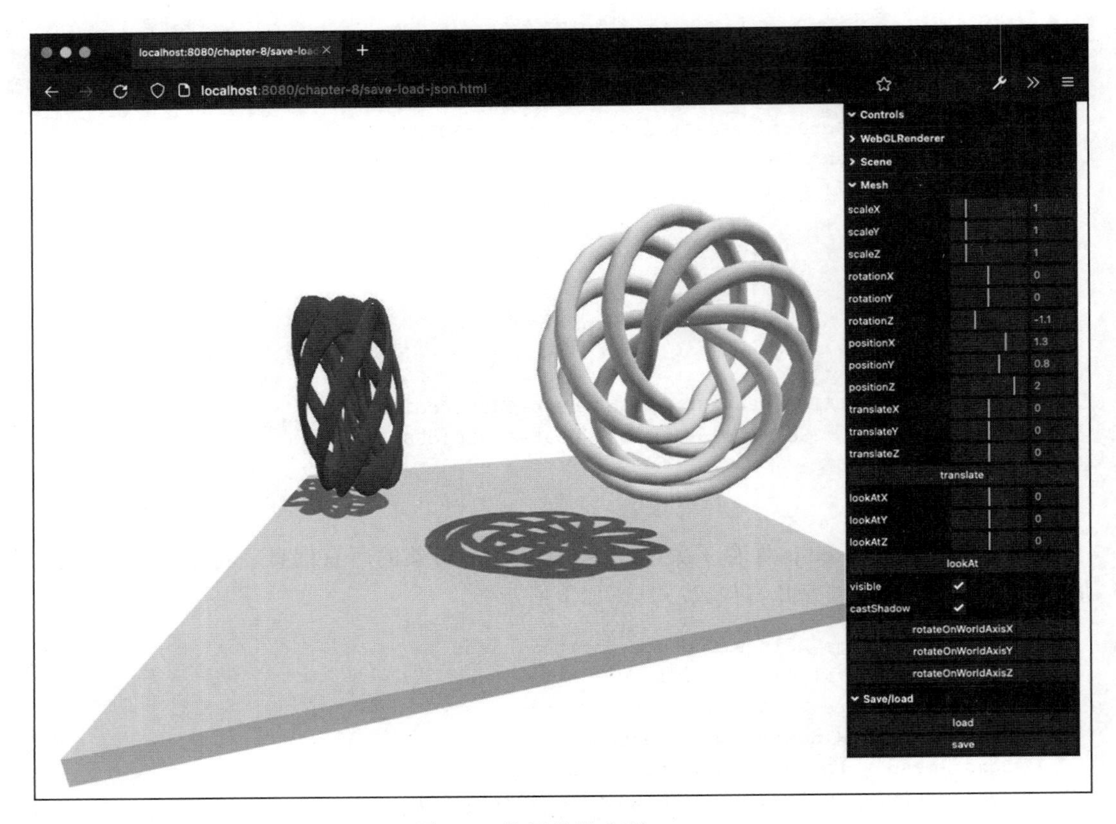


图 8.6 将场景导出到 JSON

然后可以用我们已经展示过的用于 `THREE.Mesh` 对象的相同方式加载该场景。当你仅使用 Three.js 的时候，将当前场景和对象存储为 JSON 非常方便，但其他工具无法轻易读取或创建 Three.js 的 JSON 格式。在 8.3 节中，我们将深入了解 Three.js 支持的一些 3D 格式。

## 8.3 从 3D 文件格式导入

在本章的开始，我们列出了 Three.js 支持的一些格式。在本节中，我们将快速浏览这些格式的一些示例。

### 8.3.1 OBJ 和 MTL 格式

OBJ 和 MTL 是配套的格式，通常一起使用。OBJ 文件定义几何体，MTL 文件定义使用的材质。OBJ 和 MTL 都是基于文本的格式。OBJ 文件的部分内容如下：

```
v -0.032442 0.010796     0.025935
v -0.028519 0.013697     0.026201
v -0.029086 0.014533     0.021409
usemtl Material
s   1
f   2731     2735 2736 2732
f   2732     2736 3043 3044
```

MTL 文件用于定义材质，部分内容如下：

```
newmtl Material
Ns  56.862745
Ka  0.000000     0.000000     0.000000
Kd  0.360725     0.227524     0.127497
Ks  0.010000     0.010000     0.010000
Ni  1.000000
d 1.000000
illum 2
```

OBJ 和 MTL 格式在 Three.js 中得到了很好的支持，因此如果你想交换 3D 模型，那么这是一个很好的格式选择。Three.js 有两个不同的加载器可供使用。如果你只想加载几何体，则可以使用 `OBJLoader`。我们在示例（`load-obj.html`）中使用了这个加载器。该示例的截图如图 8.7 所示。

图 8.7　使用 `OBJLoader` 加载的仅包含几何体定义的 OBJ 模型

从外部文件加载 OBJ 模型的方法如下：

```
import { OBJLoader } from 'three/examples/jsm/
  loaders/OBJLoader'
new OBJLoader().loadAsync('/assets/models/
  baymax/Bigmax_White_OBJ.obj').then((model) => {
  model.scale.set(0.05, 0.05, 0.05)
  model.translateY(-1)
  visitChildren(model, (child) => {
    child.receiveShadow = true
    child.castShadow = true
  })
  return model
})
```

在这段代码中，我们使用 OBJLoader 从 URL 异步加载模型。这将返回一个 JavaScript Promise，解析完之后将包含网格信息。模型加载完成后，我们进行一些微调，并确保模型能够投射阴影和接收阴影。除了 loadAsync 之外，每个加载器还提供了一个 load 函数，该函数不使用 Promise，而是使用回调函数。以上使用 loadAsync 函数的代码改成使用 load 函数之后将变成这样：

```
const model = new OBJLoader().load('/assets/models/baymax
  /Bigmax_White_OBJ.obj', (model) => {
  model.scale.set(0.05, 0.05, 0.05)
  model.translateY(-1)
  visitChildren(model, (child) => {
    child.receiveShadow = true
    child.castShadow = true
  })
  // do something with the model
  scene.add(model)
})
```

在本章中，我们将使用基于 Promise 的 loadAsync 方法，因为这样可以避免嵌套的回调，并且使这些调用更容易链式处理起来。下一个示例（oad-obj- mtl.html）将使用 OBJLoader 和 MTLLoader 一起加载模型并直接分配材质。实际效果如图 8.8 所示。

使用 MTL 文件与使用 OBJ 文件遵循相同的原则：

```
const model = mtlLoader.loadAsync('/assets/models/butterfly/
  butterfly.mtl').then((materials) => {
  objLoader.setMaterials(materials)
  return objLoader.loadAsync('/assets/models/butterfly/
    butterfly.obj').then((model) => {
    model.scale.set(30, 30, 30)
    visitChildren(model, (child) => {
      // if there are already normals, we can't merge
        vertices
```

```
        child.geometry.deleteAttribute('normal')
        child.geometry = BufferGeometryUtils.
          mergeVertices(child.geometry)
        child.geometry.computeVertexNormals()
        child.material.opacity = 0.1
        child.castShadow = true
      })
      const wing1 = model.children[4]
      const wing2 = model.children[5]
      [0, 2, 4, 6].forEach(function (i) {
        model.children[i].rotation.z = 0.3 * Math.PI })
      [1, 3, 5, 7].forEach(function (i) {
        model.children[i].rotation.z = -0.3 * Math.PI })
      wing1.material.opacity = 0.9
      wing1.material.transparent = true
      wing1.material.alphaTest = 0.1
      wing1.material.side = THREE.DoubleSide
      wing2.material.opacity = 0.9
      wing2.material.depthTest = false
      wing2.material.transparent = true
      wing2.material.alphaTest = 0.1
      wing2.material.side = THREE.DoubleSide
      return model
    })
  })
```

图 8.8　使用 OBJLoader 和 MTLLoader 加载的带有模型和材质信息的 OBJ.MTL 模型

在查看代码之前首先需要提及的是，如果你收到OBJ文件、MTL文件和所需的纹理文件，则需要检查MTL文件是如何引用纹理文件的。这些引用应该是相对于MTL文件的路径，而不是绝对路径。代码本身与之前加载OBJ文件的代码并没有太大不同。我们首先使用THREE.MTLLoader对象加载MTL文件，然后通过setMaterials函数将加载的材质设置到THREE.OBJLoader中。

我们在本例中使用的模型是一个复杂模型。因此，我们在回调中设置了一些特定的属性以解决一些渲染问题：

- 我们需要合并模型中的顶点，以便Three.js能够正确渲染平滑模型。为此，我们首先需要从加载的模型中删除已定义的normal向量，以便我们可以使用BufferGeometryUtils.mergeVertices和computeVertexNormals函数为Three.js提供正确渲染模型所需的信息。
- 源文件中的不透明度设置不正确，导致模型的一部分（如翅膀）不可见。因此，为了修复这个问题，我们需要在加载模型后手动设置材质的opacity transparent和透明属性。
- 默认情况下，Three.js只渲染对象的一面。为了渲染模型的双侧，因此我们需要将side属性设置为THREE.DoubleSide值。
- 翅膀在需要重叠渲染时会产生一些不必要的伪影。我们需要通过设置alphaTest属性来修复这个问题。

但是正如你所看到的，你可以直接将复杂模型加载到Three.js中，并在浏览器中实时渲染，但可能需要微调材质的各种属性。

## 8.3.2 加载glTF模型

我们已经提到，当在Three.js中导入数据时，glTF是一个很好的格式。为了向你展示即使是复杂场景也能轻松导入和显示，我们添加了一个示例。我们只是从https://sketchfab.com/3d-models/sea-house-bc4782005e9646fb9e6e18df61bfd28d获取了一个模型，如图8.9所示。

如你从图8.9中所见，这不是一个简单的场景，而是一个复杂的场景，有许多模型、纹理、阴影和其他元素。要在Three.js中加载它，我们只需要这样做：

```
const loader = new GLTFLoader()
return loader.loadAsync('/assets/models/sea_house/
  scene.gltf').then((structure) => {
  structure.scene.scale.setScalar(0.2, 0.2, 0.2)
  visitChildren(structure.scene, (child) => {
    if (child.material) {
      child.material.depthWrite = true
    }
  })
  scene.add(structure.scene)
})
```

图 8.9　从 glTF 加载的复杂 3D 场景

你已经熟悉异步加载器，我们需要修复的唯一问题是确保材质的 depthWrite 属性设置正确（这似乎是某些 glTF 模型的常见问题）。就这么多工作了——不过只是个静态模型。glTF 格式不仅支持静态模型，还支持定义动画，我们将在第 9 章中进一步探讨。

### 8.3.3　展示完整的乐高模型

除了明确定义了顶点、材质、灯光等信息的 3D 模型文件（如 obj，glTF 等），还有一些文件格式并没有明确定义几何信息，而是有更特定的用途。例如用于渲染乐高模型的 LDraw 格式，文件中只定义了乐高积木的组装信息，而不是顶点等几何信息。我们将使用 LDrawLoader 加载器来加载和渲染乐高模型。使用这个加载器的方式与我们之前已经看过的几种加载器方式相同：

```
loader.loadAsync('/assets/models/lego/10174-1-ImperialAT-ST-
UCS.mpd_Packed.mpd').'/assets/models/lego/10174-1-ImperialAT-
ST-UCS.mpd_Packed.mpd'.then((model) => {
  model.scale.set(0.015, 0.015, 0.015)
  model.rotateZ(Math.PI)
  model.rotateY(Math.PI)
  model.translateY(1)
  visitChildren(model, (child) => {
```

```
      child.castShadow = true
      child.receiveShadow = true
    })
    scene.add(model))
  })
```

结果看起来很棒，如图 8.10 所示。

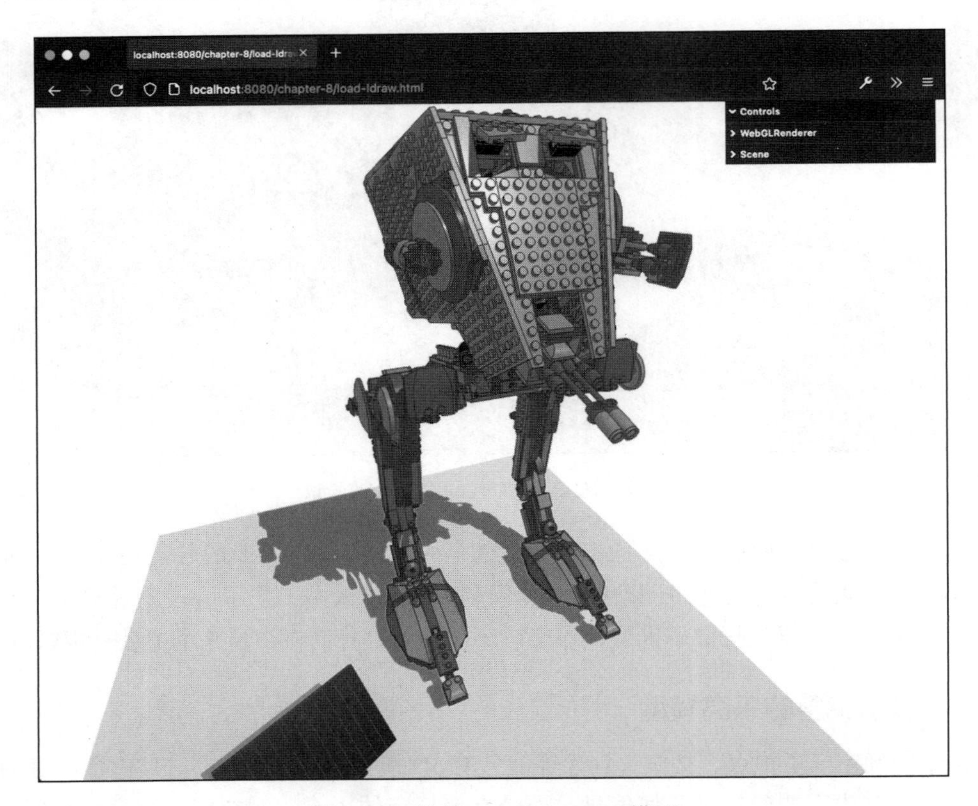


图 8.10 乐高 Imperial AT-ST 模型

图 8.10 显示了乐高 AT-ST 模型的完整结构。除此之外，你还可以加载许多其他乐高模型，如图 8.11 所示。

如果你想探索更多模型，则可以从 LDraw 存储库下载它们：`https://omr.ldraw.org/`。

## 8.3.4 加载基于 voxel 的模型

另一种创建三维模型的有趣方法是使用体素（voxel）。体素是一种三维空间划分方法，将空间划分成一个个小立方体单元来构建模型，例如 Minecraft 游戏中的模型。你可以使用一个免费工具 MagicaVoxel（`https://ephtracy.github.io/`）来创建基于体素的模型。图 8.12 展示了一个使用该工具创建的模型。

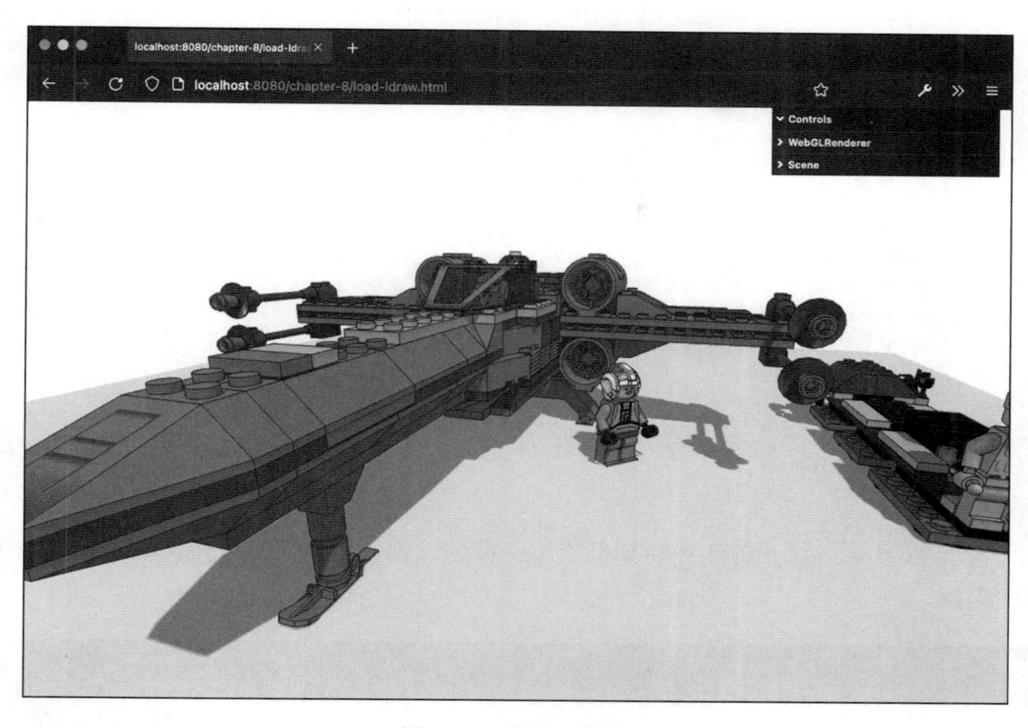


图 8.11　乐高 X 战机

图 8.12　通过 MagicaVoxel 创建的示例模型

有趣的是，你可以使用 VOXLoader 加载器轻松地在 Three.js 中导入这些模型，具体代码如下所示：

```
new VOXLoader().loadAsync('/assets/models/vox/monu9.vox').
then((chunks) => {
  const group = new THREE.Group()
  for (let i = 0; i < chunks.length; i++) {
    const chunk = chunks[i]
    const mesh = new VOXMesh(chunk)
    mesh.castShadow = true
    mesh.receiveShadow = true
    group.add(mesh)
  }
  group.scale.setScalar(0.1)
  scene.add(group)
})
```

你可以在 models 文件夹找到几个 vox 模型。图 8.13 展示了使用 Three.js 加载的 vox 模型。

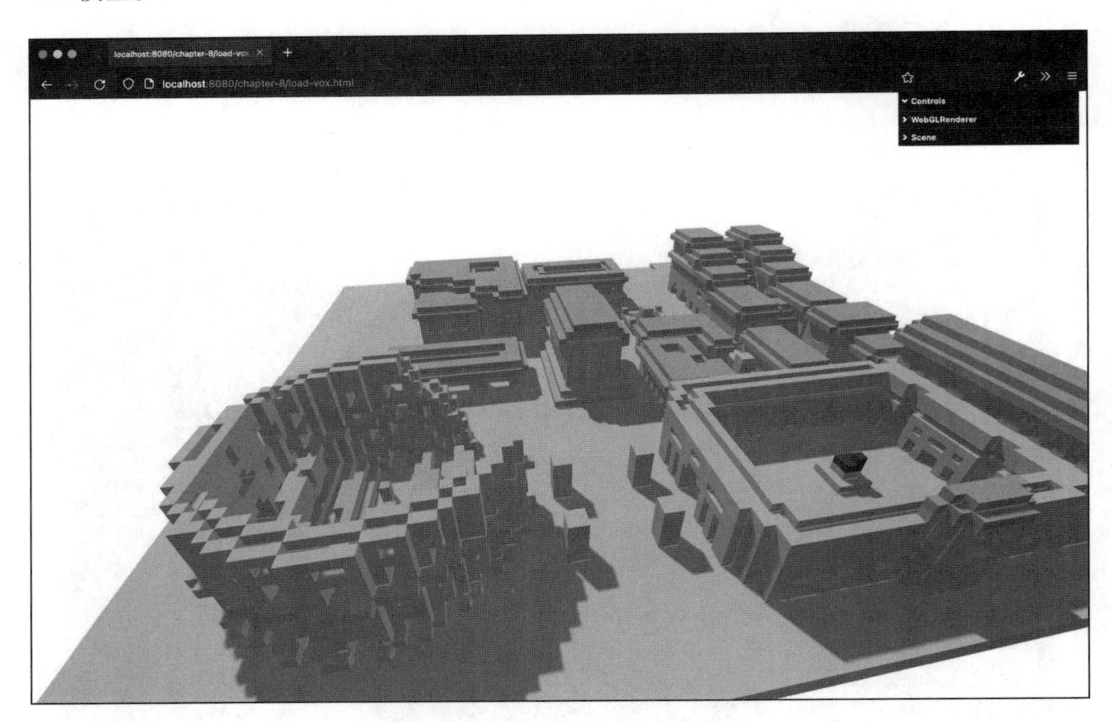


图 8.13 使用 Three.js 加载的 vox 模型

下一个加载器是另一个非常特定的加载器。我们将介绍如何从 PDB 格式渲染蛋白质。

### 8.3.5　从 PDB 渲染蛋白质

PDB 网站（www.rcsb.org）包含许多不同分子和蛋白质的详细信息。除了这些蛋白质的解释外，它还提供了以 PDB 格式下载这些分子结构的方法。Three.js 提供了一个可以加载 PDB 格式文件的加载器。在本节中，我们将以一个示例来介绍如何解析 PDB 文件并使用 Three.js 进行可视化。

有了这个加载器，我们可以根据 PDB 文件创建以下蛋白质 3D 模型（参见 load-pdb.html 示例），如图 8.14 所示。

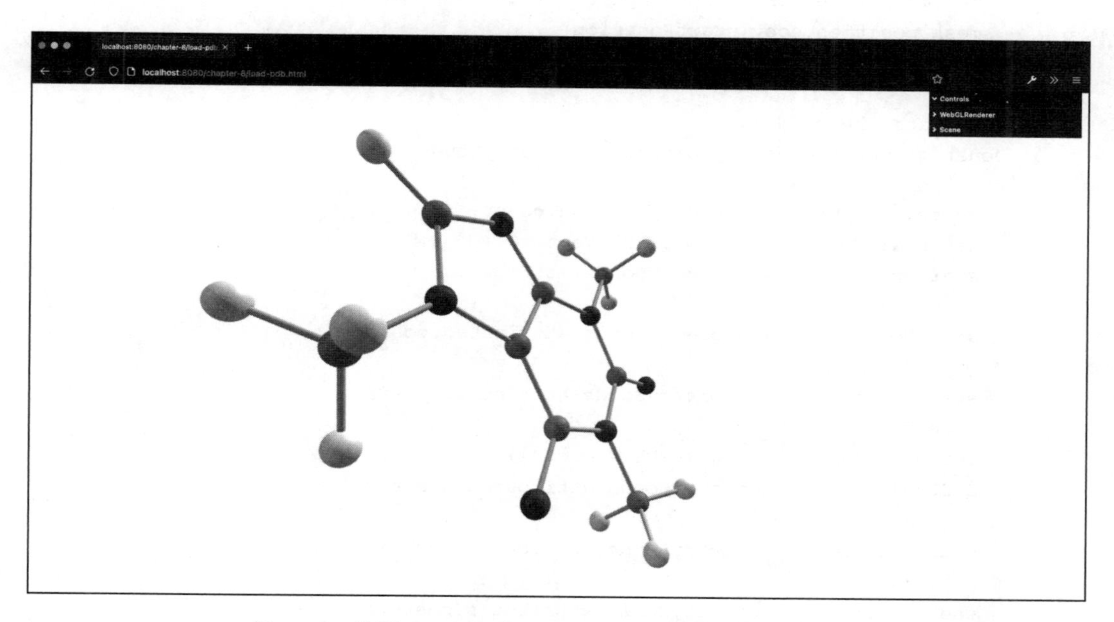

图 8.14　使用 Three.js 和 PDBLoader 进行蛋白质可视化

加载 PDB 文件的方式与前面加载其他格式文件的方式相同：

```
PDBLoader().loadAsync('/assets/models/molecules/caffeine.pdb').
then((geometries) => {
  const group = new THREE.Object3D()
  // create the atoms
  const geometryAtoms = geometries.geometryAtoms

  for (let i = 0; i < geometryAtoms.attributes.
    position.count; i++) {
    let startPosition = new THREE.Vector3()
    startPosition.x = geometryAtoms.attributes.
      position.getX(i)
    startPosition.y = geometryAtoms.attributes.
      position.getY(i)
```

```
    startPosition.z = geometryAtoms.attributes.position.getZ(i)
    let color = new THREE.Color()
    color.r = geometryAtoms.attributes.color.getX(i)
    color.g = geometryAtoms.attributes.color.getY(i)
    color.b = geometryAtoms.attributes.color.getZ(i)
    let material = new THREE.MeshPhongMaterial({
      color: color
    })
    let sphere = new THREE.SphereGeometry(0.2)
    let mesh = new THREE.Mesh(sphere, material)
    mesh.position.copy(startPosition)
    group.add(mesh)
  }
  // create the bindings
  const geometryBonds = geometries.geometryBonds
  for (let j = 0; j <
    geometryBonds.attributes.position.count; j += 2) {
    let startPosition = new THREE.Vector3()
    startPosition.x = geometryBonds.attributes.
      position.getX(j)
    startPosition.y = geometryBonds.attributes.position.
      getY(j)
    startPosition.z = geometryBonds.attributes.position.
      getZ(j)
    let endPosition = new THREE.Vector3()
    endPosition.x = geometryBonds.attributes.position.
      getX(j + 1)
    endPosition.y = geometryBonds.attributes.position.
      getY(j + 1)
    endPosition.z = geometryBonds.attributes.position.
      getZ(j + 1)
    // use the start and end to create a curve, and use the
      curve to draw
    // a tube, which connects the atoms
    let path = new THREE.CatmullRomCurve3([startPosition,
      endPosition])
    let tube = new THREE.TubeGeometry(path, 1, 0.04)
    let material = new THREE.MeshPhongMaterial({
      color: 0xcccccc
    })
    let mesh = new THREE.Mesh(tube, material)
    group.add(mesh)
  }
  group.scale.set(0.5, 0.5, 0.5)
  scene.add(group)
})
```

在以上示例代码中，我们实例化了一个 THREE.PDBLoader 对象，并传入我们要加载的模型文件，一旦模型加载完成，我们就对其进行处理。在本例中，模型由两个属性组成：geometryAtoms 和 geometryBonds。geometryAtoms 的 position 属性包含各个分子的位置，而 color 属性可以用于给各个分子着色。geometryBonds 用于连接分子之间的链接。

我们根据位置和颜色创建一个 THREE.Mesh 对象并将其添加到一个组中：

```
let sphere = new THREE.SphereGeometry(0.2)
let mesh = new THREE.Mesh(sphere, material)
mesh.position.copy(startPosition)
group.add(mesh)
```

关于分子之间的连接，我们采用相同的方法。我们先获得连接的起点和终点位置，并使用这些位置绘制连接：

```
let path = new THREE.CatmullRomCurve3([startPosition,
  endPosition])
let tube = new THREE.TubeGeometry(path, 1, 0.04)
let material = new THREE.MeshPhongMaterial({
  color: 0xcccccc
})
let mesh = new THREE.Mesh(tube, material)
group.add(mesh)
```

对于连接，我们首先使用 THREE.CatmullRomCurve3 创建一个 3D 路径。这个路径用作 THREE.TubeGeometry 的输入，并用于创建分子之间的连接。所有的连接和分子都被添加到一个组中，然后该组被添加到场景中。你可以从 PDB 下载许多模型。例如，图 8.15 展示了一个钻石结构的模型。

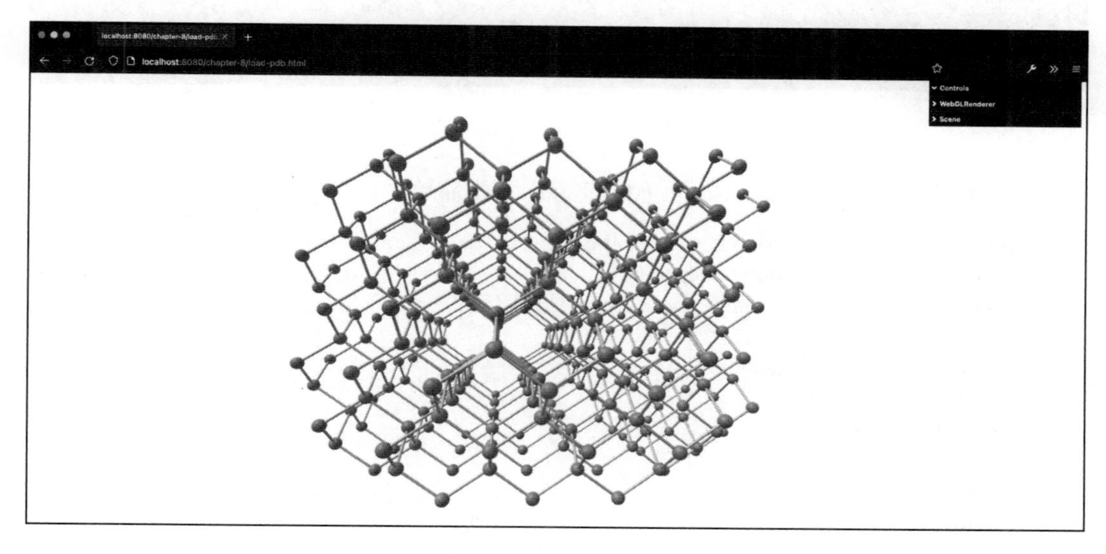


图 8.15　钻石结构

在 8.3.6 节中，我们将介绍 Three.js 对 PLY 模型的支持，该模型可以用于加载点云数据。

### 8.3.6 从 PLY 模型加载点云

与其他格式相比，使用 PLY 格式并没有太大的区别。你需要加载器并处理加载后的模型。然而，在这个最后的示例中，我们要做一些不同的事情。我们将使用来自该模型的信息创建一个粒子系统，而不是将模型渲染为网格，实际效果请参见图 8.16（`load-ply.html` 示例）。

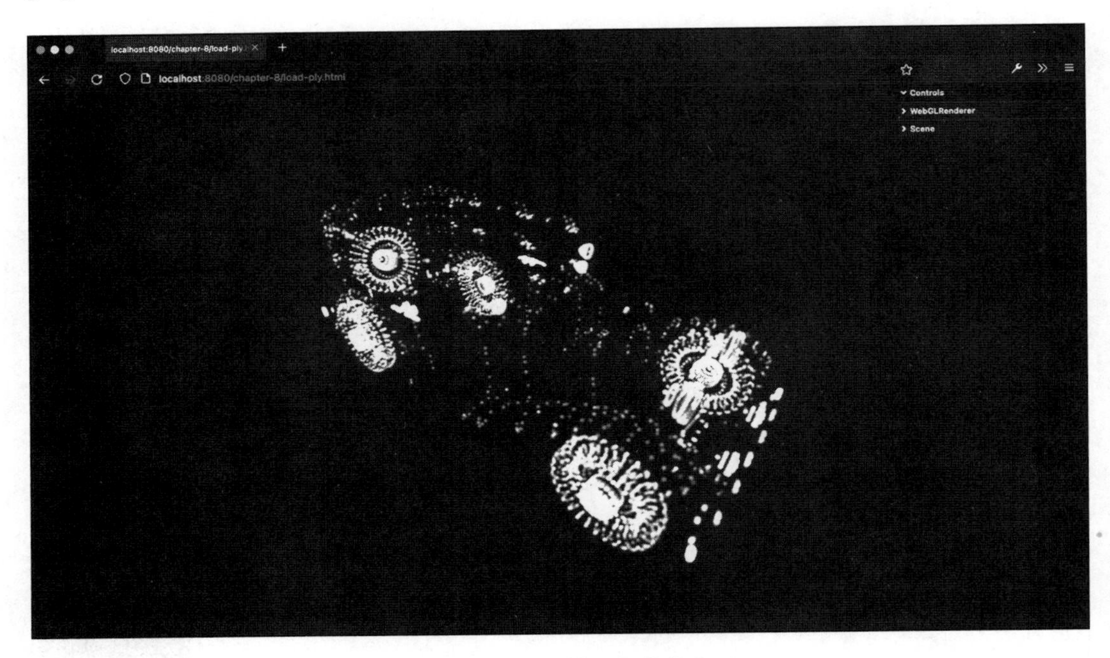


图 8.16 从 PLY 模型加载的点云

用于渲染上述截图的 JavaScript 代码实际上非常简单：

```
const texture = new THREE.TextureLoader().load('/assets
  /textures/particles/glow.png')
const material = new THREE.PointsMaterial({
  size: 0.15,
  vertexColors: false,
  color: 0xffffff,
  map: texture,
  depthWrite: false,
  opacity: 0.1,
  transparent: true,
```

```
    blending: THREE.AdditiveBlending
  })
  return new PLYLoader().loadAsync('/assets/
    models/carcloud/carcloud.ply').then((model) => {
    const points = new THREE.Points(model, material)
    points.scale.set(0.7, 0.7, 0.7)
    scene.add(points)
  })
```

如你所见，我们使用 THREE.PLYLoader 加载模型，并将该几何体作为 THREE.Points 的输入。我们使用的材质与第 7 章最后一个示例中使用的材质相同。如你所见，使用 Three.js 可以非常容易地将有各种来源的模型组合在一起，并以不同的方式渲染它们，所有这些都可以通过几行代码完成。

## 8.3.7　其他加载器

在 8.2 节中，我们向你展示了 Three.js 提供的所有加载器的列表。与所有这些加载器相关的示例可以在 chapter-8 配套源代码中找到，如图 8.17 所示。

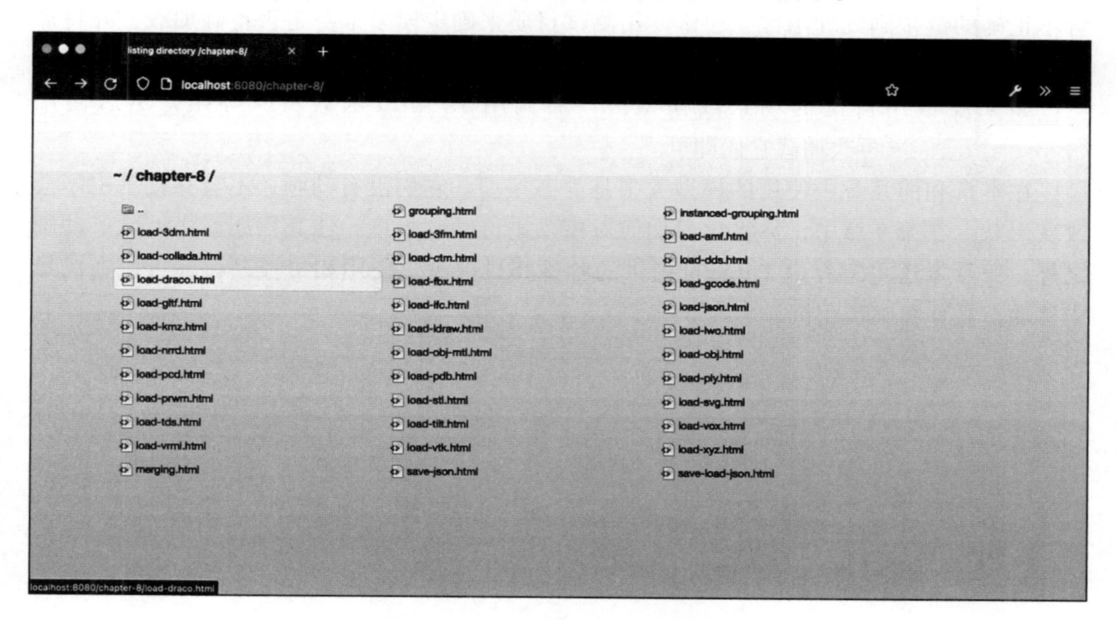


图 8.17　显示所有加载器示例的目录

所有这些加载器的源代码都遵循与本章中已讲述过的加载器相同的模式。只需加载模型，确定要显示所加载模型的哪个部分，确保缩放和位置正确，然后将其添加到场景中。

## 8.4 本章小结

在 Three.js 中使用外部模型并不难，尤其是对于简单的模型——你只需要执行一些简单的步骤。

在使用外部模型或使用分组和合并创建模型时，有几件事情值得记住。你需要记住的第一件事情是，当你将对象分组时，它们仍然作为单独的对象可用。应用于父对象的转换也会影响子对象，但你仍然可以单独转换子对象。除了分组之外，你还可以合并几何体。使用这种方法后，你将失去各个几何体，并获得一个新几何体。当你需要渲染数千个几何体并遇到性能问题时，这种方法是特别有用的。如果要控制包含大量相同几何体的网格，最终方法是使用 `THREE.InstancedMesh` 对象或 `THREE.InstancedBufferGeometry` 对象，它允许你定位和转换各个网格，但仍可以获得出色的性能。

Three.js 支持大量外部格式。在使用格式加载器时，建议查看源代码，并在其中添加 `console.log` 语句，以确定实际加载的数据是什么样子的。这将帮助你了解获取正确网格并将其设置为正确位置和比例所需的步骤。当模型显示不正确时，通常是由其材质设置引起的。可能使用了不兼容的纹理格式，不正确地定义了不透明度，或者该格式包含不正确的链接到纹理图像。通常使用测试材质来确定模型本身是否正确加载，并将加载的材质记录在 JavaScript 控制台中以检查是否有意外的值。

如果要重用自己的场景或模型，只需调用 `asJson` 函数将其导出，然后使用 `ObjectLoader` 再次加载它们即可。

在本章和前几章中使用的模型大多是静态模型。它们没有动画，不会移动，也不会改变形状。在第 9 章中，你将学习如何对模型进行动画处理，使其栩栩如生。除了动画之外，第 9 章还将解释由 Three.js 提供的各种相机控制。使用相机控制，你可以在场景中移动，平移和旋转相机。

第 9 章 Chapter 9

# 动画和移动相机

在之前的章节中，我们看到了一些简单的动画。在第 1 章中，我们介绍了基本的渲染循环，并在随后的章节中使用它来旋转一些简单的对象，展示了一些其他基本动画概念。

在本章中，我们将更详细地讨论 Three.js 如何支持动画。我们将研究以下四个主题：

- ❑ 基本动画。
- ❑ 通过相机实现动画。
- ❑ 变形和蒙皮动画。
- ❑ 使用外部模型创建动画。

我们将从动画背后的基本概念开始讲解。

## 9.1 基本动画

在查看示例之前，让我们快速回顾一下第 1 章中介绍的渲染循环。为了支持动画，我们需要告诉 Three.js 定期渲染场景。为此，我们使用标准的 HTML5 `requestAnimationFrame` 功能，具体如下所示：

```
function animate() {
  requestAnimationFrame(animate);
  renderer.render(scene, camera);
}
animate();
```

有了这段代码，我们只需要在初始化场景之后调用一次 `render()` 函数。在 `render()`

函数中，我们使用 requestAnimationFrame 来调度下一次渲染。这样，浏览器将确保以正确的间隔（通常为每秒 60 次或 120 次）调用 render() 函数。在将 requestAnimationFrame 添加到浏览器之前，使用 setInterval(function, interval) 或 setTimeout(function, interval)。这些函数在设定的间隔内调用指定的函数。

使用 setInterval(function, interval) 或 setTimeout(function, interval) 存在一个问题，就是它们不会考虑浏览器中实际发生的情况。即使你已经切换到浏览器其他标签页了，或者用户看不到动画了，它仍然会被调用，从而消耗资源。另一个问题是，这些函数在被调用时每次都会更新屏幕，而不是在浏览器的最佳时间时才更新屏幕，这会导致 CPU 使用率过高。使用 requestAnimationFrame，我们不需要告诉浏览器何时需要更新屏幕，浏览器会在最适合的时候运行我们提供的函数。这样做的帧速率通常能达到大约 60FPS 或 120FPS（取决于你的硬件）。使用 requestAnimationFrame，你的动画将运行得更平滑，更节省 CPU 和 GPU，并且不必担心刷新率的问题。

在 9.1.1 节中，我们将开始创建一个简单的动画。

### 9.1.1 简单动画

我们可以通过改变对象的旋转（rotation）、缩放（scale）、位置（position）、材质（material）、顶点、面等任何你想象得到的东西轻松实现对象的动画效果。然后在下一个渲染循环中，Three.js 会渲染出这些属性变化后的效果。一个非常简单的示例（是基于我们在第 7 章看到过的一个示例）可以在 01-basic-animations.html 中找到。图 9.1 展示了这个示例的实际效果。

这个动画的渲染循环非常简单。首先，我们在 THREE.Mesh 的 userData 对象上初始化各种属性，这是用于存储自定义数据的地方。然后使用我们在 userData 对象上定义的数据更新网格的属性。在动画循环中，我们根据这些属性改变旋转、位置和缩放，而 Three.js 会处理剩余的事情。以下是详细代码：

```
const geometry = new THREE.TorusKnotGeometry(2, 0.5, 150, 50,
3, 4)
const material = new THREE.PointsMaterial({
  size: 0.1,
  vertexColors: false,
  color: 0xffffff,
  map: texture,
  depthWrite: false,
  opacity: 0.1,
  transparent: true,
  blending: THREE.AdditiveBlending
})
const points = new THREE.Points(geometry, material)
points.userData.rotationSpeed = 0
points.userData.scalingSpeed = 0
points.userData.bouncingSpeed = 0
```

```
points.userData.currentStep = 0
points.userData.scalingStep = 0
// in the render loop
function render() {
  const rotationSpeed = points.userData.rotationSpeed
  const scalingSpeed = points.userData.scalingSpeed
  const bouncingSpeed = points.userData.bouncingSpeed
  const currentStep = points.userData.currentStep
  const scalingStep = points.userData.scalingStep
  points.rotation.x += rotationSpeed
  points.rotation.y += rotationSpeed
  points.rotation.z += rotationSpeed
  points.userData.currentStep = currentStep + bouncingSpeed
  points.position.x = Math.cos(points.userData.currentStep)
  points.position.y = Math.abs(Math.sin
   (points.userData.currentStep)) * 2
  points.userData.scalingStep = scalingStep + scalingSpeed
  var scaleX = Math.abs(Math.sin(scalingStep * 3 + 0.5 *
    Math.PI))
  var scaleY = Math.abs(Math.cos(scalingStep * 2))
  var scaleZ = Math.abs(Math.sin(scalingStep * 4 + 0.5 *
    Math.PI))
  points.scale.set(scaleX, scaleY, scaleZ)
}
```

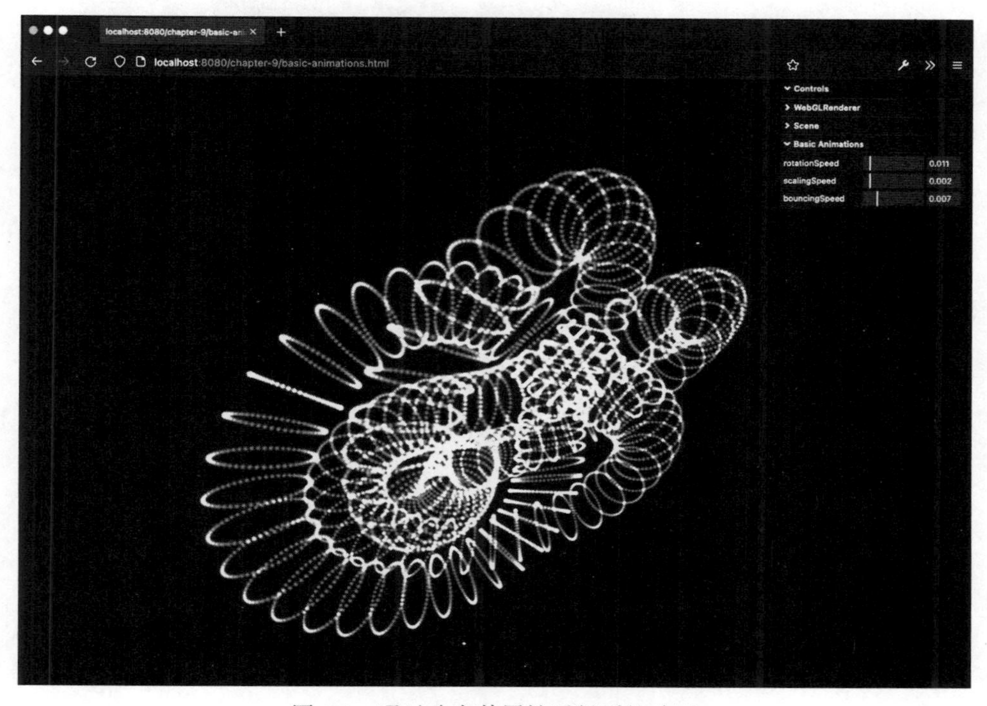


图 9.1　通过改变其属性后得到的动画

虽然这里没什么特别的，但它很好地展示了我们在本书中讨论的基本动画概念。我们只需改变对象的 `scale`、`rotation` 和 `position` 属性，Three.js 会自动完成其余的渲染工作。

在 9.1.2 节中，我们将简要介绍一个附加功能。除了动画之外，当在更复杂的场景中使用 Three.js 时，你需要掌握一个能力——使用鼠标选择和移动对象。

## 9.1.2 选择和移动对象

虽然选择和移动对象与动画没有直接关系，但考虑到我们将在本章中讨论相机和动画，了解如何选择和移动对象是一个很好的补充。接下来，我们将展示如何进行以下操作：

- 使用鼠标从场景中选择对象。
- 使用鼠标在场景中拖动对象。

我们将从选择对象所需的步骤开始。

### 选择对象

首先，打开 `selecting-objects.html` 这个示例文件，你会看到如图 9.2 所示的内容。

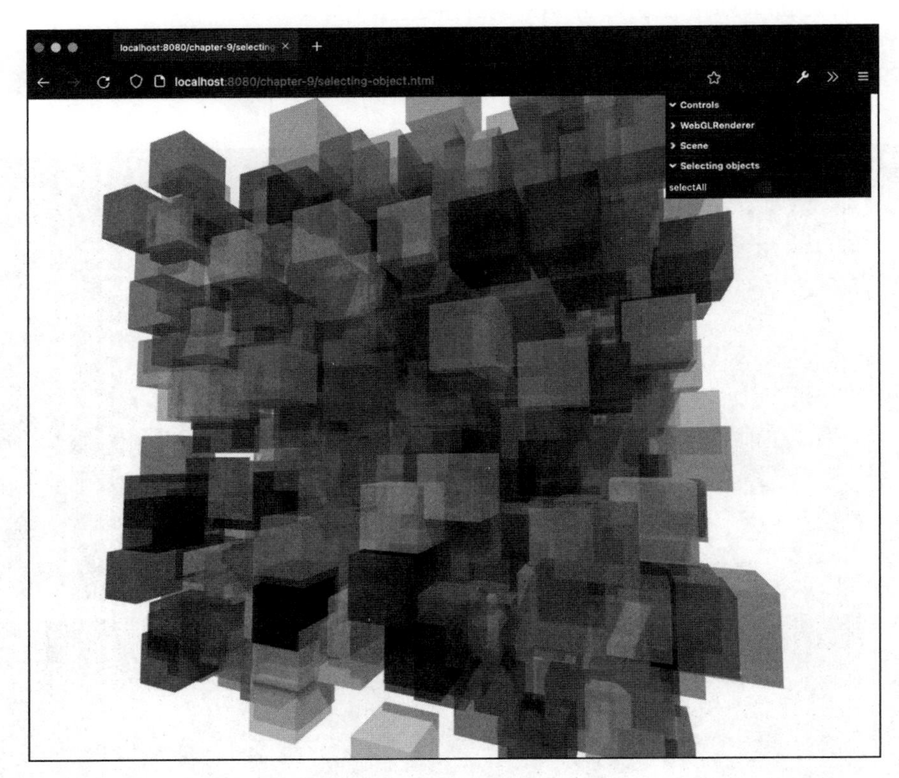


图 9.2 随机放置的可以通过鼠标选择的立方体

当你在场景中移动鼠标时，你会看到无论何时鼠标碰到一个对象，该对象都会被突出显示。你可以通过使用 `THREE.Raycaster` 来轻松实现这一点。光线投射器 raycaster 会从当前相机向鼠标位置发射一条射线。基于这条射线，光线投射器可以根据鼠标的位置计算出所击中的对象是哪个。为了实现这一点，我们需要进行以下步骤：

- 创建一个对象来跟踪鼠标指向的位置。
- 当我们移动鼠标的时候，将最新鼠标位置信息保存到这个对象。
- 在渲染循环中，使用更新后的鼠标位置信息来查看我们指向的 Three.js 对象。

以下是具体的代码：

```
// initially set the position to -1, -1
let pointer = {
  x: -1,
  y: -1
}
// when the mouse moves update the point
document.addEventListener('mousemove', (event) => {
  pointer.x = (event.clientX / window.innerWidth) * 2 - 1
  pointer.y = -(event.clientY / window.innerHeight) * 2 + 1
})
// an array containing all the cubes in the scene
const cubes = ...
// use in the render loop to determine the object to highlight
const raycaster = new THREE.Raycaster()
function render() {
  raycaster.setFromCamera(pointer, camera)
  const cubes = scene.getObjectByName('group').children
  const intersects = raycaster.intersectObjects(cubes)
  // do something with the intersected objects
}
```

在这里，我们使用 `THREE.Raycaster` 来确定从相机的位置开始哪些对象与鼠标位置相交。结果（在前面的示例中为 `intersects`）包含了所有与鼠标相交的立方体，因为射线是从相机的位置投射到相机范围的末端，所以会有多个对象相交。数组中的第一个是我们悬停在其上的那个，该数组中的其他值（如果有）指向第一个网格后面的对象。`THREE.Raycaster` 还提供了击中对象的其他信息，如图 9.3 所示。

```
▼ Object { distance: 4.664662523367478, point: {…}, object: {…}, uv: {…}, face: {…},        selecting-object.js:84
faceIndex: 5 }
    distance: 4.664662523367478
  ▶ face: Object { a: 10, b: 11, c: 9, … }
    faceIndex: 5
  ▶ object: Object { isObject3D: true, uuid: "e23bd878-04ca-410e-9243-34a5c3942a9d", type:
  "Mesh", … }
  ▶ point: Object { x: -2.313002671343307, y: -1.5223130404106855, z: 5.019996313310928 }
  ▶ uv: Object { x: 0.4162358244594293, y: 0.20423586731817525 }
  ▶ <prototype>: Object { … }
```

图 9.3　raycaster 提供的其他信息

在这里，我们单击了 face 对象。faceIndex 指向被选中的网格的面。distance 是从相机到单击对象的距离，point 是在网格上被单击的确切位置。最后的 uv 值确定当使用纹理时，被单击的点在 2D 纹理上的位置（范围从 0 到 1；有关 uv 的更多信息见第 10 章）。

### 拖动对象

除了选择对象之外，一个常见的需求是能够拖动和移动对象。Three.js 也为此提供了默认支持。如果你在浏览器中打开 dragging-objects.html 示例，你将看到一个类似于图 9.2 中所示效果的场景。这次，当你单击一个对象时，你可以在场景中拖动它，如图 9.4 所示。

图 9.4 使用鼠标拖动场景中的对象

为了支持拖动对象，Three.js 使用了一个名为 DragControls 的控件。它处理了所有的事情，并在拖动开始和停止时提供了方便的回调函数。实现这一点的代码如下：

```
const orbit = new OrbitControls(camera, renderer.domElement)
orbit.update()
```

```
const controls = new DragControls(cubes, camera, renderer.
domElement)
controls.addEventListener('dragstart', function (event) {
  orbit.enabled = false
  event.object.material.emissive.set(0x33333)
})
controls.addEventListener('dragend', function (event) {
  orbit.enabled = true
  event.object.material.emissive.set(0x000000)
})
```

就是这么简单。首先，我们创建了 DragControls 的实例，并传入可以拖拽的元素数组（在我们的例子中为所有随机放置的立方体）。然后，我们添加了两个事件监听器。第一个是 dragstart，当我们开始拖动一个立方体时被调用，而 dragend 是当我们停止拖动一个对象时被调用。在这个例子中，当我们开始拖动时，禁用 OrbitControls（这使我们能够使用鼠标查看场景）并改变所选对象的颜色。当我们停止拖动时，将恢复对象颜色，并重新启用 OrbitControls。

还有一个更高级的 DragControls 版本，叫作 TransformControls。我们不会详细介绍这个控件，但它允许你使用简单的 UI 来转换一个网格的属性。你可以打开 transform-controls-html 示例查看 TransformControls 的使用效果，如图 9.5 所示。

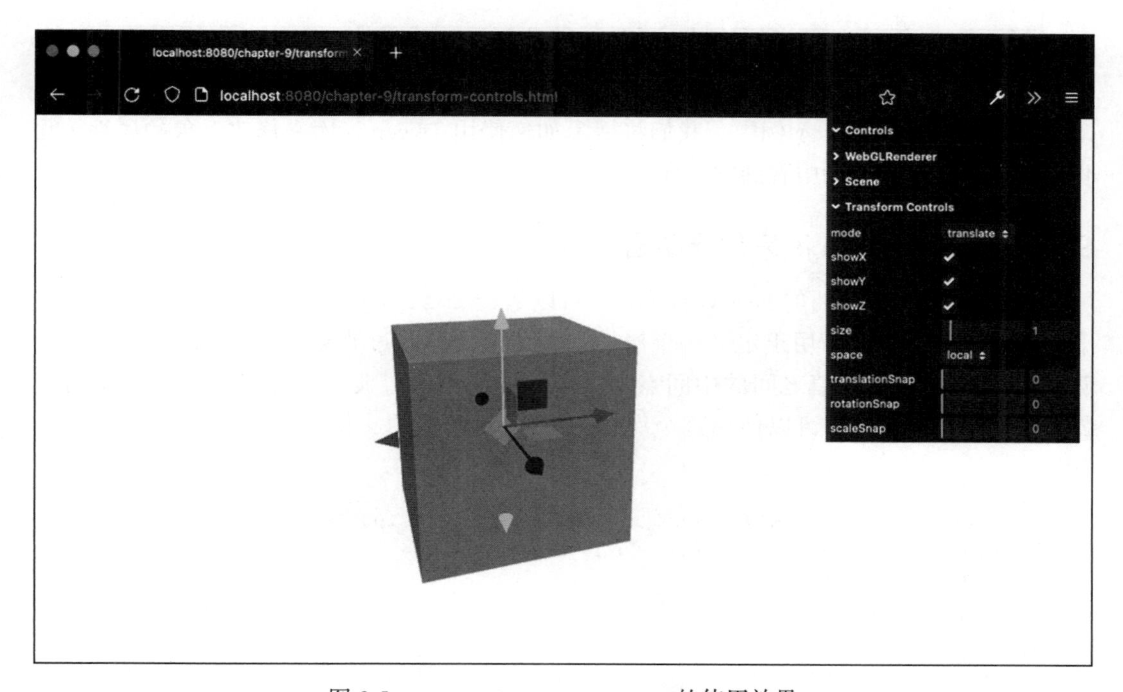


图 9.5　TransformControls 的使用效果

你可以通过单击 `TransformControls` 的不同部分来轻松改变立方体的形状，如图 9.6 所示。

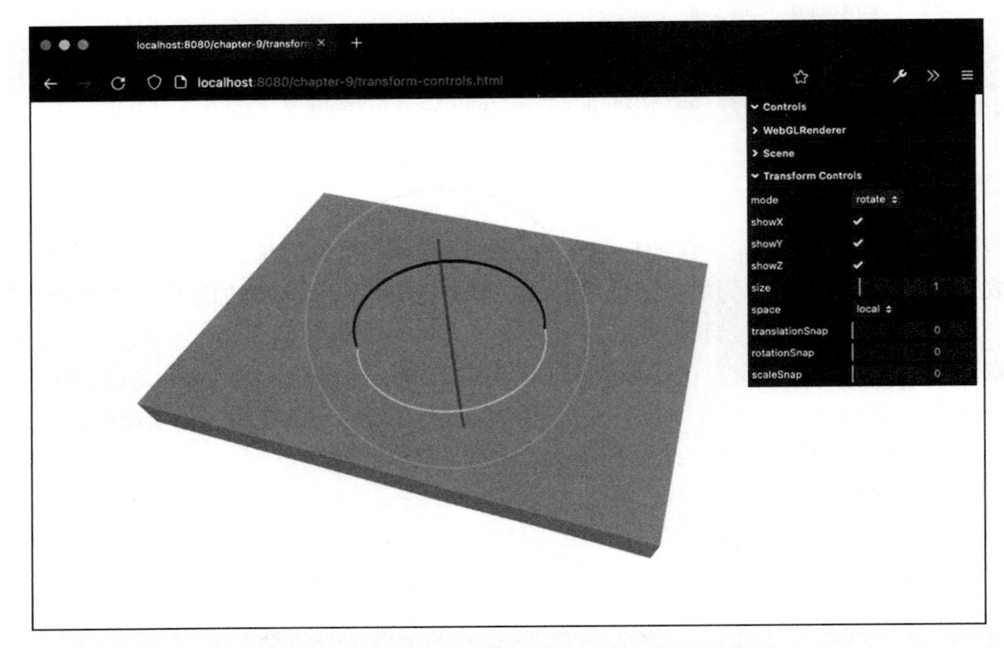


图 9.6 使用 `TransformControls` 修改形状

在本章的最后一个示例中，我们将展示如何使用 Tween.js 库来修改对象的属性（就像在本章的第一个示例中看到的那样）。

### 9.1.3 使用 Tween.js 来创建动画

Tween.js 是一个小巧的 JavaScript 库，你可以从 `https://github.com/sole/tween.js/` 下载，Tween.js 可用于定义一个属性在两个值之间的过渡动画。Tween.js 将自动计算所有起始值和结束值之间的中间点。实现属性值平滑过渡的这个过程称为补间动画（tweening）。例如，你可以使用这个库在 10 秒内将网格的 `x` 位置从 `10` 变化到 `3`，代码如下：

```
const tween = new TWEEN.Tween({x: 10}).to({x: 3}, 10000)
.easing(TWEEN.Easing.Elastic.InOut)
.onUpdate( function () {
  // update the mesh
})
```

另外，你还可以创建一个单独的对象，然后将这个对象传递给需要修改的网格：

```
const tweenData = {
  x: 10
}
new TWEEN.Tween(tweenData)
  .to({ x: 3 }, 10000)
  .yoyo(true)
  .repeat(Infinity)
  .easing(TWEEN.Easing.Bounce.InOut)
  .start()
mesh.userData.tweenData = tweenData
```

在这个示例中，我们创建了 TWEEN.Tween。它会确保 x 属性在 10 000 毫秒内从 10 变化到 3。Tween.js 还允许你定义属性如何随着时间的推移而改变。具体可以使用的变换函数包括 linear（线性）、quadratic（二次）等（完整的介绍请参阅 http://sole.github.io/tween.js/examples/03_graphs.html）。这个值随时间变化的过程称为缓动（easing）。你可以使用 Tween.js 里面的 easing() 函数配置这个过程。这个库有许多控制该缓动的方法。例如，我们可以设置该缓动的重复次数（repeat(10)）以及是否使用 yoyo 效果（也就是本例中我们从 10 变化到 3 再变化回 10）。

将 Tween.js 库与 Three.js 结合使用非常简单。你可以打开 tween-animations.html 示例查看使用 Tween.js 库之后的效果。图 9.7 展示了示例的实际效果。

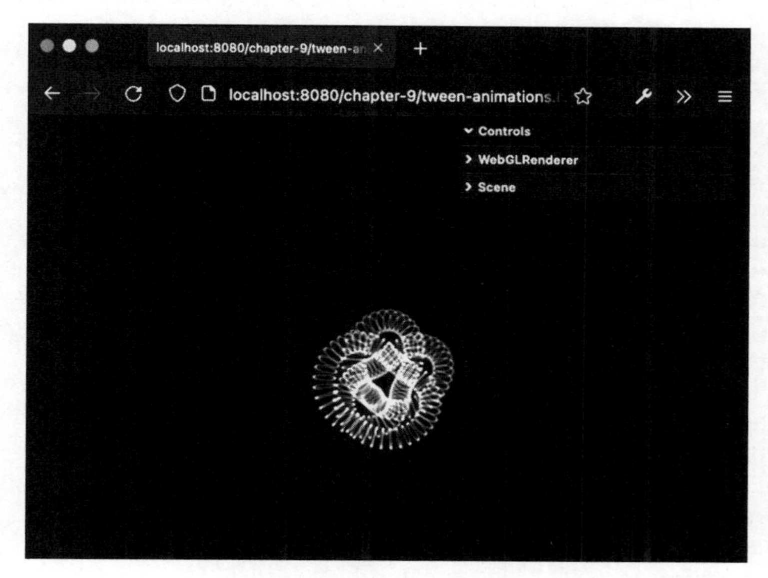


图 9.7　使用 Tween.js 库创建的动画效果

我们将使用 Tween.js 库，通过特定的 easing() 函数将分散的点云平滑地移动到一个点，如图 9.8 所示。

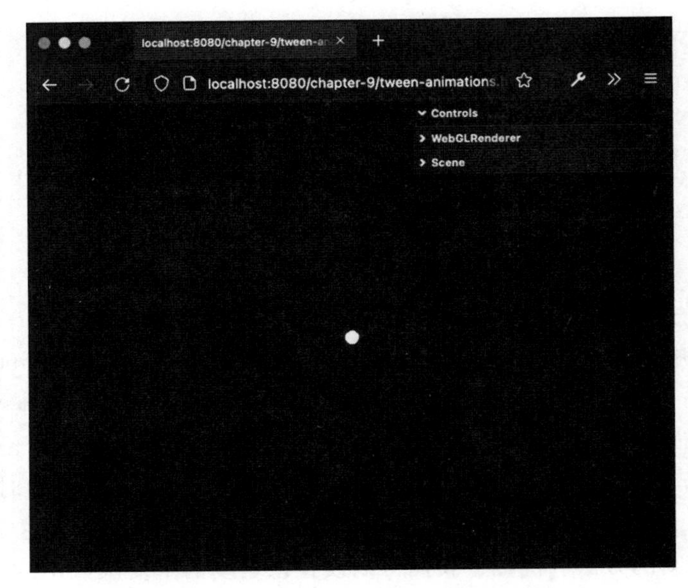


图 9.8 使用 Tween.js 库将分散的点云平滑地移动到一个点

在这个示例中，我们从第 7 章中取了一个点云，并创建了一个动画，使点云中的所有点平滑地向中心点移动。动画过程中这些粒子的位置是 Tween.js 库自动设置的，具体代码如下：

```
const geometry = new THREE.TorusKnotGeometry(2, 0.5, 150, 50,
3, 4)
geometry.setAttribute('originalPos', geometry.
attributes['position'].clone())
const material = new THREE.PointsMaterial(..)
const points = new THREE.Points(geometry, material)
const tweenData = {
  pos: 1
}
new TWEEN.Tween(tweenData)
  .to({ pos: 3 }, 10000)
  .yoyo(true)
  .repeat(Infinity)
  .easing(TWEEN.Easing.Bounce.InOut)
  .start()
points.userData.tweenData = tweenData
// in the render loop
const originalPosArray = points.geometry.attributes.
originalPos.array
const positionArray = points.geometry.attributes.position.array
TWEEN.update()
```

```
for (let i = 0; i < points.geometry.attributes.position.count;
i++) {
  positionArray[i * 3] = originalPosArray[i * 3] * points.
userData.tweenData.pos
  positionArray[i * 3 + 1] = originalPosArray[i * 3 + 1] *
points.userData.tweenData.pos
  positionArray[i * 3 + 2] = originalPosArray[i * 3 + 2] *
points.userData.tweenData.pos
}
points.geometry.attributes.position.needsUpdate = true
```

通过这段代码，我们创建了一个从 1 到 0 然后再返回 1 的补间动画。要获取补间动画的值，有两种不同的方法：（1）我们可以使用该库提供的 onUpdate 函数，在动画补间更新时调用带有更新后的值的函数（通过调用 TWEEN.update() 来完成）；（2）我们可以直接访问更新后的值。在本例中，我们使用了第 2 种方法。

在介绍 render 函数中的更改内容之前，我们必须在加载模型后执行一步额外的操作。我们希望在原始值和零之间进行动画补间。为此，我们需要在某个地方存储顶点的原始位置。我们可以通过复制起始位置数组来实现这一点：

```
geometry.setAttribute('originalPos', geometry.
attributes['position'].clone())
```

现在，当我们想要访问原始位置时，我们可以查看 geometry 的 originalPos 属性。现在，我们可以使用动画补间的值来计算每个顶点的新位置。我们可以在渲染循环中执行该操作：

```
const originalPosArray = points.geometry.attributes.
originalPos.array
const positionArray = points.geometry.attributes.position.array
for (let i = 0; i < points.geometry.attributes.position.count;
i++) {
  positionArray[i * 3] = originalPosArray[i * 3] * points.
userData.tweenData.pos
  positionArray[i * 3 + 1] = originalPosArray[i * 3 + 1] *
points.userData.tweenData.pos
  positionArray[i * 3 + 2] = originalPosArray[i * 3 + 2] *
points.userData.tweenData.pos
}
points.geometry.attributes.position.needsUpdate = true
```

有了这些步骤，Tween.js 库会负责将各种点定位在屏幕上。如你所见，使用该库比自己管理具体动画细节要容易得多。除了前面提到的基本动画和更改对象外，我们还可以通过移动相机来实现场景的动画效果。在前几章中，我们多次通过手动更新相机的位置实现了这一点。Three.js 还提供了几种其他更新相机的方法。

## 9.2 通过相机实现动画

Three.js 有几个相机控件可以在整个场景中控制相机。这些控件位于 Three.js 发行版中，可以在 examples/js/controls 目录中找到。在本节中，我们将详细介绍以下控件：

- ArcballControls：一个功能强大的控件，提供了一个透明的遮罩层，可以用来在场景中轻松移动相机。
- FirstPersonControls：FirstPersonControls 相机控件模拟了第一人称射击游戏使用的控制方式。你可以使用键盘移动并使用鼠标查看周围。
- FlyControls：类似于飞行模拟器的控件。你可以使用键盘和鼠标进行移动和操纵。
- OrbitControls：模拟了卫星围绕特定场景进行环绕运动的控制方式。你可以使用鼠标和键盘进行移动。
- PointerLockControls：与 FirstPersonControls 控件类似，但它会锁定鼠标指针在屏幕上，特别适用于简单游戏的开发。
- TrackBallControls：Three.js 中最常用的相机控件之一，你可以使用鼠标（或轨迹球）轻松移动、平移和缩放场景。

除了这些相机控件，你还可以通过设置其位置和使用 lookAt() 函数改变其指向来手动控制相机。

我们首先看一下 ArcballControls 控件。

### 9.2.1 ArcballControls

解释 ArcballControls 工作原理最简单的方法是查看示例。如果你打开 arcball-controls.html 示例，你会看到一个简单的场景，如图 9.9 所示。

如果你仔细观察图 9.9，你会看到两条半透明的线穿过场景。这些是 Arcball-Controls 提供的线条，你可以使用它们来旋转和平移场景。这些线条称为线框（gizmo）。鼠标左键可用于旋转场景，鼠标右键可以用于平移，你可以使用滚轮缩放。

除了这个标准功能，这个控件还允许你专注于显示的网格的特定部分。如果你双击场景，相机将聚焦在场景的那一部分。要使用这个控件，我们只需要实例化它并传入 camera 属性、渲染器使用的 domElement 属性以及我们正在查看的 scene 属性：

```
import { ArcballControls } from 'three/examples/jsm/controls/
ArcballControls'
const controls = new ArcballControls(camera, renderer.
domElement, scene)
controls.update()
```

图 9.9　使用 ArcballControls 探索场景

ArcballControls 控件是一个非常灵活的控件，有很多属性可以配置。你可以通过该示例右侧的菜单探索这些属性中的大部分。ArcballControls 控件功能强大，对于想要为用户提供场景探索功能的开发者来说是一个不错的选择。现在让我们概述一下这个控件提供的属性和方法。首先我们看看属性：

- adjustNearFar：如果将其设置为 true，则该控件会在用户放大场景时自动调整相机的近裁剪平面（near）和远裁剪平面（far）。
- camera：创建该控件时使用的相机。
- cursorZoom：如果设置为 true，则在进行缩放时，缩放将集中在鼠标指针的位置上。
- dampingFactor：如果将 enable Animations 设置为 true，则该值将确定操作后动画停止的速度。
- domElement：用于侦听鼠标事件的元素。
- enabled：确定是否启用该控件。
- enableRotate、enableZoom、enablePan、enableGrid、enableAni-

mations：这些属性启用或禁用该控件提供的相关功能。

- focusAnimationTime：当我们双击并聚焦场景的一部分时，该属性确定聚焦动画的持续时间。
- maxDistance/minDistance：对于 PerspectiveCamera，我们可以缩放的最远距离和最近距离。
- maxZoom/minZoom：对于 OrthographicCamera，我们可以缩放的最大程度和最小程度。
- scaleFactor：我们缩放的速度。
- scene：构造函数中传递的场景。
- radiusFactor：线框相对于屏幕宽度和高度的大小。
- wMax：允许我们旋转场景的速度。

这个控件还提供了几种方法来进行交互或进一步配置它：

- activateGizmos(bool)：如果为 true，则突出显示线框。
- copyState()、pasteState()：允许你将控件的状态复制并粘贴到 JSON 格式的剪贴板中。
- saveState()、reset()：内部保存当前状态，并使用 reset() 方法应用保存的状态。
- dispose()：从场景中删除该控件的所有部分，并清除所有监听器和动画。
- setGizomsVisible(bool)：指定是显示还是隐藏线框。
- setTbRadius(radiusFactor)：更新 radiusFactor 属性并重新绘制线框。
- setMouseAction(operation, mouse, key)：确定鼠标键提供的操作。
- unsetMouseAction(mouse, key)：清除分配的鼠标操作。
- update()：每当相机属性更改时，调用该方法将新的设置应用于该控件。
- getRayCaster()：提供对 rayCaster 的访问，rayCaster 是这些控件内部使用的工具。

ArcballControls 是 Three.js 中一个非常有用且相对较新的控件，它提供了使用鼠标对场景进行高级控制的功能。如果你在找更简单的方法，则可以使用 TrackBallControls。

## 9.2.2 TrackBallControls

使用 TrackBallControls 的方法与我们在 ArcballControls 中看到的方法相同：

```
import { TrackBallControls } from 'three/examples/jsm/
  controls/TrackBallControls'
const controls = new TrackBallControls(camera, renderer.
  domElement)
```

这次，我们只需要从渲染器中传入 camera 和 domeElement 属性。为了使该控件正常工作，我们还需要添加一个 THREE.Clock 并更新渲染循环，具体代码如下：

```
const clock = new THREE.Clock()
function animate() {
  requestAnimationFrame(animate)
  renderer.render(scene, camera)
  controls.update(clock.getDelta())
}
```

在上面的代码中，我们发现一个新的 Three.js 对象 THREE.Clock。THREE.Clock 对象可以用于计算完成特定调用或渲染循环所需的时间。通过调用 clock.getDelta() 函数，可以得到从上一次调用 getDelta() 到现在所经过的时间。要更新相机的位置，我们可以调用 TrackBallControls.update() 函数。在这个函数中，我们需要提供自上次调用 update() 函数以来经过的时间。这里我们可以使用 THREE.Clock 对象的 getDelta() 函数。你可能想知道为什么我们不直接将帧率（1/60 秒）传递给 update() 函数。这是因为尽管使用 requestAnimationFrame 可以预期为 60 FPS，但实际帧率可能会因各种外部因素而变化。为了确保相机的平稳转动和旋转，我们需要传入确切的经过时间。

该控件对应的示例是 trackball-controls-camera.html。图 9.10 展示了该示例的实际效果。

图 9.10　使用 TrackBallControls 控制场景

你可以使用以下方式控制相机：

- **按住鼠标左键并移动鼠标**：控制相机围绕场景进行旋转和翻滚。
- **滚动鼠标滚轮**：放大和缩小。
- **按住鼠标中键并移动鼠标**：放大和缩小。
- **按住鼠标右键并移动鼠标**：在场景中平移。

有几个属性可以用来微调相机的行为。例如，你可以通过设置 `rotateSpeed` 属性来设置相机旋转的速度，并通过将 `noZoom` 属性设置为 `true` 来禁用缩放。在本章中，我们不会详细介绍每个属性的用途，因为它们几乎是不言自明的。要完整了解所有属性，你可以查看 `TrackBallControls.js` 文件的源代码，其中列出了这些属性。

### 9.2.3 FlyControls

我们将要介绍的下一个控件是 `FlyControls`。使用 `FlyControls`，你可以使用飞行模拟器中的控件在 3D 场景中飞行。该控件对应的示例是 `fly-controls-camera.html`。图 9.11 展示了该示例的实际效果。

图 9.11 使用 `FlyControls` 在场景中飞行

启用 FlyControls 的方式与其他控件相同：

```
import { FlyControls } from 'three/examples/jsm/controls/
FlyControls'
const controls = new FlyControls(camera, renderer.domElement)
const clock = new THREE.Clock()
function animate() {
  requestAnimationFrame(animate)
  renderer.render(scene, camera)
  controls.update(clock.getDelta())
}
```

FlyControls 接收相机和渲染器的 domElement 作为参数，并要求你在渲染循环中使用经过的时间调用 update() 函数。你可以按以下方式使用 THREE.FlyControls 控制相机：

- **同时按下鼠标左键和中键**：向前移动。
- **按住鼠标右键**：向后移动。
- **移动鼠标**：观察周围。
- 按下键盘上的 W 键：向前移动。
- 按下键盘上的 S 键：向后移动。
- 按下键盘上的 A 键：向左移动。
- 按下键盘上的 D 键：向右移动。
- 按下键盘上的 R 键：向上移动。
- 按下键盘上的 F 键：向下移动。
- **按下键盘上的左、右、上、下箭头**：分别向左、向右、向上、向下看。
- 按下键盘上的 G 键：向左倾斜。
- 按下键盘上的 E 键：向右倾斜。

我们将要介绍的下一个控件是 THREE.FirstPersonControls。

### 9.2.4 FirstPersonControls

顾名思义，FirstPersonControls 允许你像在第一人称射击游戏中一样控制相机。你可以使用鼠标观察周围，使用键盘在场景中行走。对应的示例是 07-first-person-camera.html。图 9.12 展示了示例的实际效果。

创建 FirstPersonControls 控件的方式与其他控件类似：

```
Import { FirstPersonControls } from 'three/examples/jsm/
  controls/FirstPersonControls'
const controls = new FirstPersonControls(camera, renderer.
domElement)
const clock = new THREE.Clock()
```

```
function animate() {
  requestAnimationFrame(animate)
  renderer.render(scene, camera)
  controls.update(clock.getDelta())
}
```

图 9.12 使用 `FirstPersonControls` 探索场景

该控件提供的功能非常简单：

- **移动鼠标**：观察周围。
- **按下键盘上的左、右、上、下箭头**：分别向左、向右、向前和向后移动。
- 按下键盘上的 W 键：向前移动。
- 按下键盘上的 A 键：向左移动。
- 按下键盘上的 S 键：向后移动。
- 按下键盘上的 D 键：向右移动。
- 按下键盘上的 R 键：向上移动。
- 按下键盘上的 F 键：向下移动。

❑ 按下键盘上的 Q 键：停止所有移动。

最后一个控件是类似太空视角的控制方式。

## 9.2.5　OrbitControls

`OrbitControls` 控件是一种围绕场景中心对象进行旋转和平移的绝佳方式。在其他章节中，我们也使用了这种控件，它提供了一种简单的方式来探索示例中的模型。

该控件的示例是 `orbit-controls-orbit-camera.html`。图 9.13 展示了该示例的实际效果。

图 9.13　`OrbitControls` 的属性

使用 `OrbitControls` 与使用其他控件一样简单。包含正确的 JavaScript 文件，使用相机设置控件，并再次使用 `THREE.Clock` 更新控件：

```
import { OrbitControls } from 'three/examples/jsm/
  controls/OrbitControls'
const controls = new OrbitControls(camera, renderer.
```

```
  domElement)
const clock = new THREE.Clock()
function animate() {
  requestAnimationFrame(animate)
  renderer.render(scene, camera)
  controls.update(clock.getDelta())
}
```

OrbitControls 控件的操作主要是使用鼠标：

- **按住鼠标左键并移动鼠标**：围绕场景中心旋转相机。
- **滚动鼠标滚轮或者按住鼠标中键并移动鼠标**：放大和缩小。
- **按住鼠标右键并移动鼠标**：在场景中进行平移。

关于通过相机进行交互的内容到此结束了。在本节中，我们看到了许多控件，可以通过更改相机属性来轻松地与场景进行交互和在场景中移动。在 9.3 节中，我们将深入研究更高级的动画方法——变形（morphing）和蒙皮（skinning）。

## 9.3　变形和蒙皮动画

当你在外部程序（例如 Blender）中创建动画时，通常有两个主要的选项来定义动画：

- **变形目标**：一种动画技术，允许定义网格模型的关键位置。通过为网格的每个顶点存储一个变形版本，在动画过程中你只需将顶点从一个关键位置移动到另一个关键位置，并重复该过程。图 9.14 展示了使用变形目标创建的不同面部表情（来自 Blender 基金会）。
- **蒙皮动画**：另一种选择是使用蒙皮动画。蒙皮动画首先定义了对象的骨架，即骨骼，每个骨骼代表模型的一部分，并将顶点附加到特定的骨骼上。当你移动一个骨骼时，任何与之相连的骨骼也会相应地移动，并且附加的顶点会根据骨骼的位置、移动和缩放而移动和变形。图 9.15 展示了如何使用骨骼来移动和变形一个对象（来自 Blender 基金会）。

这两种动画方式 Three.js 都支持。但是在导入蒙皮模型时可能会出现一些问题。为了获得最佳结果，建议将模型导出或转换为 glTF 格式。glTF 格式逐渐成为交换模型、动画和场景的默认标准，并且在 Three.js 中得到了很好的支持。

在本节中，我们将研究这两种动画方式，还将研究 Three.js 支持的其他定义动画的外部式。

### 9.3.1　使用变形目标实现动画

变形目标是定义动画的最直接的方式。你为每个重要位置（也称为关键帧）定义所有顶点，并告诉 Three.js 将顶点从一个位置移动到另一个位置。

图 9.14　使用变形目标设置动画

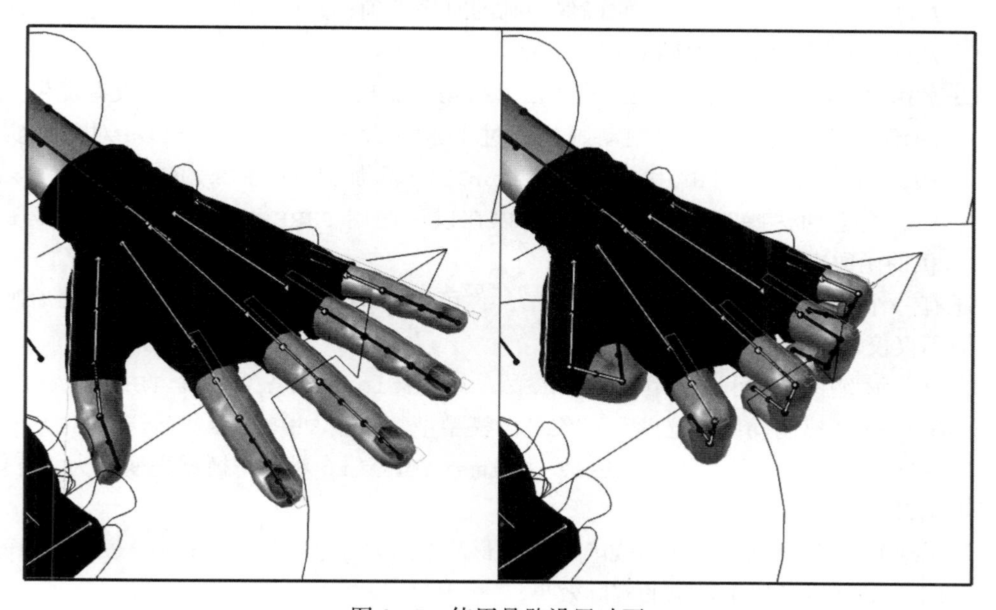

图 9.15　使用骨骼设置动画

我们将通过两个示例展示如何使用变形目标。在第一个示例中，我们将让 Three.js 处理各种关键帧（或称为变形目标）之间的过渡，在第二个示例中，我们将手动处理这一过程。请记住，我们只是触及了 Three.js 中动画的表面。正如你将在本节中看到的，Three.js 在控制动画方面具有出色的支持，支持动画同步，并提供了从一个动画平滑过渡到另一个动画的方法，对其进行深入研究需要单独新出一本书。因此，在接下来的几小节中，我们将为你提供关于 Three.js 动画基础的足够信息，以使你能够开始并探索更复杂的主题。

## 9.3.2 使用变形目标和混合器实现动画

在使用变形目标和混合器实现动画之前，我们首先来看一下 Three.js 用来实现动画的三个核心类。在本章的后面，我们将展示这些对象提供的所有函数和属性：

- THREE.AnimationClip：当你加载包含动画的模型时，可以在 response 对象中查找一个名为 animations 的字段。该字段将包含一个 THREE.AnimationClip 对象的列表。请注意，根据加载器的不同，动画可能是在 Mesh、Scene 上定义的，也可能是完全单独提供的。THREE.AnimationClip 通常保存了你加载的模型可以执行的某个特定动画的数据。例如，如果你加载了一个鸟的模型，则一个 THREE.AnimationClip 对象将包含扇动翅膀所需的信息，而另一个对象可能是打开和关闭喙。
- THREE.AnimationMixer：THREE.AnimationMixer 用于控制多个 THREE.AnimationClip 对象。它确保动画的时序正确，并使动画可以同步进行，或者从一个动画平滑地切换到另一个动画。
- THREE.AnimationAction：THREE.AnimationMixer 本身并没有提供大量的函数来控制动画。控制动画是通过 THREE.AnimationAction 对象来实现的，当你将一个 THREE.AnimationClip 添加到 THREE.AnimationMixer 时，会返回这些对象（尽管你也可以在以后使用 THREE.AnimationMixer 提供的函数来获取它们）。

还有一个 AnimationObjectGroup，你可以使用它来为整个对象组提供动画状态，而不仅仅是单个 Mesh。

在以下示例中，你可以使用一个 THREE.AnimationMixer 和一个 THREE.AnimationAction 来控制动画，这两个对象是由模型中的一个 THREE.AnimationClip 创建的。在这个例子中，所使用的 THREE.AnimationClip 对象将模型先变形为立方体，然后再变形为圆柱体。

为了理解基于变形目标的动画如何工作，最简单的方法是打开 morph-targets.html 示例。图 9.16 展示了这个示例的实际效果。

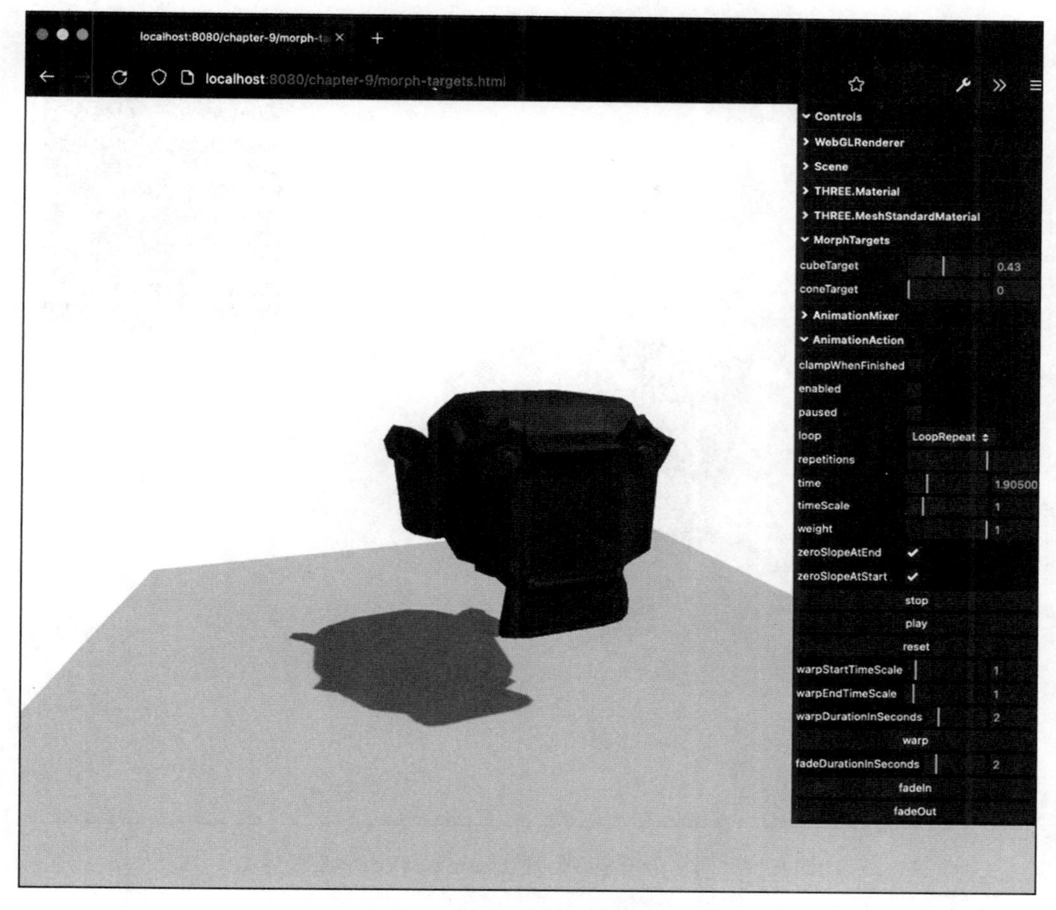


图 9.16　使用变形目标实现的动画

在这个例子中，我们有一个简单的模型（猴子的头部），可以使用变形目标将其转换为立方体或圆柱体。你可以通过移动 `cubeTarget` 或 `coneTarget` 滑块来轻松地进行自测，并且你将看到头部被变形成不同的形状。例如，当 `cubeTarget` 为 `0.5` 时，你会发现我们已经将猴子的初始头部变形成立方体的一半；当设置为 `1` 时，初始几何体就完全变形了，如图 9.17 所示。

这就是变形目标动画的基本原理。你可以控制几个变形目标（`morphTargets`），并根据它们的值（从 `0` 到 `1`），将顶点移动到所需的位置。使用变形目标实现的动画都是使用这种方法。它只是定义了顶点在不同时间的位置。在运行动画时，Three.js 将确保正确的值传递给 `Mesh` 实例的 `morphTargets` 属性。

要运行预定义的动画，你可以打开该示例的 `AnimationMixer` 菜单，然后单击 Play。你将看到头部首先转变为立方体，然后转变为圆柱体，再变回头部的形状。

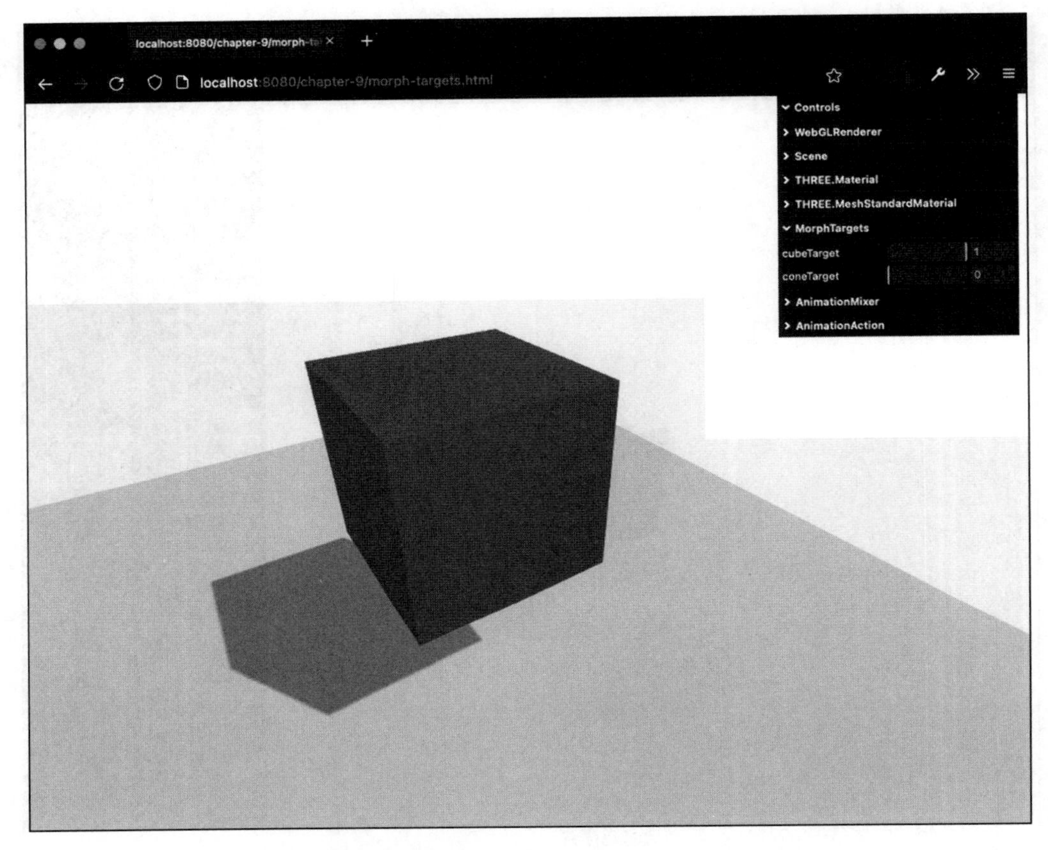


图 9.17 同一个模型，但现在 cubeTarget 设置为 1

要在 Three.js 中设置所需的组件来完成这项工作，可以使用以下代码。首先，我们必须加载模型。在这个示例中，我们从 Blender 导出了 glTF 格式的模型，因此 animations 位于顶层。我们只需将这些动画添加到一个变量中，以便在代码的其他部分访问。我们还可以将这些动画设置为网格的属性或添加到 Mesh 的 userdata 属性中：

```
let animations = []
const loadModel = () => {
  const loader = new GLTFLoader()
  return loader.loadAsync('/assets/models/blender-morph-
targets/morph-targets.gltf').then((container) => {
    animations = container.animations
    return container.scene
  })
}
```

现在，我们已经从加载的模型中获得了一个动画，我们可以设置特定的 Three.js 组件以播放它们：

```
const mixer = new THREE.AnimationMixer(mesh)
const action = mixer.clipAction(animations[0])
action.play()
```

为了确保在渲染时显示正确的网格形状，我们需要在渲染循环中添加一行代码：

```
// in render loop
mixer.update(clock.getDelta())
```

在这里，我们再次使用 THREE.Clock 来确定现在和上一个渲染循环之间经过的时间，并调用 mixer.update()。混合器使用这些信息来确定它应该将顶点变形到下一个变形目标（关键帧）的距离。

THREE.AnimationMixer 和 THREE.AnimationClip 还提供了其他几个函数，你可以使用这些函数来控制动画或创建新的 THREE.AnimationClip 对象。你可以通过在本节示例的右侧菜单实验它们。我们将从 THREE.AnimationClip 开始：

- duration：动画轨迹的总时长（以秒为单位）。
- name：剪辑的名称。
- tracks：内部属性，用于跟踪模型某些属性动画过程。
- uuid：剪辑的唯一 ID。这是自动分配的。
- clone()：创建剪辑的副本。
- optimize()：优化 THREE.AnimationClip。
- resetDuration()：确定剪辑的正确时长。
- toJson()：将剪辑转换为 JSON 对象。
- trim()：将内部的所有 track（跟踪模型属性动画的轨迹）裁剪到当前剪辑设定的持续时间。
- validate()：用于执行一些基本的验证，以检查当前剪辑是否有效。
- CreateClipsFromMorphTargetSequences(name, morphTargetSequences, fps, noLoop)：基于一组变形目标序列，创建一个 THREE.AnimationClip 实例列表。
- CreateFromMorphTargetSequences(name, morphTargetSequence, fps, noLoop)：从一系列变形目标中创建一个 THREE.AnimationClip 实例。
- findByName(objectOrClipArray,name)：通过名称搜索 THREE.AnimationClip。
- parse 和 toJson：用 JSON 格式恢复和保存 Three.AnimationClip。
- parseAnimation(animation, bones)：将 THREE.AnimationClip 转换为 JSON。

一旦你获得了 THREE.AnimationClip，就可以将其传递给 THREE.AnimationMixer 对象，该对象可以提供以下功能：

- AnimationMixer(rootObject)：该对象的构造函数。该构造函数使用一个 THREE.Object3D 作为参数（例如，THREE.Mesh 或 THREE.Group）。
- time：混合器的全局时间，创建动画混合器时它将为 0，然后开始计数。
- timeScale：可以用于加速或减慢混合器管理的所有动画。如果将该属性的值设置为 0，则所有动画将被暂停。
- clipAction(animationClip, optionalRoot)：创建一个可以用于控制传入的 THREE.AnimationClip 的 THREE.AnimationAction。如果动画剪辑的对象不同于 AnimationMixer 构造函数中提供的对象，则还可以传递该对象作为可选参数。
- existingAction(animationClip, optionalRoot)：返回用于控制传入的 THREE.AnimationClip 的 THREE.AnimationAction 属性。如果 THREE.AnimationClip 对应的是不同的 rootObject，则也可以传入该根对象。

一旦获取了 THREE.AnimationClip，就可以使用它来控制动画：

- clampWhenFinished：当设置为 true 时，动画会在达到最后一帧时暂停。默认值为 false。
- enabled：当设置为 false 时，会禁用当前动作，使其不会影响模型。当再次启用该动作时，动画将从之前暂停的地方继续进行。
- loop：动作的循环模式（可以使用 setLoop 函数设置）。可以设置以下值：
  - THREE.LoopOnce：仅播放一次。
  - THREE.LoopRepeat：根据设置的重复次数重复播放。
  - THREE.LoopPingPong：根据设置的重复次数，前向和后向交替播放。
- paused：将此属性设置为 true 将暂停播放。
- repetitions：动画重复的次数。repetitions 属性与 loop 属性配合使用。默认值为 Infinity。
- time：动画已经运行的时间。其值范围是从 0 到动画的总时长。
- timeScale：可以用于加速或减速动画。如果将该属性的值设置为 0，则动画将被暂停。
- weight：指定动画对模型的影响程度，取值范围从 0 到 1。当将其设置为 0 时，你不会看到任何动画效果；当将其设置为 1 时，你会看到该动画的完整效果。
- zeroSlopeAtEnd：当设置为 true（默认值）时，这将确保在不同剪辑之间有平滑的过渡。
- zeroSlopeAtStart：当设置为 true（默认值）时，这将确保在不同剪辑之间有平滑的过渡。

- ❑ crossFadeFrom(fadeOutAction, durationInSeconds, warpBoolean)：创建一个平滑过渡效果，使得当前动画淡入，同时另一个动画淡出。整个淡入淡出所需的时间为 durationInSeconds。这样可以实现动画之间的平滑过渡。当将 warpBoolean 设置为 true 时，会应用额外的时间比例平滑处理。
- ❑ crossFadeTo(fadeInAction, durationInSeconds, warpBoolean)：与 crossFadeFrom 相同，但反过来，淡出当前动画，淡入另一个动画。
- ❑ fadeIn(durationInSeconds)：在指定的时间间隔内从 0 逐渐增加 weight 属性的值到 1。
- ❑ fadeOut(durationInSeconds)：在指定的时间间隔内从 1 逐渐减小 weight 属性的值到 0。
- ❑ getEffectiveTimeScale()：根据当前运行的时间变化获取有效的 time-scale。
- ❑ getEffectiveWeight()：根据当前运行的 fade 获取有效的 weight。
- ❑ getClip()：获取当前动作管理的 THREE.AnimationClip 属性。
- ❑ getMixer()：获取正在播放动画的混合器。
- ❑ getRoot()：获取由动作控制的根对象。
- ❑ halt(durationInSeconds)：在 durationInSeconds 内逐渐减小 timeScale 为 0。
- ❑ isRunning()：检查动画当前是否正在运行。
- ❑ isScheduled()：检查动作当前是否正在混合器中处于激活状态。
- ❑ play()：启动动作（开始动画）。
- ❑ reset()：重置动作。这会将 paused 设置为 false，enabled 设置为 true，并将时间设置为 0。
- ❑ setDuration(durationInSeconds)：设置单个循环的持续时间。这将更改 timeScale，以便在 durationInSeconds 内播放完整的动画。
- ❑ setEffectiveTimeScale(timeScale)：将 timeScale 设置为指定的值。
- ❑ setEffectiveWeight()：将 weight 设置为指定的值。
- ❑ setLoop(loopMode, repetitions)：设置 loopMode 和重复次数。请参阅 loop 属性以了解该选项及其效果。
- ❑ startAt(startTimeInSeconds)：延迟动画的播放，单位为秒。
- ❑ stop()：停止当前动画动作的播放，并应用 reset。
- ❑ stopFading()：停止任何已安排的淡入淡出。
- ❑ stopWarping()：停止任何已安排的时间比例平滑处理。

- syncWith(otherAction)：用于同步当前动画动作的 time 和时间 timeScale 值，以匹配传入的动画动作。具体来说，syncWith 方法将当前动画动作的 time 和 timeScale 设置为目标动画动作的对应值。
- warp(startTimeScale, endTimeScale, durationInSeconds)：用于在指定的 durationInSeconds 时间内改变动画动作的 timeScale，从 startTimeScale 平滑过渡到 endTimeScale。

除了可以使用以上这些函数和属性来控制动画之外，THREE.AnimationMixer 还提供了两个事件，可以通过在混合器上调用 addEventListener 来监听。当完成单个循环时，发送 "loop" 事件；当完成整个动画动作时，发送 "finished" 事件。

### 9.3.3 使用蒙皮动画实现动画

正如我们在 9.3.2 节所看到的，变形动画非常简单。Three.js 可以知道所有目标顶点的位置，并只需要将每个顶点从一个位置平滑过渡到下一个位置。骨骼和蒙皮动画就有点复杂。在骨骼动画中，需要根据移动的骨骼来计算和调整与之绑定的蒙皮（即一系列顶点）的位置和形状。这里我们将使用从 Blender 导出为 Three.js 格式的模型（位于 models/blender-skeleton 文件夹中的 lpp-rigging.gltf）。这是一个人体模型，包括一组骨骼。通过移动骨骼，我们可以为整个模型添加动画效果。首先，让我们看看如何加载模型：

```
let animations = []
const loadModel = () => {
  const loader = new GLTFLoader()
  return loader.loadAsync('/assets/models/blender-
    skeleton/lpp-rigging.gltf').then((container) => {
    container.scene.translateY(-2)
    applyShadowsAndDepthWrite(container.scene)
    animations = container.animations
    return container.scene
  })
}
```

我们已经以 glTF 格式导出了模型，因为 Three.js 对 glTF 的支持很好。加载用于蒙皮动画的模型与其他任何模型的加载并没有太大区别。我们只需指定模型文件并像其他 glTF 文件一样加载它即可。对于 glTF，动画位于被加载对象的一个单独属性中，因此我们只需简单地将其赋值给 animations 变量即可很方便地访问。

在这个例子中，我们添加了控制台日志输出，以显示加载后 THREE.Mesh 的样子，如图 9.18 所示。

从图 9.18 中可以看到，网格由一棵由骨骼和网格组成的树构成。这也意味着如果你移动一个骨骼，相关的网格也将随之移动。

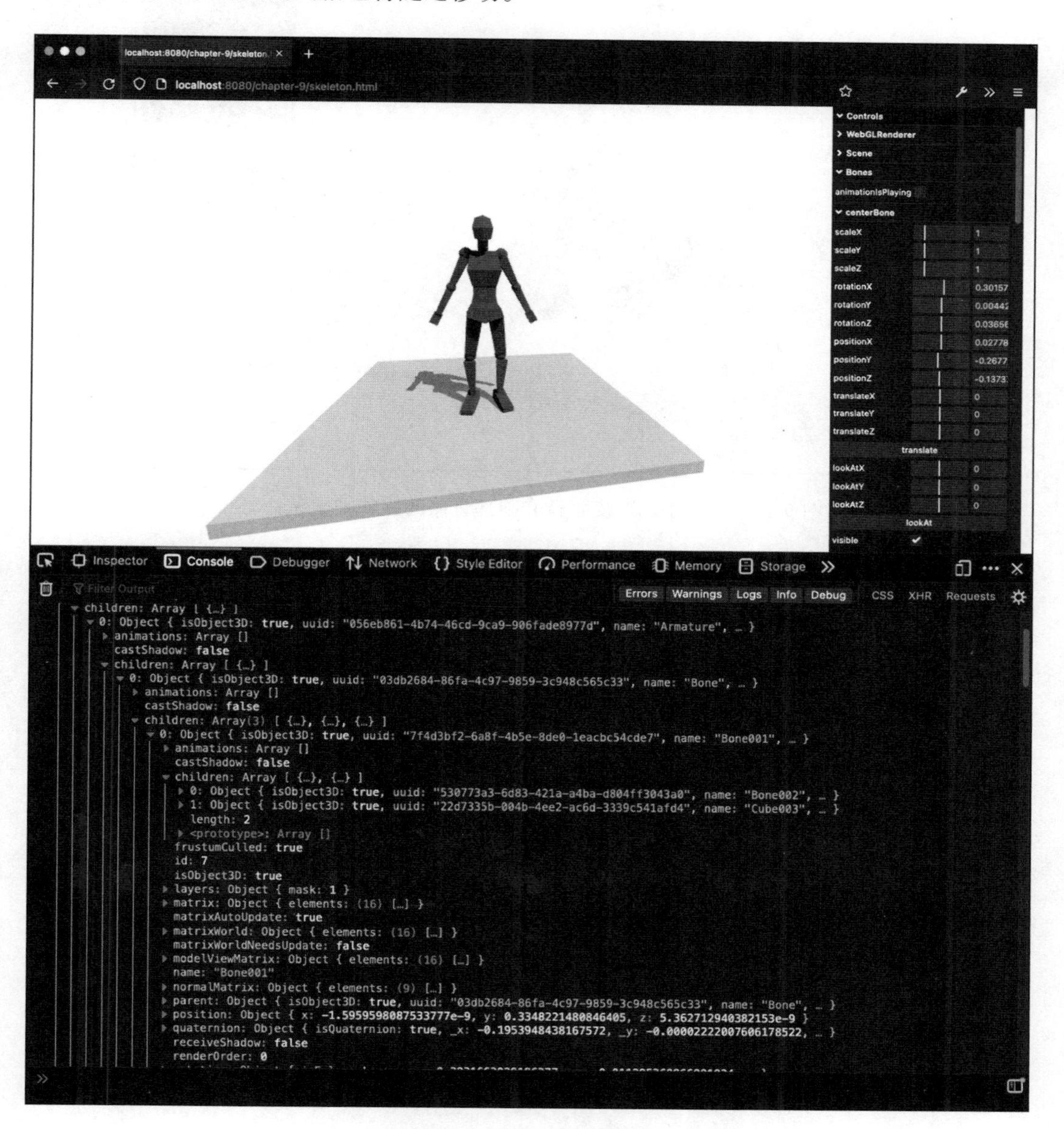


图 9.18　模型的骨骼结构

图 9.19 展示了这个示例的实际效果。

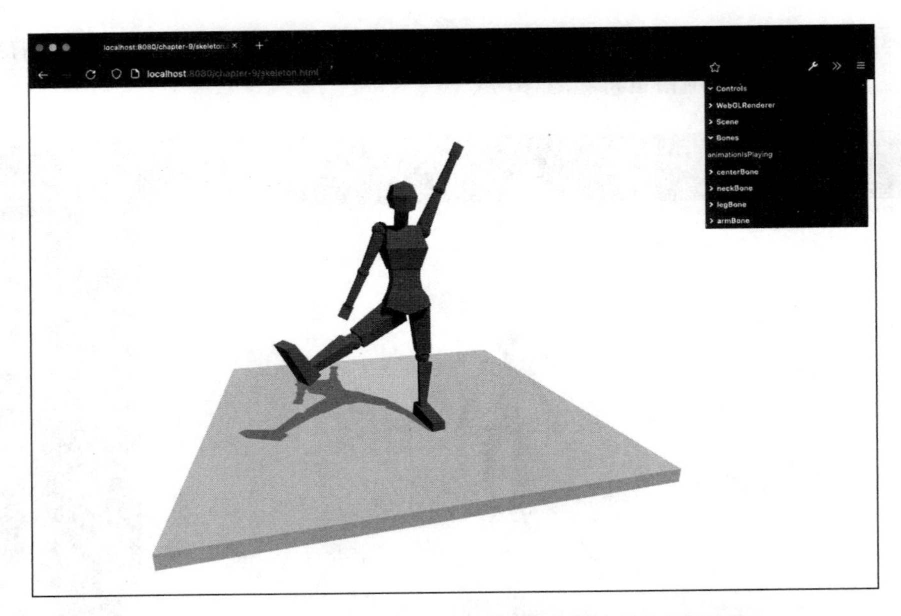


图 9.19 通过手动改变手臂和腿部骨骼的旋转来操纵骨骼

这个场景还包含一个动画，你可以通过勾选 animationIsPlaying 复选框来触发它。它将覆盖手动设置的骨骼位置和旋转，并使骨骼看起来在上下跳动，如图 9.20 所示。

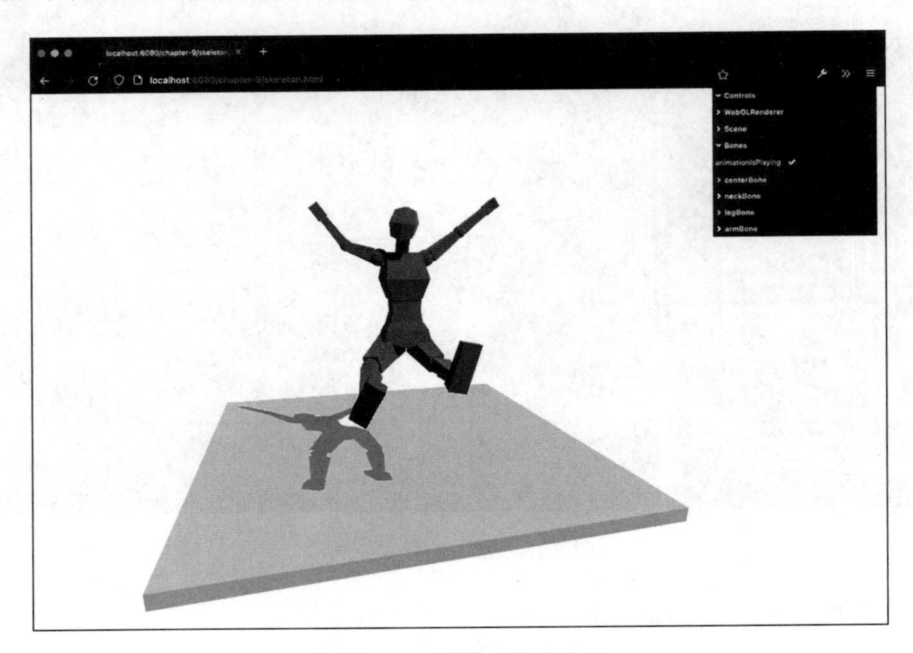


图 9.20 播放骨骼动画

要设置这个动画，我们需要遵循前面描述的步骤：

```
const mixer = new THREE.AnimationMixer(mesh)
const action = mixer.clipAction(animations[0])
action.play()
```

正如你所看到的，使用骨骼与使用固定变形目标一样简单。在这个例子中，我们只调整了骨骼的旋转，你还可以移动位置或改变比例。在 9.4 节中，我们将介绍如何从外部模型加载动画。

## 9.4 使用外部模型创建动画

在第 8 章我们介绍了几个 Three.js 支持的 3D 格式。其中一些格式也支持动画。在本章中，我们将了解以下示例：

- **COLLADA 模型**：COLLADA 格式支持动画。对于其对应的示例，我们将从 COLLADA 文件中加载动画，并使用 Three.js 进行渲染。
- **MD2 模型**：MD2 模型是旧版 Quake 引擎中使用的一种简单格式。尽管该格式有点过时，但它仍然是一种非常适合存储角色动画的格式。
- **glTF 模型**：**GL 传输格式**（GL transmission format，glTF）是一种专门用于存储 3D 场景和模型的格式。它专注于最小化资产的大小，并尽可能高效地解压缩模型。
- **FBX 模型**：FBX 是由 `https://www.mixamo.com` 提供的 Mixamo 工具生成的一种格式。使用 Mixamo，你可以轻松地对模型进行绑定和动画处理，而不需要大量的建模经验。
- **BVH 模型**：Biovision（BVH）格式与其他加载器相比略有不同。使用这个加载器，你不会加载带有骨架或一组动画的几何体。使用这种格式（由 Autodesk Motion-Builder 使用），你只需加载一个骨架，就可以将其可视化或甚至附加到几何体中。

我们将从 glTF 模型开始，因为这种格式正在成为在不同工具和库之间交换模型的标准。

### 9.4.1 使用 gltfLoader

最近越来越受关注的一种格式是 gltf 格式。这种格式的详细解释可以在 `https://github.com/KhronosGroup/glTF` 找到，它专注于优化大小和资源使用。使用 `gltfLoader` 与使用其他加载器类似：

```
import { GLTFLoader } from 'three/examples
  /jsm/loaders/GLTFLoader'
...
return loader.loadAsync('/assets/models/truffle_man/scene.
gltf').
```

```
  then((container) => {
  container.scene.scale.setScalar(4)
  container.scene.translateY(-2)
  scene.add(container.scene)

  const mixer = new THREE.AnimationMixer( container.scene );
  const animationClip = container.animations[0];
  const clipAction = mixer.clipAction( animationClip ).
play();
})
```

这个加载器也可以加载完整的场景，所以你可以根据需求选择将所有内容都添加到 Three.js 场景中，或者只选择部分子元素进行添加。具体效果如图 9.21 所示（`load-gltf.js`）。

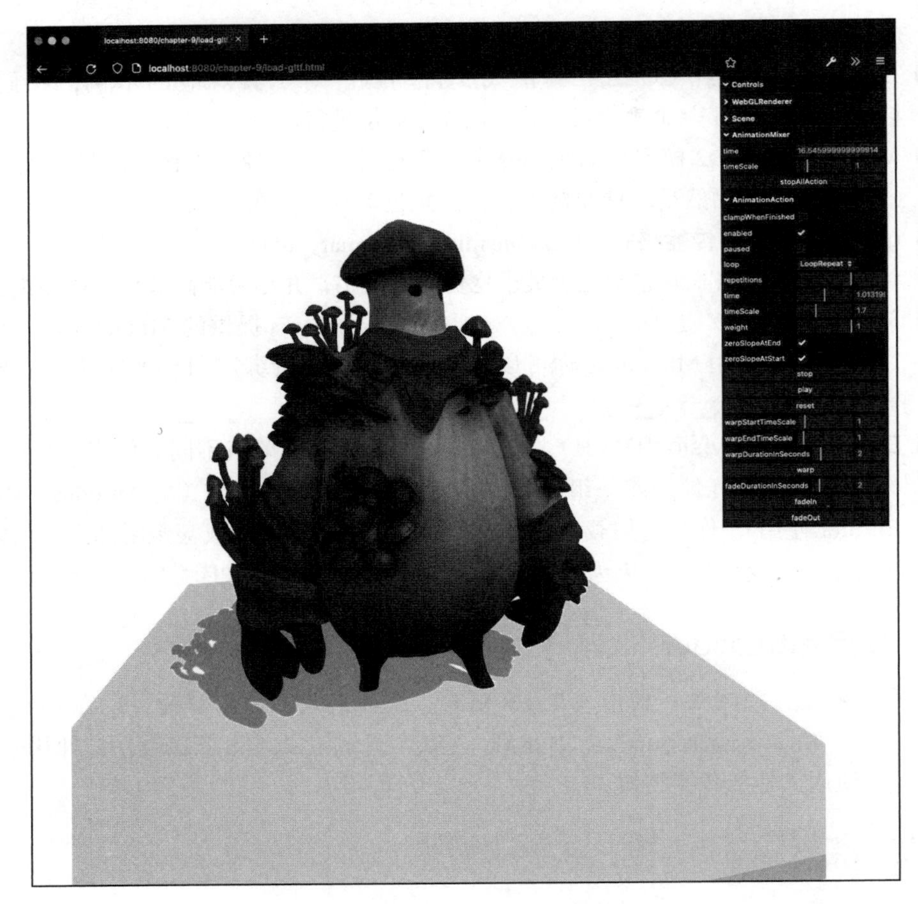


图 9.21 使用 glTF 加载的动画

在下一个例子中，我们将使用 FBX 模型。

## 9.4.2　使用 fbxLoader 可视化动作捕捉模型

Autodesk FBX 格式已经存在一段时间，非常容易使用。你可以在这个网站上找到许多可以用这个格式的动画：`https://www.mixamo.com/`。这个网站提供了 2500 多个可供使用和自定义的动画，如图 9.22 所示。

图 9.22　从 Mixamo 加载动画

下载动画后，可以轻松地在 Three.js 中使用它：

```
import { FBXLoader } from 'three/examples/jsm/loaders/
FBXLoader'
...
loader.loadAsync('/assets/models/salsa/salsa.fbx').then((mesh)
```

```
=> {
  mesh.translateX(-0.8)
  mesh.translateY(-1.9)
  mesh.scale.set(0.03, 0.03, 0.03)
  scene.add(mesh)
  const mixer = new THREE.AnimationMixer(mesh)
  const clips = mesh.animations
  const clip = THREE.AnimationClip.findByName(clips,
    'mixamo.com')
})
```

实际效果如图 9.23 所示（load-fbx.html）。

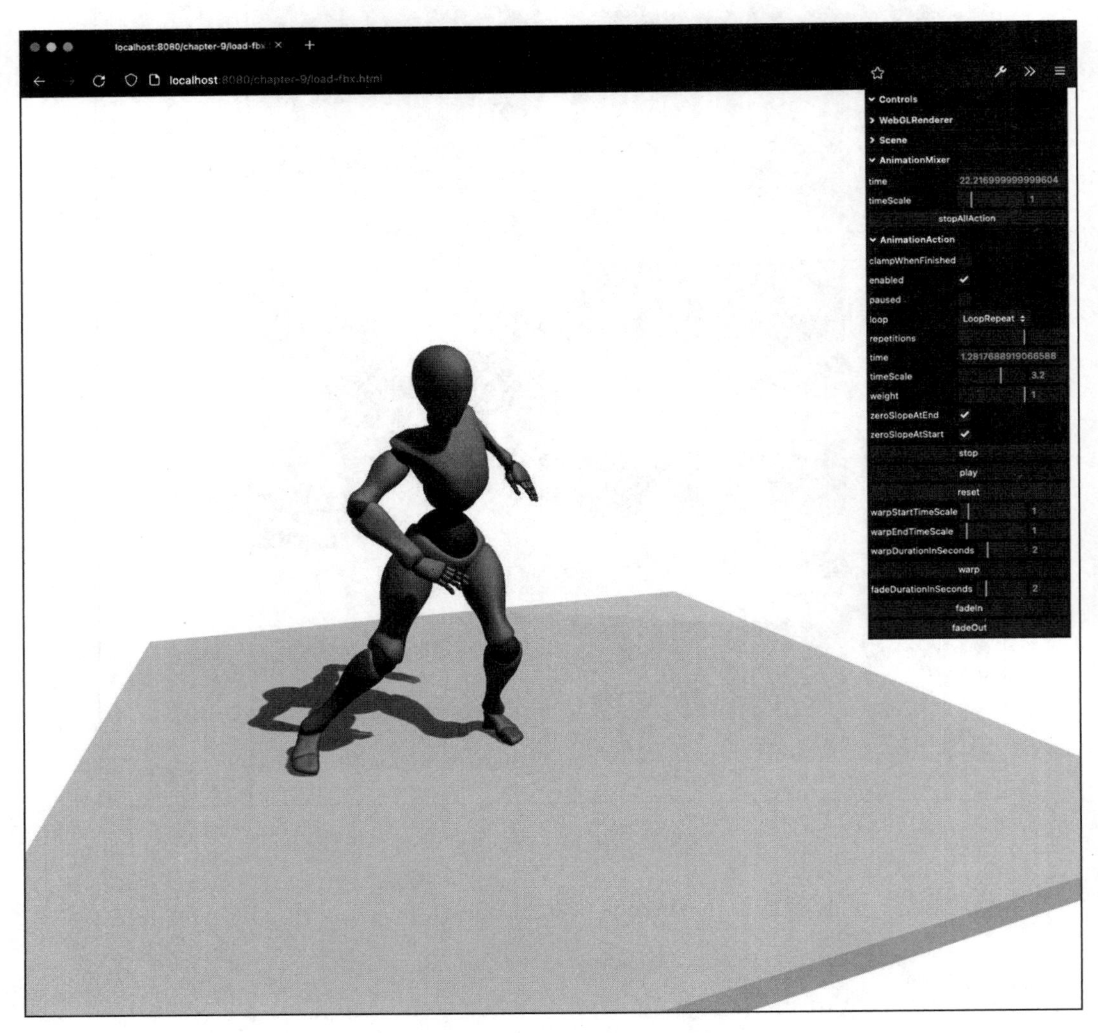


图 9.23 使用 FBX 加载的动画

FBX 和 glTF 是现代格式，被广泛使用，并且是交换模型和动画的好方法。还有一些较旧的格式。一个有趣的格式是旧版 FPS Quake 使用的格式：MD2。

### 9.4.3　从 Quake 模型加载动画

MD2 格式是为模拟 1996 年的一款名为 Quake 的游戏中的角色而创建的。即使新版本的引擎使用了不同的格式，但仍有许多有趣的模型使用 MD2 格式。使用 MD2 文件与使用我们迄今为止见过的其他文件有些不同。当你加载 MD2 模型时，你会获得一个几何体，因此你还需要创建材质并分配皮肤：

```
let animations = []
const loader = new MD2Loader()
loader.loadAsync('/assets/models/ogre/ogro.md2').then
  ((object) => {
  const mat = new THREE.MeshStandardMaterial({
    color: 0xffffff,
    metalness: 0,
    map: new THREE.TextureLoader().load
      ('/assets/models/ogre/skins/skin.jpg')
  })
  animations = object.animations
  const mesh = new THREE.Mesh(object, mat)
  // add to scene, and you can animate it as we've seen
    already
})
```

当你获得了 `Mesh` 之后，设置动画的方式就与前面一样了。实际效果如图 9.24 所示（`load-md2.html`）。

接下来我们将介绍 COLLADA。

### 9.4.4　从 COLLADA 模型加载动画

普通的 COLLADA 模型没有压缩（体积可能非常大），因此 COLLADA 模型还有压缩后的版本——**键孔标记语言压缩（Keyhole Markup Language Zipped，KMZ）**模型。对于没有压缩的普通的 COLLADA 模型，你可以使用 Three.js 的 `ColladaLoader` 来加载模型。对于压缩后的 COLLADA 模型，你可以使用 `KMZLoader` 来加载模型，如图 9.25 所示。

最后一个加载器是 `BVHLoader`。

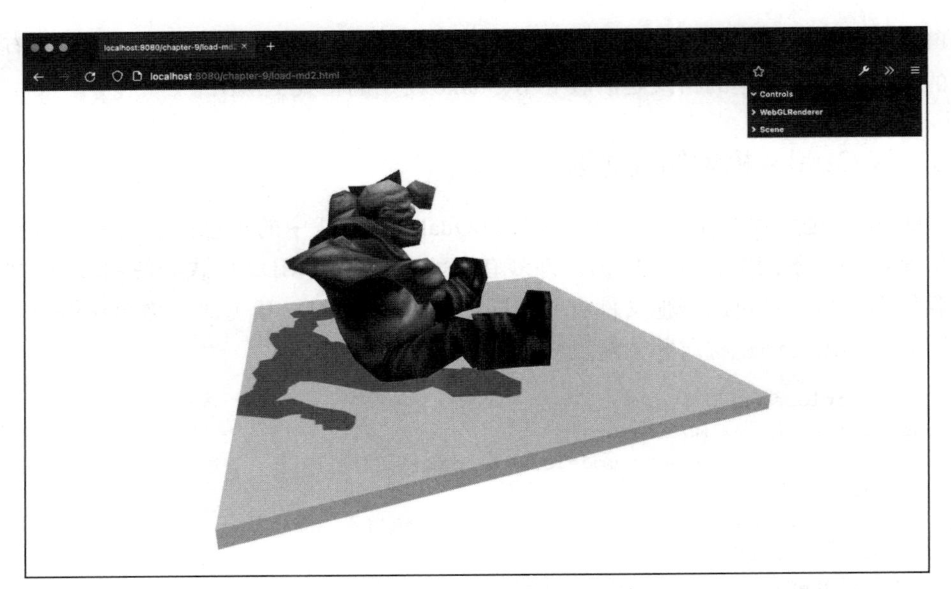


图 9.24　从 Quake 模型加载的动画

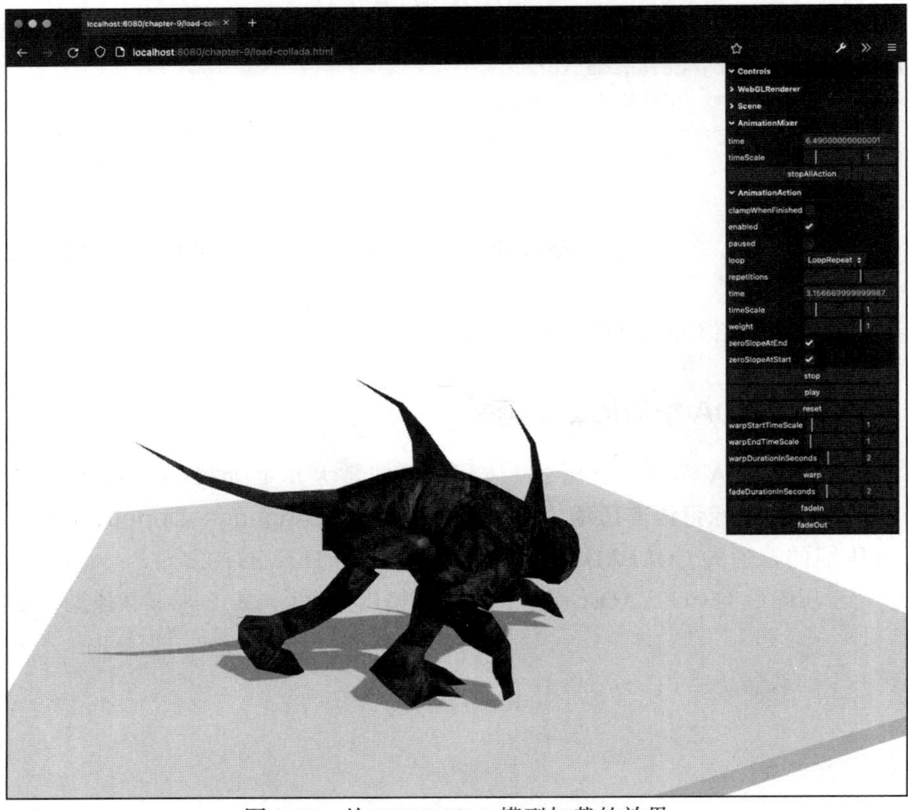


图 9.25　从 COLLADA 模型加载的效果

### 9.4.5　使用 BVHLoader 可视化骨骼

BVHLoader 与我们迄今为止看到的加载器略有不同。该加载器不返回带有动画的网格或几何体。相反，它返回一个骨骼和一个动画。图 9.26 展示了实际效果（load-bvh.html）。

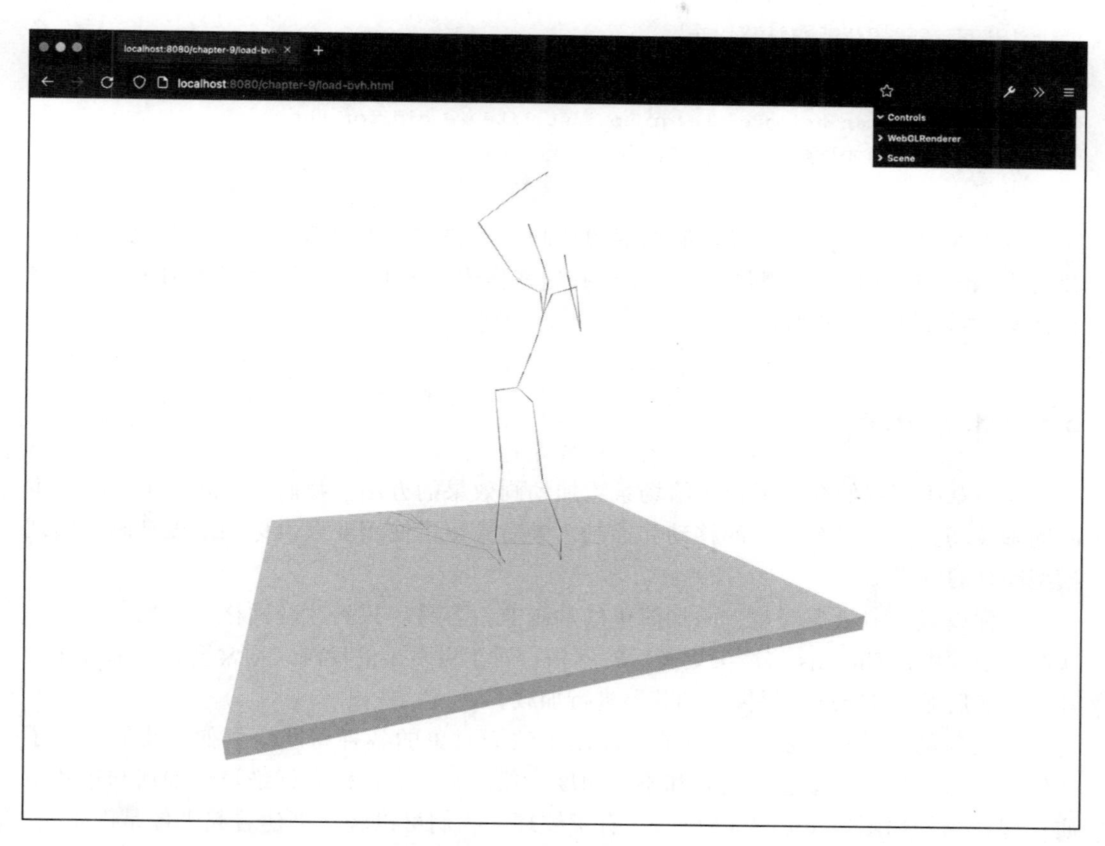


图 9.26　从 BVH 加载的动画效果

如果你想可视化以上示例，我们可以使用 THREE.SkeletonHelper，具体代码如下。通过 THREE.SkeletonHelper，我们可以可视化网格的骨骼。BVH 模型只包含骨骼信息，因此我们可以像这样进行可视化：

```
const loader = new BVHLoader()
let animation = undefined
loader.loadAsync('/assets/models//amelia-dance/DanceNightClub7_
t1.bvh').then((result) => {
  const skeletonHelper = new THREE.SkeletonHelper
    (result.skeleton.bones[0])
  skeletonHelper.skeleton = result.skeleton
```

```
    const boneContainer = new THREE.Group()
    boneContainer.add(result.skeleton.bones[0])
    animation = result.clip
    const group = new THREE.Group()
    group.add(skeletonHelper)
    group.add(boneContainer)
    group.scale.setScalar(0.2)
    group.translateY(-1.6)
    group.translateX(-3)
    // Now we can animate the group just like we did for the
      other examples
  })
```

旧版本的 Three.js 还支持其他类型的动画文件格式。不过其中大多数都已经过时，并已从 Three.js 发行版中删除。如果你遇到这些格式，你可以找回旧版本的 Three.js，看看有没有你可以使用的加载器。

## 9.5 本章小结

在本章中，我们介绍了很多给场景添加动画效果的方法。我们首先介绍了一些基本的动画技巧，然后讲解相机的移动和控制，最后介绍了使用变形目标和蒙皮动画来实现模型动画的方法。

在你设置好渲染循环后，添加简单的动画非常容易。只需改变网格的属性，在下一次渲染步骤中，Three.js 将渲染更新后的网格。对于更复杂的动画，通常会在外部程序中建模，然后通过 Three.js 提供的加载器进行加载。

在之前的章节中，我们介绍了可以用于渲染对象的各种材质。例如，我们了解了如何改变这些材质的颜色、高光和不透明度。然而，我们还没有详细讨论如何与这些材质一起使用外部图像（也称为纹理）。有了纹理，我们可以轻松创建看起来像是由木头、金属、石头等材质制成的对象。在第 10 章中，我们将探索纹理的不同方面以及它们在 Three.js 中的应用。

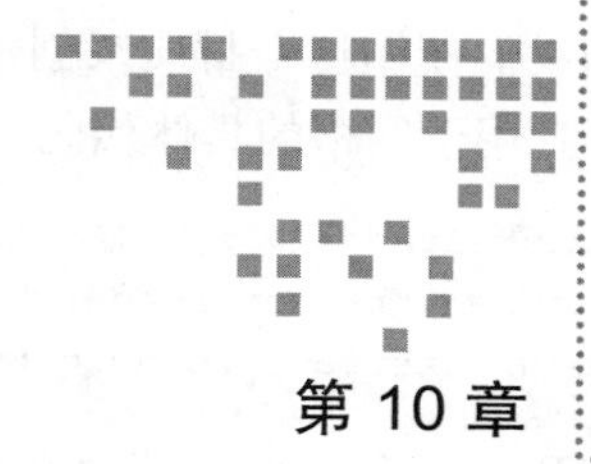

第 10 章 Chapter 10

# 加载和使用纹理

在第 4 章中，我们介绍了 Three.js 中可用的各种材质。然而，我们没有讨论在创建网格时如何应用纹理的材质。在本章中，我们将讨论这个主题。具体而言，我们将讨论以下主题：

- 在 Three.js 中加载纹理并将其应用到网格上。
- 使用凹凸贴图、法线贴图和位移贴图为网格增加深度和细节。
- 使用光照贴图和环境光遮蔽贴图（Ambient Occlusion Map，aoMap）创建伪影。
- 使用镜面贴图、金属贴图和粗糙贴图来设置网格特定部分的光泽度。
- 应用透明贴图来实现部分透明。
- 使用环境贴图为材质添加逼真的反射。
- 使用 HTML5 canvas 和视频元素作为纹理的输入。

让我们从一个基本示例开始，向你展示如何加载和应用纹理。

## 10.1 在材质中应用纹理

Three.js 中纹理的使用有多种方式。你可以使用它们来定义网格的颜色，还可以使用它们来定义光泽、凹凸和反射。但我们首先要看的是一个非常基本的例子，我们将使用纹理来定义网格每个像素的颜色。这通常被称为颜色贴图或漫反射贴图（diffuse map）。

### 10.1.1 加载纹理并将其应用于网格

最基本的纹理使用方式是将纹理设置为材质的 `map` 属性。通过将纹理设置为材质的

map 属性，当我们使用这个材质来创建网格时，网格的颜色会根据提供的纹理进行绘制。加载纹理并将其用于网格的具体代码如下：

```
const textureLoader = new THREE.TextureLoader();
const texture = textureLoader.load
  ('/assets/textures/ground/ground_0036_color_1k.jpg')
```

在以上代码中，我们使用了 THREE.TextureLoader 的一个实例来从特定位置加载一个图像文件。通过使用这个加载器，我们可以使用 PNG、GIF 或 JPEG 图像作为纹理的输入（稍后我们将告诉你如何加载其他格式）。值得注意的是，纹理的加载是异步的：如果纹理较大，并且在纹理完全加载之前渲染场景，那么你会短暂看到网格没有应用纹理。如果你希望等待纹理加载完毕，则可以为 textureLoader.load() 函数提供一个回调函数：

```
Const textureLoader = new THREE.TextureLoader();
const texture = textureLoader.load
  ('/assets/textures/ground/ground_0036_color_1k.jpg',
           onLoadFunction,
           onProgressFunction,
           onErrorFunction)
```

如你所见，可以将三个回调函数作为参数传给 load 函数：当纹理加载时，将调用 onLoadFunction；可以使用 onProgressFunction 跟踪纹理加载的进度；当加载或解析纹理出现错误时，将调用 onErrorFunction。在确保纹理加载完成后，我们可以将其添加到网格中：

```
const material = new THREE.MeshPhongMaterial({ color:
  0xffffff })
material.map = texture
```

请注意，加载器还提供了 loadAsync 函数，它返回一个 Promise，就像我们在之前章节中加载模型时所使用的加载器那样。

你可以使用几乎任何图像作为纹理。然而，为了获得最佳结果，建议使用边长为 2 的幂的正方形纹理。例如 256×256、512×512、1024×1024 等尺寸。如果纹理不是 2 的幂，则 Three.js 会将图像缩小到最接近 2 的幂的尺寸。

图 10.1 展示了其中一种我们将在本章示例中使用的纹理。

纹理的像素通常不会与模型面的像素一一对应。当相机靠近模型时，需要放大纹理；当相机远离模型时，需要缩小纹理。为了实现纹理的缩放，WebGL 和 Three.js 提供了 magFilter 和 minFilter 两个属性来控制纹理的缩放方式：

- THREE.NearestFilter：这个过滤器使用距离最接近的纹理像素（texel）的颜色进行显示。在放大时，该过滤器会导致图像出现像素化的块状效果；而在缩小过程中，则会导致图像细节的大量丢失。

- THREE.LinearFilter：这个过滤器高级一些，它使用四个邻近像素的颜色值来确定最终的显示颜色。相比 THREE.NearestFilter，这种过滤方式在放大时能产生更平滑的效果，避免像素化；然而在缩小过程中，它依然会丢失大量细节。

图 10.1　砖墙的颜色纹理

除了使用基本值之外，我们还可以使用 **MIP 贴图**。MIP 贴图是一种由一系列纹理图像组成的集合，每个图像的大小是前一个图像的一半。在加载纹理时自动生成 MIP 贴图，可以提供更平滑的过滤效果。所以，当你有一个方形纹理（2 的幂）时，可以使用一些额外的方法来实现更好的过滤效果。具体包括：

- THREE.NearestMipMapNearestFilter：选择最佳的 MIP 贴图来匹配所需的分辨率，并应用最近邻过滤原则，即使用最近的纹理像素的颜色值。与之前讨论的 THREE.NearestFilter 相比，使用 MIP 贴图可以改善缩小显示时的效果，使得缩小时的显示更为平滑。尽管放大显示时仍会有块状效果，但缩小显示时的效果会得到明显改善。
- THREE.NearestMipMapLinearFilter：选择两个最近的 MIP 贴图，而不是单个 MIP 贴图。在这两个 MIP 贴图上，应用最近邻过滤，得到两个中间结果。这两个中间结果再通过线性过滤合并，以得到最终结果。
- THREE.LinearMipMapNearestFilter：选择最佳的 MIP 贴图来匹配所需的分辨率，并应用之前讨论过的线性过滤原则。

- THREE.LinearMipMapLinearFilter：选择两个最近的 MIP 贴图，而不是单个 MIP 贴图。在这两个 MIP 贴图上，应用线性过滤，得到两个中间结果。这两个结果再通过线性过滤合并，以得到最终结果。

如果未明确指定 magFilter 和 minFilter 属性，则 Three.js 会使用 THREE.LinearFilter 作为 magFilter 属性的默认值，使用 THREE. LinearMipMapLinear-Filter 作为 minFilter 属性的默认值。

在我们的示例中，我们将使用纹理的默认属性。对应示例文件是 texture-basics.html（使用基本纹理作为材质）。图 10.2 展示了实际效果。

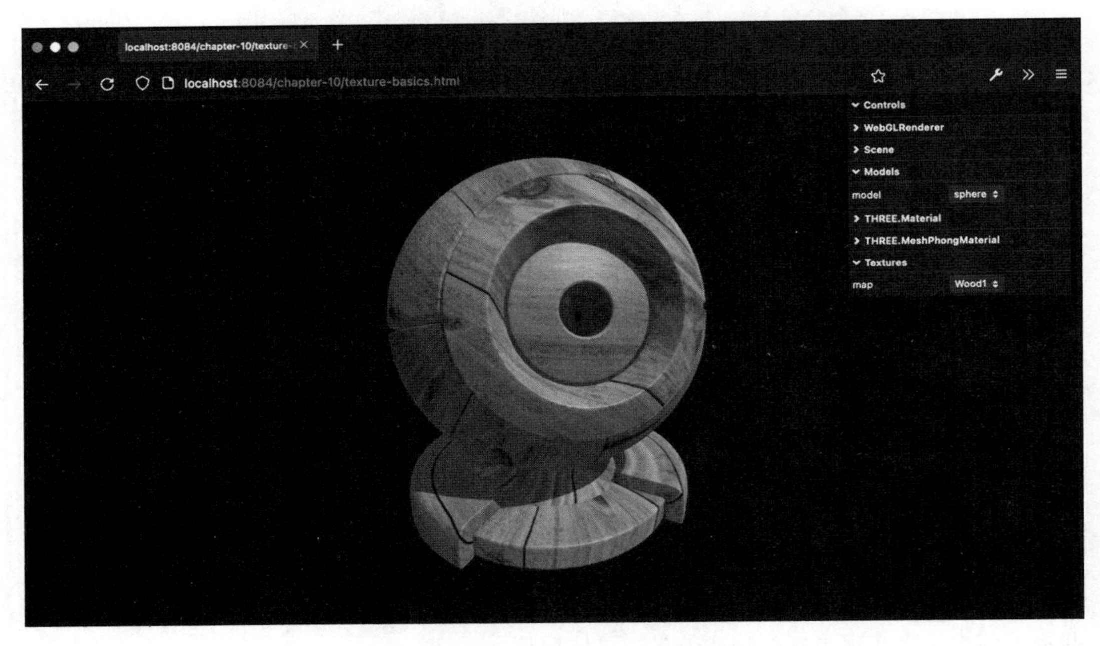


图 10.2 使用简单木纹理作为材质颜色贴图的模型

在这个示例中，你可以更改模型并从右侧菜单中选择纹理。你还可以更改默认材质属性，以查看材质与颜色贴图结合使用时不同设置的效果。

你还可以看到纹理在模型表面紧密贴合。在 Three.js 中创建几何体时，它会确保正确应用任何使用的纹理。这是通过一种称为 UV 映射的技术来实现的。通过 UV 映射，我们可以告诉渲染器纹理的哪一部分应该于哪一面。我们将在第 13 章详细介绍 UV 映射的细节，我们将向你展示如何使用 Blender 轻松为 Three.js 创建自定义的 UV 映射。

除了可以使用 THREE.TextureLoader 加载标准图像格式之外，Three.js 还提供了几个自定义加载器，可以用来加载非标准格式图像。如果你的图像是非标准格式的，可以查看 Three.js 的加载器文件夹（https://github.com/mrdoob/three.js/tree/dev/examples/jsm/loaders），以确定你的图像格式是否可以直接被 Three.js 加载，或者是否需要手动转换。

除了支持普通的图像格式外，Three.js 还支持 HDR 图像。

### 加载 HDR 图像作为纹理

HDR 图像捕捉到的光亮级别范围比标准图像更高，从而更接近人眼所看到的场景。Three.js 支持 EXR 和 RGBE 格式的 HDR 图像。如果你有一个 HDR 图像，则可以微调 Three.js 对 HDR 图像的渲染，因为 HDR 图像包含的亮度信息比显示器能够显示的信息更多。具体来说，你可以通过设置 THREE.WebGLRenderer 中的以下属性来实现：

- toneMapping：定义如何将 HDR 图像的颜色映射到显示器上。Three.js 提供以下选项：THREE.NoToneMapping、THREE.LinearToneMapping、THREE.ReinhardToneMapping、THREE.Uncharted2ToneMapping 和 THREE.CineonToneMapping。默认值为 THREE.LinearToneMapping。
- toneMappingExposure：用于调整 HDR 图像渲染时的曝光级别，可用于微调渲染后纹理的颜色。
- toneMappingWhitePoint：这是 toneMapping 使用的白点。这也可以用于微调渲染纹理的颜色。

如果你想加载 EXR 或 RGBE 格式的图像并将其用作纹理，则可以使用 THREE.EXRLoader 或 THREE.RGBELoader。这些加载器的使用方法与之前提到的 THREE.TextureLoader 类似：

```
const loader = new THREE.EXRLoader();
exrTextureLoader.load('/assets/textures/exr/Rec709.exr')
...
const hdrTextureLoader = new THREE.RGBELoader();
hdrTextureLoader.load('/assets/textures/hdr/
  dani_cathedral_oBBC.hdr')
```

在 texture-basics.html 示例中，我们向你展示了如何使用纹理将颜色应用于网格。在 10.1.2 节中，我们将看看如何使用纹理来为网格添加虚假的高度信息，使模型看起来更加细致。

## 10.1.2　使用凹凸贴图来为网格提供更多的细节

凹凸贴图（bump map）用于为材质增加更多的深度。你可以打开 texture-bump-map.html 查看实际效果，如图 10.3 所示。

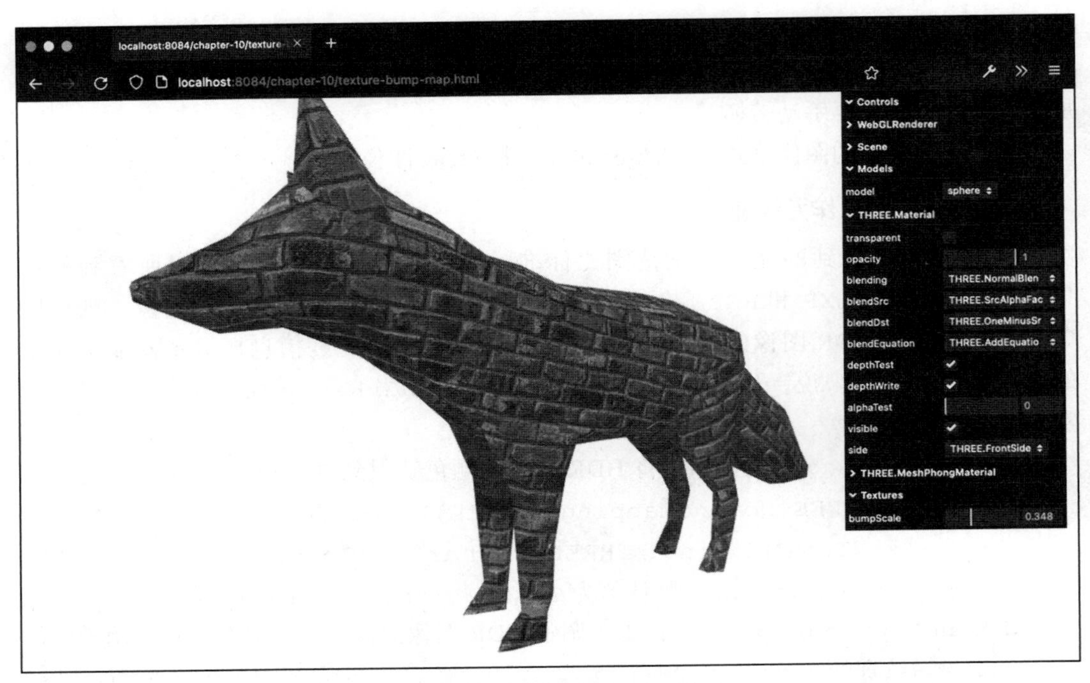


图 10.3 使用凹凸贴图后的模型

在这个示例中，你可以看到模型看起来更加细致和具有深度。这是通过为材质设置了一个额外的纹理，也就是所谓的凹凸贴图实现的：

```
const exrLoader = new EXRLoader()
const colorMap = exrLoader.load('/assets/textures/brick-wall/
brick_wall_001_diffuse_2k.exr', (texture) => {
  texture.wrapS = THREE.RepeatWrapping
  texture.wrapT = THREE.RepeatWrapping
  texture.repeat.set(4, 4)
})
const bumpMap = new THREE.TextureLoader().load(
  '/assets/textures/brick-wall/brick_wall_001_displacement_2k.
png',
  (texture) => {
    texture.wrapS = THREE.RepeatWrapping
    texture.wrapT = THREE.RepeatWrapping
    texture.repeat.set(4, 4)
  }
)
const material = new THREE.MeshPhongMaterial({ color:
  0xffffff })
material.map = colorMap
material.bumpMap = bumpMap
```

在以上代码中，除了设置 map 属性之外，我们还将 bumpMap 属性设置为一个贴图。此外，通过之前的示例中的菜单，我们可以设置 bumpScale 属性，我们可以设置凹凸的高度（或深度，如果设置为负值）。这个示例中使用的纹理如图 10.4 所示。

图 10.4　用于创建凹凸贴图的纹理

凹凸贴图是一幅灰度图像，但你也可以使用彩色图像。贴图中像素的亮度值决定了凹凸程度，较亮的像素代表凸起，较暗的代表凹陷。凹凸贴图只包含像素的相对高度信息，而不包含凹凸方向的信息，因此凹凸贴图能模拟出的细节和深度感有限。要想更加细致，你可以使用法线贴图。

### 10.1.3　使用法线贴图实现更细致的凹凸和皱纹

使用法线贴图，每个像素的高度 ( 位移 ) 并没有被存储，而是存储了每个像素的法线方向。使用法线贴图，无需过多步骤，仅使用少量的顶点和面我们就可以创建出看起来非常细致的模型。实际效果如图 10.5 所示（texture-normal-map.html）。

在图 10.5 中，你可以看到一个非常细致的模型。当模型移动时，你可以看到纹理对它接收到的光线做出反应，呈现出逼真的光照效果。这种效果仅需要一个非常简单的模型和几个纹理即可实现。如何在 Three.js 中使用法线贴图的具体代码如下：

```
const colorMap = new THREE.TextureLoader().load('/assets/
textures/red-bricks/red_bricks_04_diff_1k.jpg', (texture) => {
  texture.wrapS = THREE.RepeatWrapping
  texture.wrapT = THREE.RepeatWrapping
  texture.repeat.set(4, 4)
})
const normalMap = new THREE.TextureLoader().load(
  '/assets/textures/red-bricks/red_bricks_04_nor_gl_1k.jpg',
  (texture) => {
    texture.wrapS = THREE.RepeatWrapping
    texture.wrapT = THREE.RepeatWrapping
```

```
    texture.repeat.set(4, 4)
  }
)
const material = new THREE.MeshPhongMaterial({ color:
  0xffffff })
material.map = colorMap
material.normalMap = normalMap
```

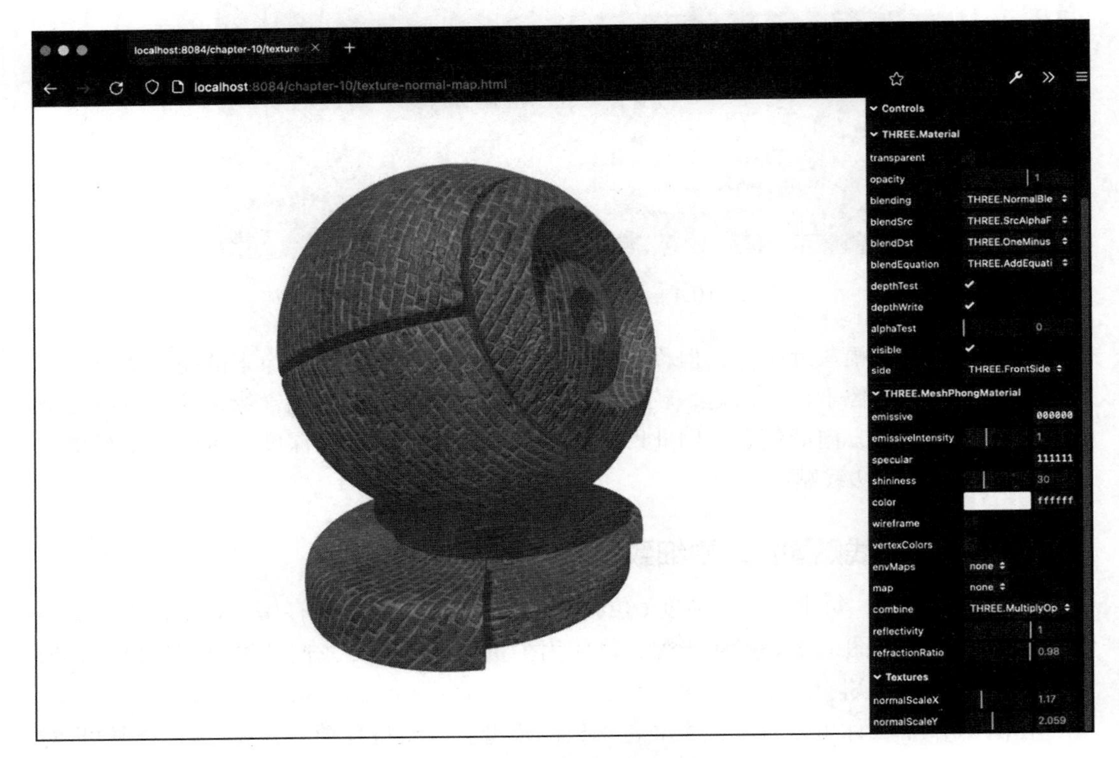


图 10.5 使用法线贴图的模型

这与我们用于凹凸贴图的方法相同。不同的是，这次我们将 `normalMap` 属性设置为法线纹理。我们还可以通过设置 `normalScale` 属性（`mat.normalScale.set(1,1)`）来定义凹凸的外观。使用该属性，你可以沿 X 和 Y 轴进行缩放。不过，最好的方法是将这些值保持相同。你可以在这个示例中随意尝试这些值来进行实验。

图 10.6 展示了以上使用法线贴图的实际效果。

然而，法线贴图的问题在于它们不太容易创建。你需要使用专业工具，如 Blender 或 Photoshop。这些程序可以使用高分辨率的渲染图像或纹理作为输入，并从中创建出法线贴图。

法线贴图和凹凸贴图只是利用场景中的光线来创建虚假的深度和细节，并不会改变模型的形状，所有顶点位置保持不变。然而，Three.js 提供了第三种方法，你可以使用贴图添加详细信息到一个模型，并且会改变顶点的位置。这种方法就是位移贴图。

图 10.6 法线纹理

### 10.1.4 使用位移贴图来改变顶点的位置

Three.js 还提供了一个纹理，你可以使用它来更改模型顶点的位置，从而改变模型的形状。与凹凸贴图和法线贴图不同，它们只是通过光照和阴影效果来创建虚假的深度感，但是通过位移贴图，我们可以根据纹理的信息改变模型的形状。我们可以像使用其他贴图一样使用位移贴图：

```
const colorMap = new THREE.TextureLoader().load('/assets/
textures/displacement
  /w_c.jpg', (texture) => {
  texture.wrapS = THREE.RepeatWrapping
  texture.wrapT = THREE.RepeatWrapping
})
const displacementMap = new THREE.TextureLoader().load('/
assets/textures/displacement
  /w_d.png', (texture) => {
  texture.wrapS = THREE.RepeatWrapping
  texture.wrapT = THREE.RepeatWrapping
})
const material = new THREE.MeshPhongMaterial({ color:
  0xffffff })
material.map = colorMap
material.displacementMap = displacementMap
```

在上述代码中，我们加载了一个位移贴图，实际效果如图 10.7 所示。

图 10.7 位移贴图

颜色越亮，顶点位移就越多。你可以运行 `texture-displacement.html` 示例，你会看到模型形状根据位移图的信息发生了改变，如图 10.8 所示。

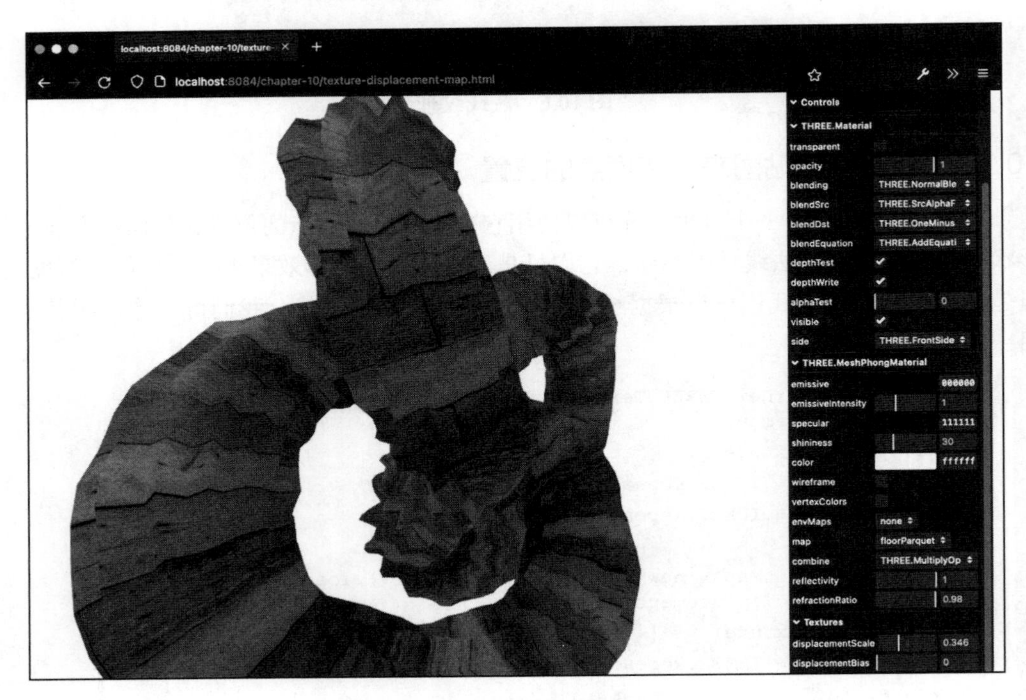


图 10.8 使用位移贴图的模型

除了设置为 `displacementMap` 之外，我们还可以通过设置 `displacementScale` 和 `displacementOffset` 来控制位移的程度。关于使用位移贴图的最后一件事是，只有在网格包含大量顶点时，位移贴图才能产生良好的结果。否则，由于顶点太少无法表示所需的位移，因此将无法充分显示所需的位移效果。

### 10.1.5　使用环境光遮蔽贴图添加细致的阴影

在前几章中，你学到了如何在 Three.js 中使用阴影。如果你正确地设置了正确网格的 `castShadow` 和 `receiveShadow` 属性，添加了几个光源，并正确配置光源的阴影相机，Three.js 就能够渲染阴影。

然而，渲染阴影是一个相当昂贵的操作，每次渲染循环都会重复进行。如果场景中的光源或对象在移动，则这是必要的，但通常有一些光源或模型是固定的，所以如果我们能够计算一次性阴影并重复使用它们，则效果将非常理想。为了实现这一目标，Three.js 提供了两种贴图：环境光遮蔽贴图（ambient occlusion map）和光照贴图（lightmap）。在本节中，我们将介绍环境光遮蔽贴图，10.1.6 节我们将介绍光照贴图。

环境光遮蔽是一种用来确定模型的每个部分在场景中接收到多少环境光照的技术。在诸如 Blender 这样的工具中，环境光通常通过半球光或方向光（如太阳光）来模拟。虽然模型的大部分区域都会接收到一些环境光照，但并非所有部分都会接收到相同的光照。例如，如果你建模一个人物，头部会比手臂底部接收到更多的环境光照。这种光照的差异——即阴影——可以被渲染成一个纹理（如图 10.9 所示），然后我们可以将该纹理应用到我们的模型上，给它们添加阴影，而无须每次都计算阴影。

图 10.9　使用 Blender 烘焙的环境光遮蔽贴图

当你获得了环境光遮蔽贴图之后，你就可以将其分配给材质的 aoMap 属性，Three.js 会在应用和计算场景中光源对该模型特定部分的照射时考虑这个贴图中的信息。以下是设置 aoMap 属性的代码：

```
const aoMap = new THREE.TextureLoader().load('/assets/gltf/
material_
  ball_in_3d-coat/aoMap.png')
const material = new THREE.MeshPhongMaterial({ color:
  0xffffff })
material.aoMap = aoMap
material.aoMap.flipY = false
```

就像其他类型的纹理贴图一样，我们只需使用 THREE.TextureLoader 来加载纹理，并将其分配给材质的正确属性。与许多其他贴图一样，我们也可以通过设置 aoMapIntenisty 属性来调整贴图对模型照明的影响程度。在示例中，我们可以看到需要将 aoMap 的 flipY 属性设置为 false。有时，外部程序存储材质的方式与 Three.js 预期的略有不同。通过这个属性，我们可以翻转纹理的取向。这通常是通过试验和错误来发现的。

要使环境光遮蔽贴图起作用，我们通常需要进行一个额外的步骤。我们已经提到过 UV 映射（存储在 uv 属性中）。UV 映射定义了将纹理的哪个部分映射到模型的哪个面。对于环境光遮蔽贴图，以及接下来示例中的光照贴图，Three.js 使用单独的 UV 映射集（存储在 uv2 属性中），因为通常情况下，其他纹理需要以不同于阴影和光照贴图纹理的方式应用。在我们的示例中，我们只是从模型中复制了 UV 映射。请记住，当我们使用 aoMap 属性或 lightMap 属性时，Three.js 将使用 uv2 属性的值，而不是 uv 属性的值。如果你加载的模型中没有这个属性，则通常只需复制 uv 映射属性即可，因为我们没有对环境光遮蔽贴图进行任何优化，这可能需要一组不同的 UV 集合：

```
const k = mesh.geometry
const uv1 = k.getAttribute('uv')
const uv2 = uv1.clone()
k.setAttribute('uv2', uv2)
```

我们将提供两个使用环境光遮蔽贴图的示例。在第一个示例中（texture-ao-map-model.html），我们展示了应用 aoMap 的模型，如图 10.10 所示。

你可以使用右侧菜单设置 aoMapIntensity。该值越高，加载的 aoMap 纹理就会产生更多阴影。正如你所看到的，环境光遮蔽贴图非常有用，因为它为模型提供了很多细节，使其看起来更加逼真。本章中我们已经看到的某些纹理也提供了额外的 aoMap，你可以使用它们。如果打开 texture-ao-map.html，你将获得一个简单的砖块样式纹理，但这次添加了 aoMap，如图 10.11 所示。

图 10.10　使用 Blender 烘焙的环境光遮蔽贴图，然后应用于模型

图 10.11　环境光遮蔽贴图、颜色和法线贴图相结合

环境光遮蔽贴图通过改变模型某些部分的受光量来产生影响，Three.js 还支持光照贴图（`lightmap`），它们的功能是相反的，后者通过指定一个贴图来为模型的特定部分添加额外的光照。

### 10.1.6 使用光照贴图创建伪光照效果

在本节中，我们将使用光照贴图。光照贴图是一种纹理，它包含场景中光线如何影响模型的信息。换句话说，光照贴图将光照效果烘焙到纹理中。这些光照贴图通常是在 3D 软件（如 Blender）中烘焙生成的，其中包含了模型各部分的光照数值，如图 10.12 所示。

图 10.12 使用 Blender 烘焙的光照贴图

在本例中使用的光照贴图如图 10.12 所示。编辑窗口的右侧显示了一个为地面平面烘焙的光照贴图。从图中可以看出，整个地面平面被白光照亮，但其中部分区域由于场景中存在模型而接收到的光照较少。使用光照贴图的代码与使用环境光遮蔽贴图的代码类似：

```
Const textureLoader = new THREE.TextureLoader()
const colorMap = textureLoader.load('/assets/textures/wood/
  abstract-antique-backdrop-164005.jpg')
const lightMap = textureLoader.load('/assets/gltf/
  material_ball_in_3d-coat/lightMap.png')
const material = new THREE.MeshBasicMaterial({ color:
  0xffffff })
material.map = colorMap
material.lightMap = lightMap
material.lightMap.flipY = false
```

同样，我们需要为 Three.js 提供一组额外的 `uv` 值，即 `uv2`（代码中未显示），并且我们必须使用 `THREE.TextureLoader` 来加载纹理——在本例中，地面平面的颜色使用了简单的纹理，然后在上面使用 Blender 烘焙的光照贴图。实际效果如图 10.13 所示（texture-light-map.html）。

图 10.13　使用光照贴图模拟阴影的效果

如果你观察前面的示例，你会发现光照贴图可以创建出非常逼真的阴影效果，仿佛模型本身投射出的阴影。重要的是要记住，这种预先烘焙的光照贴图方法非常适合静态场景和静态对象。然而，一旦场景中的对象或光源发生变化或移动，就需要实时计算阴影，导致计算成本较高。

## 10.1.7　金属贴图和粗糙贴图

在讨论 Three.js 中的材质时，我们提到了一个很好的默认材质是 THREE.MeshStandardMaterial。你可以使用它来创建闪亮的金属样材质，还可以通过增加粗糙度使网格看起来更像木材或塑料。通过使用材质的金属度（metalness）和粗糙度（roughness）属性，我们可以配置出所需的材质。除了这两个属性之外，还可以通过使用纹理来配置这些属性。因此，如果我们有一个粗糙对象，我们想指定该对象的某个部分是闪亮的，那么我们可以设置 THREE.MeshStandardMaterial 的 metalnessMap 属性；如果我们想表明网格的某些部分应被视为刮擦或更粗糙，那么我们可以设置 roughnessMap 属性。当你使用这些贴图时，材质的 metalness 或 roughness 属性会与贴图中的值相乘，以确定如何渲染该特定像素。我们首先看看 texturemetalness-map.html 中的 metalness 属性，如图 10.14 所示。

图 10.14 将金属贴图应用到模型的效果

在该示例中，我们稍微跳过了一些内容，并且还使用了一个环境贴图，它允许我们在对象上叠加来自环境的反射。具有高金属度的对象将反射更多光线，而具有高粗糙度的对象会更加散射反射。对于该模型，我们使用了 metalnessMap，可以看到，当纹理的 metalness 属性较高时，对象本身较闪亮；而当纹理的 metalness 属性较低时，某些部分较粗糙。而对于 roughnessMap，我们可以看到相反的效果，如图 10.15 所示。

如你所见，基于提供的纹理，模型的某些部分比其他部分更粗糙或刮痕更多。对于 metalnessMap，材质的值将乘以材质的 metalness 属性；对于 roughnessMap，情况类似，但是在该情况下，值将乘以 roughness 属性。

可以按如下方式加载这些纹理并设置到材质中：

```
const metalnessTexture = new THREE.TextureLoader().load(
  '/assets/textures/engraved/Engraved_Metal_003_ROUGH.jpg',
  (texture) => {
    texture.wrapS = THREE.RepeatWrapping
    texture.wrapT = THREE.RepeatWrapping
    texture.repeat.set(4, 4)
  }
)
```

```
const material = new THREE.MeshStandardMaterial({ color:
  0xffffff })
material.metalnessMap = metalnessTexture
...
const roughnessTexture = new THREE.TextureLoader().load(
  '/assets/textures/marble/marble_0008_roughness_2k.jpg',
  (texture) => {
    texture.wrapS = THREE.RepeatWrapping
    texture.wrapT = THREE.RepeatWrapping
    texture.repeat.set(2, 2)
  }
)
const material = new THREE.MeshStandardMaterial({ color:
  0xffffff })
material.roughnessMap = roughnessTexture
```

图 10.15　将粗糙贴图应用到模型的效果

接下来是透明贴图。通过透明贴图，我们可以使用纹理来改变模型的部分透明性。

## 10.1.8　使用透明贴图创建透明模型

透明贴图是一种控制表面不透明度的方式。如果贴图的值是黑色，则模型的那部分将完全透明；如果贴图的值是白色，则模型将完全不透明。在我们查看纹理以及如何应用纹理之前，我们先看下示例（texture-alpha-map.html），如图 10.16 所示。

图 10.16 使用透明贴图实现部分透明

在该示例中，我们渲染了一个立方体，并设置了材质的 alphaMap 属性。如果你打开该示例，请确保将材质的 transparency 属性设置为 true。你可能会注意到，你只能看到立方体的正面，而无法像前面的屏幕截图一样透过立方体看到另一面。原因是，在默认情况下，所使用材质的 side 属性被设为 THREE.FrontSide。为了渲染通常隐藏的一侧，我们必须将材质的 side 属性设置为 THREE.DoubleSide，你将看到如前面截图所示的立方体渲染结果。

图 10.17 用于创建透明模型的纹理

我们在该示例中使用的纹理非常简单，如图 10.17 所示。

加载透明贴图纹理的方式与其他纹理加载方式相同：

```
const alphaMap = new THREE.TextureLoader().load('/assets/
  textures/alpha/partial-transparency.png', (texture) => {
```

```
  texture.wrapS = THREE.RepeatWrapping
  texture.wrapT = THREE.RepeatWrapping
  texture.repeat.set(4, 4)
})
const material = new THREE.MeshPhongMaterial({ color:
  0xffffff })
material.alphaMap = alphaMap
material.transparent = true
```

在这段代码中，你还可以看到我们设置了纹理的 wrapS、wrapT 和 repeat 属性。我们将在本章后面详细解释这些属性，这里我们只需要知道这些属性可用于确定我们在网格上想要重复纹理的次数。如果设置为 (1,1)，则应用于网格时整个纹理不会重复；如果设置为更高的值，则纹理将缩小并重复多次。在本例中，我们在两个方向上重复了四次。

### 10.1.9　使用发光贴图使模型发光

发光贴图（emissive map）是一种可以用来使模型的某些部分发光的纹理，就像模型的发光（emissive）属性一样。与 emissive 属性一样，使用发光贴图并不意味着该对象正在发出光线——它只是使应用了该纹理的模型部分看起来发光。通过观察示例更容易理解。如果你在浏览器中打开 texture-emissive-map.html 示例，那么你将看到一个类似熔岩的对象，如图 10.18 所示。

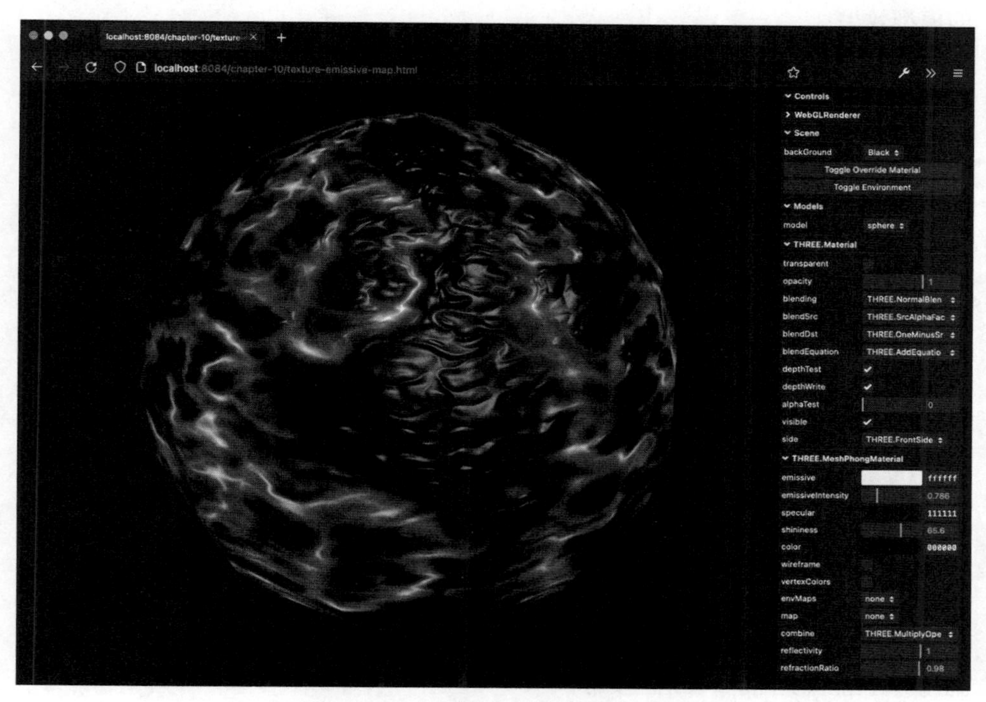


图 10.18　使用发光贴图的熔岩对象

然而，仔细观察，你可能会发觉虽然对象看起来发光，但对象本身并没有发出光。这意味着，发光贴图可以用来增强对象的效果，但对象本身不会对场景的光照产生影响。对于该示例，我们使用了如图 10.19 所示的发光贴图。

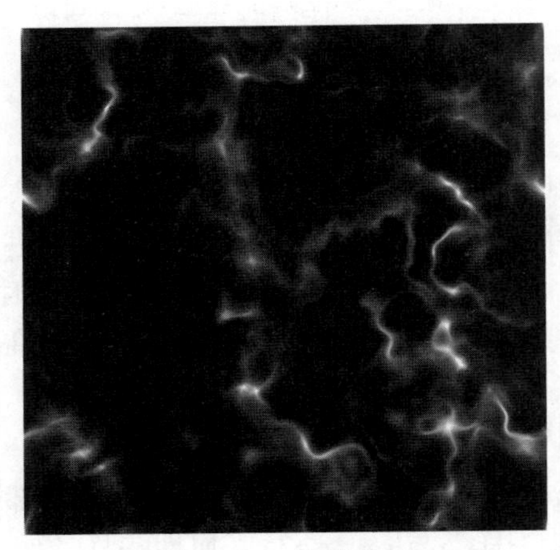

图 10.19 熔岩纹理

要加载和使用发光贴图，我们首先使用 THREE.TextureLoader 来加载发光贴图，并将其分配给材质的 emissiveMap 属性。此外，我们还加载了其他贴图，以获得如图 10.18 所示的模型效果：

```
const emissiveMap = new   THREE.TextureLoader().load
  ('/assets/textures/lava/lava.png', (texture) => {
  texture.wrapS = THREE.RepeatWrapping
  texture.wrapT = THREE.RepeatWrapping
  texture.repeat.set(4, 4)
})
const roughnessMap = new THREE.TextureLoader().load
  ('/assets/textures/lava/lava-smoothness.png', (texture) => {
  texture.wrapS = THREE.RepeatWrapping
  texture.wrapT = THREE.RepeatWrapping
  texture.repeat.set(4, 4)
})
const normalMap = new THREE.TextureLoader().load
  ('/assets/textures/lava/lava-normals.png', (texture) => {
  texture.wrapS = THREE.RepeatWrapping
  texture.wrapT = THREE.RepeatWrapping
  texture.repeat.set(4, 4)
})
const material = new THREE.MeshPhongMaterial({ color:
  0xffffff })
material.normalMap = normalMap
material.roughnessMap = roughnessMap
```

```
material.emissiveMap = emissiveMap
material.emissive = new THREE.Color(0xffffff)
material.color = new THREE.Color(0x000000)
```

由于来自 emissiveMap 的颜色会与材质的 emissive 属性相调和，因此请确保将材质的 emissive 属性设置为非黑色。

### 10.1.10　使用高光贴图来确定模型的闪亮度

在之前的示例中，我们主要使用了 THREE.MeshStandardMaterial 材质，以及该材质支持的各种贴图。THREE.MeshStandardMaterial 通常是你需要材质时的最佳选择，因为它可以很容易地配置来代表各种不同的现实世界材料。在旧版本的 Three.js 中，你必须使用 THREE.MeshPhongMaterial 来实现高光效果，使用 THREE.MeshLambertMaterial 实现非高光效果。本节使用的高光贴图只能与 THREE.MeshPhongMaterial 一起使用。通过高光贴图，你可以定义模型的哪些部分应该是闪亮的，哪些部分应该是粗糙的（类似于我们之前看到的金属贴图和粗糙贴图）。在 texture-specular-map.html 示例中，我们渲染了地球，并使用了高光贴图使海洋比陆地更闪亮，如图 10.20 所示。

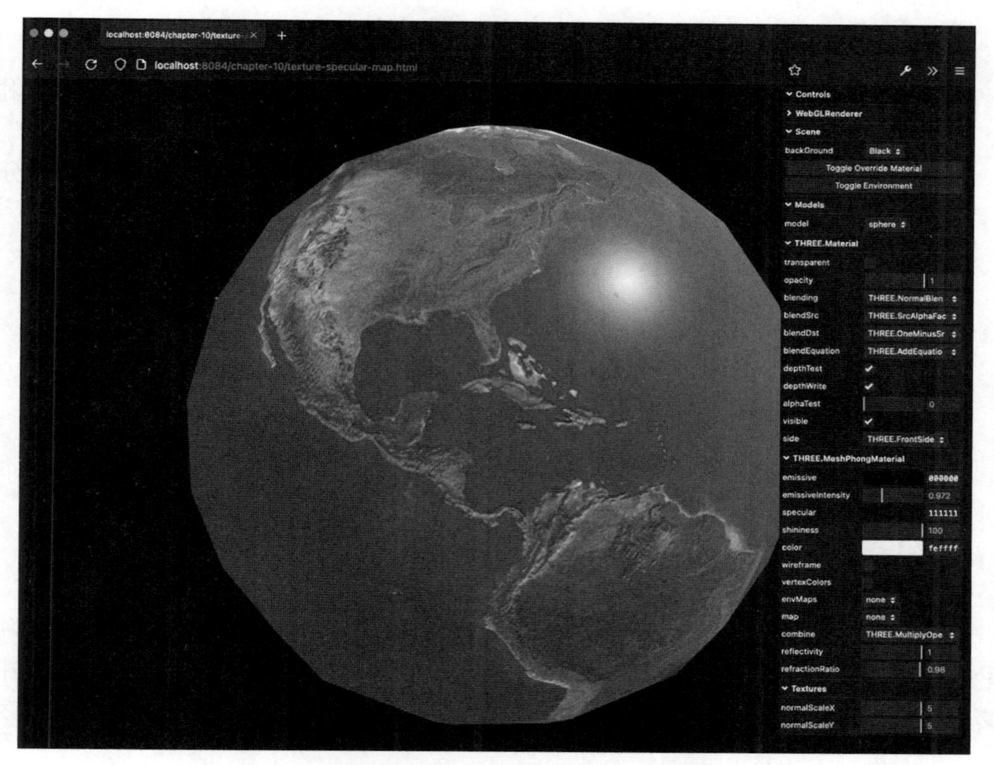


图 10.20　使用高光贴图实现地球模型海洋区域高光效果

通过使用右上角的菜单，你可以调整高光颜色（specular color）和闪亮度（shininess）。正如你所见，这两个属性会影响海洋如何反射光线，但不会改变陆地的光泽度。这是因为我们使用了图 10.21 中的高光贴图纹理。

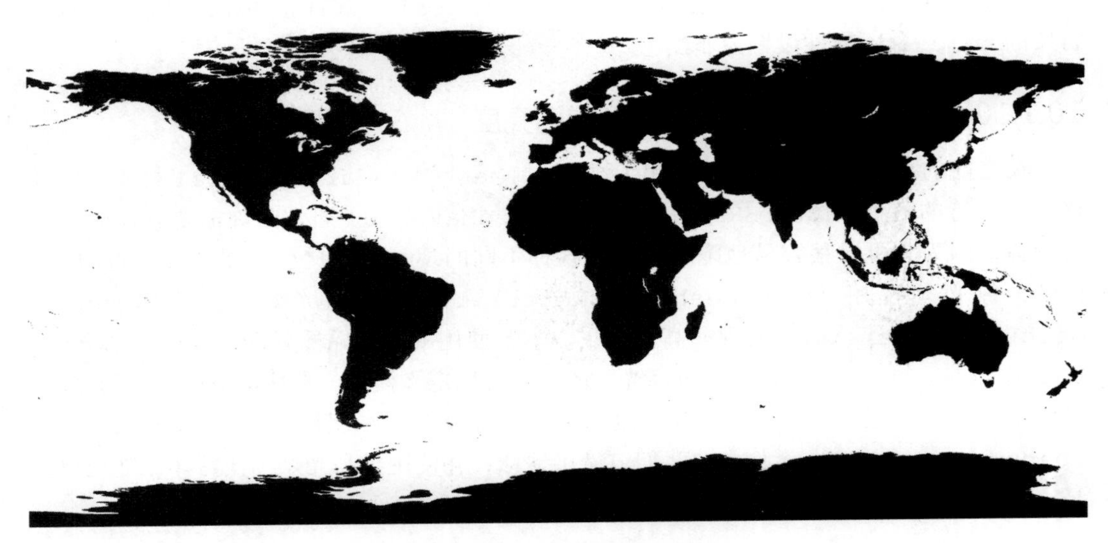

图 10.21 高光贴图纹理

在这张高光贴图中，黑色区域表示该区域的镜面反射系数为 0，即没有镜面反射效果；而白色区域表示镜面反射系数为 100%，即具有强烈的镜面反射效果。

要使用高光贴图，我们必须使用 THREE.TextureLoader 来加载图像并将其分配给 THREE.MathPhongMaterial 的 specularMap 属性：

```
const colorMap = new THREE.TextureLoader().load
  ('/assets/textures/specular/Earth.png')
const specularMap = new THREE.TextureLoader().load
  ('/assets/textures/specular/EarthSpec.png')
const normalMap = new THREE.TextureLoader().load
  ('/assets/textures/specular/EarthNormal.png')
const material = new THREE.MeshPhongMaterial({ color:
  0xffffff })
material.map = colorMap
material.specularMap = specularMap
material.normalMap = normalMap
```

到目前为止，我们已经讨论了大部分基础纹理，这些纹理可以用来增加模型的深度、颜色、透明度或额外的光照效果。在接下来的两节中，我们将介绍一种新的贴图，让你可以为模型添加环境反射。

## 10.1.11 使用环境贴图创建伪反射

计算环境反射非常消耗 CPU 资源，通常需要使用光线跟踪法。如果你想在 Three.js 中使用反射，那么你仍然可以做到，但需要模拟它。你可以通过创建一个对象所在环境的纹理，并将其应用到特定对象上来实现。首先，我们将向你展示我们的目标结果（参见 `texture-environment-map.html`，如图 10.22 所示）。

图 10.22 使用环境贴图模拟汽车内部反射效果

从图 10.22 中可以看到，球体表面反射了周围环境。如果你移动鼠标改变相机角度，则球的反射也会相应变化，以符合你看到的环境。为了实现这种效果，需要执行以下步骤：

1. 创建 `CubeTexture` 对象。`CubeTexture` 是一个包含 6 个纹理的集合，每个纹理可以应用到立方体的每个面上。
2. 设置天空盒（skybox）。当我们有了 `CubeTexture` 后，我们可以将其设置为场景的背景，形成天空盒效果。如果我们这样做，则我们实际上创建了一个非常大的盒子，相机和对象都放置在这个盒子里，所以当我们移动相机时，场景的背景也会正确地改变。或者，我们也可以创建一个非常大的立方体，为其应用

CubeTexture，并将其添加到场景中，从而实现类似的天空盒效果。

3. 将该 CubeTexture 对象设置为材质的 cubeMap 属性，使其作为材质的纹理。在 Three.js 中，相同 CubeTexture 对象被用于模拟环境，同时也用作网格材质的纹理。Three.js 会确保它看起来像是对环境的反射。

创建 CubeTexture 相当简单（如果你已经准备好了原始材料）。你需要的是六张图片，它们共同组成一个完整的环境。具体你需要以下图片：

- 正面视图（posz）
- 背面视图（negz）
- 向上视图（posy）
- 向下视图（negy）
- 向右视图（posx）
- 向左视图（negx）

Three.js 将它们拼接在一起创建一个无缝的环境贴图。在创建环境贴图时，你可以从多个网站下载全景图片，但这些图片通常采用球面等角格式，其外观如图 10.23 所示。

图 10.23 球面等角格式的立方体贴图

有两种使用球面等角格式全景图片的方法。首先，你可以将其转换为由六个单独文件组成的立方体贴图格式。你可以使用以下网站在线进行转换：https://jaxry.github.io/panorama-to-cubemap/。

你还可以使用另一种方法将该纹理加载到 Three.js 中，我们将在本节后面展示。

要从六个单独的文件加载一个 CubeTexture，我们可以使用 THREE.CubeTextureLoader，具体代码如下：

```
const cubeMapFlowers = new THREE.CubeTextureLoader().load([
  '/assets/textures/cubemap/flowers/right.png',
  '/assets/textures/cubemap/flowers/left.png',
  '/assets/textures/cubemap/flowers/top.png',
  '/assets/textures/cubemap/flowers/bottom.png',
  '/assets/textures/cubemap/flowers/front.png',
  '/assets/textures/cubemap/flowers/back.png'
])
const material = new THREE.MeshPhongMaterial({ color:
  0x777777 }
material.envMap = cubeMapFlowers
material.mapping = THREE.CubeReflectionMapping
```

这段代码展示了我们如何从多张不同的图片加载一个立方体贴图（cubeMap）。加载完毕后，我们将纹理赋值给材质的 envMap 属性。最后，我们需要告诉 Three.js 我们想要使用哪种映射方式。如果使用 THREE.CubeTextureLoader 加载纹理，则可以选择使用 THREE.CubeReflectionMapping 或者 THREE.CubeRefractionMapping。前者会让你的对象根据加载的 cubeMap 显示反射效果，而后者会将你的模型转化成更像玻璃的半透明对象，根据 cubeMap 微弱地折射光线。

我们也可以将该 cubeMap 设置为场景的背景，用法如下：

```
scene.background = cubeMapFlowers
```

具体过程并没有太大不同：

```
const cubeMapEqui = new THREE.TextureLoader().load
  ('/assets/equi.jpeg')
const material = new THREE.MeshPhongMaterial({ color:
  0x777777 }
material.envMap = cubeMapEqui
material.mapping = THREE.EquirectangularReflectionMapping
scene.background = cubeMapFlowers
```

这次，我们使用了普通的纹理加载器，并指定不同的映射方式来告诉 Three.js 如何渲染这个纹理。可设置的映射方式包括 THREE.EquirectangularRefractionMapping（折射映射）或 THREE.EquirectangularReflectionMapping（反射映射）。

这两种方法的效果都是创建一个看起来像是在室外广阔环境的场景，场景中的网格会反射周围环境。你可以通过侧边菜单设置材质的属性来进行实验，如图 10.24 所示。

除了反射，Three.js 还允许使用 cubeMap 对象实现折射效果（类似玻璃的对象）。图 10.25 展示了该效果（你可以通过右侧的菜单进行实验）。

图 10.24 使用反射来创建类似玻璃效果的场景

图 10.25 使用折射来创建类似玻璃效果的场景

要实现该效果，我们只需要将 `cubeMap` 的 `mapping` 属性设置为 `THREE.CubeRefractionMapping`（默认值是反射 `THREE.CubeReflectionMapping`）：

```
cubeMap.mapping = THREE.CubeRefractionMapping
```

在该示例中，我们为网格使用了一个静态环境贴图。换句话说，我们只能看到环境本身的反射，而无法看到场景中其他网格对象在环境中的反射。在图 10.26 中，你可以看到，通过一些努力，我们还可以显示其他对象的反射。

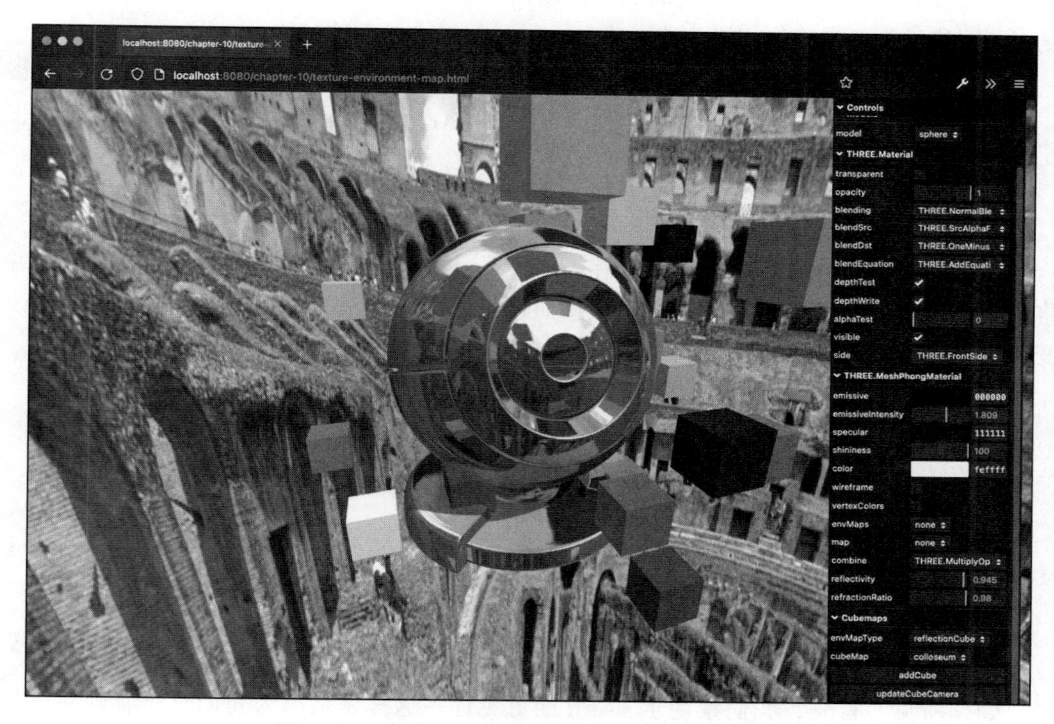


图 10.26　使用立方体相机创建动态反射的效果

为了显示场景中其他对象的反射，需要使用 Three.js 中的其他组件。其中之一是名为 `THREE.CubeCamera` 的附加相机：

```
const cubeRenderTarget = new THREE.WebGLCubeRenderTarget
  (128, {
  generateMipmaps: true,
  minFilter: THREE.LinearMipmapLinearFilter
})
const cubeCamera = new THREE.CubeCamera(0.1, 10,
cubeRenderTarget)
cubeCamera.position.copy(mesh.position);
scene.add(cubeCamera);
```

我们将使用 THREE.CubeCamera 来捕捉场景中所有已渲染对象的快照，并使用它来设置一个立方体贴图。THREE.CubeCamera 的前两个参数定义了相机的 near 和 far 属性。因此，相机仅渲染它能看到的 0.1 到 1.0 范围内的内容。最后一个参数是我们要渲染纹理的目标对象。这里我们创建了一个 THREE.WebGLCubeRenderTarget 的实例。该实例接收三个参数：第一个参数是渲染目标的大小，值越大，反射看起来越细致；另外两个参数用于确定在放大时如何缩放纹理。

你需要确保该相机位于正确的位置，以捕捉场景中的动态反射。在该示例中，我们复制了网格的位置来确保相机位置正确。

现在我们已经正确设置了 CubeCamera，我们需要确保 CubeCamera 看到的内容被应用为示例中的立方体的纹理。为此，我们必须将 envMap 属性设置为 cubeCamera.renderTarget：

```
cubeMaterial.envMap = cubeRenderTarget.texture;
```

现在，我们必须在渲染循环中更新 cubeCamera，以获取最新的场景渲染结果，并将其用作立方体贴图。为此，我们必须按照以下方式更新渲染循环（或者如果场景不改变，我们可以只调用一次）：

```
const render = () => {
...
mesh.visible = false;
cubeCamera.update(renderer, scene);
mesh.visible = true;
requestAnimationFrame(render);
renderer.render(scene, camera);
....
}
```

如你所见，首先，我们禁用了 mesh 的可见性。这样做是因为我们只想看到来自其他对象的反射。接下来，我们通过调用 update 函数来使用 cubeCamera 渲染场景。之后，我们使网格再次可见，并正常渲染场景。结果是，在 mesh 的反射中，你可以看到我们添加的立方体。在这个示例中，每次你单击 updateCubeCamera 按钮时，网格的 envMap 属性都会被更新。

### 10.1.12 重复包裹

当你将纹理应用于 Three.js 创建的几何体时，Three.js 将尽可能优化地应用纹理。例如，对于立方体，这意味着每个面都会显示完整的纹理，对于球体，则是完整的纹理包裹在球体上。然而，有些情况下你可能不希望纹理在整个面或整个几何体上展开，而是希望纹理重复自身。Three.js 提供了可以这么做的相关功能。你可以在 texturerepeat-mapping.html 示例中实验不同的重复属性。图 10.27 展示了该示例的实际效果。

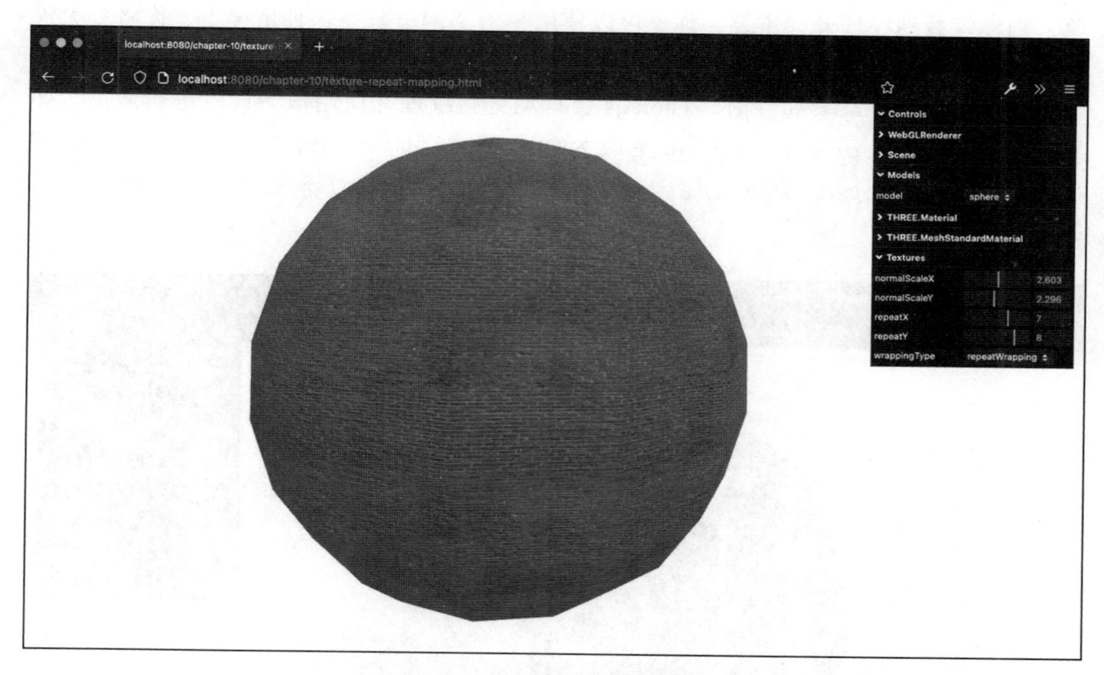


图 10.27　在球体上重复包裹

在实现期望的效果之前，需要确保将纹理的包裹方式设置为 THREE.RepeatWrapping，具体代码如下：

```
mesh.material.map.wrapS = THREE.RepeatWrapping;
mesh.material.map.wrapT = THREE.RepeatWrapping;
```

wrapS 属性定义了纹理在 X 轴方向上的包裹方式，而 wrapT 属性定义了纹理在 Y 轴方向上的包裹方式。Three.js 提供了三种选项，分别是：

- THREE.RepeatWrapping 允许纹理重复自身。
- THREE.MirroredRepeatWrapping 允许纹理重复自身，但每次重复都是镜像的。
- THREE.ClampToEdgeWrapping 是一个默认设置，纹理不会在整体上重复，只有边缘的像素会被重复。

在该示例中，你可以实验各种重复设置和 wrapS 和 wrapT 选项。选择了包裹类型之后，我们可以设置 repeat 属性，如以下代码所示：

```
mesh.material.map.repeat.set(repeatX, repeatY);
```

`repeatX` 变量定义纹理在其 `X` 轴上重复的次数，`repeatY` 变量定义了纹理在其 `Y` 轴上重复的次数。如果这些值设置为 `1`，则纹理将不会重复自身；如果它们设置为较高值，则你将看到纹理开始重复。你也可以使用小于 `1` 的值。在这种情况下，你将放大纹理。如果将重复值设置为负值，则纹理将呈镜像状态。

当你更改 `repeat` 属性时，Three.js 会自动更新纹理并使用该新设置进行渲染。如果你从 `THREE.RepeatWrapping` 更改为 `THREE.ClampToEdgeWrapping`，则必须显式地使用 `mesh.material.map.needsUpdate = true;` 来更新纹理，如图 10.28 所示。

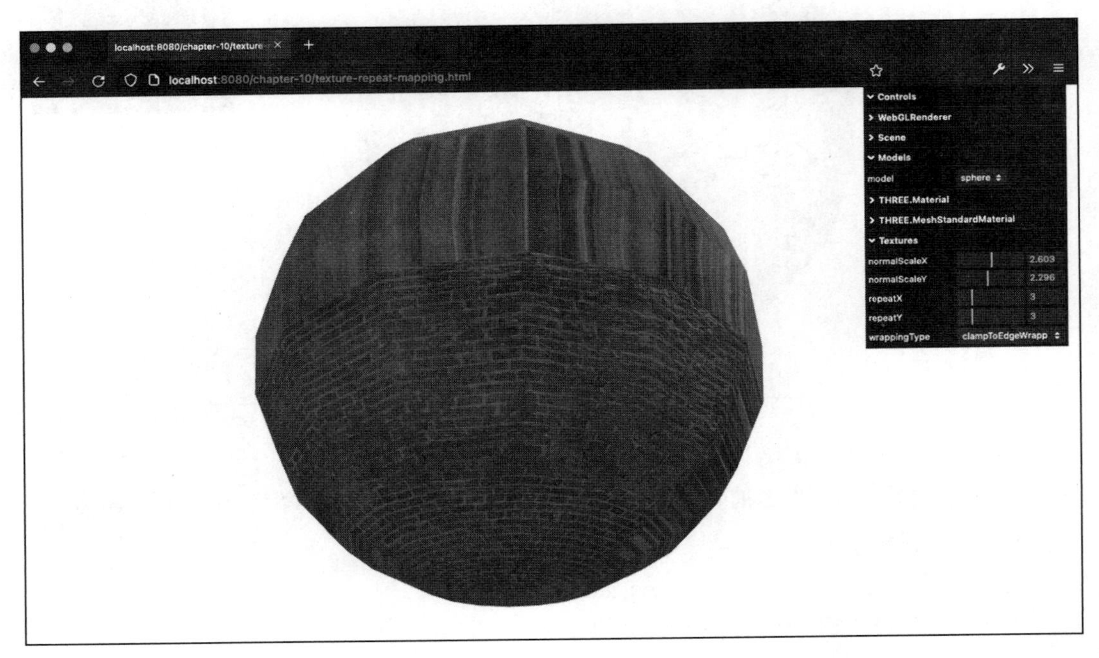


图 10.28 在球体上使用 `THREE.ClampToEdgeWrapping` 的效果

到目前为止，我们只使用了静态图像作为纹理。但是，Three.js 还支持使用 HTML5 canvas 作为纹理。

## 10.2 使用 HTML5 canvas 作为纹理的输入

在本节中，我们将介绍两个示例。首先，我们将看看如何使用 HTML5 canvas 创建一个简单的纹理，并将其应用于网格；之后，我们将进一步创建一个可以用作凹凸贴图的、使用随机生成图案的 HTML5 canvas。

## 10.2.1　使用 HTML5 canvas 创建颜色贴图

在该第一个示例中，我们将把一个分形图案到一个 HTML canvas 元素上，然后将其用作我们网格的颜色贴图。图 10.29 展示了该示例（texture-canvas-as-color-map.html）的实际效果。

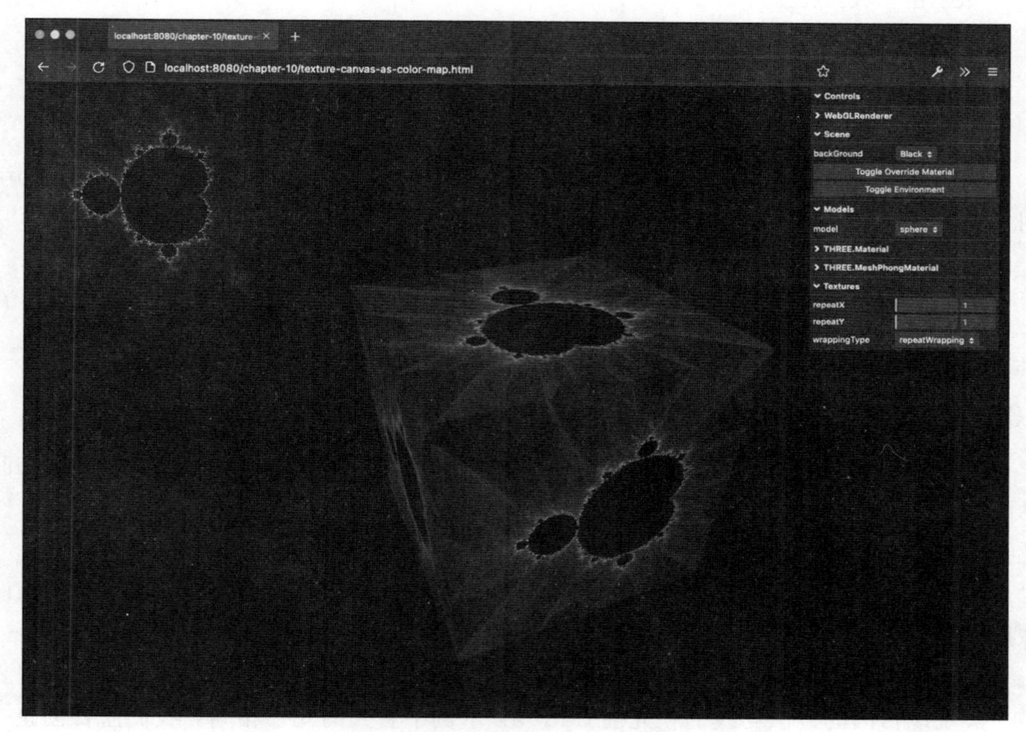


图 10.29　使用 HTML canvas 作为纹理

首先，我们看一下渲染分形所需的代码：

```
import Mandelbrot from 'mandelbrot-canvas'
...
const div = document.createElement('div')
div.id = 'mandelbrot'
div.style = 'position: absolute'
document.body.append(div)
const mandelbrot = new Mandelbrot(document.
getElementById('mandelbrot'), {
  height: 300,
  width: 300,
  magnification: 100
})
mandelbrot.render()
```

我们将不深入过多细节，但这个库需要一个 div 元素作为输入，并在该 div 内创建一个 canvas 元素。如上图所示，前面的代码将渲染出分形图案。接下来，我们需要将这个 canvas 赋值给材质的 map 属性：

```
const material = new THREE.MeshPhongMaterial({
  color: 0xffffff,
  map: new THREE.Texture(document.querySelector
    ('#mandelbrot canvas'))
})
material.map.needsUpdate = true
```

在这里，我们创建了一个新的 THREE.Texture 对象，并传入对 canvas 元素的引用。我们只需要设置 material.map.needsUpdate 为 true，这将触发 Three.js 从 canvas 元素获取最新信息，在这个时候，我们会看到它被应用到网格上。

当然，我们可以将同样的思路应用于我们到目前为止看过的所有类型的贴图上。在下一个示例中，我们将使用 canvas 作为凹凸贴图。

## 10.2.2 使用 canvas 作为凸凹贴图

正如我们在本章前面所看到的，我们可以使用凹凸贴图来为模型增加高度。在凹凸贴图中，像素的亮度越高，凸起就越明显。由于凹凸贴图只是一种简单的黑白图像，因此我们可以使用 canvas 来创建凹凸贴图，并将其作为凹凸贴图的输入。

在下面的示例中，我们将使用 canvas 生成基于 Perlin 噪声的灰度图像，并将该图像用作我们应用于立方体的凹凸贴图输入。具体请参阅 texture-canvas-as-bump-map.html 示例。图 10.30 展示了该示例的屏幕截图。

实现该目的的方法与我们在先前 canvas 示例中看到的几乎相同。我们需要创建一个 canvas 元素，并使用一些噪声填充该 canvas。这里我们使用 Perlin 噪声。Perlin 噪声生成一个非常自然的纹理，如图 10.30 所示。有关 Perlin 噪声和其他噪声生成器的更多信息可以在这里找到：https://thebookofshaders.com/11/。实现这一目标的代码如下：

```
import generator from 'perlin'
var canvas = document.createElement('canvas')
canvas.className = 'myClass'
const size = 512
canvas.style = 'position:absolute;'
canvas.width = size
canvas.height = size
document.body.append(canvas)
const ctx = canvas.getContext('2d')
for (var x = 0; x < size; x++) {
```

```
    for (var y = 0; y < size; y++) {
      var base = new THREE.Color(0xffffff)
      var value = (generator.noise.perlin2(x / 8, y / 8) + 1) / 2
      base.multiplyScalar(value)
      ctx.fillStyle = '#' + base.getHexString()
      ctx.fillRect(x, y, 1, 1)
    }
  }
```

图 10.30　使用 HTML canvas 作为凹凸贴图

我们使用 generator.noise.perlin2 函数根据 canvas 元素的 x 和 y 坐标生成一个 0 到 1 之间的值。该值用于在 canvas 元素上绘制像素。对所有像素执行该操作将创建出现在图 10.30 左上角的随机噪声贴图。然后，生成的这个噪声贴图可以用作凹凸贴图：

```
const material = new THREE.MeshPhongMaterial({
  color: 0xffffff,
```

```
    bumpMap: new THREE.Texture(canvas)
  })
  material.bumpMap.needsUpdate = true
```

**使用 THREE.DataTexture 动态创建纹理**

在该示例中，我们使用 HTML canvas 元素渲染了 Perlin 噪声。Three.js 还提供了另一种动态创建纹理的方法：创建一个 THREE.DataTexture 纹理，然后传入一个 Uint8-Array，其中可以直接设置 RGB 值。有关如何使用 THREE.DataTexture 的更多信息，请参阅：https://threejs.org/docs/#api/en/textures/DataTexture。

我们还可以使用另一个 HTML 元素来创建纹理：HTML5 视频元素。

### 10.2.3 使用视频输出作为纹理

如果你阅读之前关于使用 HTML canvas 渲染的章节，那么你可能已经考虑过在 canvas 上渲染视频并将其用作纹理的输入。这是一种方法，但是 Three.js 已经直接支持使用 HTML5 视频元素创建纹理（通过 WebGL）。实际效果参见 texture-canvas-as-video-map.html，如图 10.31 所示。

图 10.31 使用 HTML5 视频作为纹理

将视频用作纹理的输入很容易，就像使用 canvas 元素一样。首先，我们需要一个播放视频的视频（video）元素：

```
const videoString = `
<video
  id="video"
  src="/assets/movies/Big_Buck_Bunny_small.ogv"
  controls="true"
</video>
`
const div = document.createElement('div')
div.style = 'position: absolute'
document.body.append(div)
div.innerHTML = videoString
```

你可以将 HTML 字符串直接设置给 div 元素的 innerHTML 属性，就可以创建一个基本的 HTML5 video 元素。虽然这种方法是可行的，但是使用框架和库通常是更好的方式。我们可以通过配置 Three.js 以将视频作为纹理的输入，具体代码如下所示：

```
const video = document.getElementById('video')
const texture = new THREE.VideoTexture(video)
const material = new THREE.MeshStandardMaterial({
  color: 0xffffff,
  map: texture
})
```

实际效果参见 texture-canvas-as-video-map.html 示例。

## 10.3　本章小结

关于纹理的章节到此结束了。正如你所见，Three.js 支持很多种纹理格式。你可以使用 PNG、JPG、GIF、TGA、DDS、PVR、TGA、KTX、EXR 或 RGBE 格式的任何图像作为纹理。加载这些图像是异步进行的，所以请记得在加载纹理时要么使用渲染循环，要么添加一个回调函数。你可以使用不同类型的纹理来创建丰富的视觉效果，即使使用低多边形模型也能创造出外观精美的对象。

使用 Three.js 还可以很容易地创建动态纹理，可以使用 HTML5 canvas 元素或 video 元素来定义纹理，并在想要更新纹理时将 needsUpdate 属性设置为 true。

到目前为止，我们基本涵盖了 Three.js 的所有重要概念。然而，我们还未探讨 Three.js 提供的一个有趣特性：后期处理。通过后期处理，你可以在场景渲染完成后向场景添加效果。例如，你可以模糊或着色你的场景，或者添加电视扫描线效果。在第 11 章，我们将探讨后期处理以及如何将其应用到你的场景中。

第四部分

# 后期处理、物理模拟和音频集成

在本书的最后部分，我们将讨论一些更高级的主题。我们将解释如何设置后期处理流水线，以向最终渲染的场景添加不同类型的效果。我们还将介绍 Rapier 物理引擎，并解释如何将 Three.js 和 Blender 结合使用。我们最后将介绍如何结合使用 Three.js 与 React、TypeScript、Web-XR。

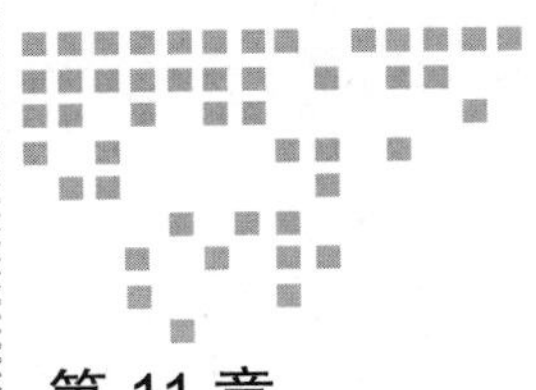

Chapter 11 第 11 章

# 渲染后期处理

到目前为止，我们基本涵盖了 Three.js 的所有重要概念。然而，我们还未探讨 Three.js 提供的一个有趣特性：渲染后期处理。通过渲染后期处理，你可以在场景渲染完成后添加其他效果。例如，你可以添加一个效果，使场景看起来像是在旧电视上显示的那样，或者你可以添加模糊和光晕效果。

本章我们将讨论以下主要内容：

- 设置 Three.js 以支持后期处理。
- Three.js 提供的一些基本后期处理通道，如 `BloomPass` 和 `FilmPass`。
- 使用遮罩（mask）将效果应用到场景的一部分
- 使用 `ShaderPass` 添加更多基本的后期处理效果，如棕褐色滤镜、镜面效果和颜色调整。
- 使用 `ShaderPass` 实现各种模糊效果和更高级的滤镜。
- 通过编写简单的着色器来自定义后期处理效果。

在第 1 章，我们设置了一个渲染循环，然后在整本书中使用它来渲染和动画化我们的场景。对于后期处理，我们需要对该设置进行一些更改，以允许 Three.js 对最终渲染进行后期处理。我们将在 11.1 节看看如何做到这一点。

## 11.1 设置 Three.js 以支持后期处理

为了让 Three.js 支持渲染后期处理，我们需要对当前设置进行一些更改，具体如下：

1. 创建 `EffectComposer`，它可以用于添加后期处理通道。
2. 配置 `EffectComposer`，使其能够渲染场景并应用任何额外的后期处理步骤。
3. 在渲染循环中，使用 `EffectComposer` 来渲染场景，并按照配置的顺序依次执行渲染通道和后期处理通道，以输出最终渲染结果。

一如既往，我们将展示一个示例，供你用于实验和针对自己的目的进行调整。本章中的第一个示例可以通过 `basic-setup.html` 访问。你可以使用右上角的菜单修改该示例中使用的后期处理步骤的属性。在该示例中，我们将渲染第 9 章中的蘑菇人，并向其添加 RGB 位移效果，如图 11.1 所示。

图 11.1　使用后期处理通道渲染蘑菇人模型的效果

示例中使用的后期处理效果是通过 `ShaderPass` 和 `EffectComposer` 在场景渲染之后添加的。在屏幕右侧的菜单中，你可以配置该效果，并启用 `DotScreenShader` 效果。

在接下来的几节中，我们将解释上述的各个步骤。

### 11.1.1　创建 THREE.EffectComposer

为了使 `EffectComposer` 正常工作，我们首先需要与之配合使用的后期处理效果。Three.js 内置了许多可以使用的后期处理效果和着色器。在本章中，我们将展示其中大部分，但要获取完整的概述，请查看以下两个 GitHub 目录：

- 后期处理效果通道：https://github.com/mrdoob/three.js/tree/dev/examples/jsm/postprocessing
- 着色器：https://github.com/mrdoob/three.js/tree/dev/examples/jsm/shaders

要在场景中使用这些效果，你需要先导入它们：

```
import { EffectComposer } from
  'three/examples/jsm/postprocessing/EffectComposer'
import { RenderPass } from
  'three/examples/jsm/postprocessing/RenderPass.js'
import { ShaderPass } from
  'three/examples/jsm/postprocessing/ShaderPass.js'
import { BloomPass } from
  'three/examples/jsm/postprocessing/BloomPass.js'
import { GlitchPass } from
  'three/examples/jsm/postprocessing/GlitchPass.js'
import { RGBShiftShader } from
  'three/examples/jsm/shaders/RGBShiftShader.js'
import { DotScreenShader } from
  'three/examples/jsm/shaders/DotScreenShader.js'
import { CopyShader } from
  'three/examples/jsm/shaders/CopyShader.js'
```

上述代码首先导入了主要的 EffectComposer 以及与之配合使用的多个后期处理通道和着色器。在导入这些模块后，我们可以通过以下方式来设置 EffectComposer：

```
const composer = new EffectComposer(renderer)
```

如你所见，EffectComposer 只接收渲染器作为参数。接下来，我们将向这个 composer 添加各种通道。

### 11.1.2 配置 THREE.EffectComposer 以进行后期处理

每个通道将按照它们添加到 THREE.EffectComposer 的顺序执行。我们添加的第一个通道是 RenderPass。该通道会使用提供的相机渲染场景，但此时并不会将渲染结果输出到屏幕上：

```
const renderPass = new RenderPass(scene, camera);
composer.addPass(renderPass);
```

我们首先通过 addPass 函数将 RenderPass 添加到 EffectComposer 中。接着

我们需要添加另一个通道，它将使用 RenderPass 的输出作为输入，进行转换处理，并将最终结果输出到屏幕上。并非所有的通道都支持这种操作，但是我们在本例中使用的通道是支持的：

```
const effect1 = new ShaderPass(DotScreenShader)
effect1.uniforms['scale'].value = 10
effect1.enabled = false
const effect2 = new ShaderPass(RGBShiftShader)
effect2.uniforms['amount'].value = 0.015
effect2.enabled = false
const composer = new EffectComposer(renderer)
composer.addPass(new RenderPass(scene, camera))
composer.addPass(effect1)
composer.addPass(effect2)
```

在本例中，我们将两个效果添加到了 composer 中。首先，使用 RenderPass 渲染场景。然后，依次应用 DotScreenShader 和 RGBShiftShader 效果。

现在我们只需要更新渲染循环，使其使用 EffectComposer 进行渲染，而不是使用往常的 WebGLRenderer。

### 11.1.3 更新渲染循环

我们只需要对渲染循环进行一些小的修改，以使用 EffectComposer 而不是 THREE.WebGLRenderer：

```
const render = () => {
requestAnimationFrame(render);
composer.render();
}
```

我们唯一的修改是删除了 renderer.render(scene, camera) 并将其替换为 composer.render()。composer.render() 将调用 EffectComposer 的渲染函数，并使用传入的 WebGLRenderer 来渲染场景，然后我们将在屏幕上看到如图 11.2 所示的输出。

> **在应用渲染通道后使用控件**
>
> 在应用渲染通道后仍然可以使用常规控件来移动场景。本章中看到的所有效果都是在场景渲染完成之后应用的。现在我们已经讲完基本设置了，我们将在接下来的几节中讲述一下可用的后期处理通道。

图 11.2 应用了多个后处理通道的场景渲染效果

## 11.2 后期处理通道

Three.js 提供了一系列的后期处理通道，你可以直接在 THREE.EffectComposer 中使用。

> **使用简单的 GUI 进行实验**
>
> 本章中显示的大多数着色器和通道都可以进行配置。当你想要应用其中一个时，最简单的方法通常是添加一个简单的用户界面，以便你可以调整属性。这样，你就可以看到对于特定场景来说哪个设置是最好的。

以下是 Three.js 中所有可用的后期处理通道：

- AdaptiveToneMappingPass：该渲染通道根据场景中可用的光照量来调整场景的亮度。
- BloomPass：这种效果可以使明亮区域扩散到暗部区域，模拟相机被强烈光线压制的视觉效果。
- BokehPass：可以向场景中添加散景效果，其中前景场景保持清晰对焦，而其余部分则呈现失焦效果。

- ClearPass：可以清除当前纹理缓冲区的内容。
- CubeTexturePass：可以用它在场景中渲染一个天空盒。
- DotScreenPass：用于在屏幕上应用一层黑色圆点，以模拟类似于早期电视机或计算机屏幕上的视觉效果。
- FilmPass：通过在屏幕上添加扫描线和失真效果，从而模拟出老式电视屏幕的视觉效果。
- GlitchPass：用于在屏幕上以随机时间间隔显示电子故障效果。
- HalfTonePass：用于为场景添加半色调效果。采用半色调效果后，场景呈现为各种大小和颜色的符号（圆形、正方形等）。
- LUTPass：使用 LUTPass，可以在渲染场景之后对场景应用颜色校正步骤（本章没有展示）。
- MaskPass：这允许你对当前图像应用遮罩。后续的通道只会在 MaskPass 定义的遮罩区域内进行应用。
- OutlinePass：用于渲染场景中对象的轮廓线。
- RenderPass：基于提供的场景和相机来渲染场景。
- SAOPass：提供了运行时环境光遮蔽效果。
- SMAAPass：向场景中添加抗锯齿效果。
- SSAARenderPass：另一种向场景中添加抗锯齿效果的方法。
- SSAOPass：另一种提供了运行时环境光遮蔽效果的方法。
- SSRPass：用于创建反射效果。
- SavePass：保存当前渲染步骤的图像，以便后续使用。该通道在实践中并不是非常有用，我们不会在任何示例中使用它。
- ShaderPass：是用于实现高级或自定义后处理效果的关键通道。
- TAARenderPass：另一种向场景中添加抗锯齿效果的方法。
- TexturePass：将合成器的当前状态存储在文本中，你可以将其用作其他 EffectComposer 实例的输入。
- UnrealBloomPass：这与 THREE.BloomPass 相同，用于实现类似虚幻 3D 引擎中使用的辉光效果。

让我们从一些简单的通道开始。

### 11.2.1　简单的后期处理通道

我们将重点介绍 FilmPass、BloomPass 和 DotScreenPass 这三个简单的后期处理通道。对于这些通道，有一个可用的示例（multi-passes.html），你可以在其中实验这些通道，了解它们如何以不同方式影响原始输出。图 11.3 展示了该示例的实际效果。

图 11.3 应用于场景的三个简单通道

在该示例中，你可以同时看到四个场景，并且每个场景中都添加了不同的后期处理通道。左上角的场景添加了 BloomPass，右下角的场景添加了 DotScreenPass，左下角的场景添加了 FilmPass。右上角的场景是原始渲染。

在该示例中，我们还使用 THREE.ShaderPass 和 THREE.TexturePass 来重用原始渲染的输出作为其他三个场景的输入。这样，我们只需要渲染一次场景。因此，在讲述其他通道之前，让我们先讲述这两个通道，具体代码如下：

```
const effectCopy = new ShaderPass(CopyShader)
const renderedSceneComposer = new EffectComposer(renderer)
renderedSceneComposer.addPass(new RenderPass(scene,
  camera))
renderedSceneComposer.addPass(new ShaderPass
  (GammaCorrectionShader))
renderedSceneComposer.addPass(effectCopy)
renderedSceneComposer.renderToScreen = false
const texturePass = new TexturePass
  (renderedSceneComposer.renderTarget2.texture)
```

在这段代码中，我们设置了 EffectComposer，它将输出默认场景（右上角的场景）。该合成器具有三个通道：

- RenderPass：根据指定的场景和相机渲染场景。
- 使用 GammaCorrectionShader 的 ShaderPass：确保输出的颜色是正确的。如果在应用效果后，场景的颜色看起来不正确，则该着色器将进行修正。
- 使用 CopyShader 的 ShaderPass：将渲染结果输出到屏幕上（如果我们将 renderToScreen 属性设置为 true，则不进行任何进一步的后期处理）。

如果你查看示例，则可以看到我们四次显示的场景都是同一个场景，但每次的效果都不同。我们也可以使用 RenderPass 四次从头开始渲染场景，但那样有点浪费，因为我们可以重复使用第一个合成器的输出。为此，我们创建 TexturePass 并将 composer.renderTarget2.texture 值传递给它。该属性包含渲染的场景作为纹理，我们可以将其传递给 TexturePass。现在，我们可以使用 texturePass 变量作为其他合成器的输入，而无须从头开始渲染场景。现在我们看一下 FilmPass 以及我们如何使用 TexturePass 的结果作为输入。

### 使用 THREE.FilmPass 创建类似电视效果

我们使用以下代码创建 FilmPass：

```
const filmpass = new FilmPass()
const filmpassComposer = new EffectComposer(renderer)
filmpassComposer.addPass(texturePass)
filmpassComposer.addPass(filmpass)
```

使用 TexturePass 的唯一步骤是将其作为 composer 中的第一个通道添加。接下来，我们只需添加 FilmPass，即可应用效果。FilmPass 可以接收四个附加参数，具体如下：

- noiseIntensity：该属性允许你控制场景的颗粒感。
- scanlinesIntensity：FilmPass 在场景中添加了一些扫描线（参见 scanLinesCount）。通过该属性，你可以定义这些扫描线显示的明显程度。
- scanLinesCount：可以使用该属性来控制显示的扫描线数量。
- grayscale：如果设置为 true，则输出将转换为灰度。

实际上，有两种方式可以传递这些参数。在该示例中，我们将它们作为构造函数的参数传递，但你也可以直接设置它们：

```
effectFilm.uniforms.grayscale.value = controls.grayscale;
effectFilm.uniforms.nIntensity.value = controls.
  noiseIntensity;
effectFilm.uniforms.sIntensity.value = controls.
  scanlinesIntensity;
effectFilm.uniforms.sCount.value = controls.scanlinesCount;
```

在这种方法中，我们使用 uniforms 属性直接与 WebGL 进行通信。在 11.4 节中，我们将深入了解 uniforms。现在，你只需知道，通过该方式，你可以直接更新后期处理通道和着色器的配置，并直接看到结果。

该通道的结果如图 11.4 所示。

图 11.4 FilmPass 为场景添加的电影效果

下一个效果是光晕效果，你可以在图 11.3 的屏幕左上角看到。

### 使用 THREE.BloomPass 为场景添加光晕效果

你在左上角看到的效果称为光晕效果。当你应用光晕效果后，场景的明亮区域将更加突出，并渗入较暗的区域。创建 BloomPass 的代码如下所示：

```
const bloomPass = new BloomPass()
const effectCopy = new ShaderPass(CopyShader)
bloomPassComposer = new EffectComposer(renderer)
bloomPassComposer.addPass(texturePass)
bloomPassComposer.addPass(bloomPass)
bloomPassComposer.addPass(effectCopy)
```

与之前使用 FilmPass 的 EffectComposer 相比，你将注意到我们添加了一个额外的通道，effectCopy。该步骤不会添加任何特殊效果，只是将最后一个通道的输出复制到屏幕上。我们需要添加该步骤，因为 BloomPass 本身不会直接将处理结果输出到屏幕上。

以下列出了可以在 BloomPass 上设置的属性：

- strength：这是光晕效果的强度。值越高，明亮区域越亮，它们渗入较暗区域的程度也越大。
- kernelSize：这是内核的大小。它表示每次模糊步骤中参与计算的像素范围。如果将该值设置得越高，则将包括越多像素来确定特定点上的效果。
- sigma：使用 sigma 属性，可以控制光晕效果的清晰度。该值越高，光晕效果的模糊度就越高。
- resolution：resolution 属性定义了创建光晕效果时的精确程度。如果将其设置得太低，则结果将看起来像是由块组成的。

理解这些属性的更好的方法是通过使用示例 multi-passes.html 进行实验。图 11.5 展示了具有高 sigma 和高 strength 的 bloom 效果。

图 11.5 使用 BloomPass 的光晕效果

我们将要看的下一个简单效果是 DotScreenPass 效果。

### 将场景输出为一组点

使用 DotScreenPass 非常类似于使用 BloomPass。我们刚刚看到了 BloomPass 的效果。现在让我们来看看 DotScreenPass 的代码：

```
const dotScreenPass = new DotScreenPass()
const dotScreenPassComposer = new EffectComposer(renderer)
dotScreenPassComposer.addPass(texturePass)
dotScreenPassComposer.addPass(dotScreenPass)
```

在使用 DotScreenPass 时，我们不需要使用 effectCopy 将结果输出到屏幕上。

DotScreenPass 也可以通过以下一些属性进行配置：

- center：可以通过 center 属性来微调点阵的偏移方式。
- angle：点是按照一定方式对齐的。你可以通过 angle 属性更改这种对齐方式。
- scale：我们可以使用该属性来设置点的大小。值越小，点越大。

对其他着色器适用的规则对该着色器也适用。通过实验调整参数来获取最佳设置是最简单的方法，效果如图 11.6 所示。

图 11.6 使用 DotScreenPass 的点阵效果

在我们继续下一组简单的着色器之前，让我们首先看看如何在同一屏幕上渲染多个场景。

### 11.2.2 在同一屏幕上显示多个渲染器的输出

本节不会详细介绍如何使用后期处理效果，而是解释如何将四个 EffectComposer 实例的输出显示在同一屏幕上。首先，让我们看一下该示例中使用的渲染循环：

```
const width = window.innerWidth || 2
const height = window.innerHeight || 2
const halfWidth = width / 2
const halfHeight = height / 2
const render = () => {
```

```
    renderer.autoClear = false
    renderer.clear()
    renderedSceneComposer.render()
    renderer.setViewport(0, 0, halfWidth, halfHeight)
    filmpassComposer.render()
    renderer.setViewport(halfWidth, 0, halfWidth, halfHeight)
    dotScreenPassComposer.render()
    renderer.setViewport(0, halfHeight, halfWidth,
      halfHeight)
    bloomPassComposer.render()
    renderer.setViewport(halfWidth, halfHeight, halfWidth,
      halfHeight)
    copyComposer.render()
    requestAnimationFrame(() => render())
  }
```

首先要注意的是，我们将 renderer.autoClear 属性设置为 false，然后在渲染循环中显式调用 clear() 函数。如果我们不这样做，则每次调用 composer 上的 render() 函数时，屏幕上先前渲染的部分将被清除。使用这种方法，我们只在渲染循环开始时清除所有内容。

为了避免所有 composer 都在同一空间内渲染，我们设置 renderer 的 viewport 函数（composer 使用的）来将屏幕分成不同的部分。该函数接收四个参数：x、y、width 和 height。如你在代码示例中所见，我们使用该函数将屏幕分为四个区域，并让 composer 在各自的区域内渲染。请注意，如果需要，你还可以在多个场景、相机和 WebGLRenderer 实例上使用该方法。使用该设置，渲染循环将分别将四个 EffectComposer 对象渲染到屏幕的各自区域。接下来让我们快速看一下其他几个通道。

### 11.2.3　其他简单通道

如果你在浏览器中打开 multi-passes-2.html 示例，则将看到许多其他通道的效果，如图 11.7 所示。

我们在这里不会详细展开讨论，因为这些通道的配置方式与前几节中的方式相同。在该示例中，你可以看到以下内容：

- 在左下角，你可以看到 OutlinePass。OutlinePass 可以用来为一个 THREE.Mesh 对象画一个轮廓。
- 右下角展示了 GlitchPass 的效果。顾名思义，GlitchPass 模仿了电子设备显示技术故障的视觉效果。
- 左上角展示了 UnrealBloom 效果。
- 在右上角使用 HalftonePass 将渲染转换为一组点。

图 11.7 另一个包含四个后期处理通道的效果

对于本章中的所有示例，你可以使用右侧的菜单来配置这些通道的各个属性。

为了更清楚地看到 `OutlinePass` 的效果，你可以将场景的背景设置为黑色，并适当放大一点场景，如图 11.8 所示。

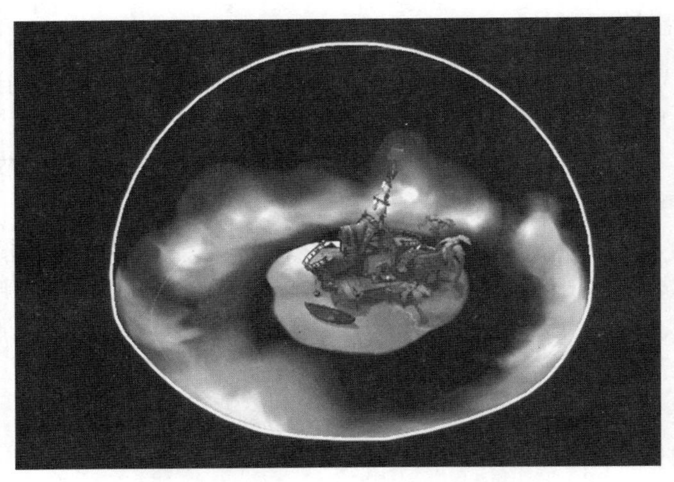

图 11.8 `OutlinePass` 显示场景的轮廓

到目前为止，我们看到的是简单的效果，接下来，我们将看看如何使用遮罩来将效果应用到屏幕的一部分。

## 11.3　高级 EffectComposer 流之使用遮罩

在之前的示例中，我们将后期处理通道应用于整个屏幕上。然而，Three.js 也可以将通道应用到特定的区域上。在本节中，我们将执行以下步骤：

1. 创建一个场景，并将背景设置为一张图像。
2. 创建一个看起来像地球的球体的场景。
3. 创建一个看起来像火星的球体的场景。
4. 创建 `EffectComposer`，将这三个场景渲染成一幅图像。
5. 对渲染为火星的球体应用着色效果。
6. 对渲染为地球的球体应用一个棕褐色滤镜。

这听起来可能很复杂，但实际上实现起来非常容易。首先，让我们打开 `masks.html` 示例看一下我们的目标结果。图 11.9 展示了这些步骤的结果。

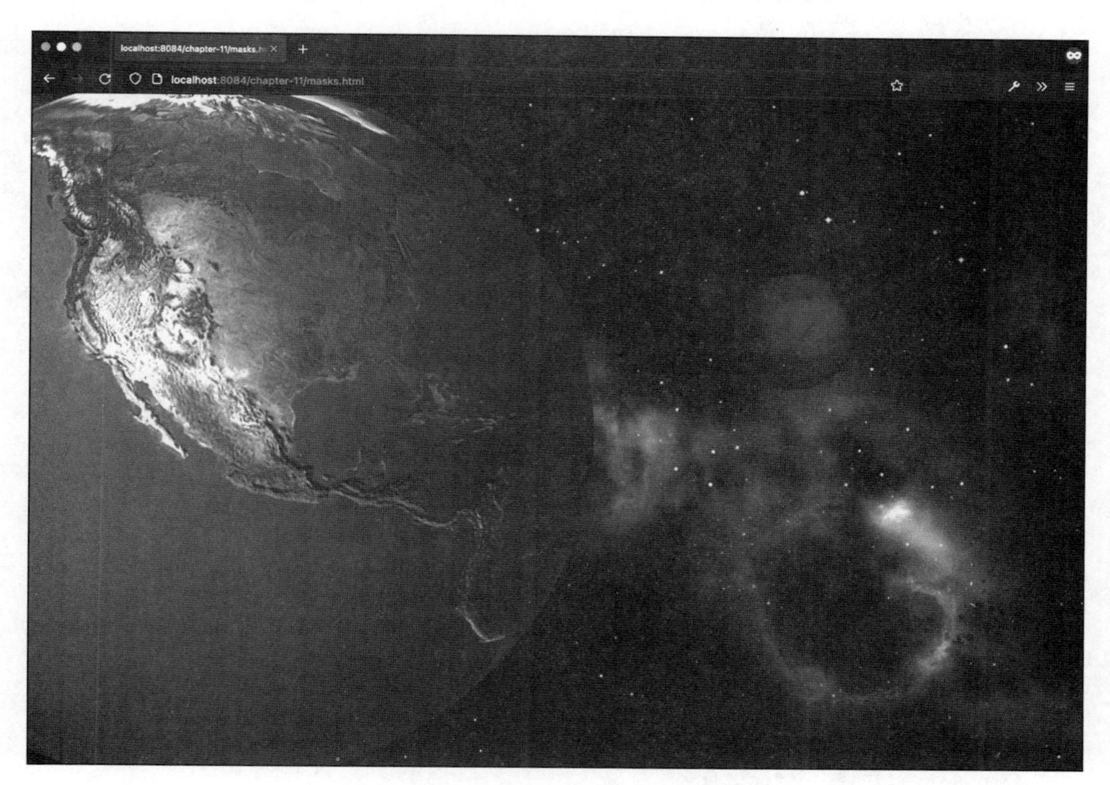


图 11.9　使用遮罩来将效果应用到屏幕的一部分

我们需要做的第一件事是设置将要渲染的各个场景：

```
const sceneEarth = new THREE.Scene()
const sceneMars = new THREE.Scene()
const sceneBG = new THREE.Scene()
```

首先，通过使用适当的材料和纹理创建地球和火星的球体，并将它们添加到对应的场景中。接着，为背景场景加载纹理，并将其设置为 sceneBG 的背景。下面的代码显示了这个过程（addEarth 和 addMars 只是辅助函数，用于保持代码的可读性；它们从 THREE.SphereGeometry 创建了一个简单的 THREE.Mesh，创建了一些光线，并将它们全部添加到 THREE.Scene）：

```
sceneBG.background = new THREE.TextureLoader().load
 ('/assets/textures/bg/starry-deep-outer-space-galaxy.jpg')
const earthAndLight = addEarth(sceneEarth)
sceneEarth.translateX(-16)
sceneEarth.scale.set(1.2, 1.2, 1.2)
const marsAndLight = addMars(sceneMars)
sceneMars.translateX(12)
sceneMars.translateY(6)
sceneMars.scale.set(0.2, 0.2, 0.2)
```

在该示例中，我们使用场景的 background 属性来添加星空背景。创建背景的另一种方法是使用 THREE.OrthographicCamera。使用 THREE.OrthographicCamera，渲染对象的大小不会随着它离相机越来越远而改变，因此，通过在 THREE.OrthographicCamera 前面直接放置一个 THREE.PlaneGeometry 对象，我们也可以创建出背景效果。

现在我们有了三个场景，可以开始设置通道和 EffectComposer。让我们从完整的通道链开始，看完整个通道链后再看各个通道的设置：

```
var composer = new EffectComposer(renderer)
composer.renderTarget1.stencilBuffer = true
composer.renderTarget2.stencilBuffer = true
composer.addPass(bgRenderPass)
composer.addPass(earthRenderPass)
composer.addPass(marsRenderPass)
composer.addPass(marsMask)
composer.addPass(effectColorify)
composer.addPass(clearMask)
composer.addPass(earthMask)
composer.addPass(effectSepia)
composer.addPass(clearMask)
composer.addPass(effectCopy)
```

为了使用遮罩，我们需要以稍微不同的方式创建 EffectComposer。我们需要将内部使用的渲染目标的 stencilBuffer 属性设置为 true。模板缓冲区（stencil buffer）是一种特殊类型的缓冲区，用于限制渲染的区域。因此，通过启用模板缓冲区，我们可以使用遮罩。然后我们看看添加的前三个通道。这三个通道分别渲染背景、地球场景和火星场景，具体代码如下所示：

```
const bgRenderPass = new RenderPass(sceneBG, camera)
const earthRenderPass = new RenderPass(sceneEarth, camera)
earthRenderPass.clear = false
const marsRenderPass = new RenderPass(sceneMars, camera)
marsRenderPass.clear = false
```

这里没有什么新东西，除了我们将其中两个通道的 clear 属性设置为 false。如果我们不这样做，那么我们只会看到 marsRenderPass 渲染的输出，因为它会在开始渲染之前清除所有内容。

如果你回顾 EffectComposer 的代码，则接下来的三个通道分别是 marsMask、effectColorify 和 clearMask。首先，我们来看一下这三个通道是如何定义的：

```
const marsMask = new MaskPass(sceneMars, camera)
const effectColorify = new ShaderPass(ColorifyShader)
effectColorify.uniforms['color'].value.setRGB(0.5, 0.5, 1)
const clearMask = new ClearMaskPass()
```

这三个通道中的第一个是 MaskPass。在创建 MaskPass 对象时，你需要传入场景和相机，就像为 RenderPass 做的那样。MaskPass 对象将会在内部渲染该场景，但不会将其显示在屏幕上，而是使用渲染的内部场景创建一个遮罩。当将 MaskPass 对象添加到 EffectComposer 中时，所有后续的通道都将仅应用于 MaskPass 定义的遮罩区域，直到遇到 ClearMaskPass 为止。在该示例中，这意味着 effectColorify 通道添加的蓝色色调效果仅应用于 sceneMars 中的对象。

我们使用相同的方法将深褐色滤镜应用于 Earth 对象。我们首先根据 Earth 场景创建一个遮罩，并在 EffectComposer 中使用该遮罩。在使用 MaskPass 后，我们添加想要应用的效果（在该示例中是 effectSepia），完成后，我们添加 ClearMaskPass 来删除遮罩。

对于该特定的 EffectComposer，我们已经介绍过最后一步了。我们需要将最终结果复制到屏幕上，我们再次使用 effectCopy 通道。有了该设置，我们就可以应用我们想要成为整个屏幕一部分的效果。要注意的是，如果 Mars 场景和 Earth 场景重叠，这些效果将被应用于渲染图像的一部分。

当两个场景的效果区域发生重叠时，这两种效果将同时应用到重叠区域，具体效果如图 11.10 所示。

图 11.10 当两个遮罩区域重叠时，两种效果都会应用到重叠区域

在使用 MaskPass 时，还有一个有趣的附加属性，即 inverse 属性。如果将该属性设置为 true，则遮罩会被反转。换句话说，效果将应用于除了传递给 MaskPass 的场景之外的所有内容。具体效果详见图 11.11（我们将 earthMask 的 inverse 属性设置为 true）。

在讨论 ShaderPass 之前，我们将先看看两个提供更高级效果的通道：BokehPass 和 SSAOPass。

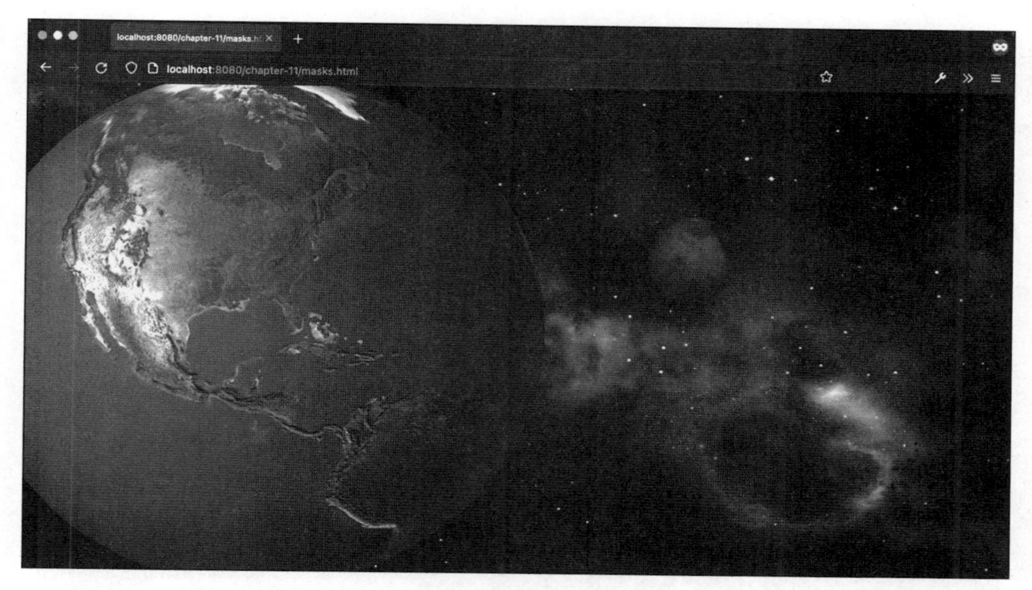


图 11.11　遮罩被反转

## 11.3.1　高级通道——散景

使用 BokehPass，你可以在场景中添加散景效果。在散景效果中，只有部分场景聚焦，其余部分场景模糊不清。要查看该效果，请打开 bokeh.html 示例，如图 11.12 所示。

图 11.12　未聚焦的散景效果

当你打开它时，初始时整个场景看起来都模糊不清。使用右侧的 Bokeh 控件，你可以将焦点值设置为你希望聚焦的场景部分，并通过调整光圈属性来确定应聚焦的区域大小。通过滑动焦点，你可以使前景的立方体组聚焦，具体效果如图 11.13 所示。

图 11.13 使用 BokehPass 实现的散景效果——聚焦在第一组立方体

或者，如果我们将焦点滑动得更远，我们可以聚焦在第二组立方体上，如图 11.14 所示。

图 11.14 使用 BokehPass 实现的散景效果——聚焦在第二组立方体

而且，如果我们将焦点滑动得更远，则可以聚焦在场景末端的第三组立方体上，如图 11.15 所示。

图 11.15　使用 BokehPass 实现的散景效果——聚焦在第三组立方体

我们可以像使用之前看到的其他通道一样使用 BokehPass：

```
const params = {
  focus: 10,
  aspect: camera.aspect,
  aperture: 0.0002,
  maxblur: 1
};
const renderPass = new RenderPass(scene, camera);
const bokehPass = new BokehPass(scene, camera, params)
bokehPass.renderToScreen = true;
const composer = new EffectComposer(renderer);
composer.addPass(renderPass);
composer.addPass(bokehPass);
```

为了实现所需的结果，可能需要对属性进行一些微调。

### 11.3.2　高级通道——环境光遮蔽

在第 10 章我们讨论了使用预先烘焙的环境光遮蔽贴图来直接应用基于环境照明的阴影。环境光遮蔽涉及你在对象上看到的阴影和光照强度变化，因为对象的每个部分都未必会接收到相同数量的环境光。除了在材质上使用 aoMap 之外，还可以在 EffectComposer 上使用 SSAOPass 通道来获得相同的效果。如果你打开 ambient-occlusion.html 示例，则将看到使用 SSAOPass 的结果，如图 11.16 所示。

图 11.16 应用了环境光遮蔽通道的场景

没有应用环境光遮蔽通道的类似场景看起来非常平整，如图 11.17 所示。

图 11.17 没有应用环境光遮蔽通道的相同场景

但请注意，如果你使用该功能，则必须关注应用程序的整体性能，因为这是一个非常消耗 GPU 计算资源的通道。

到目前为止，我们使用了 Three.js 提供的标准通道来实现我们的效果。Three.js 还提供了 THREE.ShaderPass，它可以用于自定义效果，并带有大量你可以使用和尝试的着色器。

## 11.4　使用 THREE.ShaderPass 自定义效果

使用 THREE.ShaderPass，我们可以通过传入自定义的着色器将大量的额外效果应用到我们的场景中。Three.js 配备了一套可以与该 THREE.ShaderPass 一起使用的着色器。本节将列出它们。我们将它们分为三组。

第一组是简单着色器。所有这些着色器都可以通过打开 shaderpass-simple.html 示例来查看和配置：

- BleachBypassShader：创建一个漂白效果。使用该效果，图像将会被应用上类似银色的覆盖层。
- BlendShader：这不是一个可以作为单独的后期处理步骤的着色器，但它允许你将两个纹理混合在一起。例如，你可以使用该着色器将一个场景的渲染平滑地混合到另一个场景中（没有在 shaderpass-simple.html 中显示）。
- BrightnessContrastShader：允许你更改图像的亮度和对比度。
- ColorifyShader：将颜色叠加到屏幕上。我们已经在遮罩示例中看到过它。
- ColorCorrectionShader：使用该着色器可以更改场景的颜色分布。
- GammaCorrectionShader：将伽马校正应用于渲染场景。它使用固定的伽马系数 2 来进行校正。请注意，你还可以通过使用 gammaFactor、gammaInput 和 gammaOutput 属性在 THREE.WebGLRenderer 上直接设置伽马校正。
- HueSaturationShader：允许你改变场景中颜色的色调和饱和度。
- KaleidoShader：在场景中添加一个提供围绕场景中心的径向反射的万花筒效果。
- LuminosityShader 和 LuminostyHighPassShader：提供了亮度效果，显示场景的亮度。
- MirrorShader：为屏幕部分区域创建了一个镜面效果。
- PixelShader：创建像素化效果。
- RGBShiftShader：将颜色的红色、绿色和蓝色分量分离开来的着色器。
- SepiaShader：可以在屏幕上创建类似棕褐色的效果。
- SobelOperatorShader：提供了边缘检测的功能。
- VignetteShader：应用了一个晕影效果。该效果在图像中心的周围显示了黑暗的边框。

接下来，我们将介绍一些与模糊相关的着色器。通过 shaderpass-blurs.html 示例可以对这些效果进行实验：

- HorizontalBlurShader 和 VerticalBlurShader：这两个着色器可以应用于整个场景，实现模糊效果。
- HorizontalTiltShiftShader 和 VerticalTiltShiftShader：这两个着色器可以重现倾斜移轴效果。倾斜移轴效果是指通过模糊除中心区域外的图像区域，只保留中心区域清晰，从而模拟小模型场景的效果。
- FocusShader：这是一个简单的着色器，可以实现中心区域清晰而边缘模糊的效果。

最后还有一些我们不会详细讨论的着色器，我们只是为了完整性而列出它们。这些着色器大多数是内部使用的，要么由另一个着色器使用，要么由我们在本章开头讨论的着色器通道使用：

- THREE.FXAAShader：该着色器用于在后期处理阶段应用抗锯齿效果。如果在渲染过程中应用抗锯齿效果性能开销太大，则可以使用该着色器。
- THREE.ConvolutionShader：该着色器是 BloomPass 渲染通道内部使用的。
- THREE.DepthLimitedBlurShader：这是环境光遮蔽的 SAOPass 渲染通道内部使用的。
- THREE.HalftoneShader：这是 HalftonePass 内部使用的。
- THREE.SAOShader：提供了着色器形式下的环境光遮蔽。
- THREE.SSAOShader：提供了着色器形式下的另一种环境光遮蔽方法。
- THREE.SMAAShader：为渲染场景提供了抗锯齿效果。
- THREE.ToneMapShader：该着色器是 AdaptiveToneMappingPass 内部使用的。
- UnpackDepthRGBAShader：该着色器可用于将来自 RGBA 纹理的编码深度值可视化为视觉色彩。

如果你查看 Three.js 分发包的 Shaders 目录，则可能会注意到一些在本章未列出的其他着色器。这些着色器包括 FresnelShader、OceanShader、ParallaxShader 和 WaterRefractionShader，它们并非用于后期处理，而是应该与我们在第 4 章中讨论的 THREE.ShaderMaterial 对象一起使用。

我们将从一对简单的着色器开始。

### 11.4.1 简单着色器

为了实验基本着色器，我们创建了一个示例，你可以在其中使用大多数着色器并直接在场景中看到效果。你可以在 shaders.html 中找到该示例。图 11.18 展示了一些效果。

BrightnessContrastShader 效果如图 11.18 所示。

图 11.18　BrightnessContrastShader 效果

SobelOperatorShader 效果检测轮廓，如图 11.19 所示。

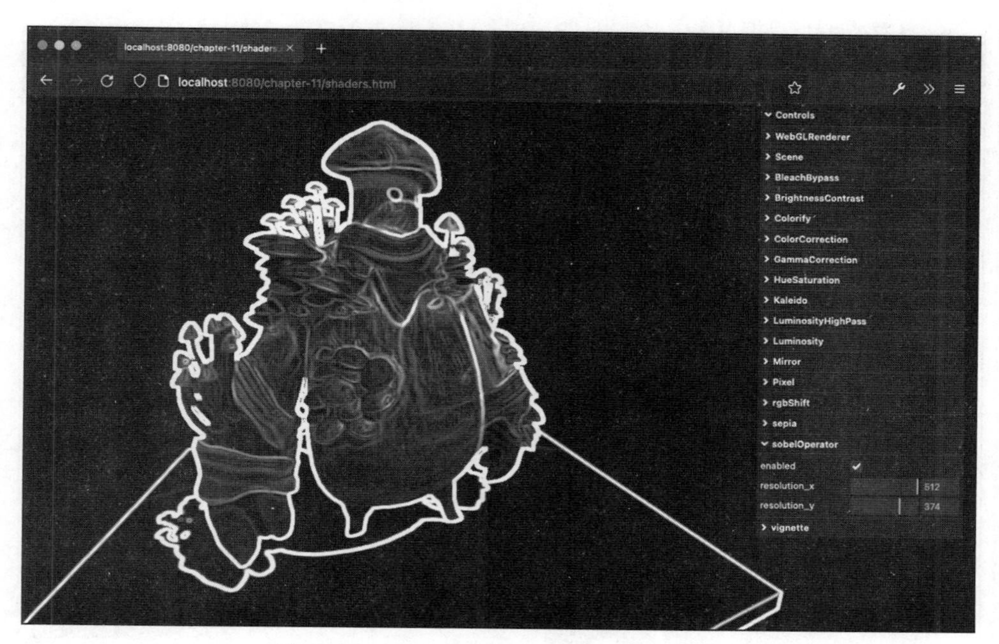


图 11.19　SobelOperatorShader 效果

你可以使用 KaleidoShader 创建万花筒效果，如图 11.20 所示。

你可以使用 MirrorShader 着色器实现场景的镜面效果，如图 11.21 所示。

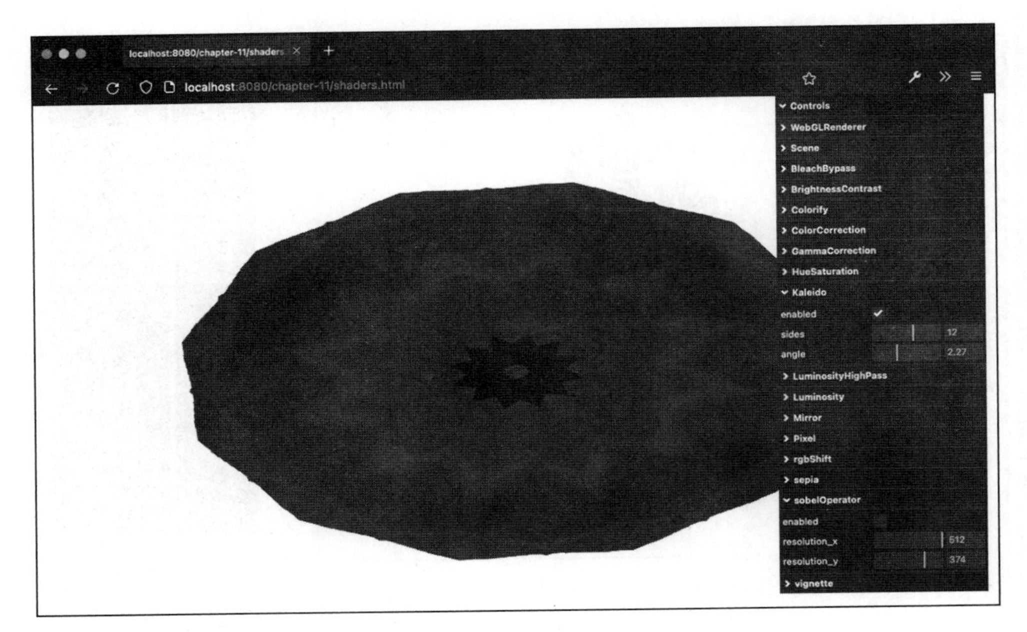


图 11.20 KaleidoShader 效果

图 11.21 MirrorShader 效果

RGBShiftShader 效果如图 11.22 所示。

你可以使用 `LuminosityHighPassShader` 调整场景中的亮度，如图 11.23 所示。

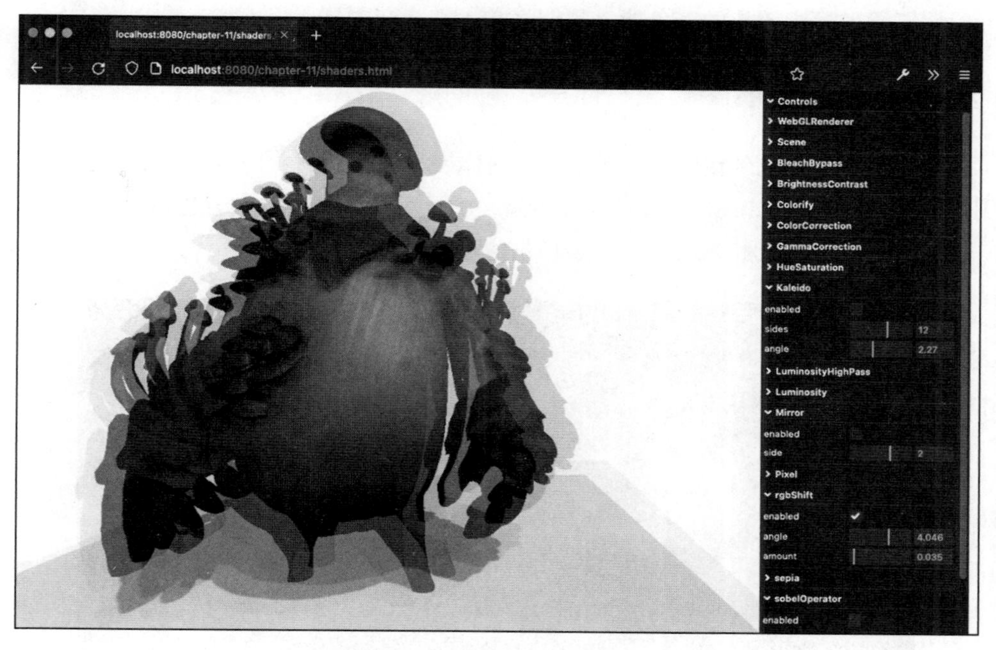


图 11.22　RGBShiftShader 效果

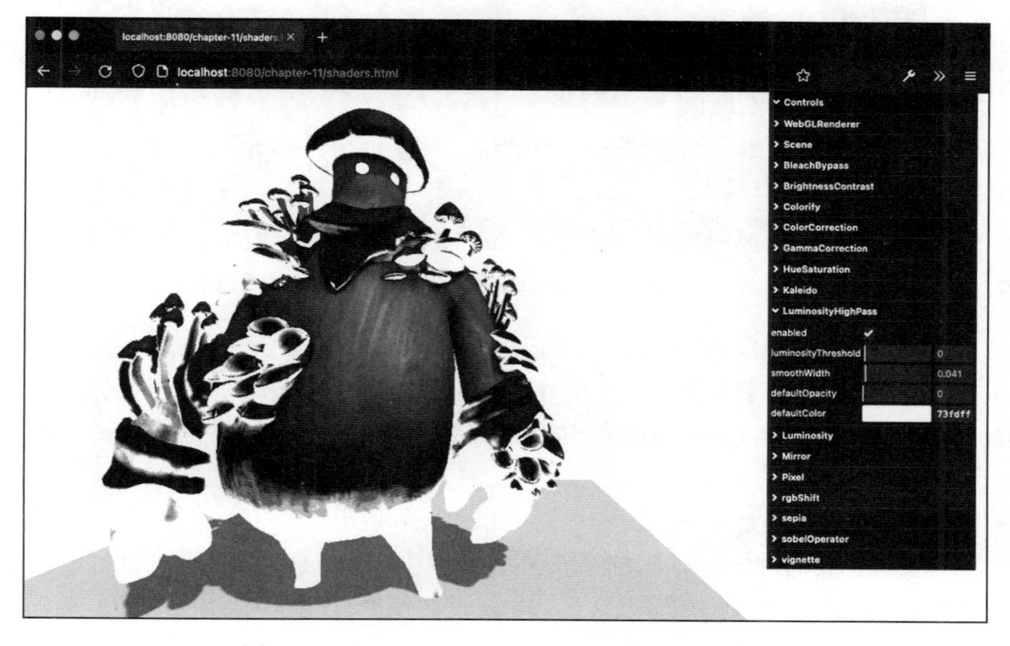


图 11.23　LuminosityHighPassShader 效果

要查看其他效果，请使用右侧的菜单查看其功能及其配置方式。Three.js 还提供了一些专门用于添加模糊效果的着色器，我们将在 11.4.2 节中展示。

## 11.4.2 模糊着色器

本节我们不会深入到代码中，我们只会向你展示不同模糊着色器的结果。你可以通过使用 `shaders-blur.html` 示例来进行实验。以下所示的是前两个着色器 `HorizontalBlurShader` 和 `VerticalBlurShader`，如图 11.24 所示。

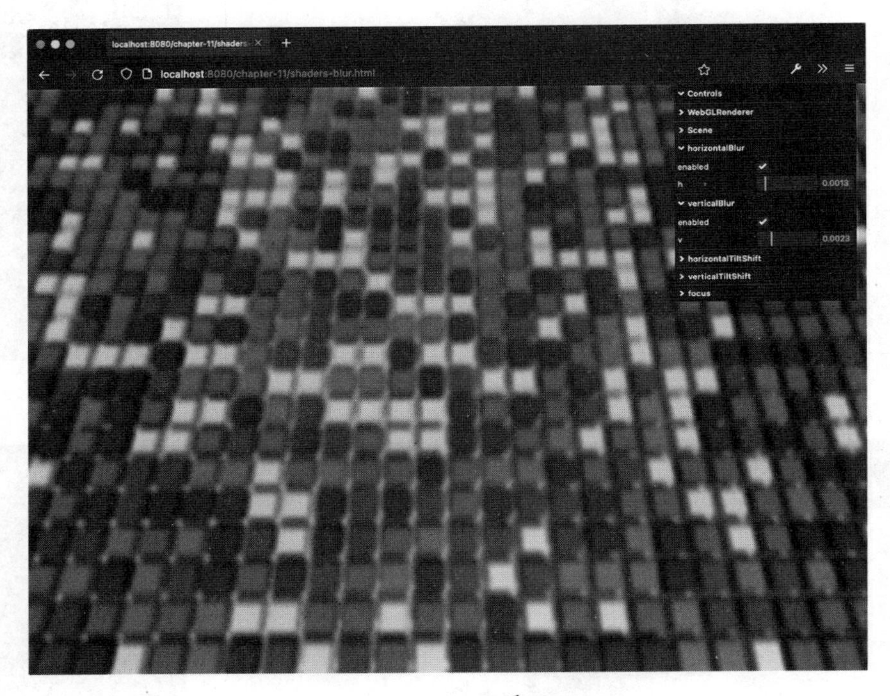


图 11.24 `HorizontalBlurShader` 和 `VerticalBlurShader`

另一种模糊效果由 `HorizontalTiltShiftShader` 和 `VerticalTiltShiftShader` 提供。这两种着色器不会模糊整个场景，而只会模糊场景的一小部分区域。这种效果被称为倾斜偏移（倾斜移轴）效果，通常用于创建类似微缩景观的场景。图 11.25 展示了该效果。

最后一个模糊效果是 `FocusShader`，如图 11.26 所示。

到目前为止我们讲述的都是 Three.js 内置的着色器。但是，我们也可以编写自己的着色器然后提供给 `THREE.EffectComposer` 一起使用。

图 11.25　HorizontalTiltShiftShader 和 VerticalTiltShiftShader

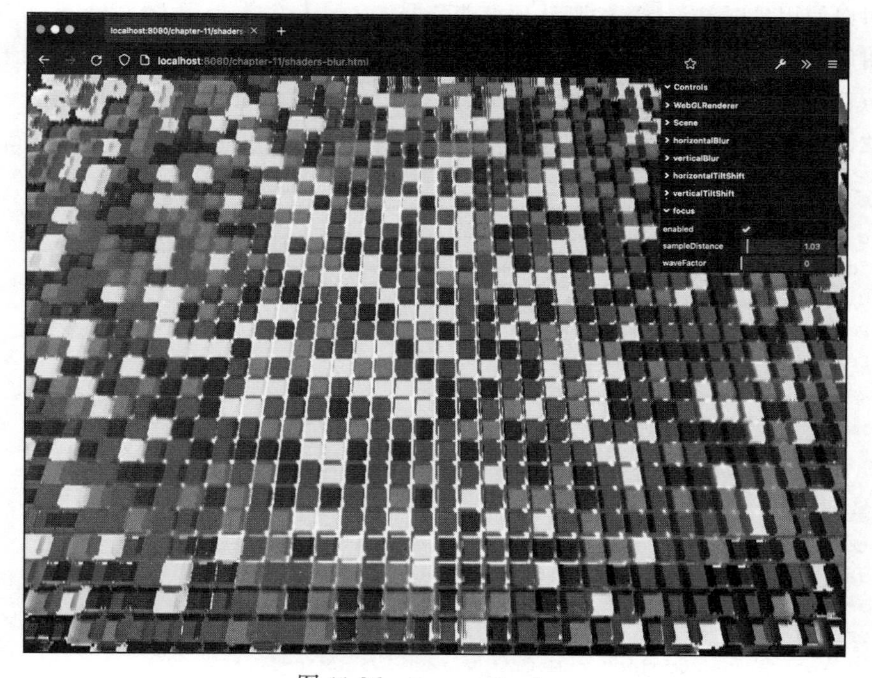


图 11.26　FocusShader

## 11.5 创建自定义后期处理着色器

在本节中，你将学习如何创建可在后期处理中使用的自定义着色器。我们将创建两个不同的着色器。第一个着色器将当前图像转换为灰度图像，第二个着色器通过减少可用颜色的数量将图像转换为 8 位图像。

> **顶点和片段着色器**
>
> 创建顶点和片段着色器是一个非常广泛的主题。在本节中，我们将只触及这些着色器可以做什么以及浅显地介绍其工作原理。有关更深入的信息，你可以在 `http://www.khronos.org/webgl/` 找到 WebGL 规范。另外还可以查阅这些资源：`https://www.shadertoy.com` 的 Shadertoy，或 *The Book of Shaders*: `https://thebookofshaders.com/`。

### 11.5.1 自定义灰度着色器

要为 Three.js（以及其他 WebGL 库）创建自定义着色器，你必须创建两个组件：顶点着色器和片段着色器。顶点着色器可用于更改单个顶点的位置，片段着色器可用于确定单个像素的颜色。对于后期处理着色器，我们通常只需要实现片段着色器，然后顶点着色器可以使用 Three.js 内置的默认顶点着色器。

在讲解着色器代码之前，需要明确一个重要的点：GPU 支持多个着色器管道。这意味着顶点着色器可以同时在多个顶点上并行运行，并且片段着色器也是如此。

让我们首先看一下将当前图像转换为灰度图像的灰度着色器的完整源代码（`custom-shader.js`）：

```
port const CustomGrayScaleShader = {
uniforms: {
  tDiffuse: { type: 't', value: null },
  rPower: { type: 'f', value: 0.2126 },
  gPower: { type: 'f', value: 0.7152 },
  bPower: { type: 'f', value: 0.0722 }
},
// 0.2126 R + 0.7152 G + 0.0722 B
// vertexshader is always the same for postprocessing
   steps
vertexShader: [
  'varying vec2 vUv;',
  'void main() {',
  'vUv = uv;',
  'gl_Position = projectionMatrix * modelViewMatrix *
    vec4( position, 1.0 );',
```

```
      '}'
    ].join('\n'),
    fragmentShader: [
      // pass in our custom uniforms
      'uniform float rPower;',
      'uniform float gPower;',
      'uniform float bPower;',
      // pass in the image/texture we'll be modifying
      'uniform sampler2D tDiffuse;',
      // used to determine the correct texel we're working on
      'varying vec2 vUv;',
      // executed, in parallel, for each pixel
      'void main() {',
      // get the pixel from the texture we're working with
         (called a texel)
      'vec4 texel = texture2D( tDiffuse, vUv );',
      // calculate the new color
      'float gray = texel.r*rPower + texel.g*gPower +
        texel.b*bPower;',
      // return this new color
      'gl_FragColor = vec4( vec3(gray), texel.w );',
      '}'
    ].join('\n')
  }
```

**定义着色器的另一种方式**

在第 4 章中，我们展示了如何在单独的独立文件中定义着色器。在 Three.js 中，大多数着色器遵循前面代码中看到的结构。这两种方法都可以用于定义着色器的代码。

从前面的代码块中可以看出，这并不是 JavaScript 代码。当编写着色器时，我们使用的是 **OpenGL 着色语言**（OpenGL Shading Language，GLSL），它与 C 语言非常相似。有关 GLSL 的更多信息可以在 `http://www.khronos.org/opengles/sdk/docs/manglsl/` 找到。

首先我们来看一下顶点着色器的相关代码：

```
vertexShader: [
  'varying vec2 vUv;',
  'void main() {',
  'vUv = uv;',
  'gl_Position = projectionMatrix * modelViewMatrix *
    vec4( position, 1.0 );',
  '}'
].join('\n'),
```

在后期处理中，这个着色器实际上不需要做任何事情。前面的代码是 Three.js 实现顶点着色器的标准方式。它使用 projectionMatrix（来自相机的投影）和 modelViewMatrix（将对象的位置映射到世界位置）来确定在屏幕上渲染顶点的位置。在这段代码中，只有一个有趣的地方，就是 uv 值，它指示从纹理中读取哪个纹理像素，并且使用 varying vec2 vUv 变量将这个值传递给片段着色器。

这可以用来获取要在片段着色器中修改的像素。现在，让我们看看片段着色器的代码都在做什么。我们将从以下变量声明开始：

```
'uniform float rPower;',
'uniform float gPower;',
'uniform float bPower;',
'uniform sampler2D tDiffuse;',
'varying vec2 vUv;',
```

在这里，我们可以看到如何在片元着色器中声明 uniform 变量，以便从 JavaScript 传递值到着色器中，这些值对于处理的每个片段都是相同的。在以上代码中，我们传入了三个浮点数，类型为 float（用于确定将颜色包含在最终灰度图像中的比例），还传入了一个纹理（tDiffuse），类型为 tDiffuse。该纹理包含来自 EffectComposer 实例的上一次传递的图像。Three.js 确保当使用 tDiffuse 作为名称时，这个纹理会被传递到着色器中。我们还可以自己从 JavaScript 设置 uniform 属性的其他实例。在我们可以从 JavaScript 中使用这些 uniform 属性之前，必须定义我们希望向 JavaScript 公开的 uniform 属性。我们在着色器文件的顶部进行如下定义：

```
uniforms: {
"tDiffuse": { type: "t", value: null },
"rPower":   { type: "f", value: 0.2126 },
"gPower":   { type: "f", value: 0.7152 },
"bPower":   { type: "f", value: 0.0722 }
},
```

这时，我们可以从 Three.js 接收配置参数，这些参数将提供当前渲染的输出。让我们来看一下将每个像素转换为灰色像素的代码：

```
"void main() {",
"vec4 texel = texture2D( tDiffuse, vUv );",
"float gray = texel.r*rPower + texel.g*gPower +
  texel.b*bPower;", "gl_FragColor = vec4( vec3(gray),
    texel.w );"
```

这段代码描述了如何获取正确纹理中的像素。我们使用 texture2D 函数，传递当前的图像（tDiffuse）和要分析的像素位置（vUv）。结果是一个包含颜色和不透明度（texel.w）的纹理像素。接下来，我们使用这个纹理像素的 r、g 和 b 属性来计算一个灰度值。然后将这个灰度值设置为 gl_FragColor 变量，并最终显示在屏幕上。这样，我们就创建了自己的自定义着色器。这个着色器的使用方式与本章前面提到的着色器类似。首先，我们需要设置 EffectComposer：

```
const effectCopy = new ShaderPass(CopyShader)
effectCopy.renderToScreen = true
const grayScaleShader = new ShaderPass
  (CustomGrayScaleShader)
const gammaCorrectionShader = new ShaderPass
  (GammaCorrectionShader)
const composer = new EffectComposer(renderer)
composer.addPass(new RenderPass(scene, camera))
composer.addPass(grayScaleShader)
composer.addPass(gammaCorrectionShader)
composer.addPass(effectCopy)
```

在渲染循环中，我们调用 composer.render() 来渲染场景。如果我们想要在运行时改变着色器的属性，则只需要更新我们定义的 uniforms 属性：

```
shaderPass.uniforms.rPower.value = ...;
shaderPass.uniforms.gPower.value = ...;
shaderPass.uniforms.bPower.value = ...;
```

结果可以在 custom-shaders-scene.html 中看到。图 11.27 展示了该示例的实际效果。

图 11.27　自定义灰度着色器

接下来我们创建另一个自定义着色器。这个着色器的目的是将24位的颜色输出降低到较低的位数。

## 11.5.2 创建自定义位着色器

通常，颜色使用24位表示，这给我们提供了大约1600万种不同的颜色。然而，在计算机早期的时代，这种高精度颜色表示是不可实现的，因此颜色通常使用8位或16位表示。通过该着色器，我们将自动将我们的24位输出转换为4位颜色深度（或你想要的任何值）。

由于该着色器使用的顶点着色器与之前的示例相同，因此我们将跳过顶点着色器，并直接列出`uniforms`属性的定义：

```
uniforms: {
  "tDiffuse": { type: "t", value: null },
  "bitSize":    { type: "i", value: 4 }
}
```

`fragmentShader`代码如下：

```
fragmentShader: [
  'uniform int bitSize;',
  'uniform sampler2D tDiffuse;',
  'varying vec2 vUv;',
  'void main() {',
  'vec4 texel = texture2D( tDiffuse, vUv );',
  'float n = pow(float(bitSize),2.0);',
  'float newR = floor(texel.r*n)/n;',
  'float newG = floor(texel.g*n)/n;',
  'float newB = floor(texel.b*n)/n;',
  'gl_FragColor = vec4( vec3(newR,newG,newB), 1.0);',
  '}'
].join('\n')
```

我们定义了两个`uniform`属性的实例，它们可以用来配置该着色器。第一个`uniform`属性是Three.js用于传入当前屏幕的渲染结果，第二个`uniform`属性是我们定义的整型(`type:"i"`)，用于控制着色器将渲染结果转换成的颜色深度。代码本身非常直观：

1. 首先，我们根据传入的`vUv`像素位置，从`tDiffuse`纹理中获取`texel`。
2. 我们基于`bitSize`属性的值，来计算可以有多少种颜色，方式是计算2的`bitSize`次幂（`pow(float(bitSize),2.0)`）。
3. 接下来，我们通过将该值乘以`n`，四舍五入（`floor(texel.r*n)`）并再次除以`n`，计算`texel`的颜色的新值。
4. 结果设置为`gl_FragColor`(红色，绿色和蓝色值以及不透明度）并显示在屏幕上。

你可以在与我们之前的自定义着色器相同的示例`custom-shaders-scene.html`

中查看该自定义着色器的结果。图 11.28 展示了该示例的实际效果，我们将位大小设置为 4。这意味着模型仅以 16 种颜色渲染。

图 11.28 自定义位着色器

本书关于后期处理的内容到此结束。

## 11.6 本章小结

在本章中，我们讨论了许多后期处理选项。正如你所看到的，创建 EffectComposer 并将多个通道链接在一起其实非常简单。你只需要记住一些事情。并非所有的通道都会在屏幕上输出。如果你想要输出到屏幕，则可以始终使用 CopyShader 的 ShaderPass。将通道添加到合成器的顺序很重要。这些效果会按照顺序应用。如果你想重用特定 EffectComposer 实例的结果，则可以使用 TexturePass。当 EffectComposer 中存在多个 RenderPass 时，应确保将 clear 属性设置为 false。如果不这样做，则你只会看到最后一个 RenderPass 步骤的输出。如果你只想将效果应用于特定对象，则可以使用 MaskPass。当你完成了遮罩的使用后，使用 ClearMaskPass 来清除遮罩。除了 Three.js 提供的标准通道之外，还有许多标准着色器可供使用。你可以将它们与 ShaderPass 一起使用。使用 Three.js 的标准方法很容易为后期处理创建自定义着色器，你只需要创建一个片段着色器。

现在我们已经基本涵盖了 Three.js 核心的所有内容。在第 12 章，我们将研究一个名为 Rapier.js 的库，你可以使用它来扩展 Three.js 以模拟物理效果、碰撞、重力和约束。

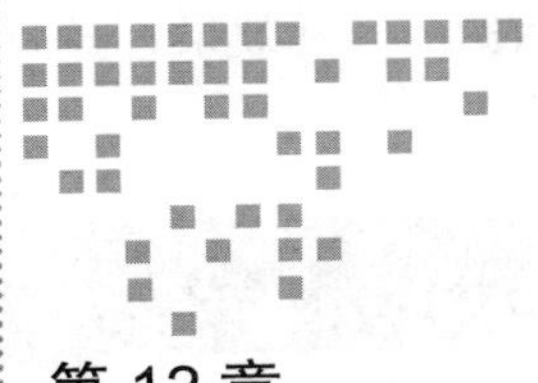

Chapter 12 第12章

# 给场景添加物理效果和音效

在本章中，我们将介绍Rapier，这是另一个可以用来扩展Three.js基本功能的库。Rapier是一个允许你在3D场景中添加物理效果的库。添加物理效果是指模拟你的对象受到重力的影响——它们可以互相碰撞，可以通过施加冲量来移动，并且可以通过不同类型的关节来限制其移动。除了添加物理效果，我们还将介绍Three.js如何给场景添加音效。

在本章中，我们将讨论以下主题：

- 创建一个Rapier场景，使得场景中的对象受到重力的影响并且可以相互碰撞。
- 展示如何改变场景中对象的摩擦力和恢复力（弹性）。
- 解释Rapier支持的各种形状以及如何使用它们。
- 展示如何通过组合简单形状创建复合形状。
- 展示如何使用高度场来模拟复杂形状。
- 通过使用关节将对象与其他对象连接来限制其移动。
- 向场景中添加声音源，其音量和方向基于与相机的距离。

**可以使用的物理引擎**

有许多不同的开源JavaScript物理引擎可以使用。然而，大多数引擎都不处于活跃开发状态。不过Rapier还在积极开发中。Rapier是用Rust编写的，并且可以被交叉编译为JavaScript，因此你可以在浏览器中使用它。尽管如此，即使你选择使用其他物理库，本章中的概念和设置在很大程度上仍然适用，因为大多数物理引擎库都遵循本章中展示的类似方法。因此，无论选择哪种物理引擎库，本章的概念和设置大部分都是通用的。

## 12.1　使用 Rapier 创建基本 Three.js 场景

作为本章内容的基础，我们创建了一个非常基本的场景，其中一个立方体掉落并击中一个平面。你可以通过查看 physics-setup.html 示例来查看实际效果，如图 12.1 所示。

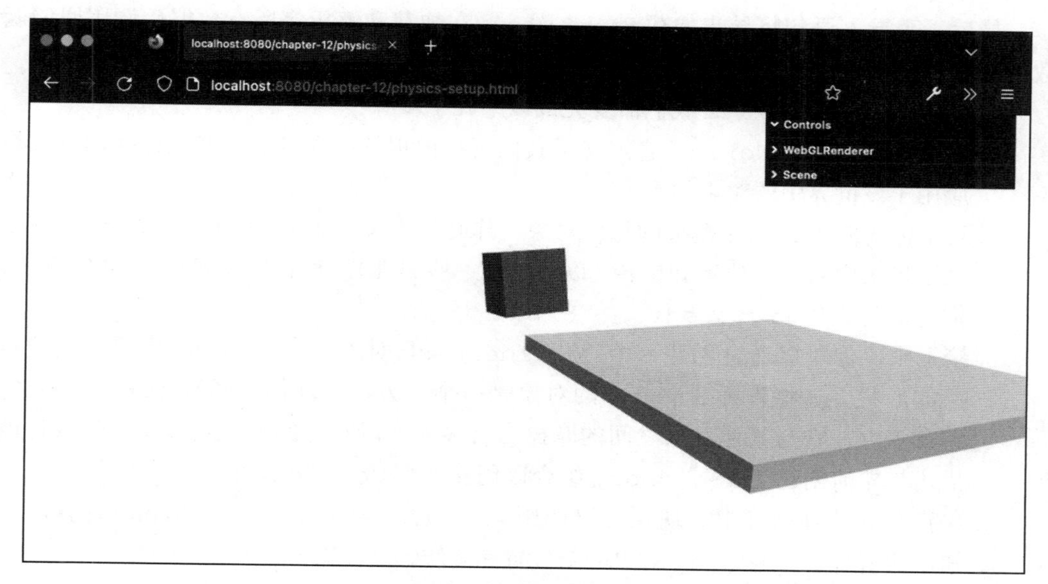


图 12.1　使用 Rapier 物理引擎实现的简单场景

当你打开该示例时，你将看到立方体缓慢下降，击中灰色水平平面的角落，然后弹起。虽然我们可以通过更新立方体的位置和旋转并编程它的反应来完成该操作，无须使用物理引擎。然而，这样做相当复杂，因为我们需要准确地知道它何时击中，击中何处以及立方体在击中后应该如何旋转。有了 Rapier，我们只需配置物理世界，Rapier 将精确计算场景中对象的变化。

在配置我们的模型以使用 Rapier 引擎之前，我们需要在项目中安装 Rapier（如果你实验过本书提供的示例，那么你已经完成了 Rapier 的安装工作，因此你可以直接使用示例，而无须重新安装）：

```
$ yarn add @dimforge/rapier3d
```

添加完成后，我们需要将 Rapier 导入我们的项目。这与我们所见的普通导入略有不同，因为 Rapier 需要加载其他 WebAssembly 资源。这是必需的，这是因为 Rapier 库是用 Rust 语言开发的，并且编译为 WebAssembly，以便在 Web 上也可以使用。要使用 Rapier，我们需要按照以下方式包装我们的脚本：

```
import * as THREE from 'three'
import { RigidBodyType } from '@dimforge/rapier3d'
// maybe other imports
import('@dimforge/rapier3d').then((RAPIER) => {
  // the code
}
```

最后一个导入语句将异步加载 Rapier 库，并在加载和解析完所有数据后调用回调函数。在其余代码中，你只需调用 RAPIER 对象，即可访问 Rapier 的功能。

要使用 Rapier 设置场景，我们需要完成以下几个步骤：

1. 创建一个 Rapier World。它定义了我们正在模拟的物理世界，并允许我们定义将应用于该世界中的对象的重力。
2. 对于你要使用 Rapier 模拟的每个对象，你必须定义一个 RigidBodyDesc。它定义了场景中对象的位置和旋转（以及其他一些属性）。将它添加到 World 实例后，你将得到一个 RigidBody。
3. 接下来，你可以通过创建一个 ColliderDesc 对象来告诉 Rapier 你要添加的对象的形状。这将告诉 Rapier 你的对象是一个立方体、球体、圆锥体或其他形状；它有多大；它与其他对象之间的摩擦力有多大；以及它的弹性是多少。然后将该描述与先前创建的 RigidBody 组合以创建一个 Collider 实例。
4. 在我们的动画循环中，现在可以调用 world.step()，它将使 Rapier 计算出它知道的所有 RigidBody 对象的新位置和旋转。

**在线 Rapier 文档**

本书我们只介绍 Rapier 的部分属性。我们不会介绍 Rapier 的所有功能，因为可能需要一整本书的篇幅。你可以在这里了解关于 Rapier 的更多信息：https://rapier.rs/docs/。

让我们逐步介绍这些步骤，看看如何将这些步骤与我们已经熟悉的 Three.js 对象结合起来。

### 12.1.1 设置世界和创建描述

我们需要做的第一件事是创建我们要模拟的世界（World）：

```
const gravity = { x: 0.0, y: -9.81, z: 0.0 }
const world = new RAPIER.World(gravity)
```

以上代码很直观，我们创建了一个在 y 轴上具有 -9.81 重力的 World。这个重力参数就是地球的重力参数。

接下来，我们定义我们在示例中看到的 Three.js 对象——一个下落的立方体和它撞到的地板：

```
const floor = new THREE.Mesh(
  new THREE.BoxGeometry(5, 0.25, 5),
  new THREE.MeshStandardMaterial({color: 0xdddddd})
)
floor.position.set(2.5, 0, 2.5)
const sampleMesh = new THREE.Mesh(
  new THREE.BoxGeometry(1, 1, 1),
  new THREE.MeshNormalMaterial()
)
sampleMesh.position.set(0, 4, 0)
scene.add(floor)
scene.add(sampleMesh)
```

这里没有新内容。我们只定义了两个 `THREE.Mesh` 对象，并将 `sampleMesh` 实例（即立方体）放在地板（`floor`）表面的角落上方。接下来，我们需要创建 `RigidBodyDesc` 和 `ColliderDesc` 对象，它们代表 Rapier 世界中的 `THREE.Mesh` 对象。我们将从简单的地板开始：

```
const floorBodyDesc = new RAPIER.RigidBodyDesc
  (RigidBodyType.Fixed)
const floorBody = world.createRigidBody(floorBodyDesc)
floorBody.setTranslation({ x: 2.5, y: 0, z: 2.5 })
const floorColliderDesc = RAPIER.ColliderDesc.cuboid
  (2.5, 0.125, 2.5)
world.createCollider(floorColliderDesc, floorBody)
```

在这里，我们首先使用一个参数 `RigidBodyType.Fixed` 创建一个 `RigidBodyDesc`。`Fixed` 刚体意味着 Rapier 不允许改变该对象的位置或旋转，因此当另一个对象碰撞时，该对象不会受到重力的影响或被移动。通过调用 `world.createRigidBody`，我们将它添加到 Rapier 所知道的 `world` 中，这样 Rapier 在进行计算时就可以考虑到该对象。然后，我们使用 `setTranslation` 将 `RigidBody` 放置在与 Three.js `floor` 相同的位置。`setTranslation` 函数接收一个可选的额外参数，称为 `wakeUp`。如果 `RigidBody` 处于休眠状态（即长时间没有移动），则将 `wakeUp` 属性设为 `true` 以确保 Rapier 在确定它所知道的所有对象的新位置时会将 `RigidBody` 考虑在内。

我们仍需要定义这个对象的形状，以便 Rapier 能够判断它何时与其他对象发生碰撞。为此，我们使用 `RAPIER.ColliderDesc.cuboid` 函数来指定形状。对于 `cuboid` 函数，Rapier 期望形状由半宽度、半高度和半深度来定义。接下来要做的最后一步是将该碰撞体添加到世界中，并将其连接到地板。对此，我们使用 `world.createCollider` 函数。

此时，我们已经在 Rapier 世界中定义了与 Three.js 场景中的地板对应的地板。现在，我们以同样的方式定义将要下落的立方体：

```
Const rigidBodyDesc = new RAPIER.RigidBodyDesc
(RigidBodyType.Dynamic)
    .setTranslation(0, 4, 0)
const rigidBody = world.createRigidBody(rigidBodyDesc)
const rigidBodyColliderDesc = RAPIER.ColliderDesc.cuboid
  (0.5, 0.5, 0.5)
const rigidBodyCollider = world.createCollider
  (rigidBodyColliderDesc, rigidBody)
rigidBodyCollider.setRestitution(1)
```

这段代码与前面的代码类似——我们只是为 Rapier 创建了与我们的 Three.js 场景中的对象相对应的相关对象。这里的主要不同是我们使用了一个 RigidBodyType.Dynamic 实例。这意味着该对象可以完全由 Rapier 来管理。Rapier 可以改变它的位置或平移。

> **Rapier 提供的其他刚体类型**
>
> 除了 Dynamic 和 Fixed 刚体类型之外，Rapier 还提供了 KinematicPositionBased 类型，用于管理一个对象的位置；或者 KinematicVelocityBased 类型，用于自己管理对象的速度。关于刚体类型的更多信息可以在这里找到：https://rapier.rs/docs/user_guides/javascript/rigid_bodies。

## 12.1.2 渲染场景并模拟世界

在渲染 Three.js 场景时，需要模拟世界，并确保 Rapier 管理的对象位置与 Three.js 网格的位置相对应：

```
const animate = (renderer, scene, camera) => {
  // basic animation loop
  requestAnimationFrame(() => animate(renderer, scene,
    camera))
  renderer.render(scene, camera)

  world.step()
  // copy over the position from Rapier to Three.js
  const rigidBodyPosition = rigidBody.translation()
  sampleMesh.position.set(
    rigidBodyPosition.x,
    rigidBodyPosition.y,
    rigidBodyPosition.z)
```

```
    // copy over the rotation from Rapier to Three.js
    const rigidBodyRotation = rigidBody.rotation()
    sampleMesh.rotation.setFromQuaternion(
      new THREE.Quaternion(rigidBodyRotation.x,
        rigidBodyRotation.y, rigidBodyRotation.z,
          rigidBodyRotation.w)
    )
}
```

在我们的渲染循环中，我们使用了正常的 Three.js 元素，以确保我们在每个步骤中使用 requestAnimationFrame 渲染。除此之外，我们调用 world.step() 函数来触发 Rapier 中的计算。这将更新它所知道的所有对象的位置和旋转。接下来，我们需要确保这些新计算的位置也由 Three.js 对象反映出来。为此，我们只需获取 Rapier 世界中对象的当前位置（rigidBody.translation()），并将 Three.js 网格的位置设置为该函数的结果。对于旋转，我们也是这样做的，首先在 rigidBody 上调用 rotation()，然后将该旋转应用到我们的 Three.js 网格上。Rapier 使用四元数来定义旋转，所以我们需要在将旋转应用于 Three.js 网格之前进行该转换。

以上就是你需要做的所有工作。后续章节的所有示例都使用这种相同的方法：

- 设置 Three.js 场景。
- 在 Rapier 世界中创建一组与 Three.js 场景中对应对象匹配的 Rapier 物理对象。
- 确保在每个步骤之后，Three.js 场景和 Rapier 世界的位置和旋转再次保持一致。

在 12.2 节中，我们将扩展该示例，并向你展示有关在 Rapier 世界中发生碰撞时对象如何相互作用的更多信息。

## 12.2　在 Rapier 中模拟多米诺骨牌

以下示例建立在我们在 12.1.1 节中了解的相同核心概念之上。可以通过打开 dominos.html 示例来查看实际效果，如图 12.2 所示。

在该示例中，可以看到我们创建了一个简单的地板，在上面放置了许多多米诺骨牌。如果你仔细观察，那么你会发现这些多米诺骨牌的第一个实例有些倾斜。如果我们在右侧的菜单中启用 y 轴上的重力，那么你会发现第一个多米诺骨牌将掉下来，撞击下一个，直到所有的多米诺骨牌都被推倒，如图 12.3 所示。

使用 Rapier 创建该效果非常简单。我们只需要创建代表多米诺骨牌的 Three.js 对象，创建相关的 Rapier RigidBody 和 Collider 元素，并确保对 Rapier 对象的更改能够反映在 Three.js 对象上。

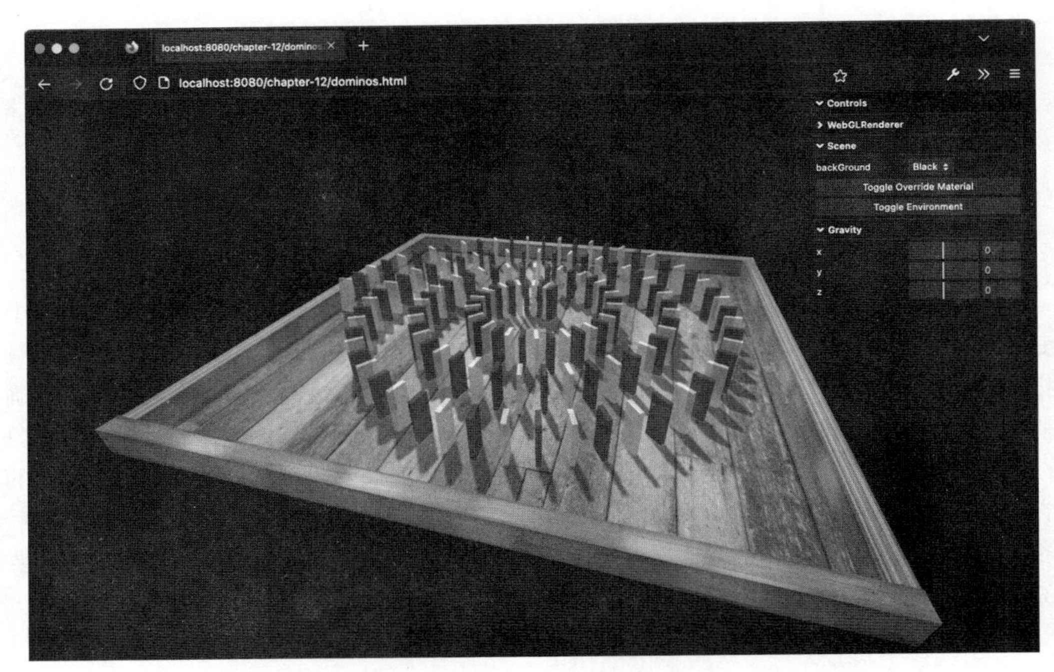


图 12.2 在没有重力时，多米诺骨牌保持静止不倒

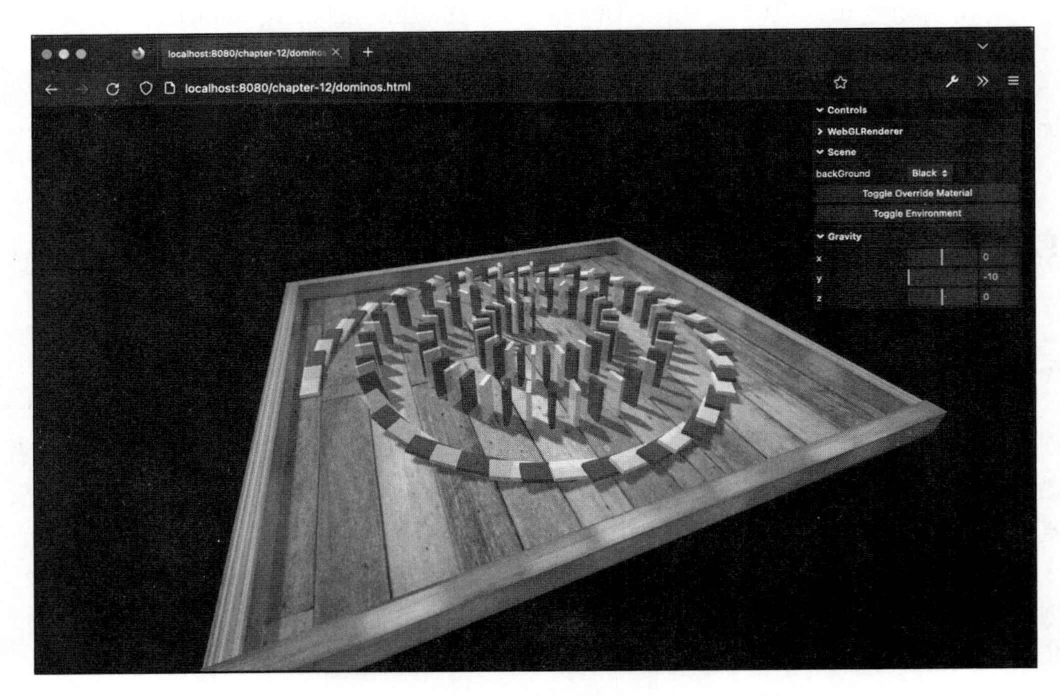


图 12.3 第一个多米诺骨牌倒下后其他骨牌也倒下

首先，让我们快速了解一下如何创建代表多米诺骨牌的 Three.js 对象：

```
const createDominos = () => {
    const getPoints = () => {
      const points = []
      const r = 2.8; const cX = 0; const cY = 0
      let circleOffset = 0
      for (let i = 0; i < 1200; i += 6 + circleOffset) {
        circleOffset = 1.5 * (i / 360)
        const x = (r / 1440) * (1440 - i) * Math.cos(i *
          (Math.PI / 180)) + cX
      const z = (r / 1440) * (1440 - i) * Math.sin(i *
        (Math.PI / 180)) + cY
      const y = 0
      points.push(new THREE.Vector3(x, y, z))
    }
    return points
  }
  const stones = new Group()
  stones.name = 'dominos'
  const points = getPoints()
  points.forEach((point, index) => {
    const colors = [0x66ff00, 0x6600ff]
    const stoneGeom = new THREE.BoxGeometry
      (0.05, 0.5, 0.2)
    const stone = new THREE.Mesh(
      stoneGeom,
      new THREE.MeshStandardMaterial({color: colors[index
      % colors.length], transparent: true, opacity: 0.8})
    )
    stone.position.copy(point)
    stone.lookAt(new THREE.Vector3(0, 0, 0))
    stones.add(stone)
  })
  return stones
}
```

在这段代码中，我们使用 `getPoints` 函数确定多米诺骨牌的位置。该函数返回表示每个骨牌位置的 `THREE.Vector3` 对象列表。每个骨牌沿着从中心向外的螺旋线放置。接下来，这些点被用于在相同的位置创建一些 `THREE.BoxGeometry` 对象。为了确保多米诺骨牌的方向正确，我们使用 `lookAt` 函数使它们“朝向”圆的中心。所有的多米诺骨牌都被添加到一个 `THREE.Group` 对象中，然后我们将该对象添加到一个 `THREE.Scene` 实例中（这在代码中没有显示）。

现在我们有了一组 `THREE.Mesh` 对象，我们可以创建相应的一组 Rapier 对象：

```
const rapierDomino = (mesh) => {
  const stonePosition = mesh.position
  const stoneRotationQuaternion = new THREE.Quaternion().
    setFromEuler(mesh.rotation)
  const dominoBodyDescription = new RAPIER.RigidBodyDesc
    (RigidBodyType.Dynamic)
    .setTranslation(stonePosition.x, stonePosition.y,
      stonePosition.z)
    .setRotation(stoneRotationQuaternion))
    .setCanSleep(false)
    .setCcdEnabled(false)
  const dominoRigidBody = world.createRigidBody
    (dominoBodyDescription)
  const geometryParameters = mesh.geometry.parameters
  const dominoColliderDesc = RAPIER.ColliderDesc.cuboid(
    geometryParameters.width / 2,
    geometryParameters.height / 2,
    geometryParameters.depth / 2
  )
  const dominoCollider = world.createCollider
    (dominoColliderDesc, dominoRigidBody)
  mesh.userData.rigidBody = dominoRigidBody
  mesh.userData.collider = dominoCollider
}
```

这段代码与 12.1.1 节的代码类似。在这里，我们获取传入的 THREE.Mesh 实例的位置和旋转信息，并利用这些信息创建相关的 Rapier 对象。为了确保我们能够在渲染循环中访问 dominoCollider 和 dominoRigidBody 实例，我们将它们添加到传入的网格的 userData 属性中。

最后一步是在渲染循环中更新 THREE.Mesh 对象：

```
const animate = (renderer, scene, camera) => {
  requestAnimationFrame(() => animate(renderer, scene,
    camera))
  renderer.render(scene, camera)
  world.step()
  const dominosGroup = scene.getObjectByName('dominos')
  dominosGroup.children.forEach((domino) => {
    const dominoRigidBody = domino.userData.rigidBody
    const position = dominoRigidBody.translation()
    const rotation = dominoRigidBody.rotation()
    domino.position.set(position.x, position.y,
      position.z)
    domino.rotation.setFromQuaternion(new
      THREE.Quaternion(rotation.x, rotation.y,
```

```
        rotation.z, rotation.w))
  })
}
```

在每个渲染循环中，我们通过调用 `world.step()` 来告诉 Rapier 计算世界的下一个状态。这会更新所有 Rapier 知道的对象的位置和旋转。然后，我们遍历场景中名为 `dominos` 的 `THREE.Group` 的所有子对象（`children`），这些子对象代表多米诺骨牌。对于每个多米诺骨牌，我们从其 `userData` 中获取对应的 Rapier `RigidBody` 对象。我们从 Rapier `RigidBody` 对象中获取当前位置和旋转，然后将其设置到对应的 `THREE.Mesh` 对象上。

在继续介绍碰撞体提供的最重要属性之前，让我们简要介绍重力如何影响该场景。当你打开该示例时，可以通过右侧的菜单更改世界的重力。你可以用它来实验多米诺骨牌对不同的重力设置做出的响应。例如，下面的示例是我们增加了 x 轴和 z 轴上的重力之后，所有多米诺骨牌倒下的实际效果，如图 12.4 所示。

图 12.4　在不同重力设置下多米诺骨牌的行为

在 12.3 节中，我们将展示在 Rapier 对象上设置摩擦力和恢复力的效果。

## 12.3　设置摩擦力和恢复力

在接下来的示例中，我们将更深入地研究 Rapier 提供的碰撞器（`Collider`）的恢复力（restitution）和摩擦力（friction）属性。

恢复力是指对象与另一个对象碰撞后保持多少能量的属性。可以将其类比为弹性。网球具有很高的弹性，而砖块具有较低的弹性。

摩擦力定义了一个对象在另一个对象上滑行的难易程度。摩擦力高的对象在另一个对象上滑动时很快就会减速，而摩擦力低的对象可以轻松滑行。例如，冰的摩擦力很小，而砂纸的摩擦力很大。

我们可以在创建 RAPIER.ColliderDesc 对象时设置这些属性，或者在已经使用 world.createCollider(...) 函数创建碰撞器后进行设置。在查看代码之前，我们先来看一下示例。在 colliders-properties.html 示例中，你将看到一个大盒子，你可以向其中投放各种形状的物体，如图 12.5 所示。

图 12.5 一个空盒子，可以用来投放各种形状的物体

通过右侧的菜单，你可以投放球体和立方体形状，并为添加的对象设置摩擦系数和弹性系数。对于第一个场景，我们将添加大量摩擦系数很高的立方体，如图 12.6 所示。

你可以看到，即使盒子围绕其轴线移动，立方体也几乎不动。这是因为立方体本身的摩擦系数非常高。如果你使用摩擦系数很低的立方体进行该操作，则会看到盒子中的立方体将在底部滑动。

要设置摩擦系数，你只需要这样做：

```
const rigidBodyDesc = new RAPIER.RigidBodyDesc
  (RigidBodyType.Dynamic)
const rigidBody = world.createRigidBody(rigidBodyDesc)
const rigidBodyColliderDesc = RAPIER.ColliderDesc.ball(0.2)
const rigidBodyCollider = world.createCollider
```

```
    (rigidBodyColliderDesc, rigidBody)
rigidBodyCollider.setFriction(0.5)
```

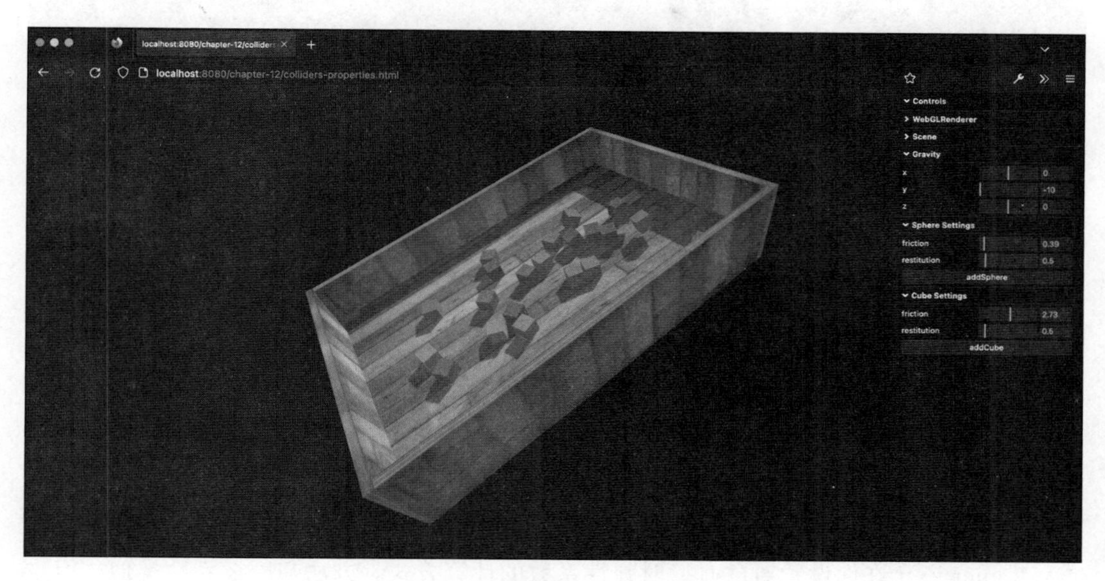


图 12.6　放置了摩擦系数很高的立方体的盒子

Rapier 还提供了另一种通过使用 `setFrictionCombineRule` 函数来设置组合规则来控制摩擦系数的方法。这告诉 Rapier 如何组合碰撞的两个对象的摩擦系数（在我们的示例中为盒子底部和立方体）。使用 Rapier，你可以将其设置为以下值之一：

- ❑ `CoefficientCombineRule.Average`：使用两个系数的平均值。
- ❑ `CoefficientCombineRule.Min`：使用两个系数中的最小值。
- ❑ `CoefficientCombineRule.Multiply`：使用两个系数的乘积。
- ❑ `CoefficientCombineRule.Max`：使用两个系数中的最大值。

要探索弹性系数如何工作，我们可以使用相同的示例（`colliders-properties.html`），如图 12.7 所示。

在这里，我们增加了球体的弹性系数。结果是当放进盒子或碰到墙壁时，它们会在盒子中弹跳。设置弹性系数的方法与设置摩擦系数类似：

```
const rigidBodyDesc = new RAPIER.RigidBodyDesc
  (RigidBodyType.Dynamic)
const rigidBody = world.createRigidBody(rigidBodyDesc)
const rigidBodyColliderDesc = RAPIER.ColliderDesc.ball(0.2)
const rigidBodyCollider = world.createCollider
  (rigidBodyColliderDesc, rigidBody)
rigidBodyCollider.setRestitution(0.9)
```

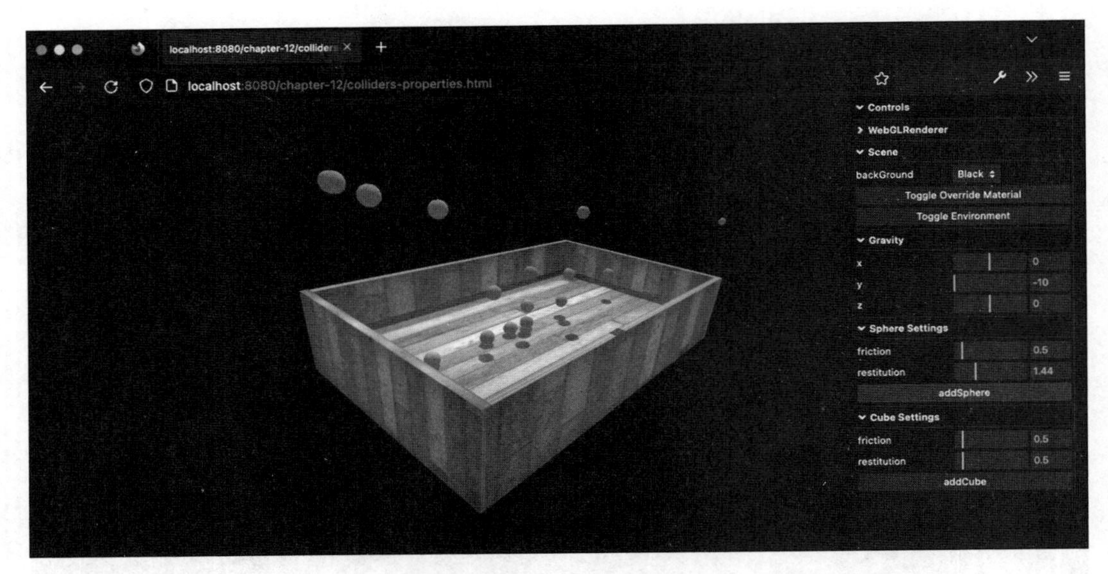


图 12.7 放置了弹性系数很高的立方体的盒子

Rapier 还允许你设置对象碰撞时弹性系数的计算方式。方法与摩擦系数类似，但这次使用 `setRestitutionCombineRule` 函数。

`Collider` 还具有其他属性，可用于微调碰撞器与 Rapier 世界的交互方式以及对象碰撞时发生的情况。Rapier 本身提供了关于这些属性的详细文档。特别是对于碰撞器，你可以在此处找到该文档：`https://rapier.rs/docs/user_guides/javascript/colliders#restitution`。

## 12.4 Rapier 支持的形状

Rapier 提供了一些形状，你可以使用它们来包裹你的几何体。在本节中，我们将向你介绍所有可用的 Rapier 形状，并通过一个示例演示这些网格。请注意，要使用这些形状，你需要调用 `RAPIER.ColliderDesc.roundCuboid`、`RAPIER.ColliderDesc.ball`，等等。

Rapier 提供了 3D 形状和 2D 形状。我们只看一下 Rapier 提供的 3D 形状：

- `ball`（球体）：一个球体形状，通过设置球体的半径来配置。
- `capsule`（胶囊体）：在 Rapier 中，胶囊体是通过设置胶囊的半高和半径来定义的。
- `cuboid`（立方体）：一个简单的立方体形状，通过传递形状的半宽度、半高度和半深度来定义。
- `heightfield`（高度场）：高度场形状是通过为每个提供的值定义 3D 平面的高

度来定义的。

- cylinder（圆柱体）：圆柱体形状是通过圆柱体的半高和半径来定义的。
- cone（圆锥体）：圆锥体形状是通过圆锥体的半高和底圆半径来定义的。
- convexHull（凸包）：凸包是包含所有传入顶点的最小形状。
- convexMesh（凸网格）：凸网格也包含一些顶点，假设这些顶点已经构成了一个凸包，因此 Rapier 不会进行任何计算来确定更小的形状。

除了这些形状外，Rapier 还为其中一些形状提供了额外的圆角变体：roundCuboid、roundCylinder、roundCone、roundConvexHull 和 roundConvexMesh。

对此我们提供了一个示例，你可以查看这些形状的外观以及它们之间的碰撞互动。打开 shapes.html 示例即可查看实际效果，如图 12.8 所示。

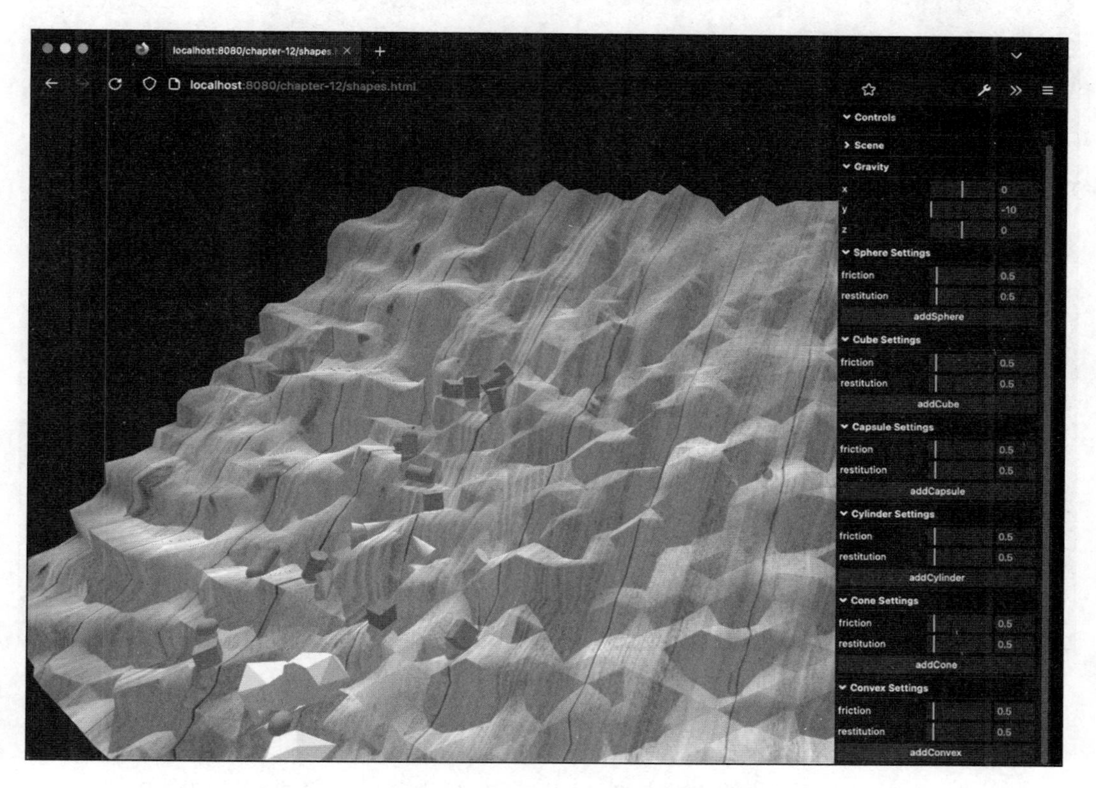


图 12.8 放置在 heightfield 对象上的各种形状

打开该示例后，你将看到一个空的 heightfield 对象。使用右侧的菜单，你可以添加不同的形状，它们将互相碰撞，也会与 heightfield 实例碰撞。再次强调，你可以为所添加的对象设置具体的 restitution 值和 friction 值。由于我们已经在之前的章节中解释了如何在 Rapier 中添加形状，并确保 Three.js 中相应的形状被更新，因此在这里我们不会详细介绍如何创建形状。有关代码请查看本章配套代码中的 shapes.js 文件。

在进入关节章节之前，我们还有一个最后的注意事项——当我们想要描绘简单的形状（例如球体或立方体）时，Rapier 定义该模型的方式与 Three.js 几乎相同。因此，当这种对象与另一个对象发生碰撞时，它看起来是正确的。当我们有更复杂的形状时，就像在该示例中，有一个 heightfield 实例，Three.js 解释和插值这些点到 heightfield 实例的方式可能会有轻微的差异，而 Rapier 则不会。你可以通过查看 shapes.html 示例看到这一点，你可以添加很多不同的形状，然后查看 heightfield 的底部，如图 12.9 所示。

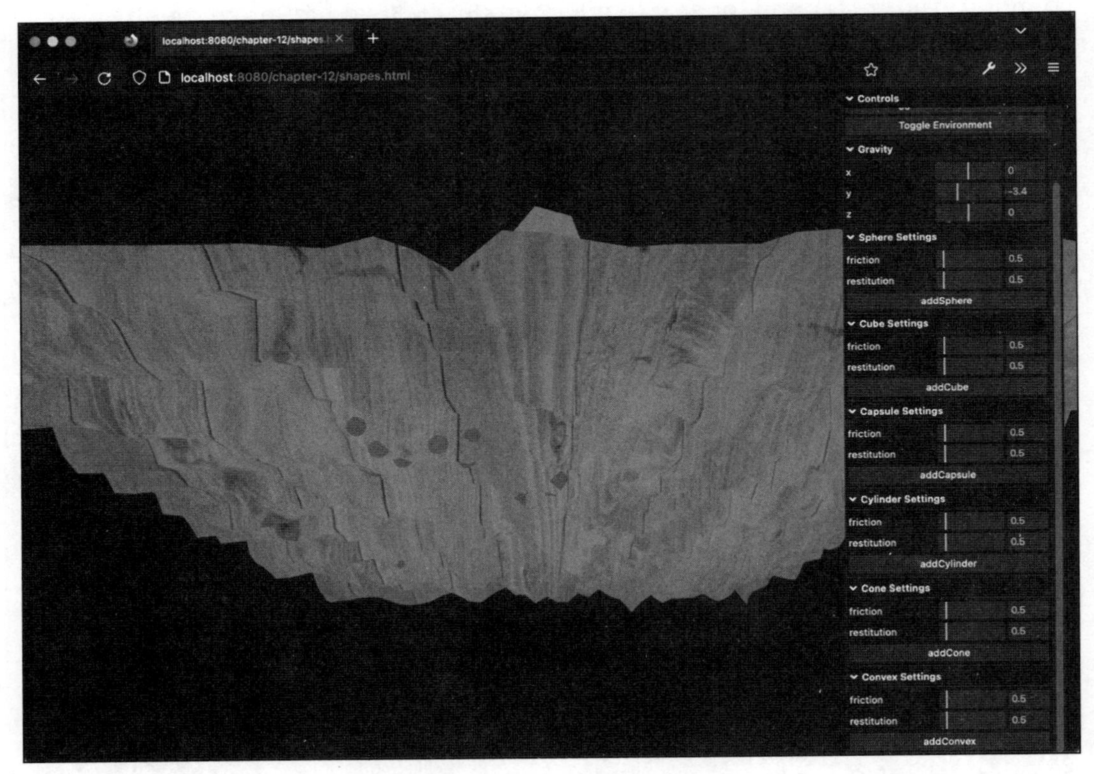


图 12.9 heightfield 的底部

你可以看到，heightfield 底部出现不规则的突出部分。原因是 Rapier 确定 heightfield 的确切形状的方式与 Three.js 存在细微差异。这种差异导致 Rapier 认为 heightfield 的形状与 Three.js 的略有不同。因此，当它确定碰撞时特定形状的位置时，可能会产生如图中所示的小瑕疵。不过，通过调整形状的大小或创建更简单的对象，可以轻松地避免这种情况。

到目前为止，我们已经介绍了重力以及对象之间的碰撞。Rapier 还提供了一种限制刚体运动和旋转的方法，接下来我们将解释具体是如何通过关节实现的。

# 12.5　使用关节限制对象的移动

到目前为止，我们已经介绍了一些基本的物理作用。我们已经介绍了各种形状如何响应重力、摩擦力和弹力，以及如何影响碰撞。Rapier 还提供了用于限制对象移动的高级结构。在 Rapier 中，这些高级结构称为关节（joint）。以下列表概述了 Rapier 中可用的关节：

- Fixed joint（**固定关节**）：固定关节确保两个对象之间不会相互移动。这意味着这两个对象之间的距离和旋转将始终保持相同。
- Spherical joint（**球形关节**）：球形关节确保两个对象之间的距离保持不变。但允许这些对象可以在 X 轴、Y 轴和 Z 轴上自由移动。
- Revolute joint（**旋转关节**）：使用该关节，两个对象之间的距离保持不变，同时允许它们围绕单个轴进行旋转。这类似于方向盘，它只能围绕单个轴旋转。
- Prismatic joint（**平移关节**）：与旋转关节类似，但这次对象之间的旋转被固定，同时对象可以在单个轴上进行移动，从而产生平移效果，例如电梯向上移动。

接下来我们将探讨这些关节，并通过示例查看它们的实际效果。

## 12.5.1　用固定关节连接两个对象

最简单的关节是固定关节。使用该关节，你可以连接两个对象，并且它们将一直保持在创建该关节时指定的相同距离和方向。

具体效果参见图 12.10 所示的 `fixed-joint.html` 示例。

图 12.10　两个立方体通过固定关节连接的效果

正如你在该示例中所看到的，这两个立方体会一起移动。这是因为它们通过一个固定关节连接在一起。为此，我们首先需要创建两个 RigidBody 对象和两个 Collider 对象，这些对象我们在前面的章节中已经见过了。接下来我们需要做的是连接这两个对象。为此，我们首先需要定义 JointData：

```
let params = RAPIER.JointData.fixed(
  { x: 0.0, y: 0.0, z: 0.0 },
  { w: 1.0, x: 0.0, y: 0.0, z: 0.0 },
  { x: 2.0, y: 0.0, z: 0.0 },
  { w: 1.0, x: 0.0, y: 0.0, z: 0.0 }
)
```

在以上代码中，我们将第一个对象连接到位置 {x: 0.0, y: 0.0, z: 0.0}（它的中心），然后连接位于 {x: 2.0, y: 0.0, z: 0.0} 的第二个对象，其中第一个对象以四元数 {w: 1.0, x: 0.0, y: 0.0, z: 0.0} 旋转，然后第二个对象以相同的量——{w: 1.0, x: 0.0, y: 0.0, z: 0.0} 旋转。现在我们唯一要做的事情就是告诉 Rapier world 该关节的信息以及它适用于哪些 RigidBody 对象：

```
world.createImpulseJoint(params, rigidBody1, rigidBody2,
  true)
```

createImpulseJoint 函数的最后一个属性定义了是否由于该关节而唤醒 RigidBody。当一个 RigidBody 长时间没有移动，它可能会进入睡眠状态以节省计算资源。对于关节来说，通常最好将其设置为 true，因为这确保了与关节连接的 RigidBody 对象不会进入睡眠状态。

另一个很好的看到该关节实际效果的方法是使用以下参数：

```
let params = RAPIER.JointData.fixed(
  { x: 0.0, y: 0.0, z: 0.0 },
  { w: 1.0, x: 0.0, y: 0.0, z: 0.0 },
  { x: 2.0, y: 2.0, z: 2.0 },
  { w: 0.3, x: 1, y: 1, z: 1 }
)
```

这将导致两个立方体被卡在场景中央的地板上，如图 12.11 所示。

接下来我们要介绍的是球形关节。

### 12.5.2 使用球形关节连接对象

球形关节允许两个对象在保持彼此之间的距离不变的情况下自由移动。这可以用于模拟类似玩偶的效果，或者如我们在示例中所做的那样，创建一个链条（sphere-joint.html），如图 12.12 所示。

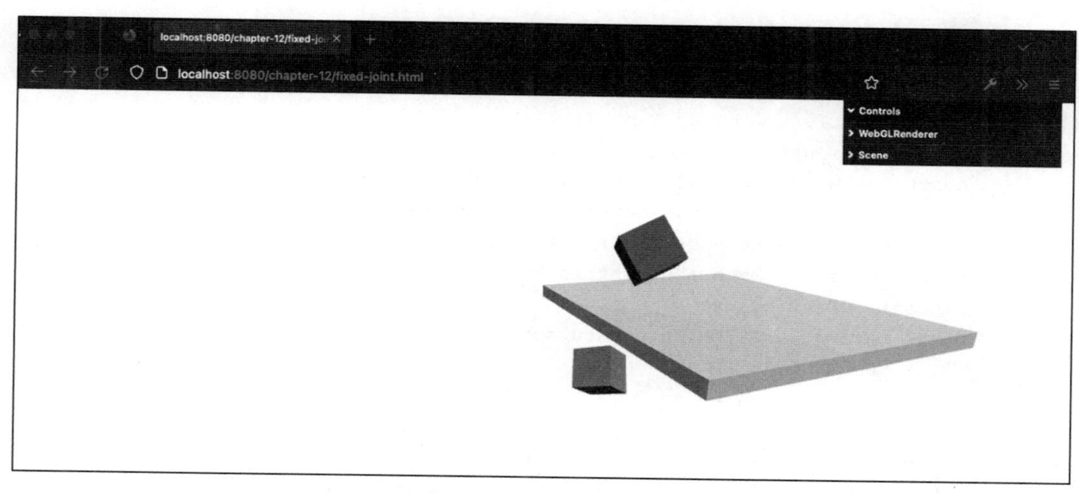


图 12.11　两个立方体通过固定关节连接在一起的场景

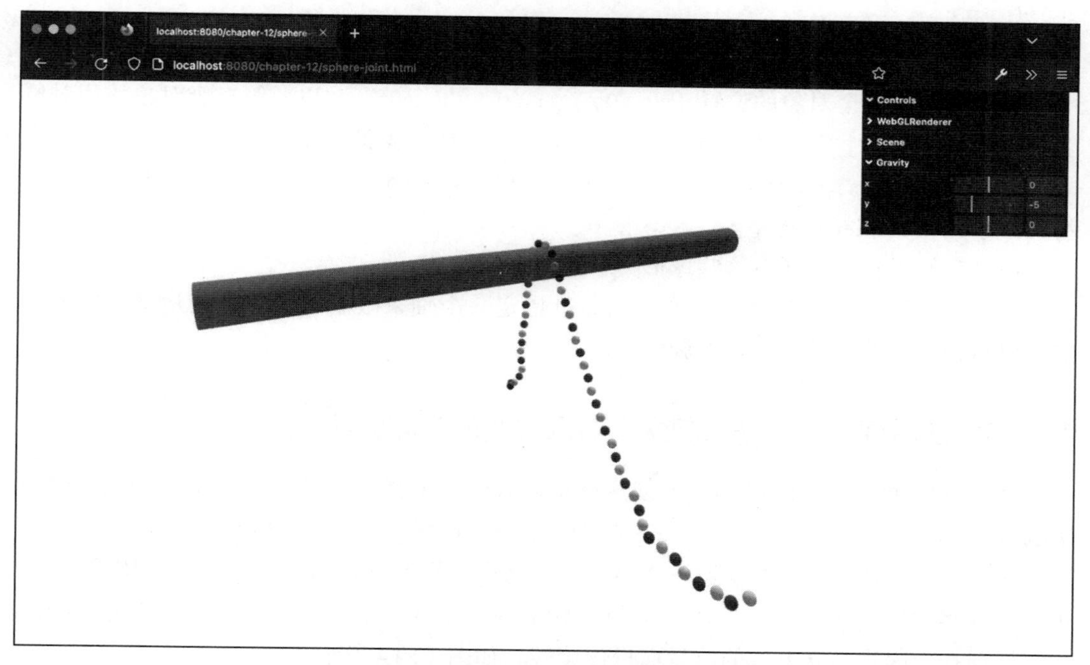


图 12.12　通过球形关节连接多个球体形成一个链状结构

如你在该示例中所见，我们通过球形关节连接多个球体形成一个链状结构。当这些球体与场景中心的圆柱体发生碰撞时，它们会绕着圆柱体旋转并慢慢滑落。你可以看到，尽管这些球体之间的方向会根据它们的碰撞而发生改变，但球体之间的绝对距离是保持不变的。为了设置该示例，我们创建了一些带有 `RigidBody` 和 `Collider` 的球体，类似于之前的示例。对于每组两个球体，我们创建了一个球形关节：

```
const createChain = (beads) => {
  for (let i = 1; i < beads.length; i++) {
    const previousBead = beads[i - 1].userData.rigidBody
    const thisBead = beads[i].userData.rigidBody
    const positionPrevious = beads[i - 1].position
    const positionNext = beads[i].position
    const xOffset = Math.abs(positionNext.x -
      positionPrevious.x)
    const params = RAPIER.JointData.spherical(
      { x: 0, y: 0, z: 0 },
      { x: xOffset, y: 0, z: 0 }
      )
    world.createImpulseJoint(params, thisBead,
      previousBead, true)
  }
}
```

你可以看到，我们使用 `RAPIER.JointData.spherical` 创建了一个关节，其中参数定义了第一个对象的位置 `{x: 0, y: 0, z: 0 }`，以及第二个对象的相对位置 `{x: xOffset, y: 0, z: 0}`。我们对所有的对象都应用同样的做法，然后使用 `world.createImpulseJoint(params, thisBead, previousBead, true)` 将关节添加到 Rapier 世界中。

最终我们得到了一条由这些球形关节连接的球体链。

下一个关节，旋转关节，允许我们通过指定一个轴来限制两个对象的运动，使得它们可以在相对于彼此的一个轴上旋转。

### 12.5.3 使用旋转关节来限制两个对象之间的旋转运动

通过旋转关节，可以很容易地创建绕单一轴旋转的齿轮、轮子和风扇状构造。最简单的解释方法就是查看 `revolute-joint.html` 示例，如图 12.13 所示。

在图 12.13 中，你可以看到一个小立方体悬浮在杆上方。当你在 `y` 方向启用重力时，小立方体将掉在杆上。该杆的中心通过旋转关节与中间的固定立方体连接在一起。结果是该杆现在会因为小立方体的重量而慢慢旋转，如图 12.14 所示。

要使用旋转关节，我们需要两个刚体。其中，中间立方体的 Rapier 部分定义如下：

```
const bodyDesc = new RAPIER.RigidBodyDesc(RigidBodyType.Fixed)
const body = world.createRigidBody(bodyDesc)
const colliderDesc = RAPIER.ColliderDesc.cuboid(0.5, 0.5, 0.5)
const collider = world.createCollider(colliderDesc, body)
```

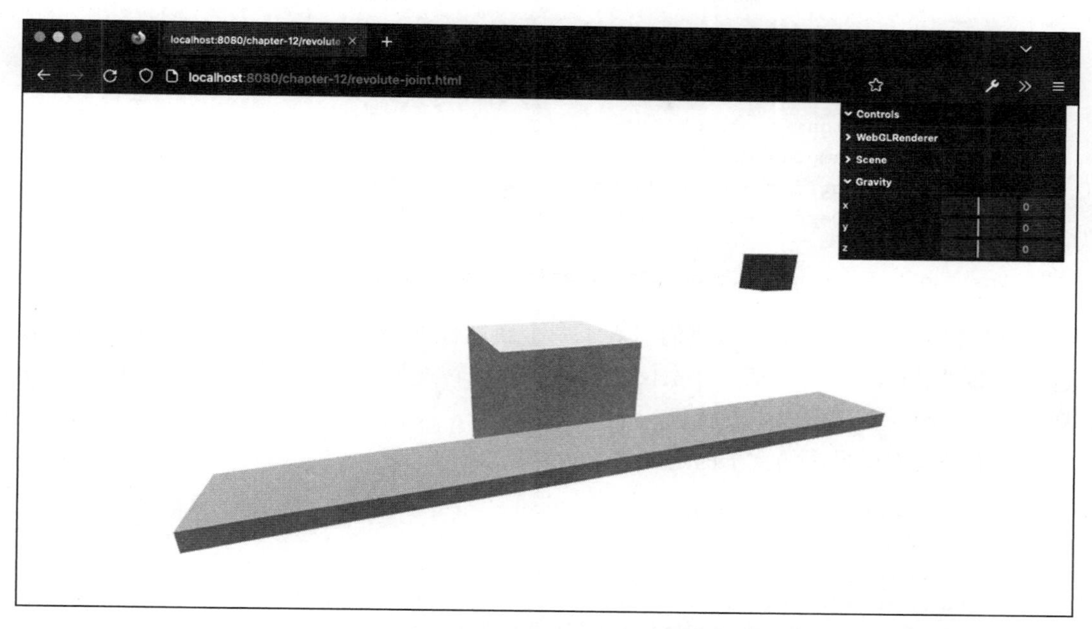


图 12.13　一个立方体在它掉落在一个旋转的横杆之前的场景

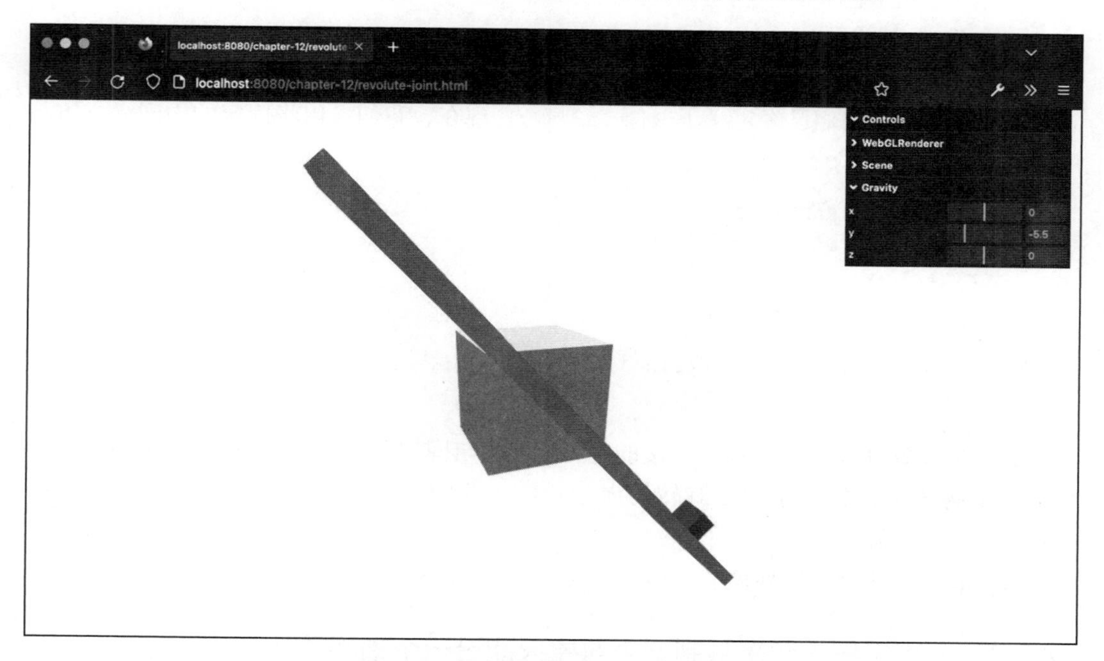


图 12.14　杆对一端的重量的响应

这意味着无论施加任何力，它都会保持在相同的位置。而杆的定义如下：

```
Const bodyDesc = new RAPIER.RigidBodyDesc
  (RigidBodyType.Dynamic)
  .setCanSleep(false)
  .setTranslation(-1, 0, 0)
  .setAngularDamping(0.1)
const body = world.createRigidBody(bodyDesc)
const colliderDesc = RAPIER.ColliderDesc.cuboid(0.25, 0.05,
  2)
const collider = world.createCollider(colliderDesc, body)
```

这里没有什么特别的，但我们引入了一个新属性 AngularDamping（角阻尼）。通过这个属性，Rapier 会逐渐减小 RigidBody 的旋转速度。在我们的示例中，这意味着杆在一段时间后会慢慢停止旋转。

以下是我们要投掷的盒子的定义代码：

```
Const bodyDesc = new RAPIER.RigidBodyDesc
  (RigidBodyType.Dynamic)
  .setCanSleep(false)
  .setTranslation(-1, 1, 1)
const body = world.createRigidBody(bodyDesc)
const colliderDesc = RAPIER.ColliderDesc.cuboid
  (0.1, 0.1, 0.1)
const collider = world.createCollider(colliderDesc, body)
```

到目前为止，我们已经定义了 RigidBody。现在，我们可以将固定的中间立方体与杆连接起来：

```
const params = RAPIER.JointData.revolute(
  { x: 0.0, y: 0, z: 0 },
  { x: 1.0, y: 0, z: 0 },
  { x: 1, y: 0, z: 0 }
)
let joint = world.createImpulseJoint(params, fixedCubeBody,
  greenBarBody, true)
```

前两个参数决定了两个刚体连接的位置（遵循与固定关节相同的思想）。最后一个参数定义了物体可以相对于彼此旋转的向量。由于我们的第一个 RigidBody 是固定的，因此只有杆可以旋转。

Rapier 支持的最后一种关节类型是平移关节。

### 12.5.4 使用平移关节来限制一个对象只能沿一个轴移动

平移关节限制一个对象只能沿一个轴移动。示例 prismatic-joint.html 中演示了这一点，立方体的运动被限制在一个轴上，如图 12.15 所示。

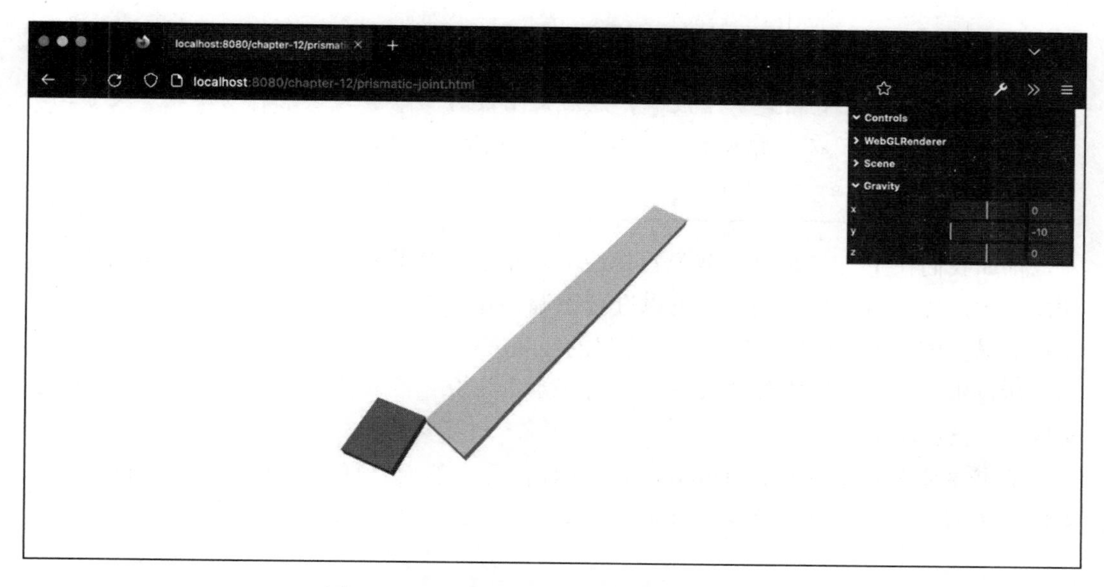


图 12.15　立方体的运动被限制在一个轴上

在该示例中，我们使用前面示例中的旋转关节将立方体扔到杆上。这将导致杆绕其 y 轴在中心旋转并击中立方体。因为平移关节，该立方体的运动仅限于沿着单个轴向移动，因此你将看到它沿着该轴移动。

创建平移关节的代码如下：

```
const prismaticParams = RAPIER.JointData.prismatic(
  { x: 0.0, y: 0.0, z: 0 },
  { x: 0.0, y: 0.0, z: 3 },
  { x: 1, y: 0, z: 0 }
)
prismaticParams.limits = [-2, 2]
prismaticParams.limitsEnabled = true
world.createImpulseJoint(prismaticParams, fixedCubeBody,
  redCubeBody, true)
```

我们再次首先定义 fixedCubeBody 的位置 {x: 0.0, y: 0.0, z: 0}，即我们正在移动的对象相对于的位置。然后，我们定义立方体的位置 {x: 0.0, y: 0.0, z: 3}。最后，我们定义允许对象移动的轴。在本例中，我们定义为 {x: 1, y: 0, z: 0}，这意味着它可以沿着其 x 轴移动。

**使用关节马达沿着它允许的轴移动对象**

球形、旋转和平移关节还支持马达（motor）。通过马达，你可以沿着它允许的轴

> 移动刚体。我们没有在前面示例中展示这一点，但是通过使用马达，你可以添加自动旋转的齿轮，或者创建一个汽车，然后使用旋转关节和马达来移动车轮。关于马达的更多信息，可以查看 Rapier 文档的相关部分：https://rapier.rs/docs/user_guides/javascript/joints#joint-motors。

正如我们在 12.1 节所述，我们只是浅尝辄止地了解了 Rapier 的潜力。Rapier 是一个功能强大的库，具有许多功能，可以进行微调，并且应该支持你可能需要物理引擎的大多数情况。该库正在积极开发，具有详尽的在线文档。

通过本章的示例和在线文档，即使对于本章未介绍的功能，你也应该能够将 Rapier 集成到自己的场景中。

本书主要关注如何使用 Three.js 渲染 3D 模型。然而，Three.js 还提供对 3D 声音的支持。在 12.6 节中，我们将向你展示如何将有向音频添加到 Three.js 场景中。

## 12.6 将声源添加到场景中

在介绍了多个 Three.js 相关主题后，现在我们已经具备了创建美丽场景、游戏和其他 3D 可视化的大部分要素。但是，我们还没有展示如何将声音添加到你的 Three.js 场景中。在本节中，我们将介绍两个 Three.js 对象，它们允许你向场景中添加声源。这特别有趣，因为这些声源可以响应相机的位置：

- 声源与相机之间的距离确定声源的音量。
- 相机左侧和右侧的位置分别确定左侧扬声器和右侧扬声器的音量。

最好的方式是通过示例来解释这一点。在浏览器中打开 audio.html 示例，你将看到来自第 9 章的场景，如图 12.16 所示。

该示例使用我们在第 9 章中看到的第一人称控制，因此你可以使用鼠标的箭头键组合在场景中移动。由于现代浏览器不支持自动开始音频，因此你需要先在右侧菜单中单击 enableSounds 按钮来打开声音。这样做后，你会听到附近某处的水声，以及远处传来的牛羊叫声。

水声来自你起始位置后面的水车，羊声来自右侧的羊群，牛声则集中在拉犁的两头公牛上。如果你使用控件在场景中移动，则会注意到声音会随着你所在位置的变化而变化——你越靠近羊群，你将听到羊的声音越清晰，而当你向左移动时，牛声会更大。这种根据相机的位置来调整音量的音频效果被称为有向音频（positional audio）。

图 12.16　带有音频元素的场景

只需用少量代码即可实现这一点。首先，我们需要定义一个 THREE.AudioListener 对象，并将其添加到 THREE.PerspectiveCamera：

```
const listener = new THREE.AudioListener(); camera.
add(listener1);
```

接下来我们需要创建一个 THREE.Mesh 实例（或者 THREE.Object3D 实例），这个网格对象将承载声源。然后，需要在网格对象上添加一个 THREE.PositionalAudio 对象，这个对象将确定声源的具体位置：

```
const mesh1 = new THREE.Mesh(new THREE.BoxGeometry(1, 1,
  1), new THREE.MeshNormalMaterial({ visible: false }))
mesh1.position.set(-4, -2, 10)
scene.add(mesh1)
const posSound1 = new THREE.PositionalAudio(listener)
const audioLoader = new THREE.AudioLoader()
audioLoader.load('/assets/sounds/water.mp3', function
  (buffer) {
posSound1.setBuffer(buffer)
posSound1.setRefDistance(1)
posSound1.setRolloffFactor(3)
posSound1.setLoop(true)
mesh1.add(posSound3)
```

正如你从以上代码所看到的，我们首先创建了一个标准的 `THREE.Mesh` 实例。接下来，我们创建了一个 `THREE.PositionalAudio` 对象，并将其连接到之前创建的 `THREE.AudioListener` 对象。最后，我们添加音频并进行一些配置，以定义声音的播放方式和行为：

- `setRefDistance`：用于确定声音从对象开始衰减的距离。
- `setLoop`：在默认情况下，声音只播放一次。将该属性设置为 `true`，声音会循环播放。
- `setRolloffFactor`：用于设置声音随着距离增加而衰减的速率。

Three.js 内部使用 Web Audio API（`http://webaudio.github.io/web-audio-api/`）播放声音并确定正确的音量。并非所有浏览器都支持该规范。目前支持该规范的浏览器是 Chrome 和 Firefox。

## 12.7 本章小结

在本章中，我们探讨了如何通过添加物理效果来扩展 Three.js 的基本 3D 功能。为此，我们使用了 Rapier 库，它允许你向场景和对象添加重力，让对象彼此交互并在碰撞时弹跳，并使用关节限制对象相对于彼此的移动。

除此之外，我们还向你展示了 Three.js 支持 3D 声音的功能。我们创建了一个场景，你可以使用 `THREE.PositionalAudio` 和 `THREE.AudioListener` 对象添加有向音频。

尽管我们已经介绍了 Three.js 提供的所有核心功能，但本书还将有两个章节专门介绍一些可以与 Three.js 结合使用的外部工具和库。在第 13 章中，我们将深入研究 Blender，并了解如何使用 Blender 的功能，例如烘焙阴影、编辑 UV 映射以及在 Blender 和 Three.js 之间交换模型。

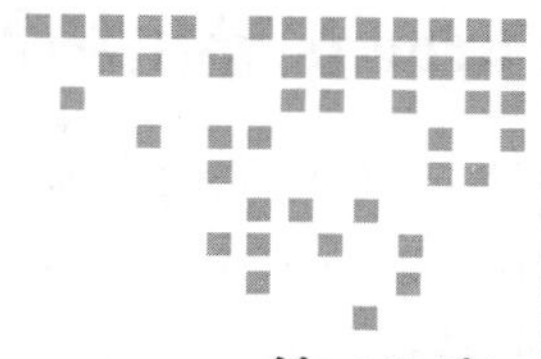

第 13 章 Chapter 13

# 结合使用 Blender 和 Three.js

在本章中，我们将深入介绍如何结合使用 Blender 和 Three.js。本章将解释以下概念：

- 从 Three.js 导出场景并将其导入 Blender：我们将创建一个简单的场景，并使用 Three.js 将其导出，然后我们将这个导出的场景导入 Blender 中，并在 Blender 中加载和渲染它。
- 从 Blender 导出静态场景并将其导入 Three.js：我们将首先在 Blender 中创建一个场景，并将其导出，然后我们将该场景导入 Three.js，并在 Three.js 中加载和渲染它。
- 从 Blender 导出动画并将其导入 Three.js：我们将首先在 Blender 中创建一个简单的动画，并将其导出，然后我们将该动画导入 Three.js，并在 Three.js 中加载和展示它。
- 使用 Blender 烘焙光照贴图和环境光遮蔽贴图：Blender 允许我们烘焙不同类型的贴图，我们可以在 Three.js 中使用它们。
- 使用 Blender 进行自定义 UV 建模：通过 UV 建模，我们确定纹理如何应用到几何体上。Blender 提供了许多工具来使这一过程变得容易。我们将探索如何使用 Blender 的 UV 建模功能，并在 Three.js 中使用其结果。

在开始本章之前，请确保安装了 Blender，以便可以跟随教程操作。你可以从这里下载适用于你的操作系统的 Blender 安装程序：`https://www.blender.org/download/`。本章中显示的 Blender 截图是在 macOS 版本的 Blender 上拍摄的，但在 Windows 和 Linux 版本上的外观也是一样的。

让我们从第一个主题开始，在 Three.js 中创建一个场景，将其导出为中间格式，最后将其导入 Blender。

## 13.1 从 Three.js 导出场景并将其导入 Blender

在该示例中，我们将使用在第 6 章中看到的参数化几何体作为一个简单的示例。你可以在浏览器中打开 `export-to-blender.html`。在右侧菜单的底部，我们添加了一个 exportScene 按钮，如图 13.1 所示。

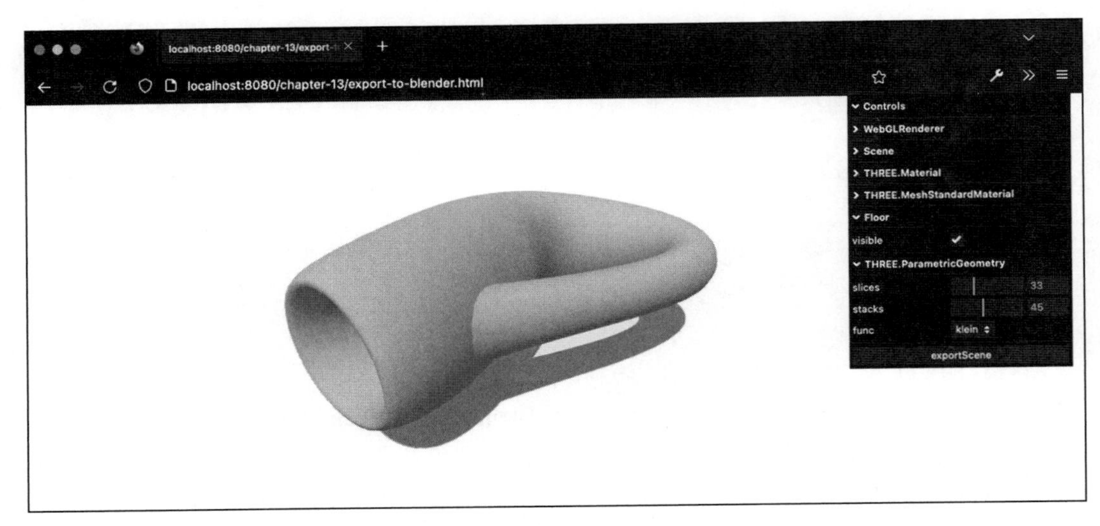


图 13.1 我们将导出的简单场景

当你单击该按钮时，当前 Three.js 场景将以 GLTF 格式导出为文件并下载到你的计算机上。具体代码如下：

```
const exporter = new GLTFExporter()
const options = {
  trs: false,
  onlyVisible: true,
  binary: false
}
exporter.parse(
  scene,
  (result) => {
    const output = JSON.stringify(result, null, 2)
    save(new Blob([output], { type: 'text/plain' }),
      'out.gltf')
  },
  (error) => {
    console.log('An error happened during parsing of the
      scene', error)
  },
```

```
  options
)
```

在以上代码中，我们创建了一个可以用来导出 THREE.Scene 的 GLTFExporter。通过 GLTFExporter，我们可以导出一个场景，可以选择导出为 glTF 二进制格式或 JSON 格式。在该示例中，我们导出为 JSON 格式。glTF 格式很复杂，虽然 GLTFExporter 支持构成 Three.js 场景的许多对象，但仍然可能遇到导出失败的问题。通常，更新到最新版本的 Three.js 是最好的解决方法，因为 Three.js 仍在不断改进中。

当我们获得了 output 之后，就可以触发浏览器的下载功能，将其保存到本地机器中：

```
const save = (blob, filename) => {
  const link = document.createElement('a')
  link.style.display = 'none'
  document.body.appendChild(link)
  link.href = URL.createObjectURL(blob)
  link.download = filename
  link.click()
}
```

结果是一个 glTF 文件，它的前几行看起来像这样：

```
{
  "asset": {
    "version": "2.0",
    "generator": "THREE.GLTFExporter"
  },
  "scenes": [
    {
      "nodes": [
        0,
        1,
        2,
        3
      ]
    }
  ],
  "scene": 0,
  "nodes": [
    {},
...
```

现在我们有了一个包含场景的 glTF 文件，我们可以将其导入 Blender。打开 Blender，你将看到一个默认场景和一个立方体。选择立方体并按下 x 来删除立方体。删除后，我们将获得一个空场景，然后导入我们导出的场景。

从顶部的 File 菜单中选择 Import|glTF 2.0，然后会弹出一个文件浏览器。导航到你下载模型的位置，选择文件，然后单击 Import|glTF 2.0。Blender 将打开文件，并显示类似于图 13.2 所示的界面。

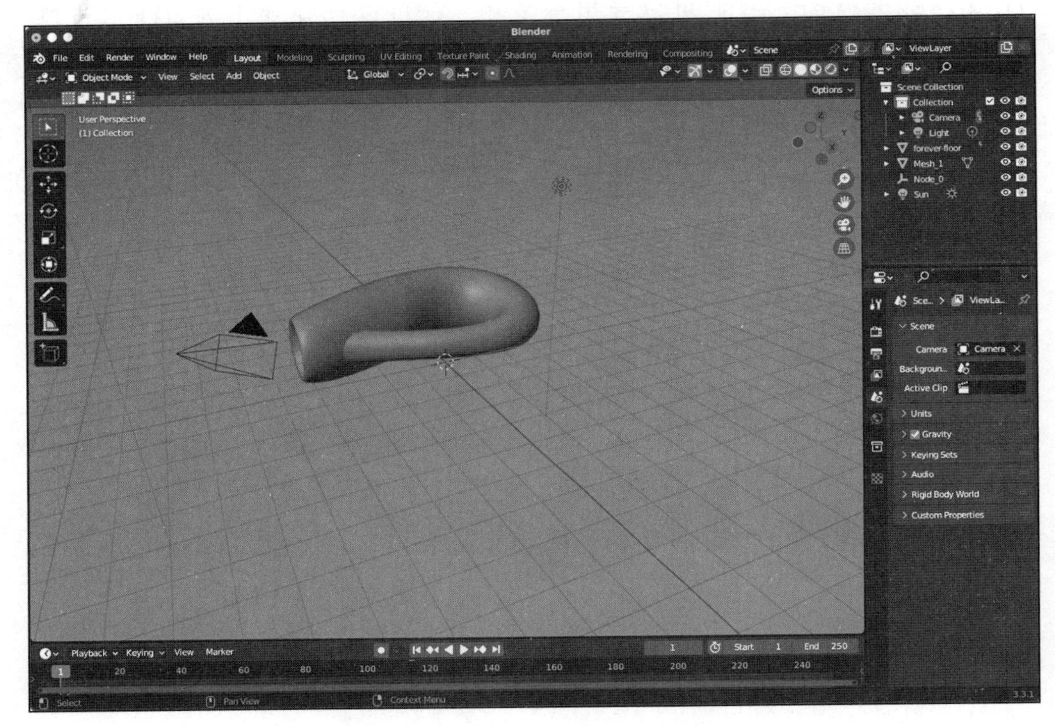


图 13.2　导入 Blender 的 Three.js 场景

如你所见，Blender 已经导入了我们的整个场景，我们在 Three.js 中定义的 `THREE.Mesh` 现在在 Blender 中也可用。在 Blender 中，我们现在可以像使用任何其他网格一样使用它。然而，对于这个例子，让我们保持简单，只使用 Cycles Blender 渲染器渲染这个场景。为此，请单击（看起来像相机的图标）右侧菜单中的 Render Properties，然后在 Render Engine 中选择 Cycles，如图 13.3 所示。

接下来，我们需要正确地定位相机，所以使用鼠标在场景中移动，直到找到一个满意的视角，然后按 Ctrl + Alt + 数字键盘 0 来对齐相机。这时，你将得到如图 13.4 所示的东西。

现在，我们可以通过按 F12 来渲染场景。这将启动 Cycles 渲染引擎，图 13.5 展示了模型在 Blender 中渲染场景的过程。

如你所见，使用 glTF 作为在 Three.js 和 Blender 之间交换模型和场景的格式非常简单。只需使用 `GLTFExporter` 导出，然后在 Blender 中导入，你就可以对模型使用 Blender 提供的一切功能。

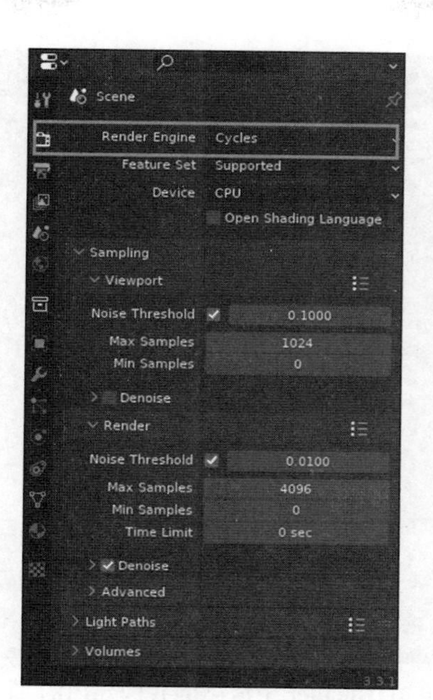


图 13.3　在 Blender 中使用 Cycles 渲染引擎进行渲染

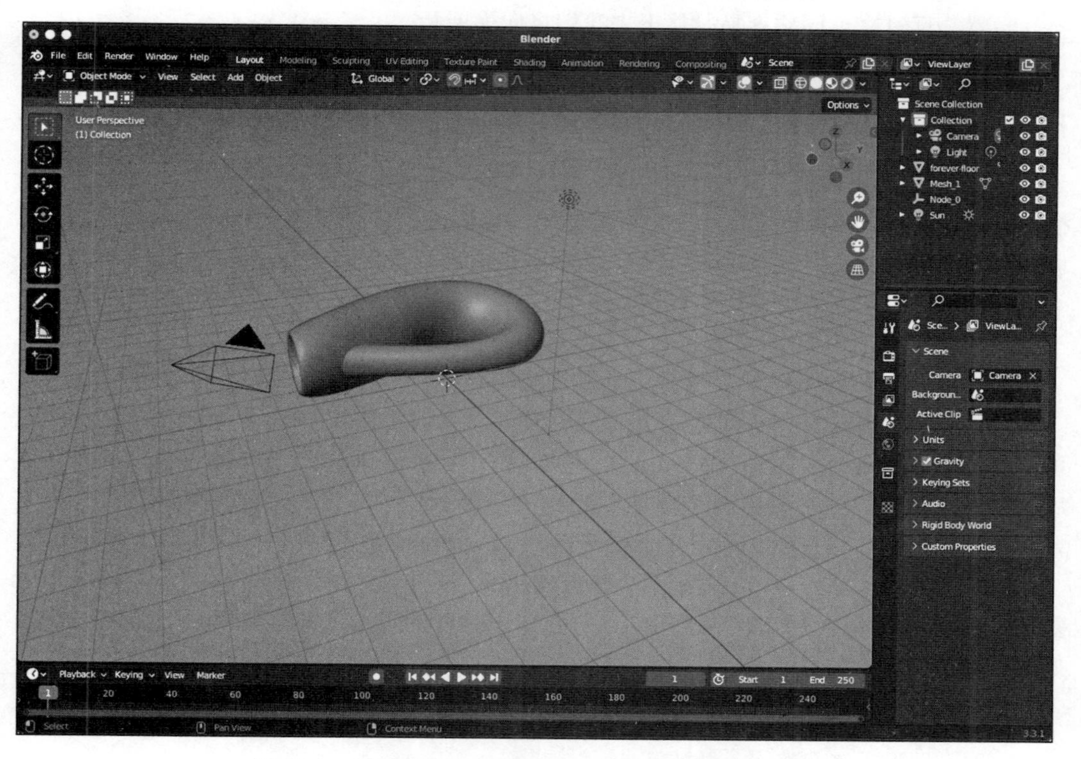


图 13.4　显示相机看到的区域和将要渲染的场景范围

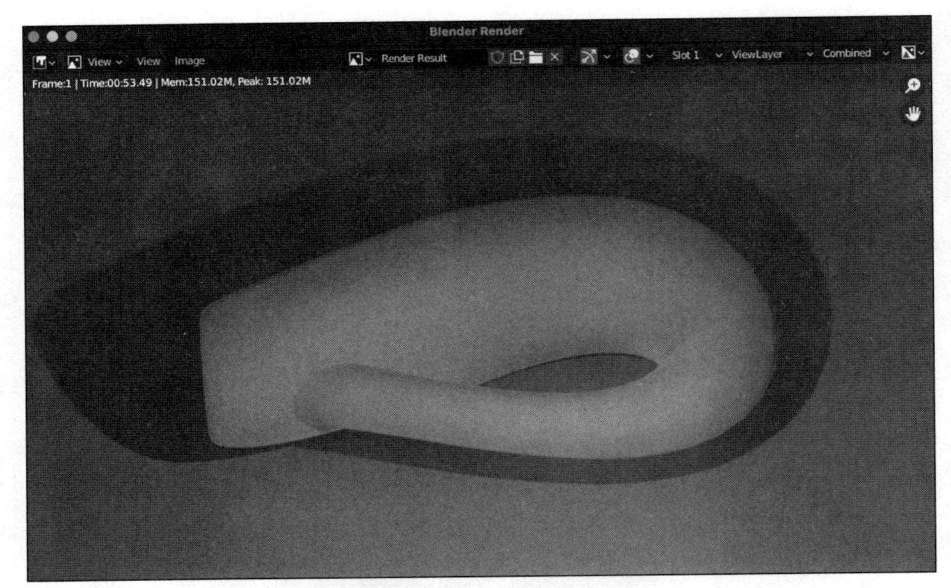


图 13.5 正在 Blender 中渲染的我们导出的 Three.js 模型

当然，反过来也同样容易，接下来我们将向你展示。

## 13.2 从 Blender 导出静态场景并将其导入 Three.js

从 Blender 导出模型和导入模型一样容易。在 Three.js 的旧版本中，有一个特定的 Blender 插件可用于以 Three.js 特定的 JSON 格式导出。在后面的新版本中，Three.js 中的 glTF 已成为与其他工具交换模型的标准。因此，要从 Blender 导出模型，我们需要做以下几步：

1. 在 Blender 中创建一个模型。
2. 将模型导出为 glTF 文件。
3. 在 Blender 导入 glTF 文件并将其添加到场景中。

我们首先使用 Blender 创建一个简单的模型。我们将使用 Blender 使用的默认模型，可以通过在 Blender 的 Object Mode 中，通过选择 Add -> Mesh -> Monkey 来添加。然后单击 monkey 以选中要导出的模型，如图 13.6 所示。

在选择模型后，在顶部菜单中选择 File -> Export -> glTF 2.0，如图 13.7 所示。

对于该示例，我们只导出网格。在从 Blender 导出时，请始终勾选 Apply Modifiers 复选框。这将确保在导出网格之前应用在 Blender 中使用的任何高级生成器或修改器，如图 13.8 所示。

当文件被导出后，我们可以使用 `GLTFImporter` 在 Three.js 中加载它：

```
const loader = new GLTFLoader()
return loader.loadAsync('/assets/gltf/
```

```
  blender-export/monkey.glb').then((structure) => {
    return structure.scene
  })
```

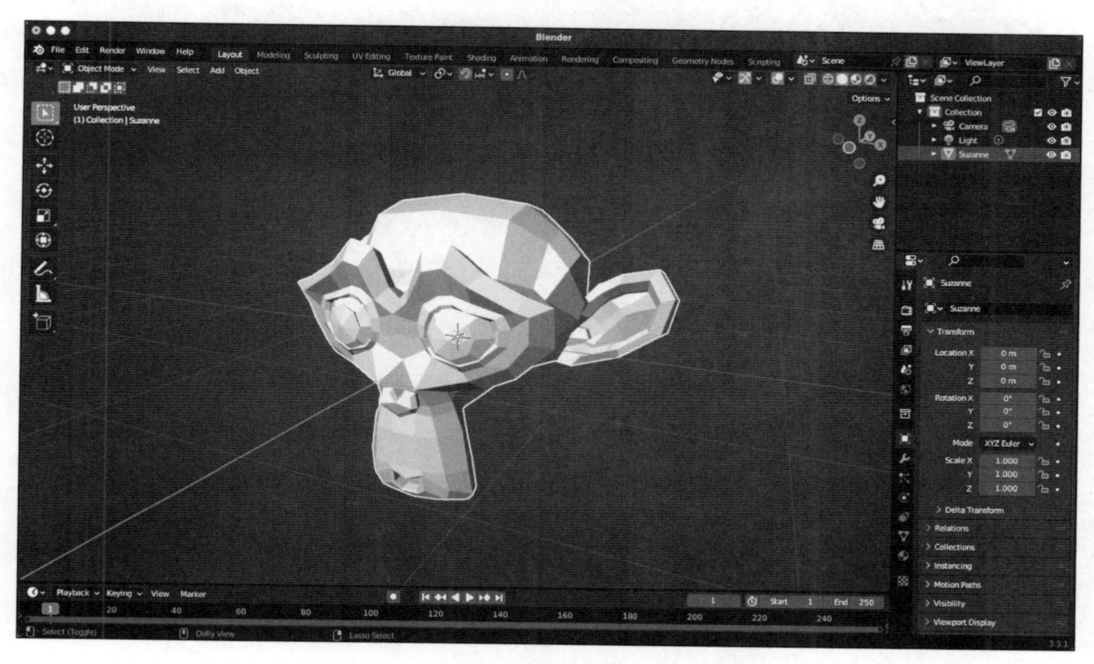


图 13.6　在 Blender 中创建要导出的模型

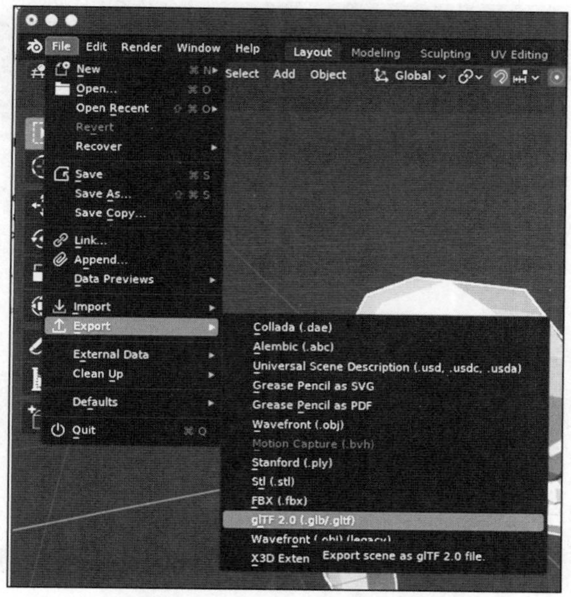


图 13.7　将 Blender 中的模型导出为 glTF 文件

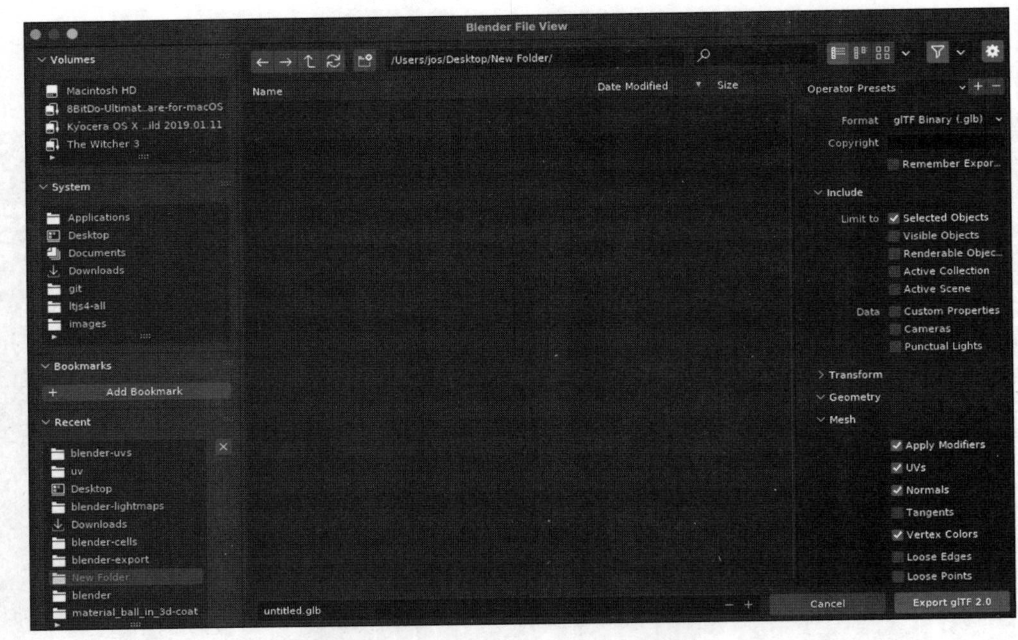

图 13.8 将模型导出为 glTF 文件

最终我们得到一个如图 13.9 所示的在 Three.js 中可视化的 Blender 模型（参见 `import-from-blender.html` 示例）。

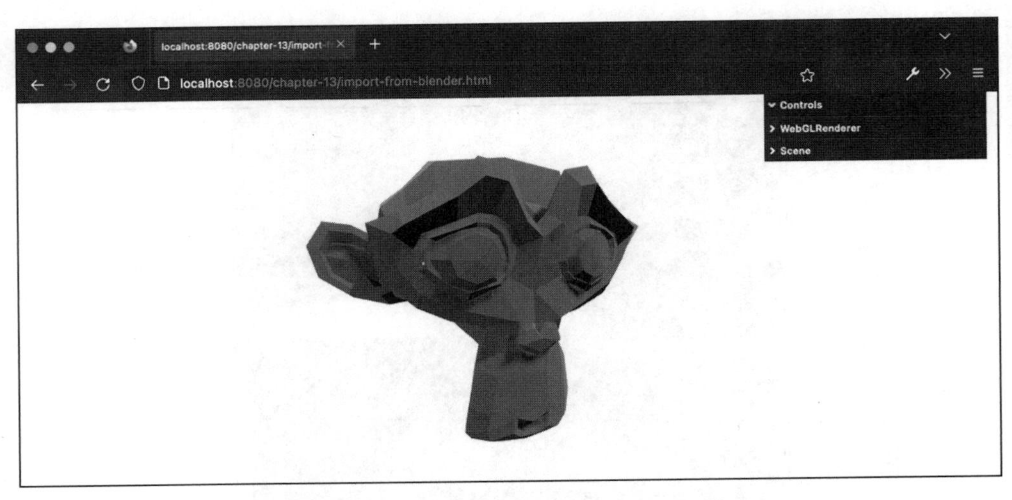

图 13.9 在 Three.js 中可视化的 Blender 模型

请注意，这不仅仅限于网格——使用 glTF，我们还可以以相同的方式导出光源、相机和纹理。

## 13.3　从 Blender 导出动画并将其导入 Three.js

从 Blender 导出动画并导入 Three.js 的过程与导出静态场景基本相同。这里我们将创建一个简单的动画，再次以 glTF 格式导出它，并将它加载到 Three.js 场景中。为此，我们将创建一个简单的场景，其中我们渲染一个立方体从空中落下并摔成碎片的场景。我们需要两样东西：地板和立方体。因此，我们需要创建一个平面和一个稍微高于该平面的立方体，如图 13.10 所示。

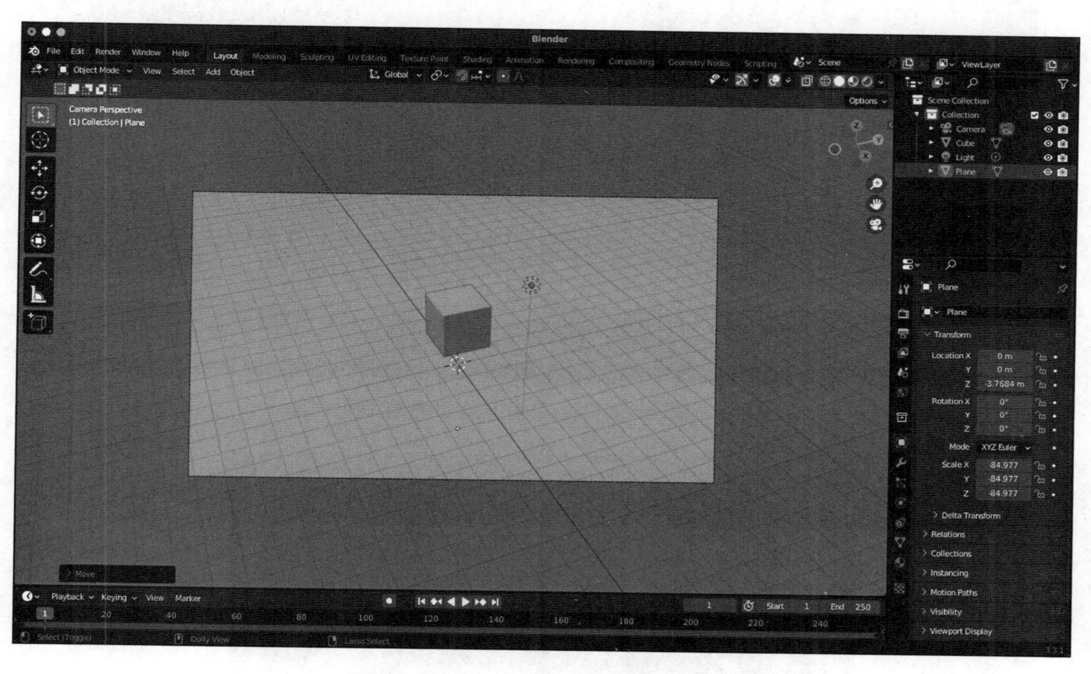


图 13.10　一个空白的 Blender 项目

在这里，我们只是将立方体稍微向上移动了一点（可以按 G 键来抓取立方体），并添加了一个平面（选择 Add|Mesh|Plane），然后我们将平面缩放以使其变大。现在，我们可以向场景中添加物理效果了。在第 12 章中，我们介绍了刚体的概念。Blender 也使用了相同的方法。选择立方体并选择 Object|Rigid Body|Add Active，然后选择平面并添加其刚体（方法是选择 Object|Rigid Body|Add Passive）。此时，当我们在 Blender 中播放动画（使用空格键）时，你将看到立方体能够遵循物理规则进行自由落体和碰撞，如图 13.11 所示。

为了创建立方体破裂的效果，我们需要启用 Cell Fracture 插件。为此，请转到 Edit|Preferences，选择 Add-ons，搜索 Cell Fracture 插件，并选中复选框以启用该插件，如图 13.12 所示。

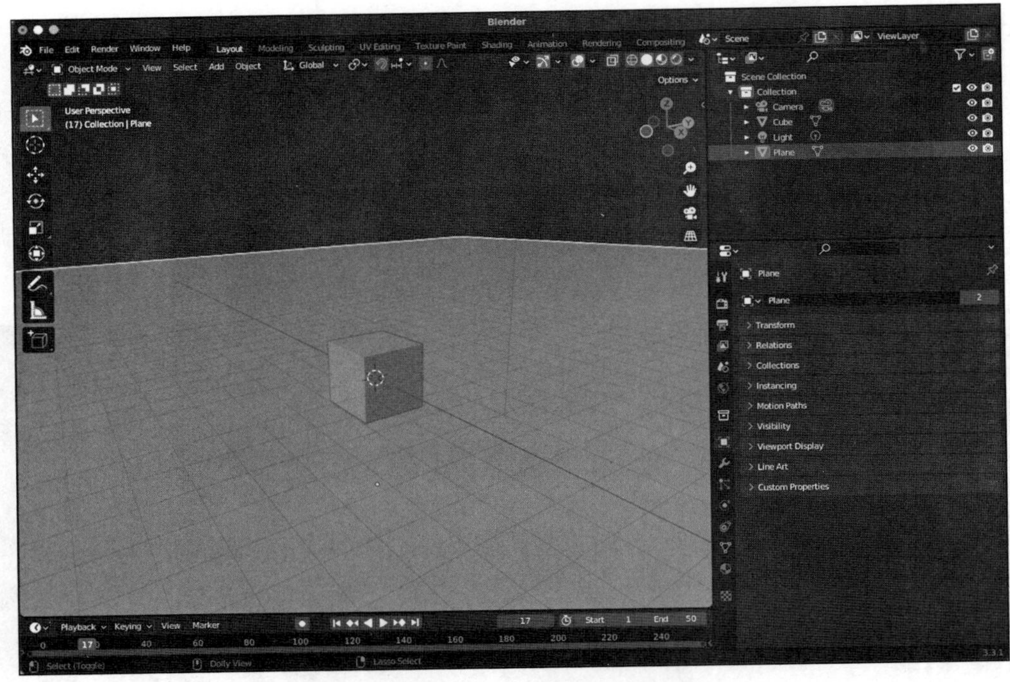


图 13.11 Blender 中立方体下落动画的中期效果

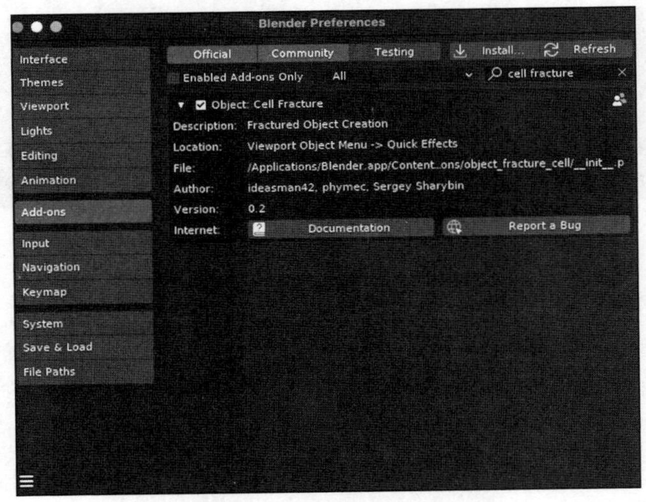


图 13.12 启用 Cell Fracture 插件

在将立方体拆分成更小的部分之前，我们首先需要为模型添加一些顶点，以便 Blender 有足够的顶点来拆分模型。为此，请在 Edit Mode 中选择立方体（使用 Tab 键），然后从顶部菜单中选择 Edge|Subdivide。重复两次，你将得到如图 13.13 所示的情况。

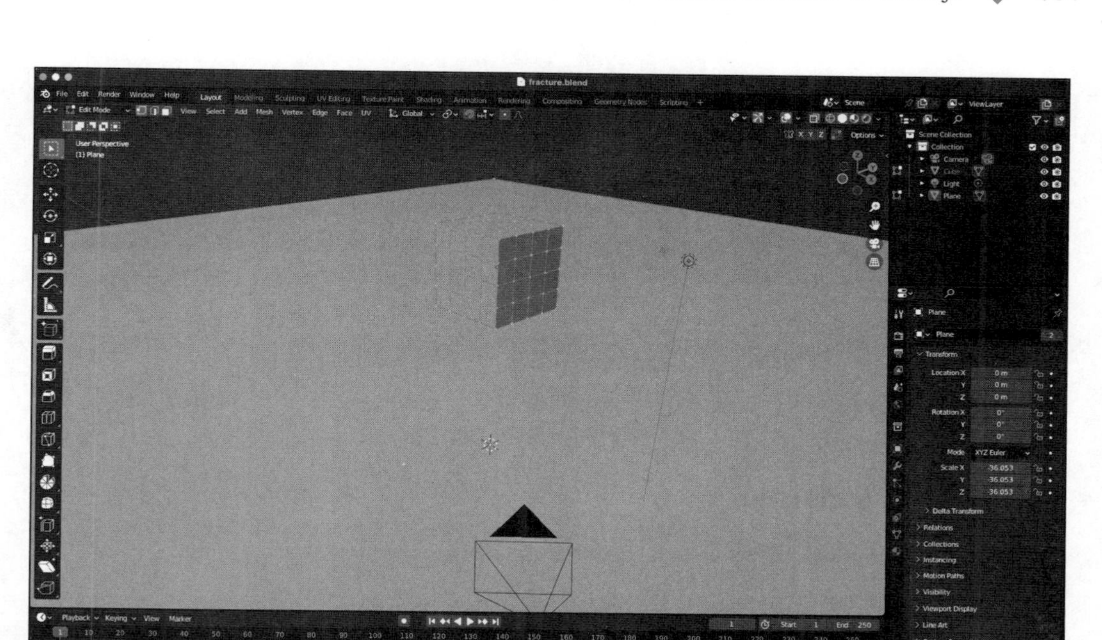


图 13.13　具有许多细分的立方体

按 Tab 键返回 Object Mode 并选择立方体，然后打开 Cell Fracture 窗口，转到 Object|Quick Effects|Cell Fracture，如图 13.14 所示。

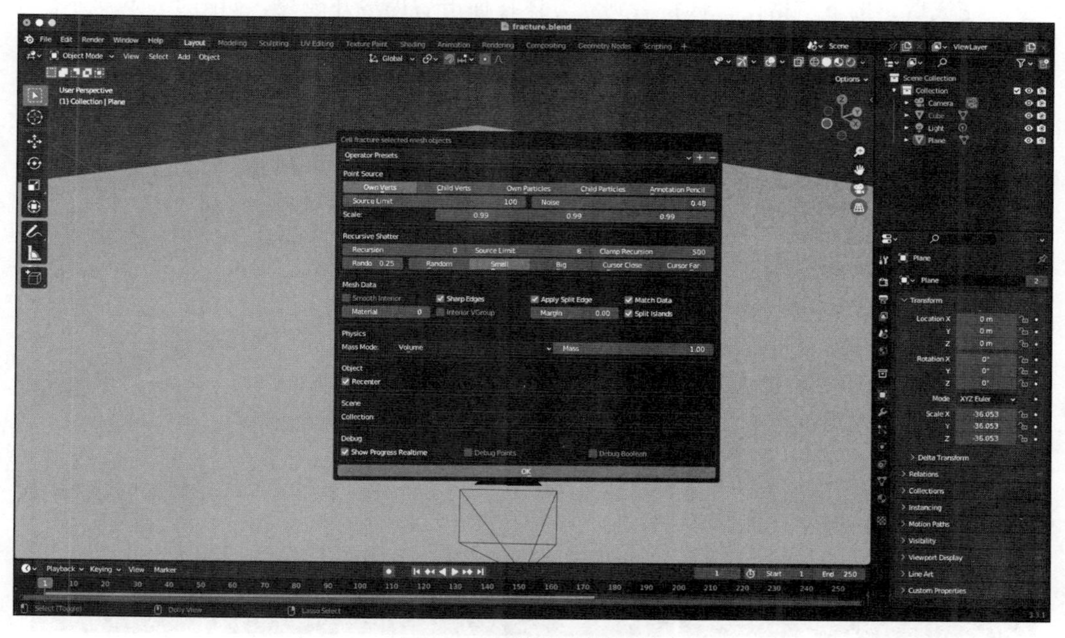


图 13.14　配置破裂效果

你可以根据这些设置进行调整，以获得不同类型的破裂效果。使用图 13.3 中配置的设置，你将得到如图 13.15 所示的结果。

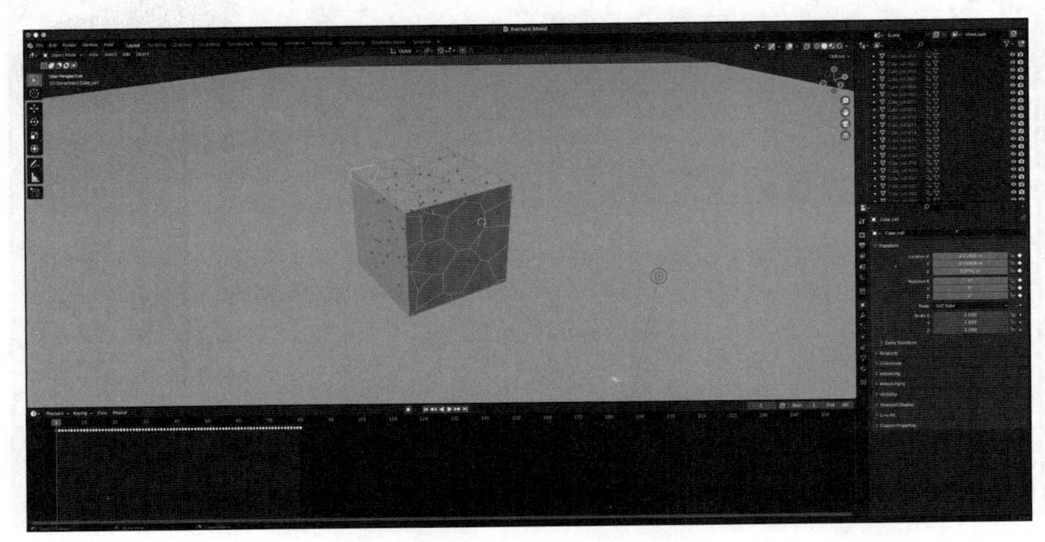

图 13.15 破裂的立方体

然后选择原始的立方体，并按 x 键将其删除。这样做将只留下破裂部分，我们将对其进行动画处理。我们选择立方体的所有单元并再次使用 Object|Rigid Body|Add Active 命令。完成后，按下空格键，你将看到立方体在撞击后掉落并破裂，如图 13.16 所示。

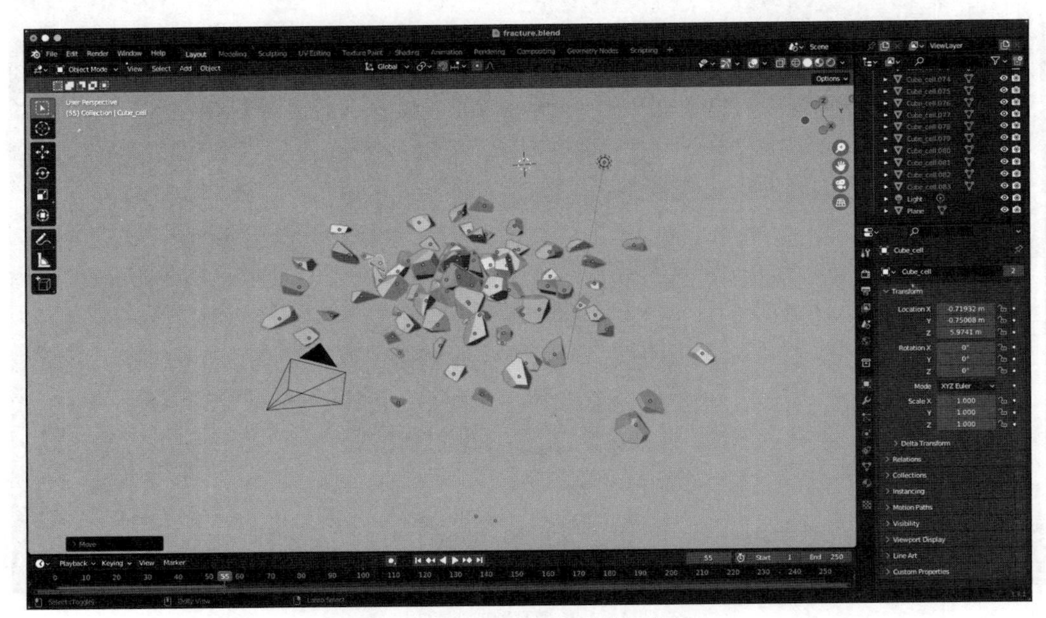


图 13.16 受到撞击后的立方体

至此，我们的动画准备工作已经基本完成。现在，我们需要将该动画导出，以便我们可以加载到 Three.js 中并重播。在此之前，确保将动画的结束（屏幕右下角）设置为第 80 帧，因为导出完整的 250 帧没有太大用处。此外，我们需要告诉 Blender 将物理引擎的信息转换为一组关键帧。这是必须做的，因为我们无法导出物理引擎本身，所以我们必须烘焙所有网格的位置和旋转，以便可以导出它们。为此，请再次选择所有单元，并使用 Object|Rigid Body|Bake to Keyframes。你可以选择默认设置并单击 Export glTF2.0 按钮，具体如图 13.17 所示。

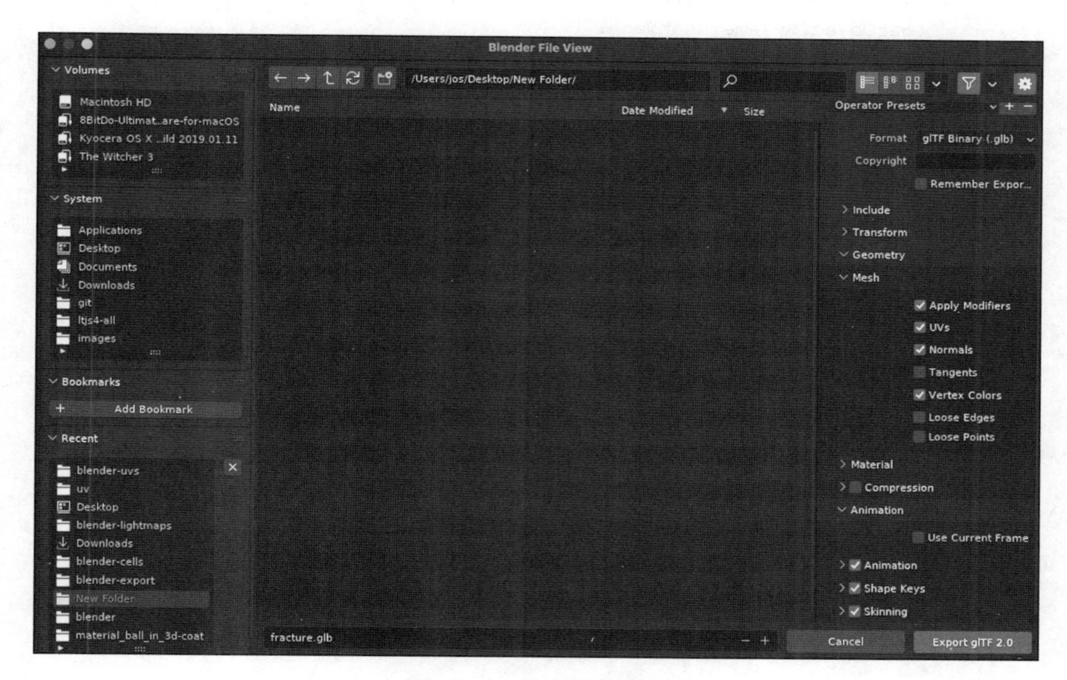


图 13.17　动画导出设置

此时，每个单元都会有一个动画，以追踪各个网格的旋转和位置。有了这些信息，我们可以在 Three.js 中加载场景并设置动画混合器进行播放：

```
const mixers = []
const modelAsync = () => {
  const loader = new GLTFLoader()
  return loader.loadAsync('/assets/models/
     blender-cells/fracture.glb').then((structure) => {
    console.log(structure)
    // setup the ground plane
    const planeMesh = structure.scene.
```

```
      getObjectByName('Plane')
    planeMesh.material.side = THREE.DoubleSide
    planeMesh.material.color = new THREE.Color(0xff5555)
    // setup the material for the pieces
    const materialPieces = new THREE.MeshStandardMaterial({
color: 0xffcc33 })
    structure.animations.forEach((animation) => {
      const meshName = animation.name.substring
     (0, animation.name.indexOf('Action')).replace('.', '')
      const mesh = structure.scene.
        getObjectByName(meshName)
      mesh.material = materialPieces
      const mixer = new THREE.AnimationMixer(mesh)
      const action = mixer.clipAction(animation)
      action.play()
      mixers.push(mixer)
    })
    applyShadowsAndDepthWrite(structure.scene)
    return structure.scene
  })
}
```

在渲染循环中，我们需要为每个动画更新混合器：

```
const clock = new THREE.Clock()
const onRender = () => {
  const delta = clock.getDelta()
  mixers.forEach((mixer) => {
    mixer.update(delta)
  })
}
```

结果如图 13.18 所示。

我们在这里展示的相同原理可以应用于 Blender 支持的不同类型的动画。要牢记的主要事项是，Three.js 无法理解 Blender 使用的物理引擎或其他高级动画模型。因此，在导出动画时，请确保烘焙动画，以便可以使用标准的 Three.js 工具播放这些基于关键帧的动画。

在 13.4 节，我们将更详细地介绍如何使用 Blender 烘焙不同类型的纹理（贴图），然后将其加载到 Three.js 中。我们已经在第 10 章看过其结果，但在 13.4 节中，我们将向你展示如何使用 Blender 来烘焙这些贴图。

图 13.18　Three.js 中的碎裂立方体

## 13.4　用 Blender 烘焙光照贴图和环境光遮蔽贴图

在该场景中，我们将重新讨论第 10 章中的示例，其中我们使用了来自 Blender 的光照贴图。该光照贴图提供了漂亮的照明效果，而不需要在 Three.js 中实时计算。要在 Blender 中完成该操作，我们需要执行以下步骤：

1. 在 Blender 中设置一个简单的场景和几个模型。
2. 在 Blender 中设置光照和模型。
3. 在 Blender 中将光照烘焙到纹理中。
4. 导出场景。
5. 在 Three.js 中渲染所有内容。

接下来我们将详细介绍每个步骤。

### 13.4.1　在 Blender 中设置场景

对于该示例，我们将创建一个简单的场景，然后我们将加入一些光源。我们在 Blender 开始一个新项目，选择默认的立方体并按 x 删除它，同样对默认的光源进行同样的操作。使用 Add|Mesh|Plane 向场景中添加一个简单的 2D 平面。按下 Tab 键进入 Edit Mode，选择三个顶点，然后使用 e 并按 z 键沿着 z 轴拉伸以获得一个简单的形状，实际效果如图 13.19 所示。

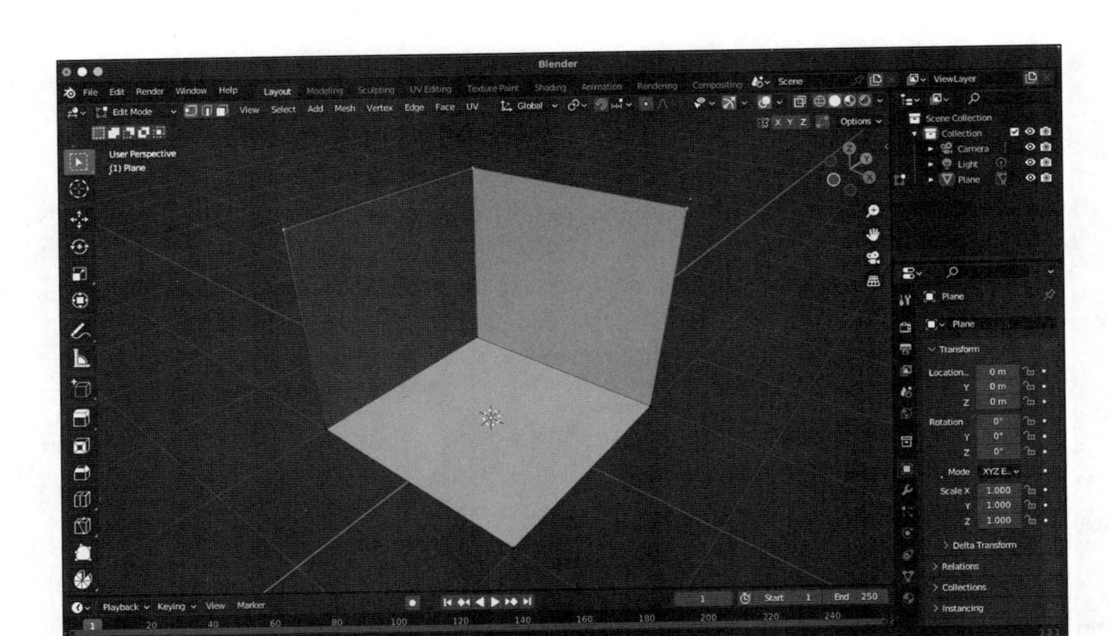


图 13.19　创建一个简单的房间结构

在完成了该模型后，（使用 Tab 键）回到 Object Mode，在房间里放置一些网格，使其看起来与图 13.20 所示的类似。

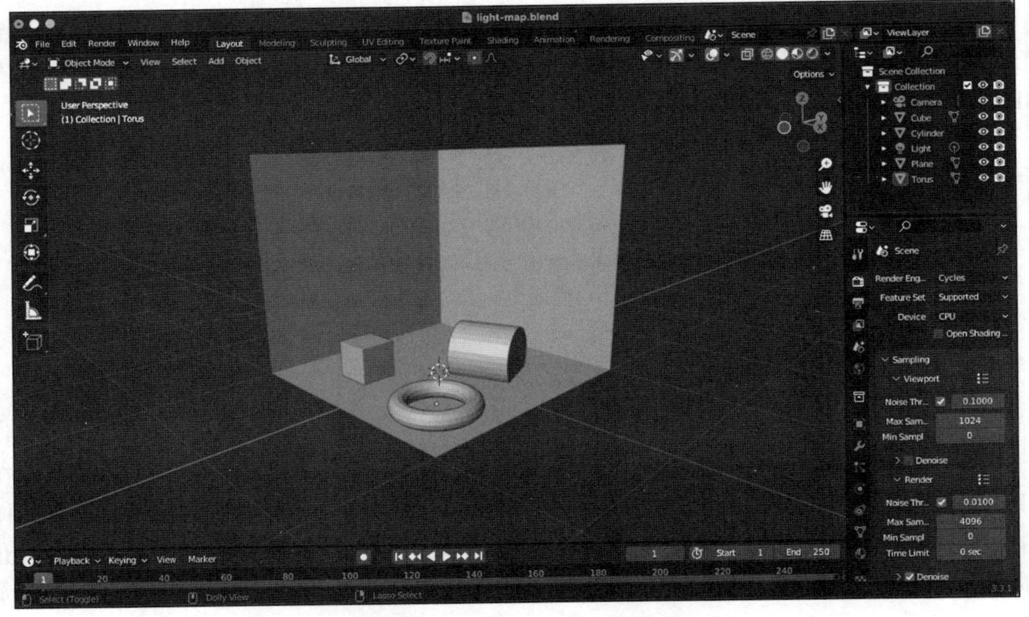


图 13.20　一个带有一些网格的完整房间

这时还没有什么特别的，只是一个没有任何照明的简单的房间。在我们继续添加一些光源之前，稍微改变一下对象的颜色。因此，在 Blender 中，转到 Material Properties，为每个网格创建一个新的材质，并设置一个颜色。结果类似于图 13.21。

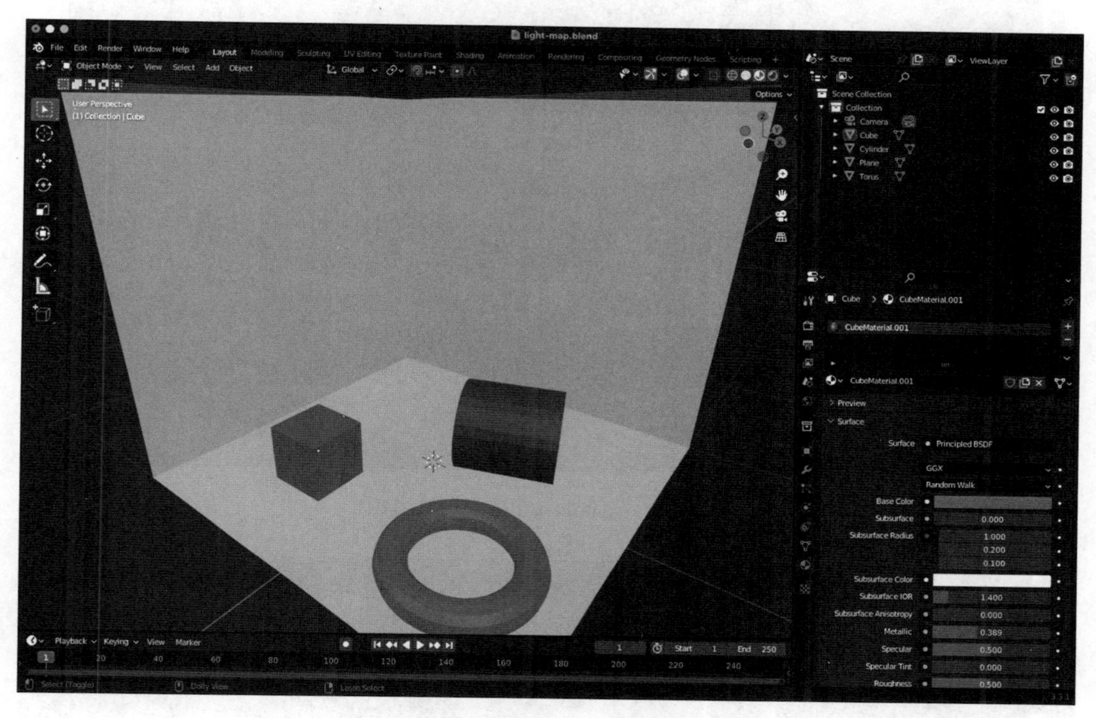


图 13.21　对场景中的不同对象添加颜色

接下来，我们将添加一些漂亮的光源。

## 13.4.2　将光照加入场景

在该场景中，我们将添加漂亮的 HDRI 光源。HDRI 光源不是来自单一的光源，而是使用一张图像作为场景的光源。对于该示例，我们从这里下载了一个 HDRI 图像：`https://polyhaven.com/a/ thatch_chapel`，如图 13.22 所示。

下载后，我们有了一个可以在 Blender 中使用的大型图像文件。然后打开 Properties Editor 面板中的 World 选项卡，选择 Surface 下拉菜单，并选择 Background。在下方找到 Color 选项，单击该选项，并选择 Environment Texture，如图 13.23 所示。

接下来，单击 Open，浏览到你下载图像的位置，并选择该位置。此时，我们只需渲染场景并查看 HDRI 贴图提供的光照效果即可，如图 13.24 所示。

图 13.22　从 Poly Haven 下载 HDRI

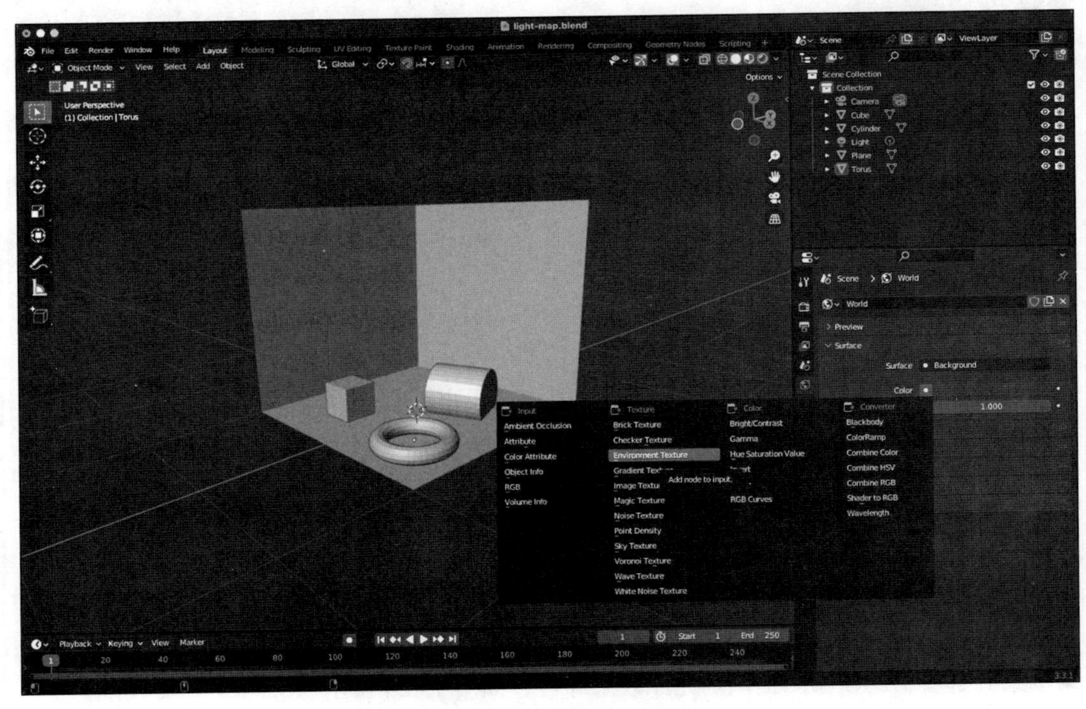


图 13.23　添加环境纹理

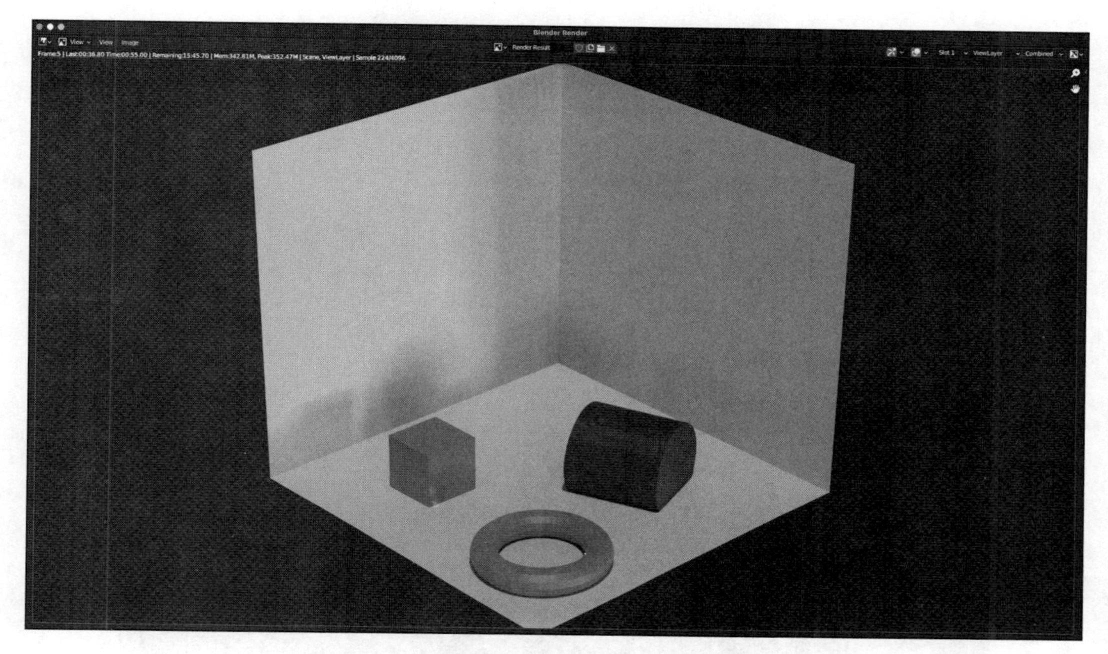

图 13.24　使用 HDRI 图像作为场景的环境光照源

如你所见，在使用 HDRI 环境纹理后，场景呈现了不错的全局照明效果，无须单独放置光源。现在墙壁上有一些漂亮的柔和阴影，对象看起来从多个角度被照亮，整体效果很好。为了在 Three.js 中使用这些光照信息，需要将这些光照信息烘焙到纹理上。

### 13.4.3　将光照烘焙到纹理中

要烘焙光照，首先，我们必须创建一个纹理来保存这些信息。选择立方体（或任何其他要烘焙的对象）。转到 Shading 视图，在屏幕底部的 Node Editor 中，添加新的 Image Texture 项：Add|Texture|Image Texture。使用默认值就可以了，如图 13.25 所示。

接下来，在刚添加的节点上单击 New 按钮，然后选择纹理的大小和名称，如图 13.26 所示。

现在，转到 Properties Editor 面板的 Render 选项卡，并设置以下属性：

- Render Engine：Cycles。
- Sampling|Render：将 Max Samples 设置为 `512`，否则渲染光照图将需要很长时间。
- 在 Bake 菜单中，从 Bake Type 菜单中选择 Diffuse，在 Influence 部分选择 Direct 和 Indirect。这样只会渲染我们环境光的影响。

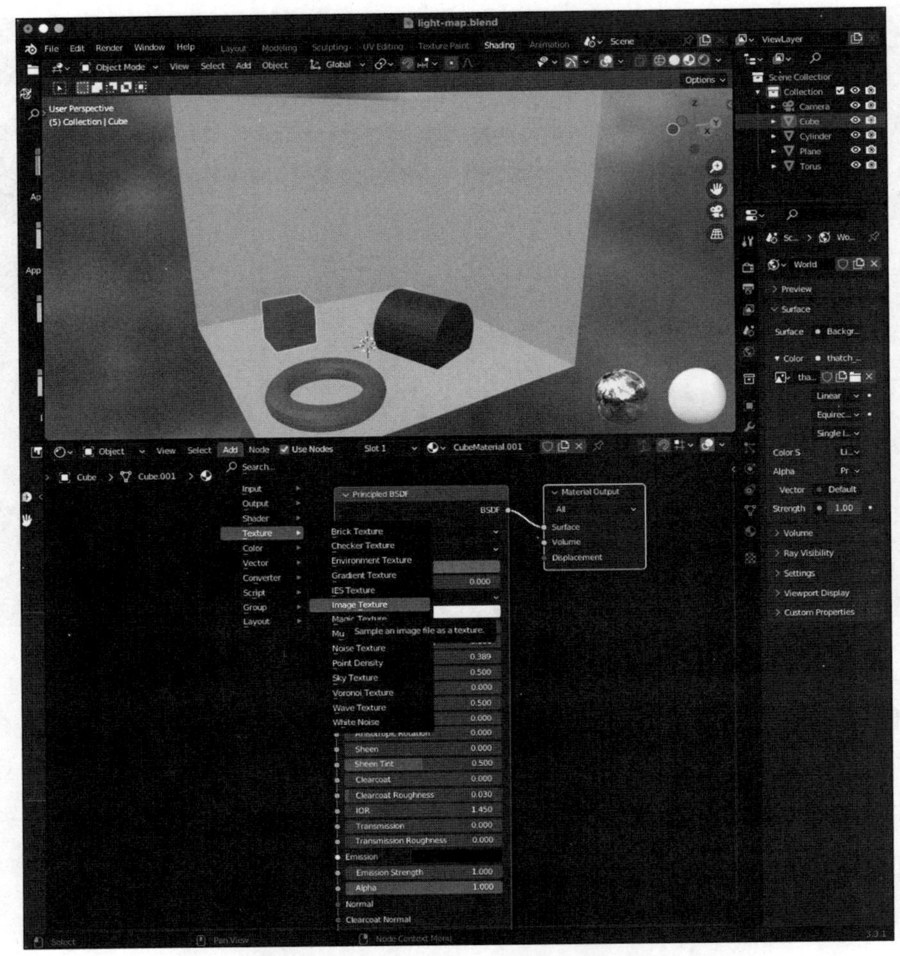


图 13.25 添加纹理图像以保存烘焙的光照

图 13.26 添加图像

现在，你可以单击 **Bake** 按钮，Blender 将会将所选对象的光照贴图渲染到纹理中，如图 13.27 所示。

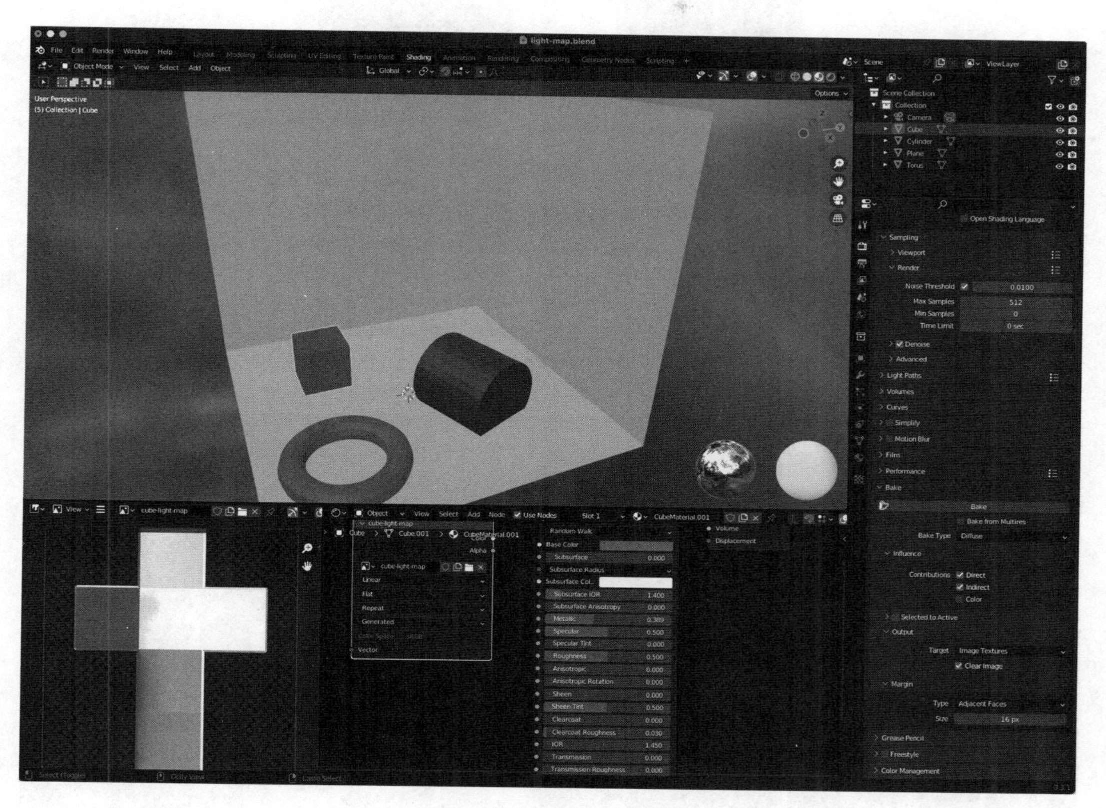


图 13.27　渲染的立方体光照贴图

整个过程到此就完成了。如你在左下角的图像查看器中所见，我们现在有了一个漂亮的渲染光照贴图的立方体。你可以通过单击图像查看器中的“汉堡”（即包含三个水平线图标的按钮）菜单将该图像导出为单独的纹理，如图 13.28 所示。

现在，你可以对其他网格重复该操作。不过，在进行该操作之前，我们需要快速修复 UV 映射。我们需要这样做是因为我们拉伸了几个顶点来制作房间结构，Blender 需要知道如何正确地映射它们。不用在这里过多详细解释，我们可以让 Blender 提出如何创建 UV 映射的建议。在顶部菜单中单击 **UV Editing**，选择 **Plane**，进入 **Edit Mode**，然后从 UV 菜单中选择 **UV|Unwrap|Smart Unwrap**，如图 13.29 所示。

这将确保为房间的所有侧面生成光照贴图。现在，对所有网格重复该操作，你将获得该特定场景的光照贴图。当你导出了所有光照贴图之后，我们可以导出场景本身，然后在 Three.js 中使用这些光照贴图进行渲染，如图 13.30 所示。

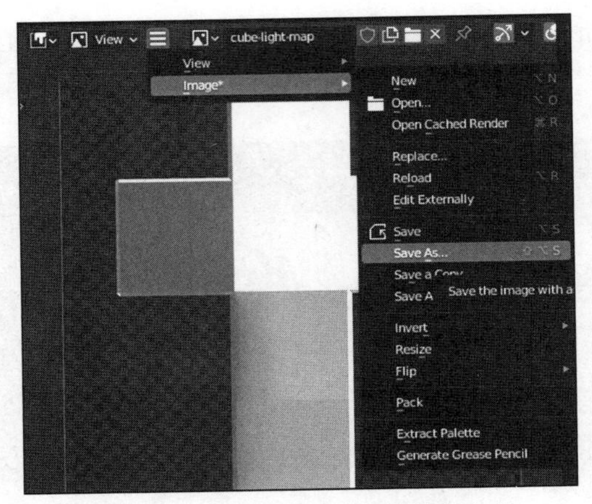


图 13.28 将光照贴图导出外部文件

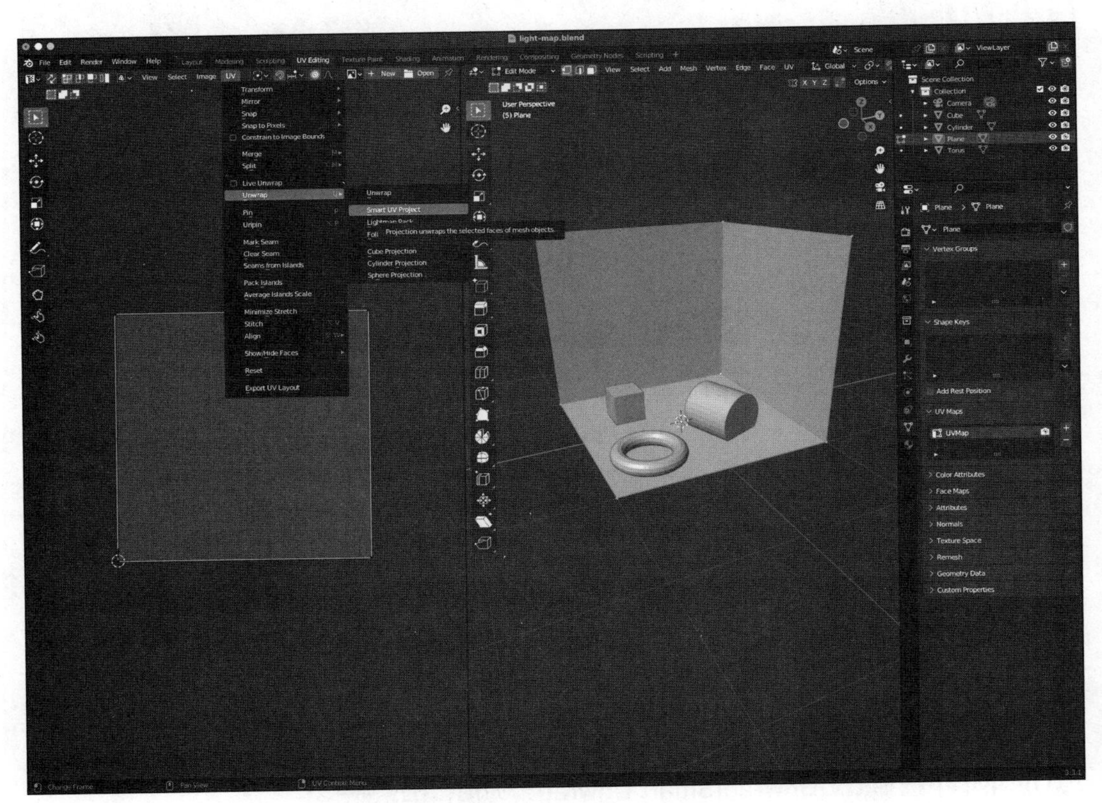

图 13.29 为房间网格修复 UV

现在，我们已经烘焙了所有贴图，下一步是从 Blender 导出所有内容，并在 Three.js 导入场景和贴图。

图 13.30　所有光照贴图

## 13.4.4　导出场景并将其导入 Blender

我们已经在 13.2 节中了解到如何将场景从 Blender 导出并导入 Three.js，因此我们将重复这些步骤。单击 File|Export|glTF 2.0。我们可以使用默认设置，因为我们没有动画，所以可以禁用动画复选框。在导出后，我们可以将场景导入 Three.js。如果我们不应用纹理（而使用我们自己的默认光源），则场景将看起来如图 13.31 所示。

我们在第 10 章已经学习了如何加载和应用光照贴图。以下代码展示了如何加载从 Blender 导出的所有光照贴图纹理：

```
const cubeLightMap = new THREE.TextureLoader().load
  ('/assets/models/blender-lightmaps/cube-light-map.png')
const cylinderLightMap = new THREE.TextureLoader().load
('/assets/models/blender-lightmaps/cylinder-light-map.png')
const roomLightMap = new THREE.TextureLoader().load
  ('/assets/models/blender-lightmaps/room-light-map.png')
const torusLightMap = new THREE.TextureLoader().load
  ('/assets/models/blender-lightmaps/torus-light-map.png')
const addLightMap = (mesh, lightMap) => {
  const uv1 = mesh.geometry.getAttribute('uv')
  const uv2 = uv1.clone()
  mesh.geometry.setAttribute('uv2', uv2)
  mesh.material.lightMap = lightMap
  lightMap.flipY = false
```

```
}
const modelAsync = () => {
  const loader = new GLTFLoader()
  return loader.loadAsync('/assets/models/blender-
    lightmaps/light-map.glb').then((structure) => {
    const cubeMesh = structure.scene.
      getObjectByName('Cube')
    const cylinderMesh = structure.scene.
      getObjectByName('Cylinder')
    const torusMesh = structure.scene.
      getObjectByName('Torus')
    const roomMesh = structure.scene.
      getObjectByName('Plane')
    addLightMap(cubeMesh, cubeLightMap)
    addLightMap(cylinderMesh, cylinderLightMap)
    addLightMap(torusMesh, torusLightMap)
    addLightMap(roomMesh, roomLightMap)
    return structure.scene
  })
}
```

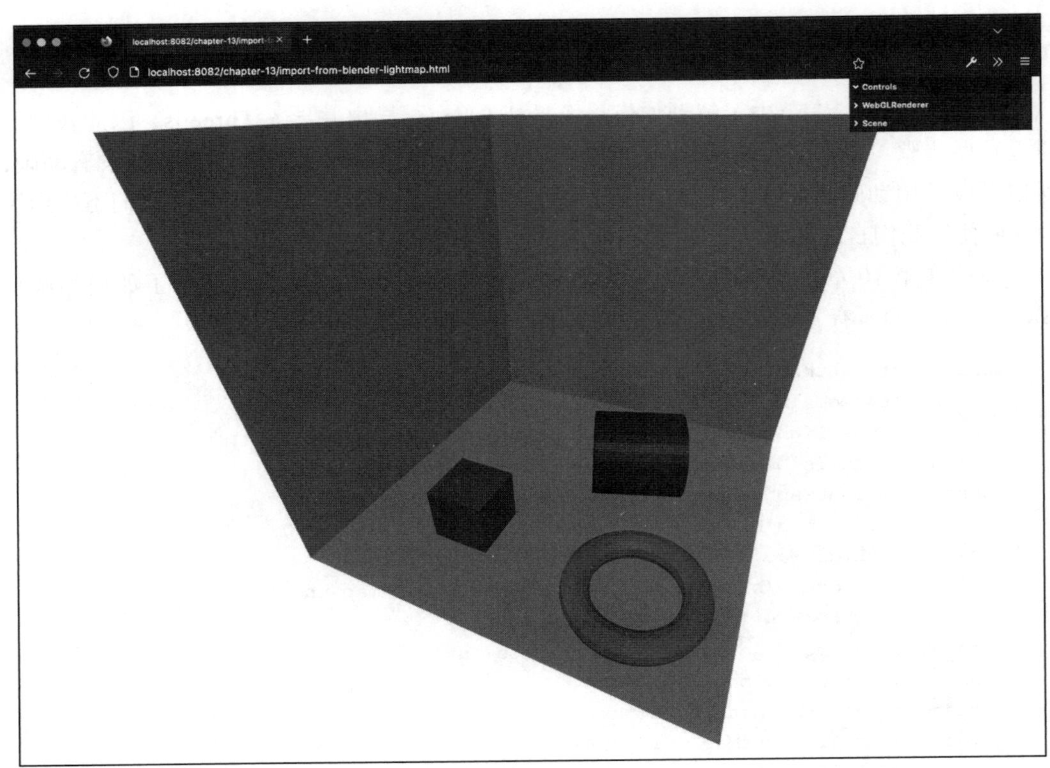


图 13.31 使用默认光源渲染的 Three.js 场景，没有光照贴图

现在，当我们查看相同的场景（`import-from-blender-lightmap.html`）时，我们有一个带有非常好的光照效果的场景，即使我们没有在 Three.js 里面提供任何自己的光源，而是使用了 Blender 中的烘焙光源，如图 13.32 所示。

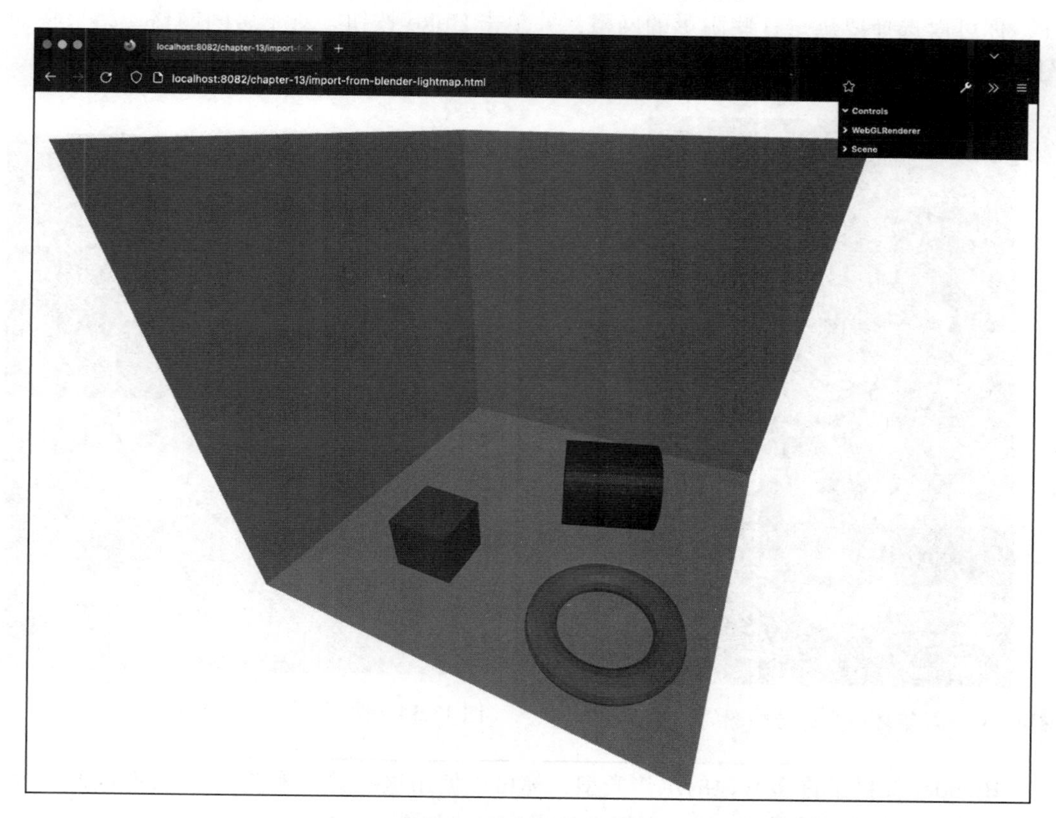


图 13.32　同一场景，但使用 Blender 的烘焙光源

如果我们导出光照贴图，我们也会隐含地获得有关阴影的信息，因为这些位置的光线较少。我们还可以从 Blender 获取更详细的阴影贴图。例如，我们可以用 Blender 生成环境遮挡贴图，这样我们就不必在运行时创建这些贴图了。

## 13.4.5　用 Blender 烘焙环境光遮蔽贴图

我们也可以对已有的场景烘焙环境光遮蔽贴图。具体方法与烘焙光照贴图相同：

1. 设置一个场景。
2. 添加所有投射阴影的光源和对象。
3. 确保在 Shader Editor 有一个空的 Image Texture，我们可以将阴影烘焙到该纹理上。
4. 选择相关的烘焙选项并将阴影渲染到图像上。

由于前三个步骤与光照贴图的步骤相同，因此我们跳过这些步骤，看最后一步的烘焙选项，如图 13.33 所示。

正如你所看到的，你只需将 Bake Type 的下拉菜单更改为 Ambient Occlusion。现在，你可以选择要烘焙这些阴影的网格，并单击 Bake 按钮。对于房间网格，结果将如图 13.34 所示。

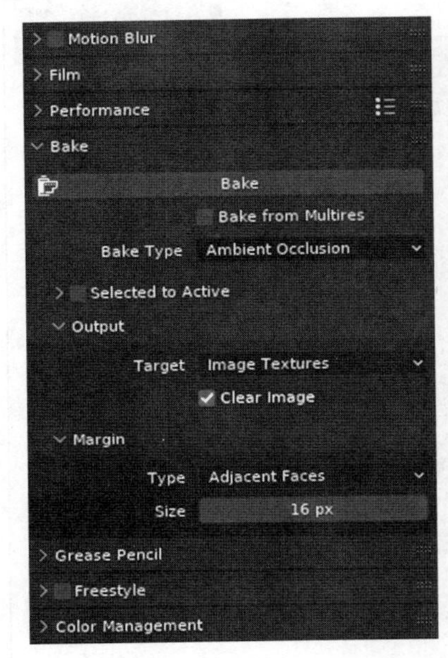


图 13.33 烘焙环境光遮蔽贴图的渲染设置

图 13.34 使用环境光遮蔽贴图作为纹理

Blender 提供了许多其他的烘焙类型，你可以使用这些类型来获得漂亮的纹理（特别是对于场景中的静态部分），这可以极大地提高渲染性能。

最后我们再看一个主题，那就是如何使用 Blender 更改纹理的 UV 映射。

## 13.5 在 Blender 中进行自定义 UV 建模

在本节中，我们将从一个新的空白 Blender 场景开始，然后使用默认的立方体进行实验。为了对 UV 映射的工作原理有一个良好的概述，你可以使用一种称为 UV 网格（UV grid）的东西，其外观如图 13.35 所示。

当你将该纹理应用于默认立方体时，你将看到网格的各个顶点如何映射到纹理上的特定位置。为了使用它，我们首先需要定义该纹理。可以从屏幕右侧的 Properties 中的 Material Properties 中轻松完成该操作。单击 Base Color 属性前面的黄点并选择 Image Texture。这将允许你浏览要用作纹理的图像，如图 13.36 所示。

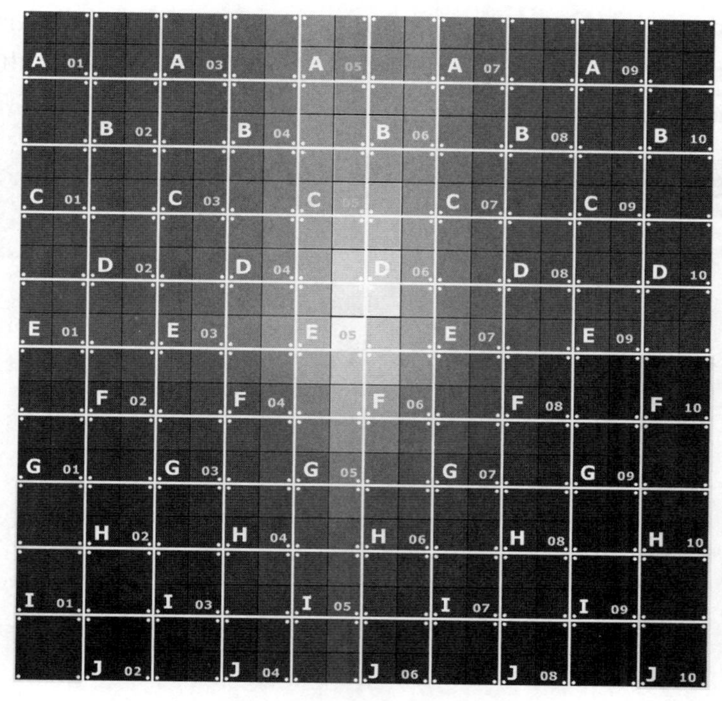


图 13.35　UV 网格纹理示例

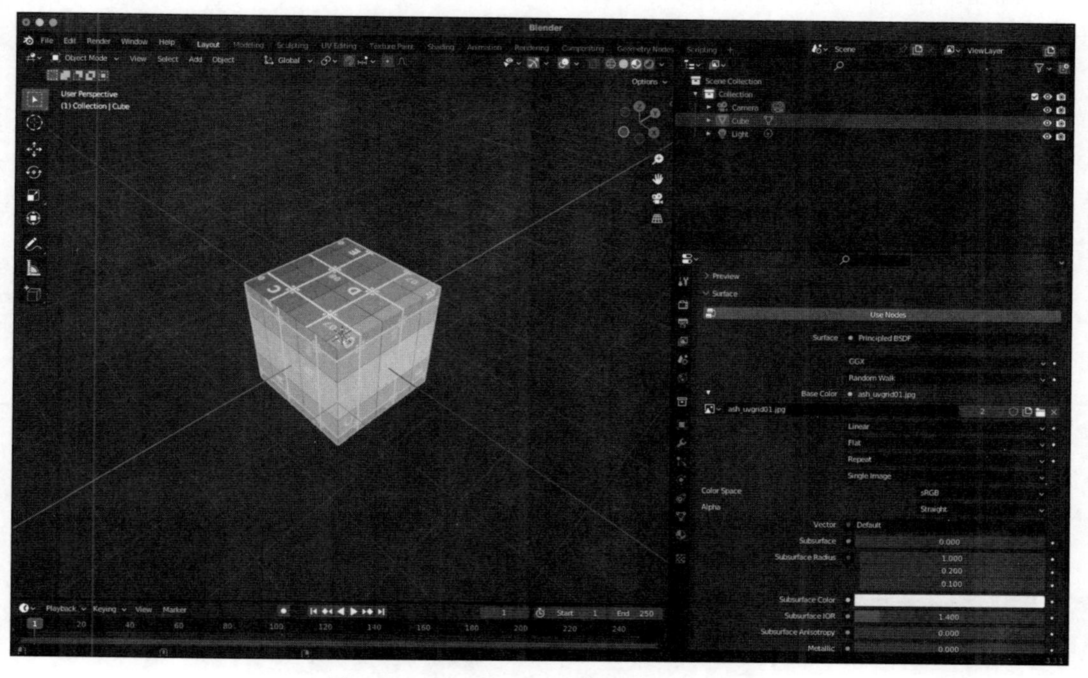

图 13.36　在 Blender 中向网格添加纹理

在主视口中，你已经可以看到该纹理应用于立方体。如果我们将该模型导出到 Three.js 并渲染它，则我们将看到完全相同的贴图，因为 Three.js 将使用由 Blender 定义的 UV 映射（`import-from-blender-uv-map-1.html`），如图 13.37 所示。

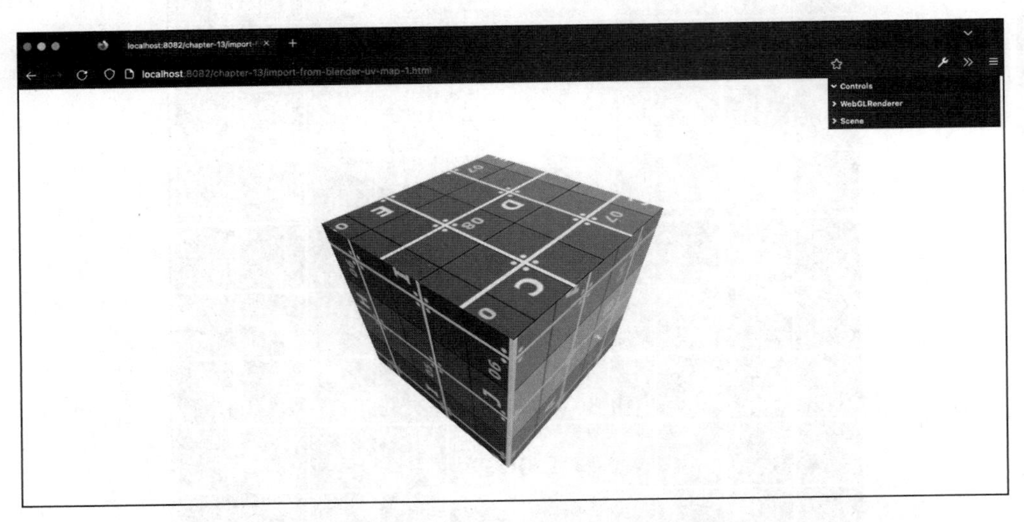


图 13.37 在 Three.js 中呈现的具有 UV 网格的盒子

现在，让我们切换回 Blender，并打开 UV Editing 选项卡。在屏幕右侧使用 Tab 键切换到 Edit Mode，并选择面朝前的四个顶点。当你选择这些顶点时，你还将在屏幕左侧看到这四个顶点的位置，如图 13.38 所示。

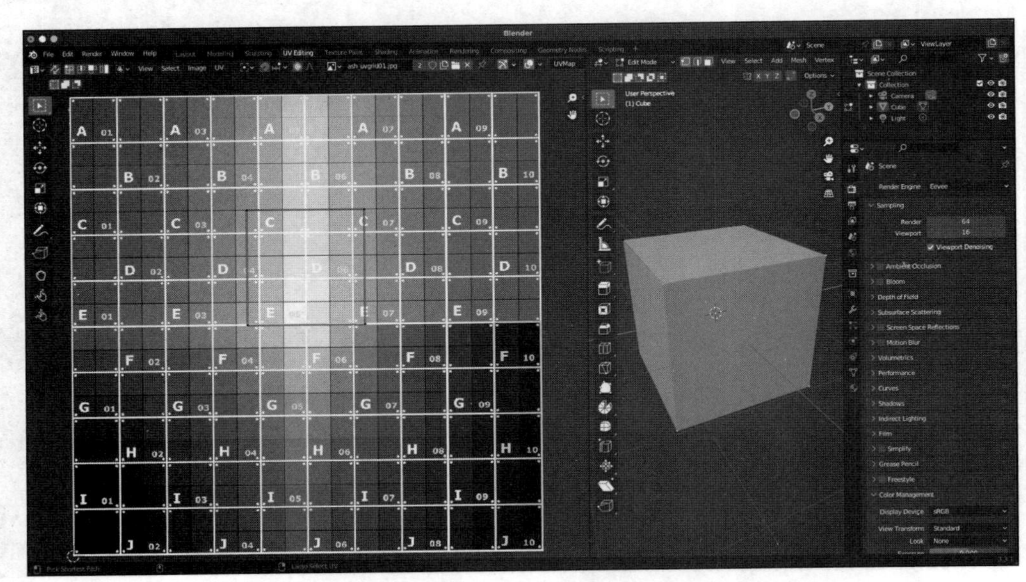

图 13.38 在 UV 编辑器选择立方体面朝前的四个顶点

在 UV 编辑器中，你现在可以拖动（使用 G 键）顶点并将其移动到纹理的不同位置。例如，你可以将它们移动到纹理的边缘，具体如图 13.39 所示。

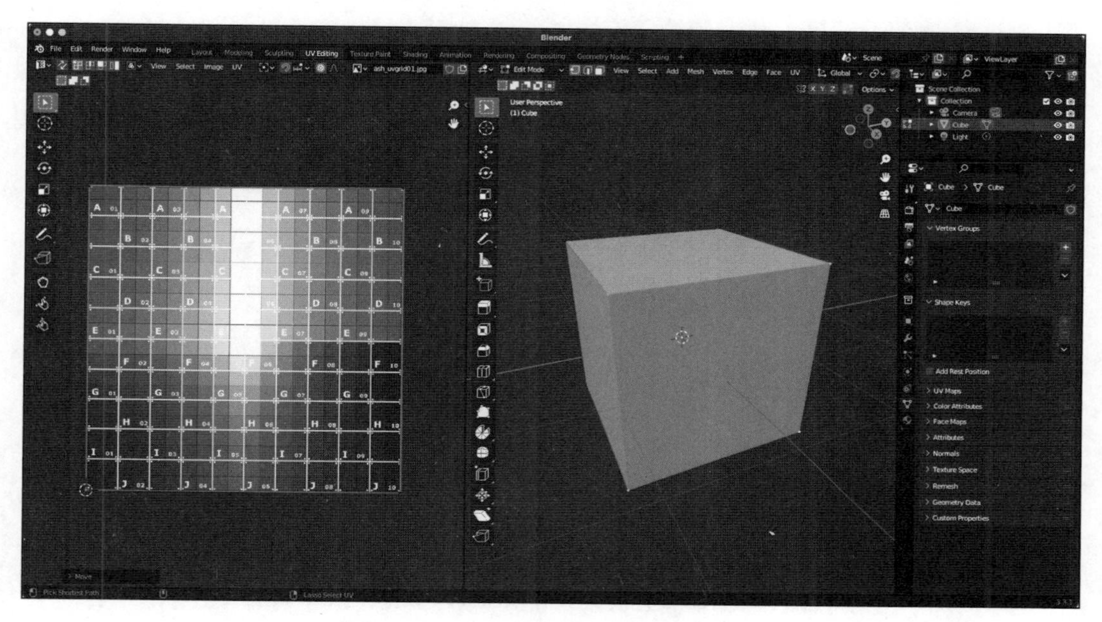


图 13.39　将一个面映射到完整的纹理

移动顶点将导致立方体的外观如图 13.40 所示。

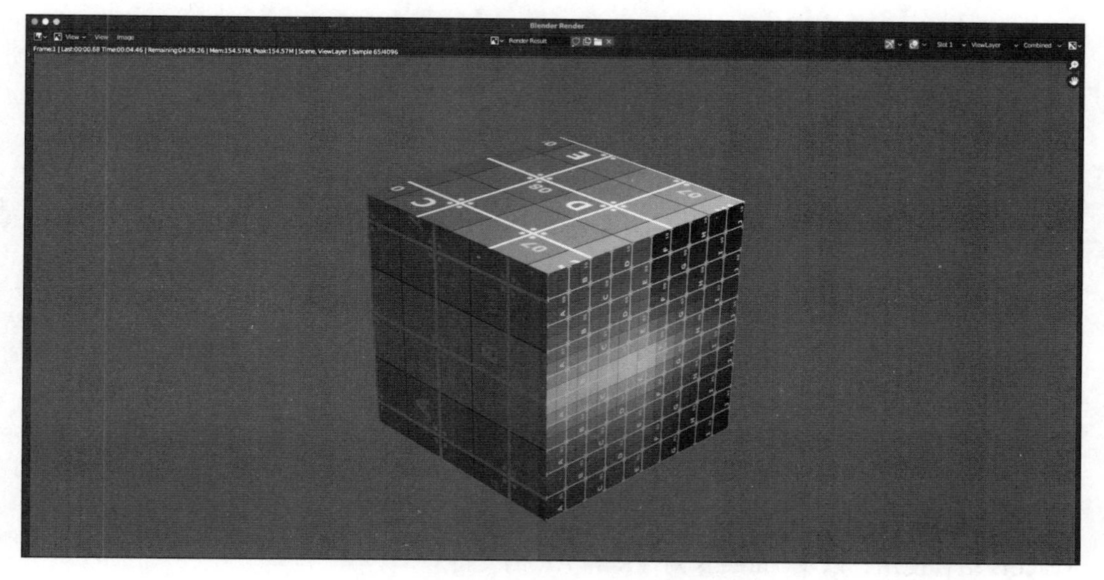


图 13.40　带有自定义 UV 映射的立方体在 Blender 中的渲染

当我们将这个最小模型从 Blender 导出并导入 Three.js 时，Three.js 会直接显示出 Blender 中定义的 UV 映射，如图 13.41 所示。

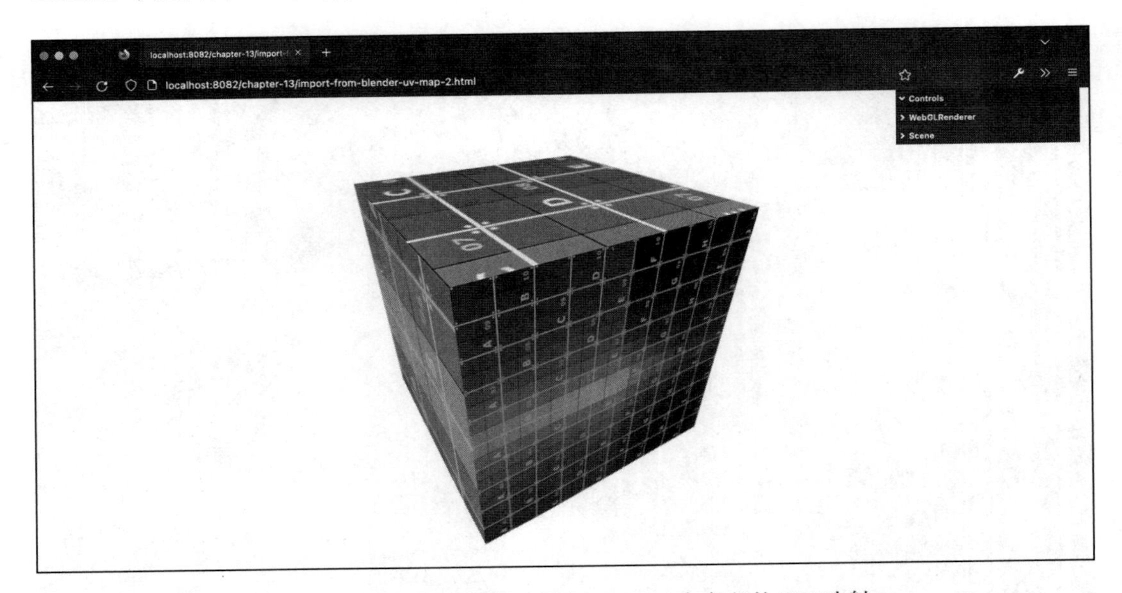


图 13.41 Three.js 直接显示出 Blender 中定义的 UV 映射

使用该方法，可以非常容易准确地定义网格的哪些部分应映射到纹理的哪个部分。

## 13.6 本章小结

在本章中，我们探讨了如何结合 Blender 和 Three.js 一起工作。我们展示了如何使用 glTF 格式作为在 Three.js 和 Blender 之间交换数据的标准格式。这对于网格、动画和大多数纹理非常有用。然而，对于高级纹理属性，你可能需要在 Three.js 或 Blender 进行一些微调。我们还展示了如何在 Blender 中烘焙特定纹理，例如光照贴图和环境光遮蔽贴图，并在 Three.js 中使用它们。这使你可以在 Blender 中一次渲染该信息，然后将其导入 Three.js，以创建出色的阴影、光照和环境光遮蔽，而不需要通常情况下 Three.js 需要进行的繁重计算。请注意，这仅适用于光源是静态的、几何体和网格不会移动或改变形状的场景。通常，你可以将其用于场景的静态部分。最后，我们简要介绍了 UV 映射的工作原理，其中顶点将映射到纹理上的位置，以及如何使用 Blender 来操作该映射。再次，通过使用 glTF 作为交换格式，从 Blender 导出的所有信息都可以轻松地在 Three.js 里面使用。

本书即将结束了。在第 14 章中，我们将介绍另外两个主题——如何将 Three.js 与 React.js 结合使用，以及 Three.js 对 VR 和 AR 的支持。

第 14 章 Chapter 14

# 结合使用 Three.js 与 React、TypeScript、Web-XR

在本章中，我们将深入探讨两个额外的话题。首先，我们将研究如何将 Three.js 与 TypeScript 和 React 结合使用。然后，本章将展示一些如何将你的 3D 场景与 Web-XR 集成的示例。通过 Web-XR，你可以增强你的场景，使其能够与 VR 和 AR 技术协同工作。

具体来说，我们将向你展示以下示例：

- **结合使用 Three.js 和 TypeScript**：在本示例中，我们将向你展示如何创建一个简单的项目，将 Three.js 和 TypeScript 结合使用。我们将创建一个非常简单的应用程序，类似于我们在前几章中已经看到的示例，并向你展示如何使用 Three.js 和 TypeScript 创建你的场景。
- **在 TypeScript 的帮助下集成 Three.js 和 React**：React 是一个非常受欢迎的用于 Web 开发的框架，通常与 TypeScript 一起使用。我们将创建一个简单的 Three.js 项目，该项目在 TypeScript 的帮助下集成 Three.js 和 React。
- **在 Three.js fibers 的帮助下轻松集成 Three.js 和 React**：在本示例中，我们来看看 `React-three-fiber`。通过该库，我们可以使用一组 React 组件来声明性地配置 Three.js。该库在 React 和 Three.js 之间提供了很好的集成，并使得在 React 应用程序中使用 Three. js 变得简单直接。
- **Three.js 和 VR**：本示例将向你展示如何在 VR 中查看你的 3D 场景。
- **Three.js 和 AR**：本示例将向你展示如何使用 Three.js 来构建 AR 场景，并添加网格对象，使你能够轻松开始构建自己的 AR 应用程序。

让我们从本章的第一个示例开始，结合使用 Three.js 和 TypeScript。

## 14.1 结合使用 Three.js 和 TypeScript

TypeScript 是一种具有类型系统的语言，它能够编译成 JavaScript。这意味着你可以使用 TypeScript 创建网站，并在浏览器中像运行普通 JavaScript 一样运行它。设置 TypeScript 项目有多种方法，而最简单的一种是通过 Vite（https://vitejs.dev/）。Vite 提供了一个集成的构建环境，可以看作 webpack 的替代品（我们在前面章节示例中都使用 webpack）。

我们需要做的第一件事是创建一个新的 Vite 项目。你可以自己完成这些步骤，或者你可以跳到 three-ts 文件夹，在那里运行 yarn install 来跳过这些设置。要使用 Vite 获得一个空的 TypeScript 项目，我们只需在控制台中运行以下命令：

```
$ yarn create vite three-ts --template vanilla-ts
yarn create v1.22.17
warning package.json: No license field
[1/4] 🔍  Resolving packages...
[2/4] 🚚  Fetching packages...
[3/4] 🔗  Linking dependencies...
[4/4] 🔨  Building fresh packages...
warning Your current version of Yarn is out of date. The latest
version is "1.22.19", while you're on "1.22.17".
info To upgrade, run the following command:
$ curl --compressed -o- -L https://yarnpkg.com/install.sh |
bash
success Installed "create-vite@3.2.1" with binaries:
      - create-vite
      - cva
[################################################################
########] 70/70
Scaffolding project in /Users/jos/dev/git/personal/ltjs4-all/
three-ts...
```

然后进入目录（three-ts）并运行 yarn install：

```
$ yarn install
yarn install v1.22.17
warning ../package.json: No license field
info No lockfile found.
[1/4] 🔍  Resolving packages...
[2/4] 🚚  Fetching packages...
[3/4] 🔗  Linking dependencies...
[4/4] 🔨  Building fresh packages...
success Saved lockfile.
✨  Done in 3.31s.
```

现在我们有了一个空的 Vite 项目，可以通过运行 `yarn vite` 命令来启动该项目。

```
$  three-ts git:(main) ✗ yarn vite
yarn run v1.22.17
warning ../package.json: No license field
$ /Users/jos/dev/git/personal/ltjs4-all/three-ts/node_modules/.
bin/vite
  VITE v3.2.3  ready in 193 ms
  ➜  Local:   http://127.0.0.1:5173/
  ➜  Network: use --host to expose
```

如果你在浏览器中输入地址 `http://127.0.0.1:5173/`，则将看到 Vite 的起始页面，如图 14.1 所示。现在你已经配置好一个 TypeScript 项目了。

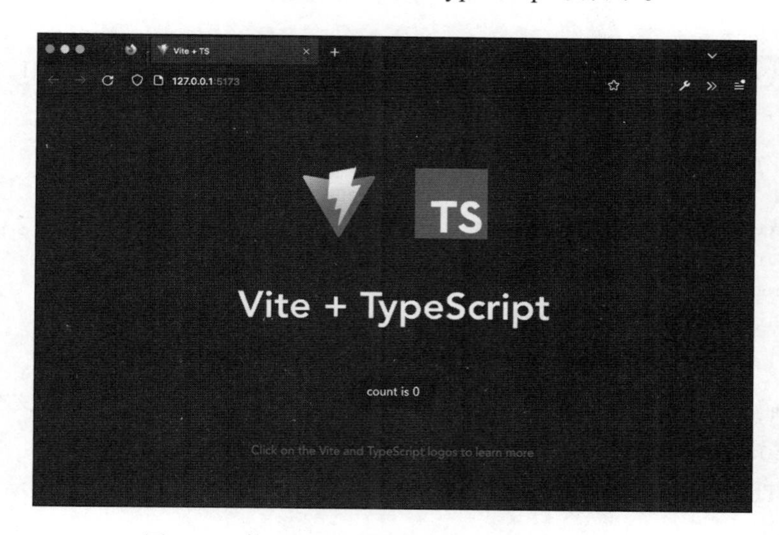


图 14.1　使用 Vite 创建的空的 TypeScript 项目

接下来，我们需要添加 Three.js 库，然后再添加一些 TypeScript 代码来初始化 Three.js。为了添加 Three.js，我们需要添加以下两个节点模块：

```
$ yarn add three
$ yarn add -D @types/three
```

第一个节点模块添加了 Three.js 库，而第二个节点模块添加了 Three.js 库的类型描述。添加类型（`types`）描述可以在编辑器中（例如 Visual Studio Code）使用 TypeScript 和 Three.js 开发应用程序时获得一些很好的代码补全。现在，我们已经准备好将 Three.js 添加到该项目中，并开始使用 TypeScript 开发 Three.js 应用程序了。要添加 TypeScript，我们需要先快速查看应用程序的初始化方式。为此，你可以查看 `public.html` 文件，它看起来像这样：

```
<!DOCTYPE html>
<html lang="en">
  <head>
    <meta charset="UTF-8" />
    <link rel="icon" type="image/svg+xml" href="/vite.svg" />
    <meta name="viewport" content="width=device-width,
      initial-scale=1.0" />
    <title>Vite + TS</title>
  </head>
  <body>
    <div id="app"></div>
    <script type="module" src="/src/main.ts"></script>
  </body>
</html>
```

在上述代码中，正如你在最后一行 `script` 标签中看到的，这个 HTML 页面加载了 `src/main/ts` 文件。现在打开这个文件，并将其内容更改为以下内容：

```
import './style.css'
import { initThreeJsScene } from './threeCanvas'
const mainElement = document.querySelector
  <HTMLDivElement>('#app')
if (mainElement) {
  initThreeJsScene(mainElement)
}
```

这段代码将尝试查找主要的 `#app` 节点。如果找到该节点，它将把该节点传递给 `initThreeJsScene` 函数，这个函数在 `threeCanvas.ts` 文件中定义。该文件包含用于初始化 Three.js 场景的代码：

```
import * as THREE from 'three'
import { OrbitControls } from 'three/examples/jsm/
  controls/OrbitControls'
export const width = 500
export const height = 500
export const initThreeJsScene = (node: HTMLDivElement) => {
  const scene = new THREE.Scene()
  const camera = new THREE.PerspectiveCamera(75, height /
    width, 0.1, 1000)
  const renderer = new THREE.WebGLRenderer()
  renderer.setClearColor(0xffffff)
  renderer.setSize(height, width)
  node.appendChild(renderer.domElement)
  camera.position.z = 5
  const geometry = new THREE.BoxGeometry()
  const material = new THREE.MeshNormalMaterial()
  const cube = new THREE.Mesh(geometry, material)
```

```
    const controls = new OrbitControls(camera, node)
    scene.add(cube)
    const animate = () => {
      controls.update()
      requestAnimationFrame(animate)
      cube.rotation.x += 0.01
      cube.rotation.y += 0.01
      renderer.render(scene, camera)
    }
    animate()
  }
```

这与前几章的代码相似，我们在这里创建了一个初始的简单场景。主要的变化是现在我们可以使用 TypeScript 提供的所有功能。Vite 将处理 TypeScript 到 JavaScript 的编译，因此你无须进行任何其他操作即可在浏览器中看到如图 14.2 所示的结果。

图 14.2　包含了 Three.js 的简单 TypeScript 项目

现在我们已经介绍了 Three.js 和 TypeScript，让我们进一步看看如何将其与 React 集成。

## 14.2　在 TypeScript 的帮助下集成 Three.js 和 React

创建 React 应用程序的方式有很多种（例如，Vite 也支持该方式），但最常见的方式

是使用 `yarn create react-app lts-tf --template TypeScript` 命令从命令行创建。就像使用 Vite 一样，这将创建一个新项目。在本示例中，我们将在 `lts-tf` 目录下创建这样的项目。创建完成后，我们必须像为 Vite 添加 Three.js 库一样添加 Three.js 库：

```
$ yarn create react-app lts-tf --template TypeScript
...
$ cd lts-tf
$ yarn add three
$ yarn add -D @types/three
$ yarn install
```

执行完以上命令后，我们应该拥有了一个简单的 React TypeScript 应用程序，添加正确的 Three.js 库，并安装所有其他所需的模块。下一步是快速检查一切是否正常。我们运行 `yarn start` 命令：

```
$ yarn start
Compiled successfully!
You can now view lts-tf in the browser.
  Local:            http://localhost:3000
  On Your Network:  http://192.168.68.112:3000
Note that the development build is not optimized.
To create a production build, use yarn build.
webpack compiled successfully
Files successfully emitted, waiting for typecheck results...
Issues checking in progress...
No issues found.
```

打开你的浏览器并转到 `http://localhost:3000`，你将看到一个简单的 React 启动屏幕，如图 14.3 所示。

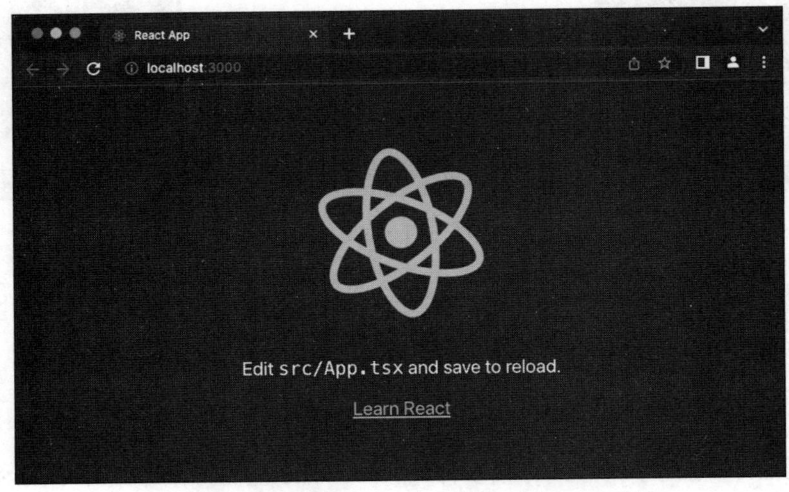


图 14.3　简单的带有 Three.js 的 TypeScript 项目

图 14.3 提示我们需要编辑 app.tsx 文件，所以我们将按照之前在 14.1 节中看到的普通 TypeScript 示例那样来更新 app.tsx 文件，但这次我们需要将其作为一个 React 组件：

```
import './App.css'
import { ThreeCanvas } from './ThreeCanvas'
function App() {
  return (
    <div className="App">
      <ThreeCanvas></ThreeCanvas>
    </div>
  )
}
export default App
```

如你所见，我们在这里定义了一个名为 ThreeCanvas 的自定义组件，该组件会在应用程序启动时立即加载。Three.js 的初始化代码由 ThreeCanvas 元素提供，你可以在 ThreeCanvas.tsx 文件中找到它。这个文件的大部分内容与我们在 14.1 节中描述的 initThreeJsScene 函数类似，但为了完整起见，我们把整个文件内容都列出来：

```
import { useCallback, useState } from 'react'
import * as THREE from 'three'
const initThreeJsScene = (node: HTMLDivElement) => {
  const scene = new THREE.Scene()
  const camera = new THREE.PerspectiveCamera(75, 500 / 500,
    0.1, 1000)
  const renderer = new THREE.WebGLRenderer()
  renderer.setClearColor(0xffffff)
  renderer.setSize(500, 500)
  node.appendChild(renderer.domElement)
  camera.position.z = 5
  const geometry = new THREE.BoxGeometry()
  const material = new THREE.MeshNormalMaterial()
  const cube = new THREE.Mesh(geometry, material)
  scene.add(cube)
  const animate = () => {
    requestAnimationFrame(animate)
    cube.rotation.x += 0.01
    cube.rotation.y += 0.01
    renderer.render(scene, camera)
  }
  animate()
}
export const ThreeCanvas = () => {
  const [initialized, setInitialized] = useState(false)
```

```
  const threeDivRef = useCallback(
    (node: HTMLDivElement | null) => {
      if (node !== null && !initialized) {
        initThreeJsScene(node)
        setInitialized(true)
      }
    },
    [initialized]
  )
  return (
    <div
      style={{
        display: 'flex',
        alignItems: 'center',
        justifyContent: 'center',
        height: '100vh'
      }}
      ref={threeDivRef}
    ></div>
  )
}
```

在 initThreeJsScene 函数中，你会找到使用 TypeScript 初始化一个简单的 Three.js 场景的标准代码。为了将这个 Three.js 场景连接到 React，我们可以使用 ThreeCanvas 函数式 React 组件的代码。在这里，我们希望在 div 元素被附加到其父节点的那一刻初始化 Three.js 场景。为此，我们可以使用 useCallback 函数。当这个节点被附加到其父节点时，这个函数将被调用一次，即使父节点的属性发生变化也不会再次运行。在我们的例子中，我们还将添加另一个 isInitialized 状态，以确保即使我们重新加载应用程序的部分，我们也只会初始化一次 Three.js 场景。

**useRef 或 useCallback**

你可能会想在这里使用 useRef。关于为什么在这种情况下应该使用 useCallback 而不是 useRef 以避免不必要的重新渲染，https://reactjs.org/docs/hooks-faq.html#how-can-i-measure-a-dom-node 上有一个很好的解释。

在完成前面的设置后，我们现在可以看到如图 14.4 所示的结果。

在前面的示例中，我们创建了一个简单的 React 和 Three.js 集成。虽然这样可以工作，但感觉有些奇怪，因为通常在 React 中，应用程序是通过声明式组件来描述的，而不是现在我们这种编程方式。我们可以像 ThreeCanvas 组件那样包装现有的 Three.js 组件，但这样做很快会变得复杂。幸运的是，Three.js fibers 项目已经完成了这项艰苦的工作：https://docs.pmnd.rs/react-three-fiber/getting-started/introduction。在 14.3 节中，我们将看看如何在该项目的帮助下轻松集成 Three.js 和 React。

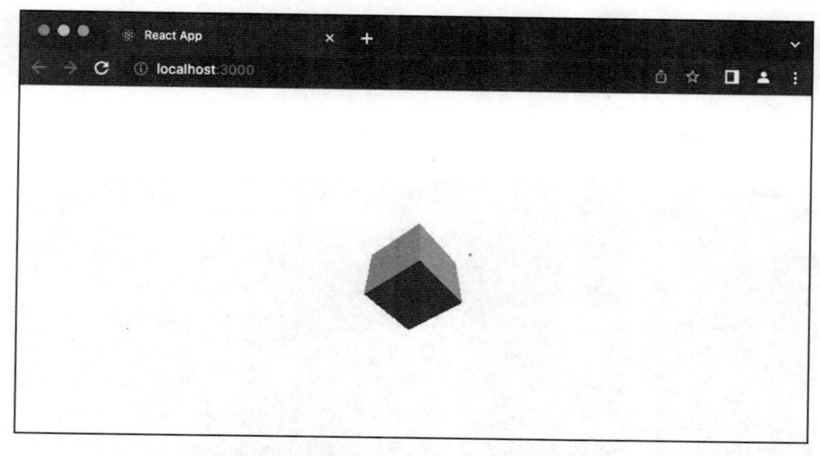


图 14.4　结合使用了 TypeScript 和 React 的 Three.js

## 14.3　在 Three.js fibers 的帮助下轻松集成 Three.js 和 React

在前面的示例中，我们手动设置了 React 和 Three.js 之间的集成。虽然这种方法可以工作，但它并没有与 React 的工作方式紧密结合。为了更好地集成这两个框架，我们可以使用 React Three Fiber。现在我们使用 React Three Fiber 再次设置一个项目。

为了设置这个项目，请在命令行中运行以下命令：

```
$ yarn create react-app lts-r3f
$ cd lts-3rf
$ yarn install
$ yarn add three
$ yarn add @react-three/fiber
```

以上命令将安装我们所需的所有依赖项，并设置一个新的 React 项目。然后，在 lts-r3f 目录下运行 yarn start 来启动项目，运行完将启动一台服务器。在浏览器中打开屏幕上显示的 URL（http://localhost:3000），你会看到一个空白的 React 项目启动界面，这是我们在前面章节中提到过的，如图 14.5 所示。

为了扩展这个示例，我们需要编辑 app.jsx 文件。我们将创建一个新组件，其中包含我们的 Three.js 场景：

```
import './App.css'
import { Canvas } from '@react-three/fiber'
import { Scene } from './Scene'
```

```
function App() {
  return (
    <Canvas>
      <Scene />
    </Canvas>
  )
}
export default App
```

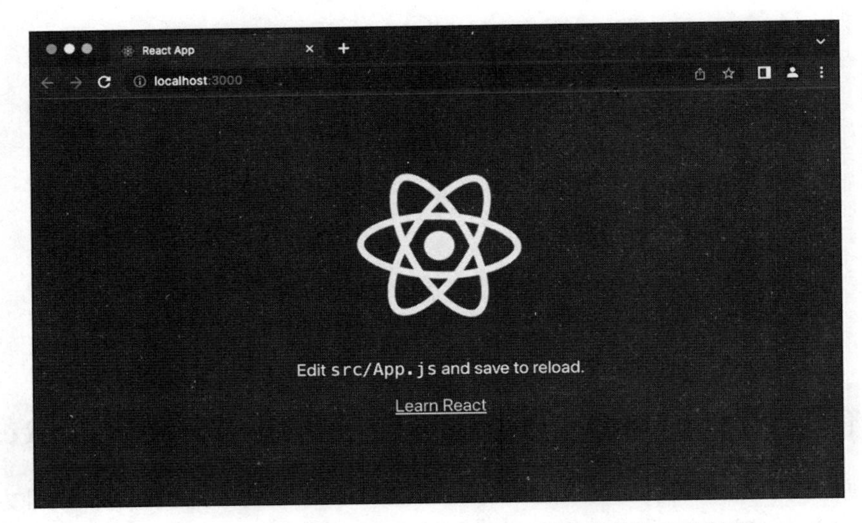


图 14.5 一个简单的 JavaScript React 应用程序的启动界面

现在我们已经可以看到第一个 Three Fiber 组件——Canvas 元素。Canvas 元素创建一个 Canvas div，是该库提供的所有其他 Three.js 组件的父容器。我们定义一个名为 Scene 的组件，并将其作为子组件添加到 Canvas 组件中。这样，我们就可以在 Scene 组件中定义完整的 Three.js 场景。接下来，我们将创建该 Scene 组件：

```
import React from 'react'
export const Scene = () => {
  return (
    <>
      <ambientLight intensity={0.1} />
      <directionalLight color="white" intensity={0.2}
       position={[0, 0, 5]} />
      <mesh
        rotation={[0.3, 0.6, 0.3]}>
        <boxGeometry args={[2, 5, 1]} />
        <meshStandardMaterial color={color}
          opacity={opacity} transparent={true} />
      </mesh>
```

```
    </>
  )
}
```

这是一个非常简单的 Three.js 场景，与本书中之前所见的场景类似。该场景包含以下对象：

- <ambientLight>：Three.AmbientLight 对象实例。
- <directionalLight>：Three.DirectionalLight 对象实例。
- <mesh>：代表 Three.Mesh。我们知道，Three.Mesh 包含一个几何体和一个材质，这些都被定义为该元素的子级。在该示例中，我们还设置了该网格的旋转。
- <boxGeometry>：这类似于 Three.BoxGeometry，我们通过 args 属性传递构造函数参数。
- <meshStandardMaterial>：这创建了 THREE.MeshStandardMaterial 的一个实例，并在该材质上配置了一些属性。

现在，当你在浏览器中打开 localhost:3000 时，你将看到一个 Three.js 场景，如图 14.6 所示。

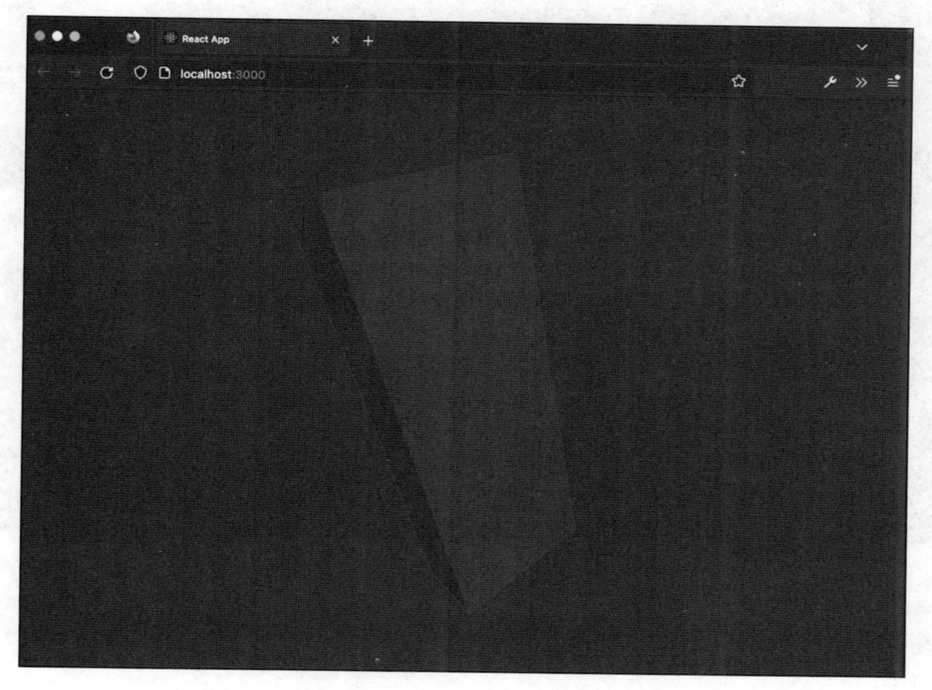


图 14.6　使用 React Three Fiber 渲染的 Three.js 场景

在该示例中，我们只展示了 React Three Fiber 提供的一些小元素。所有由 Three.js 提供的对象都可以按照我们刚刚展示的方式进行配置。只需将它们添加为元素，进行配置，之后它们就会显示在屏幕上。除了轻松显示这些元素外，所有这些元素都表现得像普通的 React 组件一样。因此，当父元素的属性发生变化时，所有元素也会被重新渲染（或更新）。

除了 React Three Fiber 提供的元素之外，还有一个完整的附加组件集，由 `@react-three/drei` 提供。你可以在 `https://github.com/pmndrs/drei` 上找到这些组件及其描述，如图 14.7 所示。

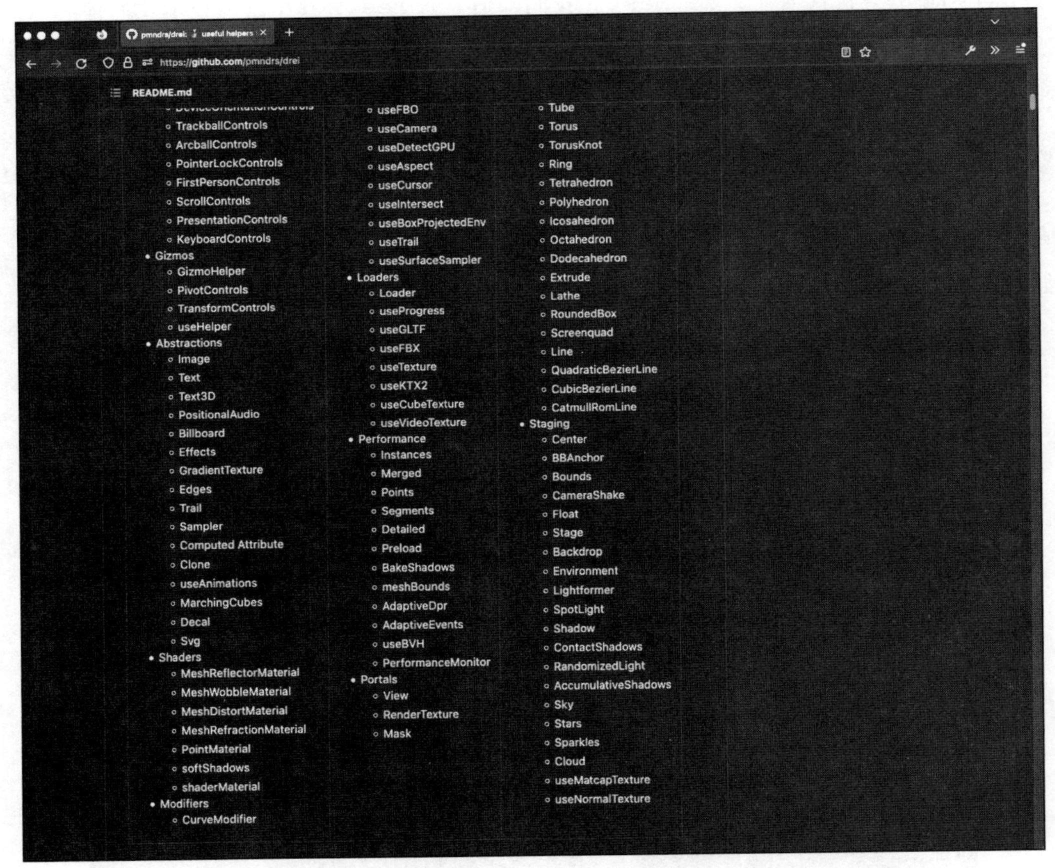


图 14.7 来自 `@react-three/drei` 的附加组件

在下一个示例中，我们将使用该库提供的一些组件，因此我们需要将其添加到我们的项目中：

```
$ yarn add @react-three/drei
```

现在，我们将使用 `@react-three/drei` 库提供的组件来扩展当前的示例：

```
import React, { useState } from 'react'
import './App.css'
import { OrbitControls, Sky } from '@react-three/drei'
import { useFrame } from '@react-three/fiber'
export const Scene = () => {
  // run on each render of react
  // const size = useThree((state) => state.size)
  const mesh = React.useRef()
  const [color, setColor] = useState('red')
  const [opacity, setOpacity] = useState(1)
  const [isRotating, setIsRotating] = useState(false)
  // run on each rerender of
  useFrame(({ clock }, delta, xrFrame) => {
    if (isRotating) mesh.current.rotation.x += 0.01
  })
  return (
    <>
      <Sky distance={450000} sunPosition={[0, 1, 0]}
        inclination={0} azimuth={0.25} />
      <ambientLight intensity={0.1} />
      <directionalLight color="white" intensity={0.2}
        position={[0, 0, 5]} />
      <OrbitControls></OrbitControls>
      <mesh
        ref={mesh}
        rotation={[0.3, 0.6, 0.3]}
        onClick={() => setColor('yellow')}
        onPointerEnter={() => {
          setOpacity(0.5)
          setIsRotating(true)
        }}
        onPointerLeave={() => {
          setOpacity(1)
          setIsRotating(false)
        }}
      >
        <boxGeometry args={[2, 5, 1]} />
        <meshStandardMaterial color={color}
          opacity={opacity} transparent={true} />
      </mesh>
    </>
  )
}
```

在我们查看浏览器中的结果之前，先对代码进行了一些分析。首先，我们将看看添加到组件中的新元素：

- <OrbitControls>：这是 drei 库提供的。它将 THREE.OrbitControls 元素添加到场景中。这与我们在前几章中使用的 OrbitControls 相同。如你所见，在这里只需添加元素就足够了，不需要额外的配置。
- <Sky>：该元素为场景提供了一个漂亮的天空背景。

我们还添加了几个标准的 React Hook：

```
const mesh = React.useRef()
const [color, setColor] = useState('red')
const [opacity, setOpacity] = useState(1)
const [isRotating, setIsRotating] = useState(false)
```

在这里，我们定义了一个 Ref，并将它连接到 Three.js 网格元素（<mesh ref={mesh}) ..>）。这使我们能够在渲染循环中访问 Three.js 组件。我们还使用了三个 useState 来跟踪材质的 color、opacity 状态值，并查看 mesh 属性是否旋转。这两个 Hook 中的第一个用于我们在网格上定义的事件：

```
<mesh
  onClick={() => setColor('yellow')}
  onPointerEnter={() => {
    setOpacity(0.5)
    setIsRotating(true)
  }}
  onPointerLeave={() => {
    setOpacity(1)
    setIsRotating(false)
  }}>
```

有了这些事件处理程序，我们就可以很容易地将鼠标与网格集成在一起。不需要 RayCaster 对象——只需添加事件侦听器即可。在本例中，当鼠标指针进入我们的网格时，我们更改 opacity 状态值和 isRotation 标志。当鼠标离开我们的网格时，我们将 opacity 状态值设置回来，并再次将 isRotation 标志设置为 false。最后，当我们单击网格时，我们将颜色更改为 yellow。

color 和 opacity 状态值可以直接在 meshStandardMaterial 中使用：

```
<meshStandardMaterial color={color} opacity={opacity}
  transparent={true} />
```

现在，每当我们触发相关事件，不透明度和颜色都会自动更新。对于旋转，我们想使用 Three.js 渲染循环。为此，React Three Fiber 提供了一个额外的 Hook：

```
useFrame(({ clock }, delta, xrFrame) => {
  if (isRotating) mesh.current.rotation.x += 0.01
})
```

每当 Three.js 进行渲染循环时，useFrame 会被调用。在这种情况下，我们检查 isRotating 状态，如果需要旋转，则我们使用之前定义的 useRef 引用来获取底层的 Three.js 组件，并简单地增加其旋转角度。这一切都非常简单和方便。在浏览器中的结果如图 14.8 所示。

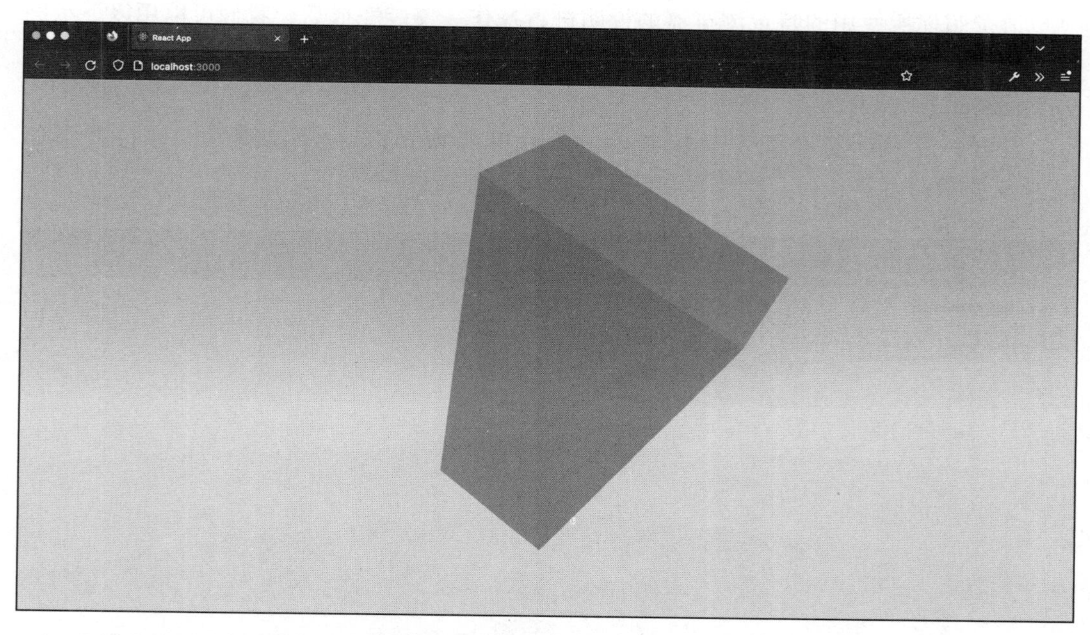


图 14.8　使用 React 和 React Three Fiber 实现的场景效果

React Three Fiber 和 drei 库几乎提供了与正常 Three.js 库相同的所有功能（并且还提供了一些 Three.js 库中没有的特性）。如果你正在使用 React 并且需要集成 Three.js，那么这是一个很好的使用 Three.js 的方式。即使你不是在构建 React 应用程序，React Three Fiber 提供的声明式语法也非常直观，可以方便地定义场景、组件和交互。React Three Fiber 为你想要创建的任何 Three.js 可视化提供了一个很好的替代方案。

在接下来的两节中，我们将看看如何通过 AR 和 VR 功能扩展你的 3D 场景。我们将首先看看如何在场景中启用 VR。

## 14.4　Three.js 和 VR

在我们查看所需的代码更改之前，我们将为浏览器添加一个扩展，我们可以通过该扩展模拟 VR 头显和 VR 控件。这样，你可以在没有物理头显和物理控件的情况下测试你的场景。为此，我们将安装 WebXR API 模拟器。该插件适用于 Firefox 和 Chrome：

- ❑ Firefox 插件：从 `https://addons.mozilla.org/en-US/firefox/addon/webxr-api-emulator/` 下载并安装。
- ❑ Chrome 插件：从 `https://chrome.google.com/webstore/detail/webxr-api-emulator/mjddjgeghkdijejnciaefnkjm-kafnnje` 下载并安装。

请按照你所使用的特定浏览器的说明进行操作。安装完成后，我们可以用以下示例进行测试：`https://immersive-web.github.io/webxr-samples/immersive-vr-session.html`。

打开该示例，打开开发者控制台，然后单击 WebXR 标签。现在，你将看到如图 14.9 所示的内容。

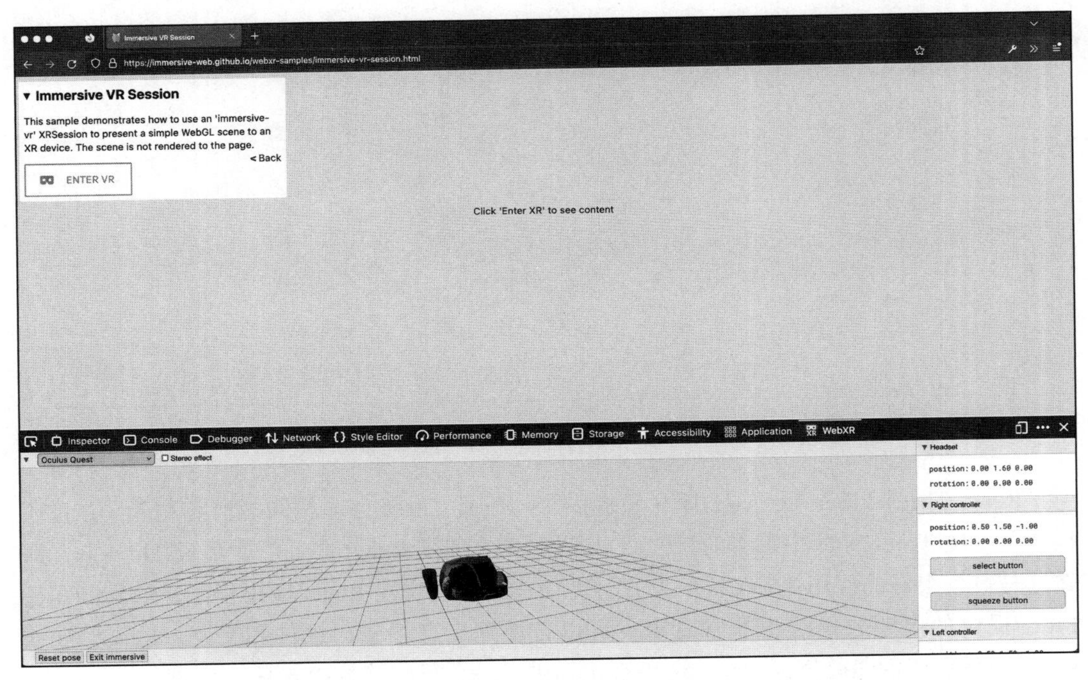


图 14.9 安装了 WebXR API 扩展的 Firefox 浏览器

在扩展中，你将看到一个虚拟的头显和一些虚拟的 VR 控件。通过单击头显，你可以模拟真实的 VR 头显的移动。控件也是如此。单击 Enter VR 按钮，现在你可以简单地测试你的 VR 场景，而不需要实际的 VR 头显，如图 14.10 所示。

既然我们有（虚拟的）头显可以玩耍了，让我们把以前的场景之一转换成 VR 场景，我们可以追踪头部移动并向一些虚拟的 VR 控件添加功能。为此，我们创建了一个“第一人称控制”示例的副本（来自第 8 章）。你可以在本书配套源代码的 `chapter-14` 目录打开 `vr.html` 示例，如图 14.11 所示。

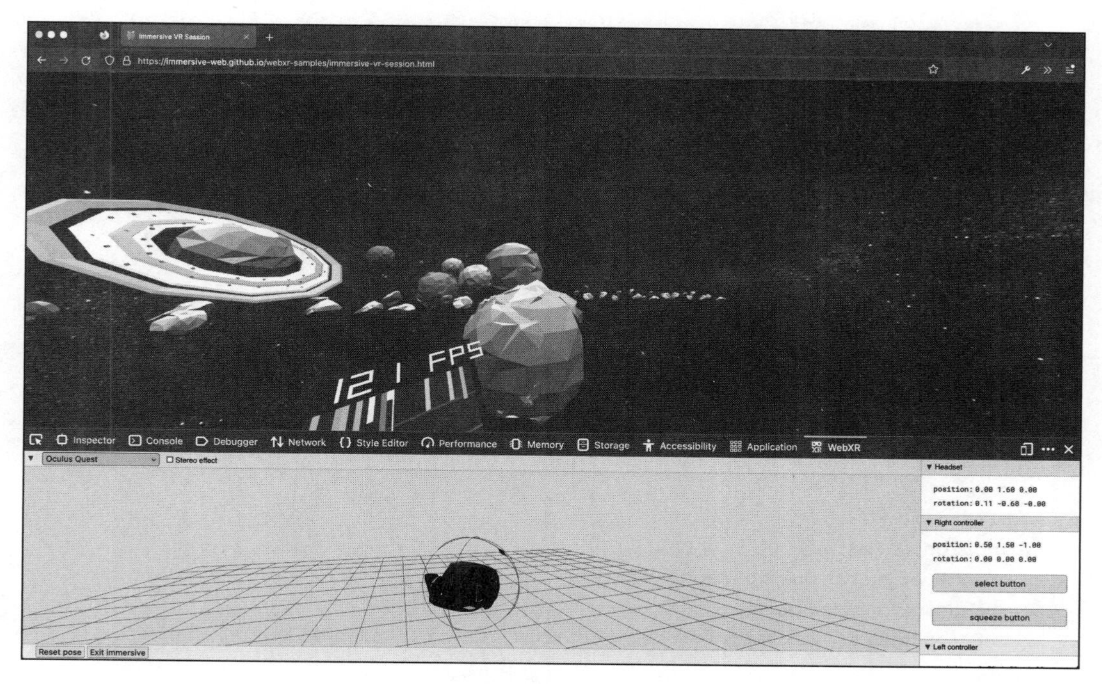


图 14.10　模拟 VR 头显

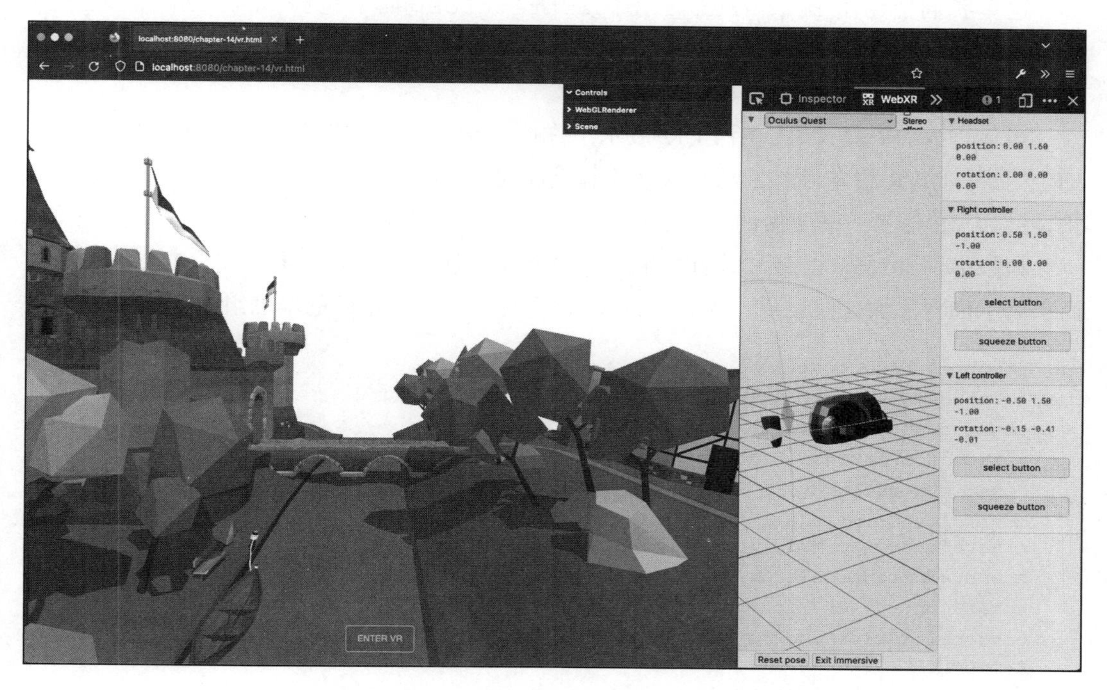


图 14.11　基于第 8 章示例的空白 VR 场景

为了使你的场景能够运行 VR，我们需要做一些准备工作。首先，我们需要告诉 Three.js 将启用 Web-XR 功能。可以像这样完成：

```
renderer.xr.enabled = true
```

接下来的步骤是添加一个简单的按钮，我们可以单击该按钮进入 VR 模式。Three.js 提供了一个组件，我们可以像这样使用：

```
import { VRButton } from 'three/examples/jsm/webxr/VRButton'
document.body.appendChild(VRButton.createButton(renderer))
```

这将创建你可以在图 14.11 底部看到的按钮。

最后，我们需要更新渲染循环。正如你在第 1 章所了解的那样，我们使用 requestAnimationFrame 来控制渲染循环。在使用 VR 时，我们需要稍作更改：

```
animate()
function animate() {
  renderer.setAnimationLoop(animate)
  renderer.render(scene, camera)
  if (onRender) onRender(clock, controls, camera, scene)
}
```

这里我们使用了 renderer.setAnimationLoop 而不是 requestAnimationFrame。现在，我们的场景已经转换成 VR，并且当我们单击按钮时，我们就可以进入 VR 模式并查看我们的场景，如图 14.12 所示。

当你进入 VR 模式时，图 14.12 展示了你所看到的场景。现在你可以通过单击 Web-XR 扩展中的 VR 设备并将其移动来轻松移动相机。以上步骤几乎就是将任何 Three.js 场景转换为 VR 场景所需要做的全部工作了。

如果你仔细观察图 14.12，你可能会注意到我们还展示了一些手持式 VR 设备。我们尚未展示如何添加这些设备。为此，Three.js 还提供了一些很好的辅助组件：

```
import { XRControllerModelFactory } from
  'three/examples/jsm/webxr/XRControllerModelFactory'
const controllerModelFactory = new
  XRControllerModelFactory()
const controllerGrip1 = renderer.xr.getControllerGrip(0)
controllerGrip1.add(controllerModelFactory.
createControllerModel(controllerGrip1))
scene.add(controllerGrip1)
const controllerGrip2 = renderer.xr.getControllerGrip(1)
controllerGrip2.add(controllerModelFactory.
createControllerModel(controllerGrip2))
scene.add(controllerGrip2)
```

通过上述代码，我们可以获取场景中连接的控件信息，创建相应的模型，并将其添加到场景中。如果你使用 WebXR API 模拟器，那么你可以移动控件，它们也会在场景中移动。

图 14.12　通过浏览器扩展进入 VR 模式并旋转相机

Three.js 提供了大量示例代码，展示了如何使用这些虚拟控件进行各种交互操作，例如拖拽场景中的对象、选择场景中的对象等。在这个简单的示例中，我们已经添加了一个选项，即当单击选择按钮时在第一个控件的位置添加一个立方体，如图 14.13 所示。

我们可以通过简单地将事件监听器添加到控件来实现这一点：

```
const controller = renderer.xr.getController(0)
controller.addEventListener('selectstart', () => {
  console.log('start', controller)
  const mesh = new THREE.Mesh(new THREE.BoxGeometry(0.1,
    0.1, 0.1), new THREE.MeshNormalMaterial())
  mesh.position.copy(controller.position)
  scene.add(mesh)
})
controller.addEventListener('selectend', () => {
  console.log('end', controller)
})
```

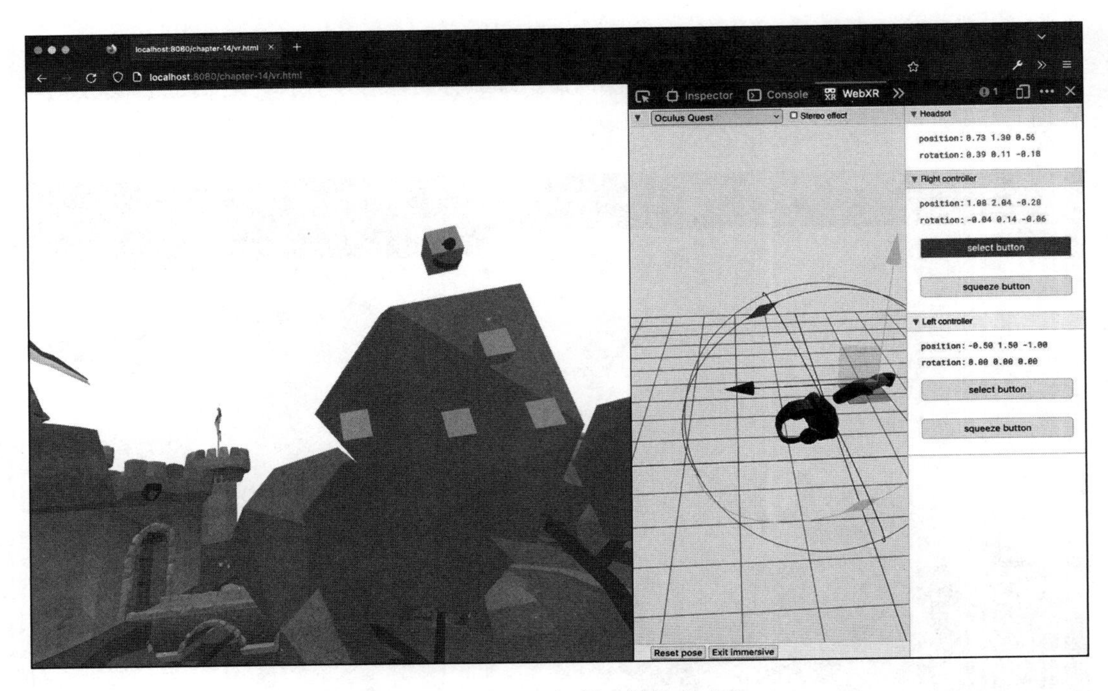


图 14.13 在 VR 场景中添加立方体

在这段简单的代码中，你可以看到我们向控件添加了两个事件监听器。当选择开始（`selectstart`）事件触发时，我们将在该控件的位置添加一个新的立方体。当选择结束（`selectend`）事件触发时，我们只是将一些信息记录到控制台中。通过 JavaScript，还可以访问其他几个事件。有关在 VR 会话中可用的 API 的更多信息，可以查看以下文档：https://developer.mozilla.org/en-US/docs/Web/API/XRSession。

14.5 节我们将简要介绍如何将 Three.js 与 AR 结合使用。

## 14.5 Three.js 和 AR

虽然 Three.js 对大量设备和浏览器的 VR 支持良好，但 Web-AR 的支持却不尽如人意。在 Android 上，对 Web-AR 的支持很好，但在 iOS 设备上，效果不太理想。苹果公司正在努力为 Safari 添加 Web-AR 支持，一旦完成，iOS 也将能够支持原生 AR。想要了解各大浏览器对 Web-AR 的支持情况，可以查看 https://caniuse.com/webxr，该网站提供了所有主要浏览器的最新支持情况概览。

因此，为了测试原生 AR 示例，你需要在一台 Android 设备上查看，或者使用我们在 14.4 节中使用的模拟器。

我们将创建一个标准场景，作为你进行 AR 实验的起点。首先，我们需要告诉 Three.js 我们想要使用 XR：

```
const renderer = new THREE.WebGLRenderer({ antialias: true,
  alpha: true })
renderer.xr.enabled = true
```

注意，我们需要将 alpha 属性设置为 true；否则，我们将看不到任何相机透传的内容。接下来，就像我们为 VR 所做的那样，我们需要通过调用 renderer.xr.enabled 来在渲染器上启用 AR/VR。

Three.js 提供了一个按钮，我们可以使用它来进入 AR 模式：

```
Import { ARButton } from 'three/examples/jsm/
  webxr/ARButton'
document.body.appendChild(ARButton.createButton(renderer))
```

最后，我们只需要将 requestAnimationFrame 更改为 setAnimationLoop：

```
animate()
function animate() {
  renderer.setAnimationLoop(animate)
  renderer.render(scene, camera)
}
```

这就是全部内容。如果你打开 ar.html 示例并通过 WebXR 插件查看该示例（需要选择 Samsung Galaxy S8+ (AR) 设备），你将看到如图 14.4 所示的内容。

在图 14.14 中，你可以看到一个模拟的 AR 环境，以及我们渲染的两个对象。如果你移动模拟手机，那么你会注意到渲染的对象相对于手机摄像头的位置固定不变。

该示例非常简单，但它展示了如何设置简化的 AR 场景的基本知识。Web-XR 提供了许多其他与 AR 相关的功能，例如检测平面和击中测试。但是，介绍这些功能超出了本书的范围。有关 Web-XR 和该 API 公开的原生 AR 功能的更多信息，可以通过以下网址了解：https://developer.mozilla.org/en-US/docs/Web/API/WebXR_Device_API/Fundamentals。

图 14.14 使用设备原生 AR 功能在 Three.js 中查看 AR 场景

## 14.6 本章小结

在本章中，我们介绍了一些与 Three.js 相关的技术。我们向你展示了如何将 Three.js 与 TypeScript 和 React 集成，以及如何创建一些基本的 AR 和 VR 场景。

通过结合使用 TypeScript 和 Three.js，你可以轻松地从 TypeScript 项目中访问所有 Three.js 功能。通过 React Three Fiber 库，将 Three.js 与 React 集成也变得很容易。

在 Three.js 中使用 VR 和 AR 也相当简单。只需为主渲染器添加几个属性，就可以迅速将任何场景转换为 VR 或 AR 场景。请记住使用浏览器插件来轻松测试你的场景，不需要实际的 VR 和 AR 设备。

至此，我们已经读完了这本书。我希望你在阅读和尝试示例时感到愉快。祝你实验愉快！